西南地区旱作农田节水型农作制度研究

Research on Water-saving Farming System of Rainfed Farmlands in Southwest China

王龙昌　谢小玉　张　赛　赵永敢　等　著

国家自然科学基金项目（30871474，31271673，31700364，31871583）
国家科技支撑项目（2006BAD29B08）
公益性行业（农业）科研专项（20150312708）
重庆市科技攻关项目（CSTC，2008AB1001）
资助

科学出版社
北京

内 容 简 介

本书立足我国西南地区农业资源与旱作农业生产现状，在系统分析旱地农作系统（包括不同单作模式和多熟制模式）水分供需平衡特征与水分生态适应性，以及综合评价旱地农作系统水分生产潜力的基础上，深入探讨了油菜、玉米、辣椒 3 种旱地作物的节水抗旱生理生态机制，并开展了典型“旱三熟”种植制度下的农田保护性耕作综合效应与技术模式研究，设计和开发了西南地区农业资源与环境要素数据库系统，进而对西南地区旱作农田节水型农作制度的发展潜力、制约因素、发展途径和主导模式进行了比较系统的探究。本书力求将理论研究与实际应用紧密结合，兼顾学术性和实用性。

本书可为广大农业科研单位的专业技术人员和高等院校的教师、研究生提供科学参考依据，也可为农业管理部门、农技推广部门、产业开发部门的领导和业务人员提供决策参考依据与技术指导。

图书在版编目（CIP）数据

西南地区旱作农田节水型农作制度研究/王龙昌等著. —北京：科学出版社，2021.2

ISBN 978-7-03-063894-6

Ⅰ. ①西… Ⅱ. ①王… Ⅲ. ①节约用水－耕作制度－研究－西南地区 Ⅳ. ①S344

中国版本图书馆 CIP 数据核字（2019）第 300537 号

责任编辑：华宗琪 / 责任校对：严　娜
责任印制：罗　科 / 封面设计：义和文创

科学出版社出版
北京东黄城根北街 16 号
邮政编码：100717
http://www.sciencep.com
成都锦瑞印刷有限责任公司印刷
科学出版社发行　各地新华书店经销
*
2021 年 2 月第　一　版　开本：787×1092　1/16
2021 年 2 月第一次印刷　印张：16 1/4
字数：385 000

定价：149.00 元

（如有印装质量问题，我社负责调换）

著者名单

主要著者	王龙昌	谢小玉	张　赛	赵永敢
其他著者	张云兰	张　臻	邹聪明	白　鹏
	马仲炼	胡小东	张　霞	刘晓建
	王　婧	Shakeel Ahmad Aunjum		

前　言

水是生命之源，是农业的命脉，水资源是人类文明和社会经济发展的重要保障。我国水资源总量虽然位居全球第6位，但人均占有量不及全球人均占有量的1/4，居第121位。随着人口的持续增加和国民经济的不断发展，农业用水、工业用水、生活用水、生态用水之间的矛盾愈加突出，水资源短缺已成为我国农业和社会经济发展的重要制约因子。因此，大力发展节水型农业技术与农作制度，对于我国实现农业现代化及促进农业可持续发展至关重要。

我国西南地区地形、地貌复杂，土地类型以高原、山地、丘陵为主，旱作农田占耕地面积的60%以上，在保障区域粮食安全和农产品供给方面占据重要地位。然而本区降水资源时空分布不均，加之坡耕地比例大、农田土层浅薄、土壤蓄水保水能力差，造成了严重的水土流失，而耕地起伏复杂、地块狭小和碎片化则严重制约着农田水利工程的发展，致使本区农业生产长期受到季节性干旱和区域性干旱问题的困扰。值得关注的是，随着全球气候变化问题的日益加剧，干旱、高温等极端气候事件的发生频率和危害程度呈明显上升势头，对农业生产造成的负面影响也在持续加重。

我国旱作农业具有十分悠久的发展历史，创造了举世闻名的传统旱作农业技术体系。近几十年来，我国政府对现代旱作节水农业研究与开发给予高度重视，极大地促进了旱作节水农业科技水平和生产能力的快速提升。然而，旱作节水农业研究“重北方轻南方”的状况至今尚未得到有效改观，因而，西南地区旱作农业研究与开发依然存在亟待填补的短板，对于本区旱作农田节水型农作制度尚缺乏系统性的研究成果。鉴于此，笔者曾与我国著名旱作农业专家、西北农林科技大学干旱半干旱农业研究中心原主任王立祥教授合作主编了《中国旱区农业》，于2009年由江苏科学技术出版社出版面世。该书突破了把我国旱区农业地域范围局限在秦岭—淮河以北的传统观念，首次将包含西南地区在内的南方季节性干旱区进行了全面的旱区类型划分，并与北方气候干旱区相结合构建了中国旱区农业类型分区的整体方案，得到了国内同行的极大关注和高度赞誉。

基于前期形成的关于南方季节性干旱区农业类型划分及区域发展方面的基本认识，近十余年来，笔者带领研究团队依托国家自然科学基金项目“高温伏旱区农作系统水分生态适应性及生产潜力研究”（30871474）、“紫色土丘陵区保护性耕作下旱作农田系统碳循环规律与碳汇机制研究”（31271673）、“西南‘旱三熟’区土壤呼吸及组分对保护性耕作的响应”（31700364）和“生物覆盖对西南‘旱三熟’种植区农田土壤有机碳氮及微生物多样性的影响”（31871583），国家科技支撑项目“西南季节性干旱区集雨补灌技术集成与示范”（2006BAD29B08），公益性行业（农业）科研专项“云贵高原山地油菜田间节水节肥节药综合技术集成与示范”（20150312708），以及重庆市科技攻关项目“重庆高温伏旱区旱作农田节水高效农作关键技术研究与示范”（CSTC，2008AB1001）等国家和省部级重要科技项目，针对西南地区旱作农田节水型农作制度理论与技术开展了比较系统的探究，得到了大量的研究成果。这些科技项目在立项和实施过程中，得到了国家自然科学基金委员会、科技部、农业农村部、重庆市科学技术局等科技项目管理部门的大力支持，同时得到了中国农业科学院副院长梅旭荣研究员，中国农业科学院农业资源与农业区划研究所逄焕成研究员，四川省农业科学院刘永红研究员、张鸿研究员，重庆市委农业农村工委委员、重庆市农业农村委员会总农艺师袁德胜研究员，重庆市农业农村委员会郭凤研究员，重庆市云阳县农业农村委员会武海燕推广研究员，以及西南大学农学与生物科技学院王季春教授、高洁教授等专家的鼎力帮助。在此，谨向以上部门的领导和专家致以衷心的感谢。

为了更加全面、系统地总结以上科技项目形成的研究成果，助力西南地区旱作农业的深入研究与广度开发，笔者特组织撰写本书，可以看作对《中国旱区农业》的进一步延伸和发展。本书凝聚了西南大学农业生态研究所全体成员，以及诸位博（硕）士研究生和博士后的集体智慧，是本研究团队大量科研成果的沉淀和积累。全书由王龙昌负责总体设计，由 14 位著者分工执笔撰稿，并由王龙昌、谢小玉负责统稿。本书在撰写和出版过程中，得到了西南大学农学与生物科技学院、三峡库区生态环境教育部重点实验室、南方山地农业教育部工程研究中心、清华大学能源与动力工程系和科学出版社等机构领导的大力支持，在此也向他们表示诚挚的谢意。

由于著者水平有限，不足之处在所难免，恳请同行专家不吝指教。

王龙昌

2020 年 6 月

目　　录

第一章　西南地区旱地农作系统水分供需平衡特征与生态适应性评价

在我国西南地区，60%以上的耕地属于依赖自然降水的“雨养农业”，在本区农作物生长发育的非生物环境农业生态诸因子中，降水生态因子无疑是主导性限制因子。季节性干旱是本区农业生产的重要制约因素，其中西南地区的川东南、重庆是高温伏旱的多发区和重灾区，其高温伏旱发生频率一般达 60%～80%，每年造成农作物受灾面积达 0.53×10^7～$0.80\times10^7hm^2$，导致经济损失达 80 亿～120 亿元[1, 2]。降水生态因子在数量和质量上的微小变化，都将对本区农作物的生长发育及产量形成产生深刻影响，因此本区旱地农作系统的生产潜力很大程度上是由自然降水的丰歉及其时空分布状况决定的。

针对西南地区季节性干旱的复杂性和农作系统的特殊性，以重庆市为研究对象，本章开展了旱地农作系统水分供需平衡特征与生态适应性研究，以便为合理利用农业水资源，改善农作系统水分供需矛盾，建立节水型高效种植制度，进而实现降水资源高效利用和旱地农业可持续发展提供科学指导。

第一节　研究区降水特征分析

西南地区降水的变异性决定了水文及其他生态条件的变异性，降水是本区水文循环中水分的重要补给源，特别是对于旱地农作系统，大气降水是土壤水分的唯一来源，降水量的多寡和时空分布决定了当地农业生产结构的布局与发展。本研究通过收集重庆市及 3 个研究区（奉节、万州、沙坪坝）多年来的气象资料，对该区域降水时空变化规律进行了分析。

一、研究区降水规律

（一）重庆市多年降水规律

根据重庆市降水量的观测记录，绘制 1951～2017 年降水量的动态变化图。由图 1-1 可知，重庆多年平均降水量为 1108mm。该地年际降水量变化较大，其中相对变化率大于 25%的年份有 1956 年、1958 年、1961 年、1968 年、1971 年、1996 年、1998 年、2001 年、2002 年、2006 年、2007 年、2014 年和 2015 年。可以看出，重庆各年降水量极不稳定，在研究作物水分生态适应性时，应该充分考虑各种降水年型的降水分布特点。

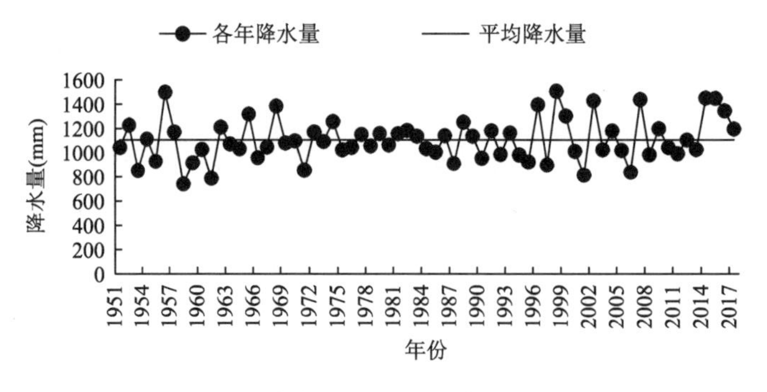

图 1-1　重庆市 1951～2017 年降水分布图

（二）重庆市多年月平均降水分布规律

根据重庆市 1980～2010 年的降水量数据，计算平均各月降水量及其占全年的比例情况（表 1-1）。可以看出，重庆市年内降水量严重分布不均，呈两头少、中间多的态势。降水主要集中在 5～9 月，而 1 月、2 月、3 月、11 月、12 月降水分布较少，各月平均降水量为 93.2mm，其中降水最大月（7 月）的降水量为最小月（2 月）的 8.95 倍。重庆市各月平均降水量所占比例差异很大，为 1.78%～15.93%。分析重庆市年内各月的降水分布情况，有助于了解不同作物生育期的有效降水量和需水量的吻合情况。

表 1-1　重庆市 1980～2010 年平均各月降水量和权重

月份	降水量（mm）	权重（%）
1 月	20.1	1.80
2 月	19.9	1.78
3 月	33.6	3.00
4 月	110.1	9.84
5 月	156.4	13.98
6 月	163.9	14.66
7 月	178.1	15.93
8 月	136.5	12.21
9 月	132.5	11.85
10 月	90.8	8.12
11 月	49.3	4.41
12 月	27.1	2.42
合计	1118.3	100.00

本区降水的基本特点是雨热同期，降水量最大的月份也是土壤蒸发、植物蒸腾耗水量最大的月份。从各季节降水量所占比例来看，春季降水量为 300.1mm，占全年总降水量的 26.83%；夏季降水量为 478.5mm，占全年总降水量的 42.79%；秋季降水量为 272.6mm，占全年总降水量的 24.38%；冬季降水量为 67.1mm，占全年总降水量的 6.00%。各季节降水量大小顺序为：夏季＞春季＞秋季＞冬季。其中，降水量集中的 5～9 月，占全年总降

水量的 68.63%。由于不同作物的生育期不同，其需水量也不同，针对各个时期降水分布规律的分析，可以为作物充分合理利用降水资源提供理论基础。

二、研究区降水年型划分

（一）研究区降水年型划分标准

考虑到不同地区降水资源的差异性，选取奉节、万州、沙坪坝 3 个区（县），按照降水的丰缺状况，分别将各点的降水年型划分为丰水年、平水年和干旱年。主要根据年降水量相对变化率 P 划分降水年型，其计算式为

$$P=\frac{R-\overline{R}}{\overline{R}}\times 100\%$$

式中，R 为实际年降水量；$\overline{R}$ 为平均年降水量。取 $P>25\%$为丰水年，$P<-25\%$为干旱年，$-25\%\leqslant P\leqslant 25\%$（降水量最接近降水平均值的年）为平水年。

（二）研究区各降水年型的年降水量

分别搜集奉节、万州和沙坪坝的多年降水量和各年月降水量，再根据各研究区、各年降水量对于多年平均降水量的相对变化率划分 3 种降水年型：丰水年、平水年和干旱年（表 1-2）。由年降水量相对变化率 P 可知，奉节丰水年的降水量比干旱年增加 86.40%，万州丰水年的降水量比干旱年增加 87.31%，沙坪坝丰水年的降水量比干旱年增加 76.63%。从同一年型来看，在丰水年型，万州的降水量最大，分别比奉节、沙坪坝高出 10.27%和 9.60%；在平水年型，万州的降水量最大，其次是奉节，万州分别比奉节、沙坪坝高出 3.34%和 11.74%；在干旱年型，万州的降水量分别比奉节、沙坪坝高出 9.73%和 3.35%。由此可看出，万州、奉节和沙坪坝各种降水年型的降水量差异很大。这是由于各研究区所处的地理位置差异很大，其降水资源也有很大的不同，因此根据各研究区具体降水情况划分降水年型具有更大的生产指导价值。

表 1-2　各研究区 3 种降水年型平均降水量

地区	降水年型	降水量（mm）
奉节	丰水年	1430.4
	平水年	1102.7
	干旱年	767.4
万州	丰水年	1577.3
	平水年	1139.5
	干旱年	842.1
沙坪坝	丰水年	1439.2
	平水年	1019.8
	干旱年	814.8

（三）研究区不同降水年型月降水量分布规律

1. 奉节不同降水年型月降水量分布规律

图 1-2 是奉节丰水年、平水年和干旱年 3 种降水年型的平均月降水量分布图。可以看出，奉节丰水年各月降水量分布与重庆市各月降水量分布趋势相同。丰水年、平水年和干旱年在 1 月、2 月、3 月、4 月、11 月、12 月的降水量分布相似，差距主要体现在 5～9 月，这 5 个月降水量最多的就是丰水年，降水量最少的就是干旱年。可见，奉节的 3 种降水年型是由各年 5～9 月的实际降水量决定的。其中，丰水年 5～9 月的降水量为 1093.9mm，占全年的 76.48%；平水年 5～9 月的降水量为 684.7mm，占全年的 62.09%；而干旱年 5～9 月的降水量只有 494.1mm，占全年的 64.39%。显然，奉节的平水年和干旱年 5～9 月的降水量占全年的比例都低于重庆市多年平均值 68.63%。

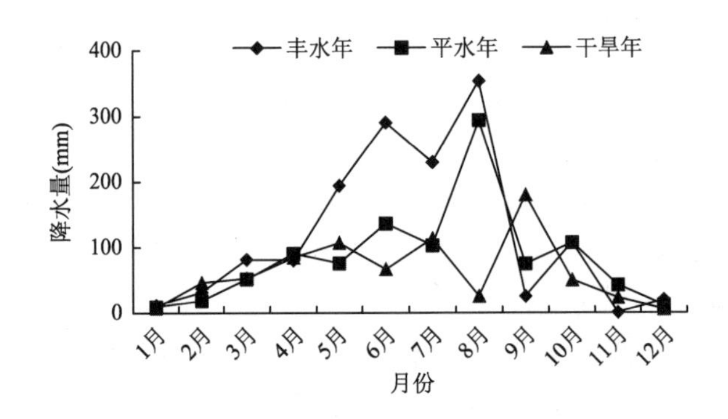

图 1-2　奉节 3 种降水年型的平均月降水量分布图

2. 万州不同降水年型月降水量分布规律

图 1-3 是万州丰水年、平水年和干旱年 3 种降水年型的平均月降水量分布图。可以看出，万州丰水年降水量最大值出现在 7 月，为 356.8mm，占全年降水量的 22.62%；平水年最大降水量在 8 月，为 247.7mm，占全年降水量的 21.74%；干旱年最大降水量出现在 6 月，为 180.1mm，占全年降水量的 21.39%。3 种降水年型下各月降水量的差异主要体现在 7～9 月，其中丰水年 7～9 月的降水量为 854.3mm，占全年降水量的 54.16%；平水年 7～9 月的降水量为 462.5mm，占全年降水量的 40.59%；而干旱年 7～9 月的降水量为 121.5mm，占全年降水量的 14.43%。同时，在 4 月和 10 月，平水年和干旱年的降水量都高于丰水年同期的降水量。例如，平水年 4 月的降水量为 107.1mm，是丰水年的 2.2 倍；10 月，平水年的降水量为丰水年的 2.07 倍，达到 182.4mm。所以，在万州影响不同降水年型年降水量的主要因素是降水高峰期 5～9 月中的降水量大小。对于生育期为其他月份的作物来说，生育期内有效降水量对其生长发育的影响较小。

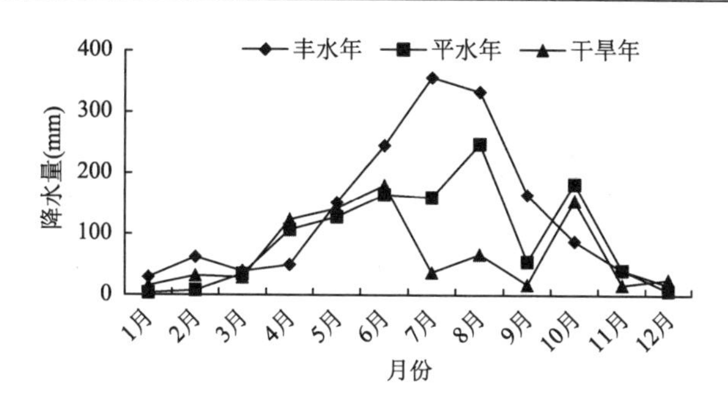

图 1-3　万州 3 种降水年型的平均月降水量分布图

3. 沙坪坝不同降水年型月降水量分布规律

图 1-4 是沙坪坝丰水年、平水年和干旱年 3 种降水年型的平均月降水量分布图。可以看出，沙坪坝 3 种降水年型降水量差异最明显的月份为 7 月。丰水年仅 7 月的降水量就为 553.4mm，占全年降水量的 38.45%，而同期平水年的降水量仅为 101.7mm，干旱年更少，仅为 26.5mm。与重庆市平均月降水量分布不同，沙坪坝 3 种降水年型没有出现 5～9 月整体降水量增加的趋势，尤其是干旱年一反常态，导致其全年降水量只有 814.8mm。由此可见，在沙坪坝的丰水年里，7 月易发生涝灾，而干旱年 7 月正是温度最高的季节，此时作物蒸散量最大，因此容易发生旱灾。相比之下，沙坪坝平水年的各月降水量分布比较稳定，没有出现忽高忽低的情况。从 5～9 月来看，沙坪坝丰水年此时期降水量为 1089.7mm，占全年降水量的 75.72%；平水年同期降水量为 705.2mm，占全年降水量的 69.15%；干旱年同期降水量为 477mm，占全年降水量的 58.54%，低于重庆市平均值 68.63%。针对沙坪坝 7 月降水的特殊情况，在种植业生产中应该采取积极措施应对涝灾和干旱，降低减产风险。

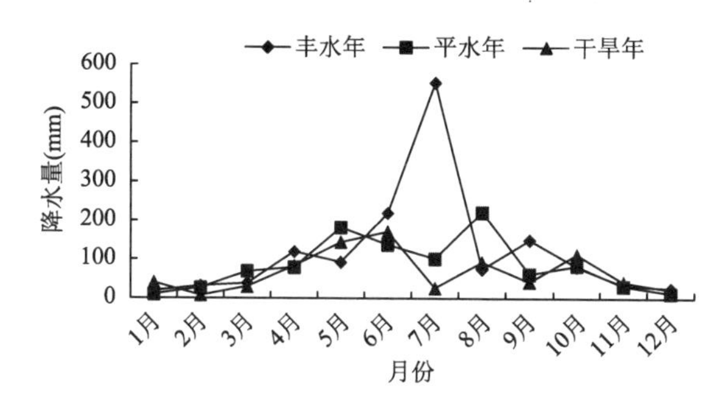

图 1-4　沙坪坝 3 种降水年型的平均月降水量分布图

三、不同坡度有效降水量

（一）有效降水量的计算方法

在旱作农田，作物生长所必需的土壤水分依赖于天然降水，有效降水量则是指雨水能补充到作物的有效根区的部分。一般来讲，大气降水进入田间后有 3 个去向：①入渗，即降水过程中及降水后一定时间内，水进入土壤运动和分布的过程；②蒸散，由降水过程中的蒸散和降水停止后的蒸散两部分组成；③径流，即降水所产生的超渗产流。

美国农业部（United States Department of Agriculture，USDA）土壤保持局（Soil Conservation Service，SCS）的研究人员经过分析多地区、多年降水记录，同时考虑了作物蒸散量、土壤的水分特性等多种因素，从而提出 USDA-SCS 方法估算有效降水量[3]。其数学表达式为

$$P_e = SF\left(0.70917P_t^{0.8216} - 0.11556\right)\left(10^{0.02426ET_c}\right)$$

式中，P_e为有效降水量；P_t为平均降水量；ET_c为作物需水量；SF 为土壤水分贮存因子。

土壤水分贮存因子的计算公式为

$$SF = 0.531747 + 0.295164D - 0.057697D^2 + 0.003804D^3$$

式中，D 为可利用的土壤贮水量，通常取值为作物根区土壤有效持水量的 40%～60%。

（二）研究区不同坡度的有效降水量

针对西南地区耕地实际情况，将旱地坡度划分为 0°、5°、10°、15°、20°、25°，分别考虑不同坡度的耕地径流系数，从而计算出相应的径流量和有效降水量。根据 USDA-SCS 方法和经验值法估算有效降水量，不同坡度的径流系数取值分别为 0、0.04、0.12、0.20、0.27、0.35。将不同坡度的径流系数分别应用于奉节、万州、沙坪坝的丰水年、平水年和干旱年，计算出各地区、各降水年型不同坡度下的有效降水量，为研究区作物水分供需平衡和水分生态适应性研究提供重要依据。

由表 1-3 可知，随着耕地坡度的增加，径流系数增大，同一地区、同一降水年型的有效降水量逐渐减少。例如，在奉节的丰水年中，25°坡耕地上的有效降水量比 0°、5°、10°、15°、20°坡耕地上分别减少 35.0%、32.3%、26.1%、18.7%和 11.0%。在奉节的 20°坡耕地上，丰水年的有效降水量比平水年和干旱年分别高出 29.7%和 86.4%；在万州的 15°坡耕地上，丰水年的有效降水量比平水年和干旱年分别高出 38.4%和 87.3%；在沙坪坝的 10°坡耕地上，丰水年的有效降水量比平水年和干旱年分别高出 41.1%和 76.6%。总体而言，同一地区丰水年的降水量大于平水年，再大于干旱年，而在干旱年里，随着坡度增加，有效降水量逐渐减少。在农业生产中，应根据不同地块有效降水量的多寡，对不同种植模式、不同作物类型和品种进行合理搭配。

表 1-3　各研究区不同坡度的有效降水量

地区	降水年型	有效降水量（mm）					
		0°	5°	10°	15°	20°	25°
奉节	丰水年	1430.4	1373.2	1258.8	1144.3	1044.2	929.8
	平水年	1102.7	1058.6	970.4	882.2	805.0	716.8
	干旱年	767.4	736.7	675.3	613.9	560.2	498.8

续表

地区	降水年型	有效降水量（mm）					
		0°	5°	10°	15°	20°	25°
万州	丰水年	1577.3	1514.2	1388.0	1261.8	1151.4	1025.2
	平水年	1139.5	1093.9	1002.7	911.6	831.8	740.7
	干旱年	842.1	808.4	741.0	673.7	614.7	547.4
沙坪坝	丰水年	1439.2	1381.6	1266.5	1151.4	1050.6	935.5
	平水年	1019.8	979.0	897.4	815.8	744.5	662.9
	干旱年	814.8	782.2	717.0	651.8	594.8	529.6

第二节　旱地农作系统需水量分析

在农业生产中要实现水资源的合理开发利用，就必须考虑不同作物的需水量，作物的需水量是确定作物种植制度及灌溉用水量的基础。同时，作物的需水量是农作系统水量平衡和水分生态适应性研究的重要组成部分，是进行不同作物合理配置的基础。

一、旱地农作系统需水量的计算方法

（一）参考作物蒸散量的计算

1. 基本数据收集

所用气象资料来源于重庆市气象局和中国气象科学数据共享服务网。气象数据包括北碚、奉节、万州和沙坪坝的大气压、平均气温、最高气温、最低气温、水汽压、日照时数、风速、大气相对湿度、水面蒸发量、各种降水量等。

2. 参考作物蒸散量的计算

参考作物蒸散量（ET_0）是指在广阔均匀的农田，在水分供应不受限制、叶面充分覆盖地面时的农田蒸散量。它是一种理想的参考作物冠层的蒸发蒸腾速率，假设作物高度为0.12m，固定的叶面阻力为70m/s，反射率为0.23，非常类似于表面开阔、高度一致、生长旺盛、完全覆盖地面而不缺水的绿色草地的蒸发蒸腾速率[4]。计算参考作物蒸散量的方法很多，如Penman法、Penman-Monteith法、辐射法、Blaney-Criddle法、蒸发皿法等。

计算ET_0采用国内外最通用的联合国粮食及农业组织（FAO） Penman-Monteith公式[5]，其计算式为

$$ET_0=\frac{0.408\varDelta(R_n-G)+\gamma\dfrac{900}{T+273}u_2(e_s-e_d)}{\varDelta+\gamma(1+0.34u_2)}$$

式中，ET_0为参考作物蒸散量（mm/d）；R_n为作物表面的净辐射[MJ/(m^2·d)]；G为土壤

热通量[$MJ/(m^2·d)$]；T 为平均气温（℃）；u_2 为 2m 高处日平均风速（m/s）；e_s 为饱和水汽压（kPa）；e_d 为实际水汽压（kPa）；Δ 为饱和水汽压-温度曲线的斜率（kPa/℃）；γ 为干湿温度计常数（kPa/℃）。

（二）作物需水量的计算

作物需水量数据可以通过试验实测获得，也可以通过公式计算。本研究将 Penman 公式计算作物需水量和试验地实测作物需水量两种方法相结合。对于单作作物需水量，先利用 Penman 公式计算参考作物蒸散量，再利用 FAO 提供的作物系数修正，即得到作物需水量；对于多熟制模式作物需水量，通过在西南大学教学试验农场采用水量平衡法测定多熟制模式作物实际耗水量，再根据水分胁迫系数进行修订，得到多熟制模式作物需水量。

1. 单作作物需水量的计算

作物需水量（crop water requirement）从理论上说是指生长在大面积上的无病虫害作物，当土壤水分和肥力适宜时，在给定的生长环境中有高产潜力的条件下，为满足植株蒸腾和土壤蒸发，以及组成植株体所需的水量[6]。但在实际情况下，由于组成植株体的水分只占总需水量中很微小的一部分（一般小于 1%），故人们常将此部分忽略不计，即认为作物需水量等于植株蒸腾量（transpiration）和棵间蒸发量（evaporation）之和，即所谓的“蒸散量”（evapotranspiration）。采用以下公式计算小麦、玉米、甘薯、马铃薯、蚕豆、大豆、油菜等作物在奉节、万州和沙坪坝的需水量。

$$ET_c=K_c·ET_0$$

式中，ET_c 为作物需水量；K_c 为作物系数。

作物系数 K_c 是计算作物需水量的重要参数，它反映了作物本身的生物学特性、作物种类、产量水平、土壤水肥状况及田间管理水平等对农田需水量的影响。FAO 建议将作物的生育期划分为 4 个阶段：前期、发育期、中期和后期。

2. 水分胁迫系数的计算

作物的蒸发蒸腾不仅受外界蒸发条件的支配，同时还受作物本身的生理特性及土壤水分状况的限制[7]。在 FAO 推荐的计算方法中，对作物蒸散量的估算在很大程度上依靠作物系数。利用试验资料计算西南地区作物蒸散量及作物系数，并对各生育阶段的作物蒸散量及作物系数变化规律进行分析。水分胁迫系数（K_s）的计算公式为[8]

$$K_s=\ln\left(\frac{S-S_w}{S^*-S_w}\times 100+1\right)/\ln 101$$

式中，S 为根层土壤实际含水量；S^* 为根层土壤田间持水量；S_w 为根层土壤凋萎系数（采用经验值法）。

3. 多熟制模式作物实际蒸散量的计算

对于某一地块而言，在给定时段内输入水量与输出水量之差就等于同期土壤贮水量的变化量。据此，建立的农田水量平衡模型[9]为

$$ET_a = P + I + G - \Delta W - R_s - D_p$$

式中，ET_a为作物实际蒸散量（mm）；P、I、G分别为生育期降水量、灌溉量和地下水上移补给量（mm）；ΔW为作物生育期土壤贮水变化量，即生育期末的贮水量与生育期前的贮水量之差（mm）；R_s和D_p分别为地表径流量和深层渗透量（mm）。

4. 多熟制模式作物需水量与作物系数的计算

多熟制模式作物需水量（ET_c）与作物系数（K_c）的计算公式分别为

$$ET_c = ET_a / K_s$$

$$K_c = ET_c / ET_0$$

对于多熟制模式作物需水量与作物系数，首先通过田间试验，由土壤水量平衡法计算出小麦/玉米/甘薯、马铃薯/玉米/甘薯（以下分别简称麦/玉/薯、马/玉/薯）全生育期的实际耗水量，然后根据土壤水分胁迫系数进行修正，得到这两种模式的需水量，从而求出多熟制模式作物系数，并结合 FAO 提出的单作作物系数确定蚕豆/玉米/甘薯、小麦/玉米/大豆、蚕豆/玉米/大豆、油菜/玉米/甘薯（以下分别简称蚕/玉/薯、麦/玉/豆、蚕/玉/豆、油/玉/薯）4 种模式的作物系数，再结合奉节、万州和沙坪坝的参考作物蒸散量，求得多熟制模式的作物需水量（注：本书中，“-”代表接茬复种，“/”代表套作，“||”代表间作）。

二、单作条件下作物需水量分析

（一）参考作物蒸散量

通过搜集北碚、奉节、万州和沙坪坝的多年平均气象资料，根据 Penman 公式计算西南地区 30 年来的平均参考作物蒸散量（ET_0）。图 1-5 为 3 个研究区和北碚试验区各月平均每天的 ET_0（mm）。可以看出，不同月份和不同地区平均每天的参考作物蒸散量不同。就同一地区而言，平均各月的日均参考作物蒸散量呈抛物线分布，与年内各月气温分布相近，较大值出现在 5～8 月。就同一月份而言，各地参考作物蒸散量大小排序为：奉节＞北碚＞万州＞沙坪坝，主要是由各地区温度、湿度、风速、日照时数和太阳辐射共同作用的结果。北碚日均参考作物蒸散量为 2.60mm，奉节为 2.93mm，万州为 2.41mm，沙坪坝为 2.21mm。奉节日均参考作物蒸散量最大值为 8 月的 5.16mm，最小值为 12 月的 1.19mm；万州最大值为 8 月的 4.46mm，最小值为 12 月的 0.78mm；沙坪坝最大值为 7 月的 4.02mm，最小值为 12 月的 0.77mm。

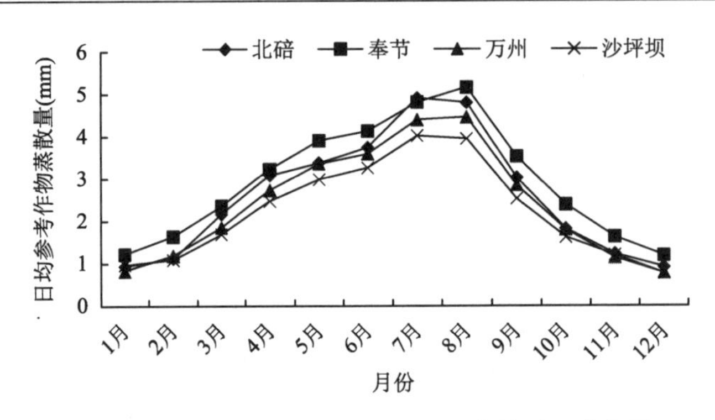

图 1-5　4 个区（县）日均参考作物蒸散量月分布图

图 1-6 为 3 个研究区和北碚试验区的年均参考作物蒸散量，可以看出 4 个地区的大小顺序是奉节＞北碚＞万州＞沙坪坝，这与 4 个地区各月的日均参考作物蒸散量大小顺序相同。其中奉节的年均参考作物蒸散量最大，为 1056mm，比北碚、万州和沙坪坝分别高出 13.04%、21.46%和 32.53%。

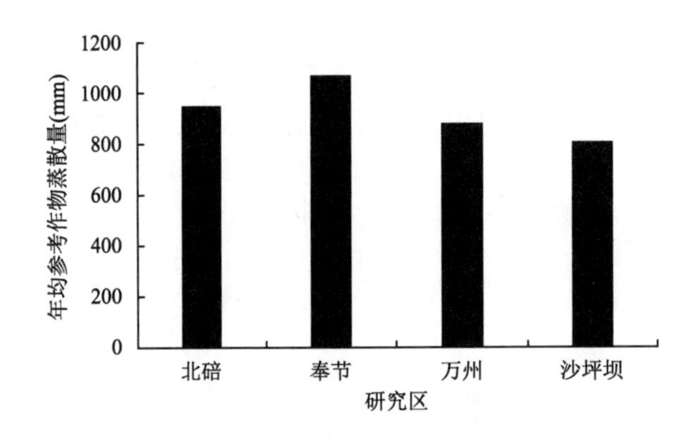

图 1-6　4 个区（县）的年均参考作物蒸散量

（二）单作作物生育期与作物系数

由表 1-4 可以看到，主要作物的生育期长短不同，为 130～200d。其中蚕豆的生育期较长，为 200d，其次是小麦、油菜，主要是因为这几种作物生育期经历冬季的低温，生长速度较慢。同时，将每种作物的生育期划分为 4 个阶段，每个阶段都有相应的作物系数。总体而言，作物系数在Ⅰ（前期）最小，说明作物生长初期，个体比较小，叶片小并且数量少，蒸腾量小；各种作物在Ⅱ（发育期）、Ⅲ（中期）的作物系数较大，这是作物生长发育的重要时期，在这个阶段作物需水量很大，只有这个时期的降水量与其需水量相符，才有利于作物高产、稳产。几种主要单作作物整个生育期的作物系数大小排序为：甘薯=马铃薯＞大豆＞蚕豆＞油菜＞玉米＞小麦。但不同作物同一生育期作物系数大小顺序是有区别的，这就要求在计算作物各生育期需水量时，应按照不同生育期的参考作物蒸散量和相应的作物系数求得，以确保计算结果的准确性。

表 1-4　主要单作作物生育期和作物系数

作物	全生育期		Ⅰ（前期）		Ⅱ（发育期）		Ⅲ（中期）		Ⅳ（后期）	
	天数	K_c	天数	K_c	天数	K_c	天数	K_c	天数	K_c
小麦	180	0.70	40	0.32	60	0.61	40	0.91	40	0.12
玉米	130	0.81	20	0.31	20	0.87	40	0.19	40	0.74
甘薯	130	0.90	30	0.57	30	1.07	30	1.15	40	0.94
马铃薯	130	0.90	25	0.51	30	0.93	35	1.15	40	0.94
蚕豆	200	0.87	50	0.48	30	1.12	60	1.19	60	0.82
大豆	130	0.88	30	0.53	40	1.12	30	1.15	30	0.77
油菜	180	0.86	60	0.62	50	1.20	30	1.07	40	0.71

（三）单作作物需水量

根据不同研究区的参考作物蒸散量，结合各种作物的作物系数，分别求出奉节、万州、沙坪坝 3 个研究区的小麦、玉米、甘薯、马铃薯、大豆、蚕豆和油菜的需水量。

由图 1-7 可以看出，受作物生理特性及区域生态环境的影响，不同研究区和不同作物的需水量均有较大差异。就每一种作物而言，奉节的需水量均高于万州和沙坪坝，顺序为：奉节＞万州＞沙坪坝，其原因是奉节的参考作物蒸散量高于万州和沙坪坝，在各种作物的作物系数一定的情况下，参考作物蒸散量高则需水量大。其中奉节的小麦、玉米、甘薯、马铃薯、大豆、蚕豆和油菜需水量分别高出沙坪坝相应作物需水量的 33.55%、27.69%、52.22%、29.54%、29.44%、39.97%和 37.84%。

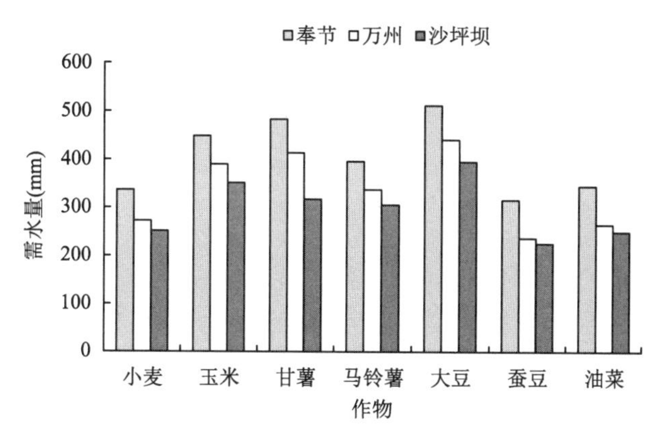

图 1-7　各研究区主要单作作物需水量分布图

就同一研究区而言，不同作物需水量存在较大差异。奉节不同作物需水量大小顺序为：大豆＞甘薯＞玉米＞马铃薯＞油菜＞小麦＞蚕豆；万州不同作物需水量大小顺序为：大豆＞甘薯＞玉米＞马铃薯＞小麦＞油菜＞蚕豆；沙坪坝不同作物需水量大小顺序为：大豆＞玉米＞甘薯＞马铃薯＞小麦＞油菜＞蚕豆。可以看出 3 个研究区不同作物需水量大小排序不同，因为：一方面，不同作物的作物系数不同；另一方面，不同研究区同一时期的参考作物蒸散量不同。二者共同作用下，使不同研究区、不同作物的需水量表现出差异性，其中奉节主要作物需水量存在较大差异，为345.8～511.8mm。

三、多熟制条件下作物系数及作物需水量

（一）试验条件下多熟制模式作物系数

通过西南大学教学试验农场的田间试验测得：麦/玉/薯生育期前后土壤贮水量分别为227.33mm和234.81mm，马/玉/薯生育期前后分别为230.25mm和241.31mm；土壤水分胁迫系数中土壤实际含水量为24.5%，土壤田间持水量为31.0%，土壤容重为1.21g/cm^3，凋萎系数取经验值15%。据此，计算出作物实际耗水量、多熟制模式需水量和作物系数（表1-5）。

表1-5　试验条件下多熟制模式作物实际耗水量、需水量和作物系数

多熟制模式	实际耗水量（mm）	ET_c（mm）	ET_0（mm）	K_c
麦/玉/薯	950.23	989.82	934.2	1.06
马/玉/薯	1158.70	1206.98	934.2	1.30

由表1-5可知，在试验条件下，马/玉/薯的实际耗水量、需水量都比麦/玉/薯高21.94%，作物系数高出22.64%。其主要原因是，单作条件下马铃薯的作物系数为0.9，比小麦的0.7高，所以马/玉/薯三熟制组合的作物系数高于麦/玉/薯，符合实际情况。根据上述各种主要单作作物系数，结合马/玉/薯、麦/玉/薯的作物系数，估算出其他4种多熟制模式作物系数，即蚕/玉/薯为1.20，油/玉/薯为1.40，麦/玉/豆为1.24，蚕/玉/豆为1.36。此结果反映了不同多熟制模式本身的生物学特性、不同作物产量、土壤水肥条件及田间管理状况等的差异性，进而对不同多熟制模式的农田蒸散量产生影响。

（二）多熟制模式作物需水量

根据多熟制模式的作物系数和奉节、万州、沙坪坝的参考作物蒸散量，求得各研究区的多熟制模式作物需水量（图1-8）。可以看出，就同一种多熟制模式而言，在不同研究区的作物需水量大小同当地参考作物蒸散量大小一致，即参考作物蒸散量大的地方，多熟制模式作物需水量也大，这是因为同一种多熟制模式的作物系数相同；不同研究区的作物需水量大小顺序为：奉节＞万州＞沙坪坝，且奉节每种多熟制模式的作物需水量均比万州和沙坪坝高。就同一研究区而言，不同多熟制模式的作物需水量大小与作物系数有关，即作物系数大的多熟制模式，其作物需水量也大，这是因为参考作物蒸散量相同；不同多熟制模式的作物需水量大小顺序为：油/玉/薯＞蚕/玉/豆＞马/玉/薯＞麦/玉/豆＞蚕/玉/薯＞麦/玉/薯。

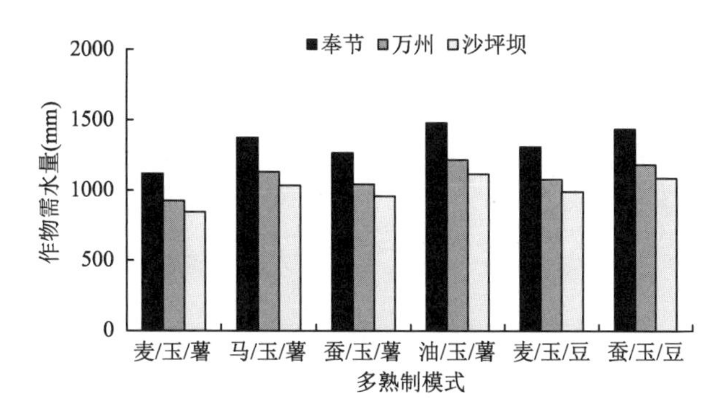

图 1-8　各研究区主要多熟制模式作物需水量分布图

第三节　旱地农作系统水分供需平衡特征分析

基于西南地区旱作农田面积大、坡耕地分布广、农田土层浅薄、降水有效性低等水土资源状况，依据农业生态系统中土壤-作物-大气系统水分运移规律与循环模式，探讨旱作农田水分输入输出规律，以及不同作物和种植模式的水分供需平衡状况即水分满足率，并分析 3 个研究区不同降水年型的有效降水与农作系统作物需水的吻合特征。

一、作物水分供需平衡的计算

作物对水分资源利用效率的高低，除了与其本身的生物学特性有关外，还与其生育期所处的季节、土壤贮水特性和地表蒸发损失等有关。采用水分满足率来定量评价不同作物对降水资源的利用状况，其数学模型为[10]

$$d = P/\mathrm{ET_c}$$

式中，d 为作物生育期水分满足率；P 为作物生育期降水量；$\mathrm{ET_c}$ 为作物需水量。

二、单作条件下作物水分供需平衡特征

（一）奉节主要作物水分供需平衡特征

1. 奉节丰水年型主要作物水分满足率

由图 1-9 可知，奉节丰水年型中，不同作物在不同坡度下水分满足率不同。同一种作物的水分满足率随着坡度的增加而减小，主要原因是随着坡度增加，径流系数增大，径流量增大，则有效降水量减小。从奉节丰水年型中各种作物生育期水分满足率可以看出，尽管该区降水量和不同坡度的径流系数是定值，使不同坡度的有效降水量也是定值，但是由于各种作物的生育期不同，生育期内的降水量是不同的，不同作物的水分满足率存在明显差异。

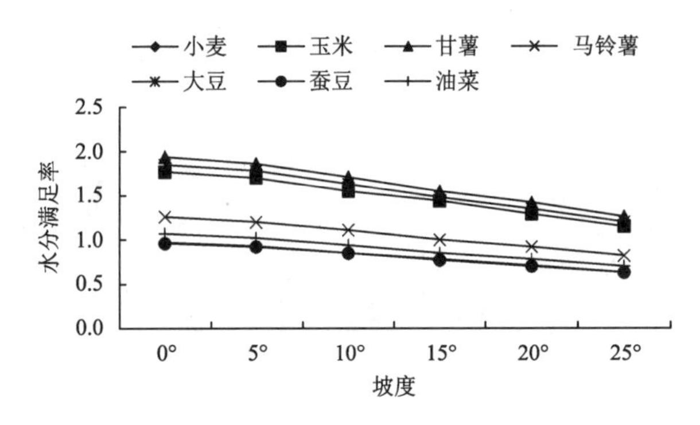

图 1-9　奉节丰水年型主要单作作物水分满足率

就同一坡度而言，不同作物水分满足率的大体顺序是：甘薯＞大豆＞玉米＞马铃薯＞油菜＞小麦＞蚕豆。其中，甘薯、大豆和玉米在 0°、5°、10°、15°、20°、25°坡耕地中水分满足率都大于 1，说明这 3 种作物在奉节的丰水年型中，其生育期得到的有效降水量能够满足作物需水量，因而适宜在不同坡度的耕地上种植。马铃薯在 15°以下的坡耕地上的水分满足率大于 1，所以超过 15°时，不适宜种植马铃薯；同理，油菜适宜在 5°以下坡耕地种植。由于小麦和蚕豆在不同坡度下的水分满足率都小于 1，即生育期需水量得不到满足，为了提高农田生产力，在奉节进行丰水年农田作物配置时则应尽量减少小麦和蚕豆的种植面积。

2. 奉节平水年型主要作物水分满足率

由图 1-10 可知，在奉节平水年型中，不同作物在同一坡度上水分满足率的大小顺序为：甘薯＞大豆＞玉米＞蚕豆＞马铃薯＞油菜＞小麦，因而在平水年型作物配置时应适当减少马铃薯、油菜和小麦的种植面积。从不同坡度上各种作物水分满足率可以看出，耕地坡度在 0°时，适宜种植的作物有甘薯、大豆、玉米、蚕豆；随着坡度增加，有效降水量减少，在耕地坡度为 10°时，蚕豆的水分满足率减小为 0.91；在耕地坡度为 25°时，蚕豆、马铃薯、油菜、小麦的水分满足率均小于 1，因而在陡坡地上应尽量减少这 4 种作物的种植面积。

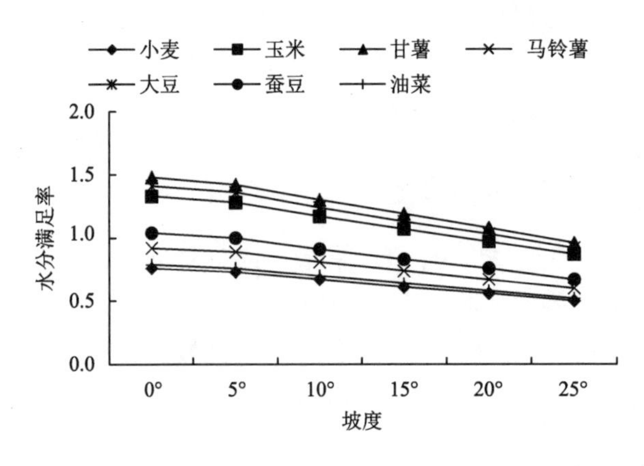

图 1-10　奉节平水年型主要单作作物水分满足率

3. 奉节干旱年型主要作物水分满足率

由图 1-11 可知，在奉节干旱年型中，几种主要作物在 0°、5°、10°、15°、20°、25°的坡耕地中的水分满足率均小于 1，其大小顺序为：油菜＞玉米＞小麦＞甘薯＞蚕豆＞大豆＞马铃薯。不同坡度水分满足率在 0.47～0.91 变化，明显低于丰水年的 0.63～1.94 和平水年的 0.50～1.48，其原因是干旱年的降水量较少，不同坡度有效降水量也较少，则水分满足率也相应降低。为了在干旱年型中保证农业生产的稳定性，可以适当多种植抗旱性较好的作物类型，如油菜、玉米、小麦和甘薯。

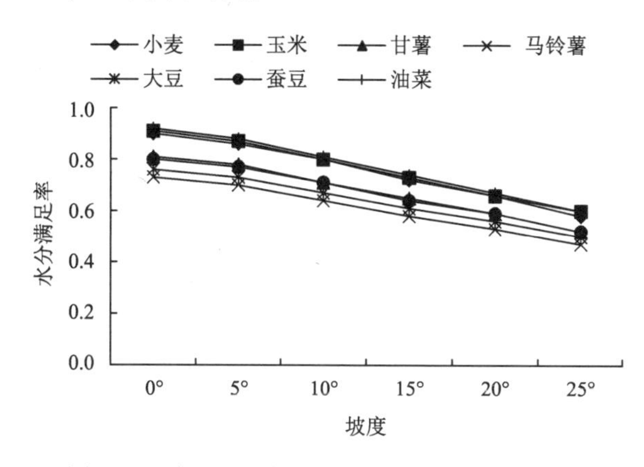

图 1-11　奉节干旱年型主要单作作物水分满足率

4. 不同降水年型奉节主要作物水分满足率的比较

图 1-12 为奉节 3 种降水年型下不同作物在平整耕地上的水分满足率。可以看出，甘薯受降水年型的影响最大，与丰水年的水分满足率相比，干旱年减少了 58.95%；其次是大豆和玉米，分别减少了 58.92%和 48.59%。相反，不同降水年型对小麦、油菜和蚕豆的水分满足率的影响较小，甚至小麦和油菜在干旱年的水分满足率还高于平水年。其原因和重庆市各月降水分布有关，如前面所述，重庆市降水主要集中在 5～9 月，这几个月的降水量变化最大，也是划分降水年型的主要依据，其他月份中降水量的变化范围较小，所以导致生育期经历 5～9 月的作物的水分满足率受降水量影响很大。

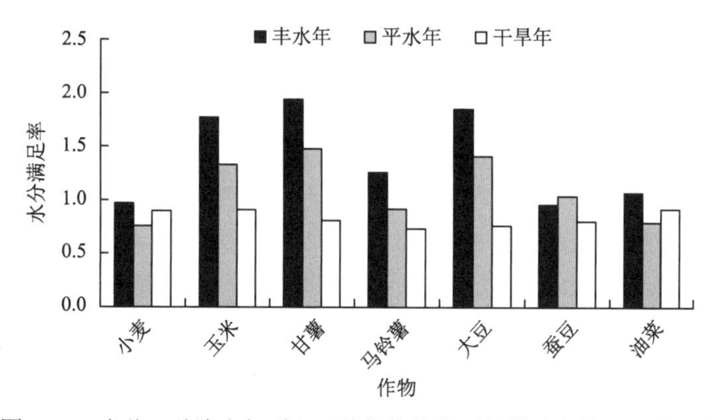

图 1-12　奉节 3 种降水年型主要单作作物在平整耕地上的水分满足率

（二）万州主要作物水分供需平衡特征

1. 万州丰水年型主要作物水分满足率

图1-13为万州丰水年型各主要作物水分满足率随耕地坡度增大的变化趋势。由图1-13可知，随着坡度在0°～25°增加，各种主要作物的水分满足率也都呈下降趋势。总体而言，不同作物水分满足率大小顺序为：甘薯＞大豆＞玉米＞油菜＞蚕豆＞小麦＞马铃薯，其中油菜、蚕豆、小麦和马铃薯的水分满足率都非常接近，其主要原因是这几种作物的生育期处在当地降水量相对较少的月份；同时它们的水分满足率随坡度增加的变化幅度也较小。水分满足率较大的3种作物中，大豆受坡度的影响最大，变化率为35.1%。尽管水分满足率随坡度增加呈下降趋势，但只有马铃薯、蚕豆和小麦在20°以上坡耕地的水分满足率小于1。所以，在万州丰水年型中，不同坡度耕地上都适宜种植甘薯、大豆和玉米；20°以下坡度耕地不仅适宜种植这3种作物，还适宜种植油菜、蚕豆、小麦和马铃薯，其中油菜的适应性又胜于蚕豆、小麦和马铃薯。

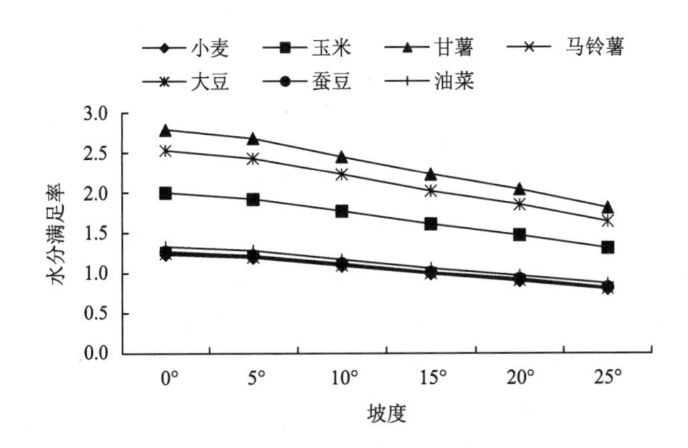

图1-13　万州丰水年型主要单作作物的水分满足率

2. 万州平水年型主要作物水分满足率

图1-14为万州平水年型各主要作物水分满足率随坡度增加的变化趋势，为0.55～1.72。不同作物水分满足率大小顺序为：大豆＞甘薯＞玉米＞蚕豆＞马铃薯＞油菜＞小麦。从图1-14中可知，小麦和油菜的水分满足率在不同坡度下都小于1，此年型比较特殊，其原因是降水量大量分布在5～8月，而11月至次年4月（此时正值小麦和油菜生育期）的降水量相对于其他年型明显偏少。总体来看，在万州平水年型中，大豆和甘薯在不同坡度均表现为较好的适应性，玉米对20°以下坡度有较好的适应性，蚕豆和马铃薯则对15°以下坡度有较好的适应性。

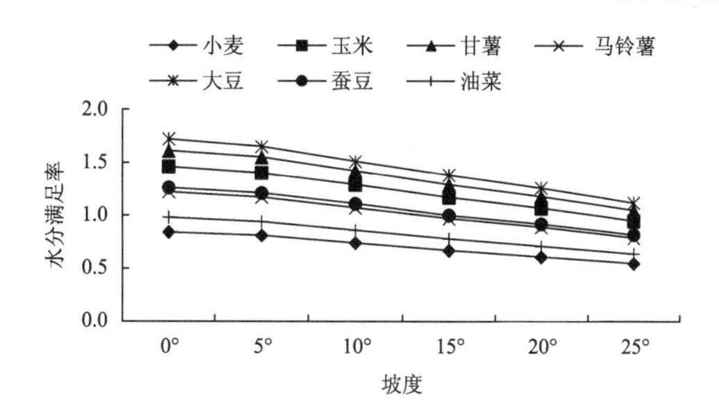

图 1-14　万州平水年型主要单作作物的水分满足率

3. 万州干旱年型主要作物水分满足率

图 1-15 为万州干旱年型各主要作物水分满足率随坡度增加的变化趋势。可以看出，相同坡度上不同作物水分满足率大小顺序为：马铃薯＞蚕豆＞油菜＞玉米＞小麦＞甘薯＞大豆。其中，马铃薯、油菜和蚕豆在 20°以下的坡耕地上水分满足率都大于 1；甘薯和大豆由于受到生育期降水大量减少的影响，在各种坡度的耕地上，其水分满足率都小于 1。这说明在万州干旱年中，配置作物应当优先选择马铃薯、油菜和蚕豆，缓坡地可适当种植玉米和小麦。

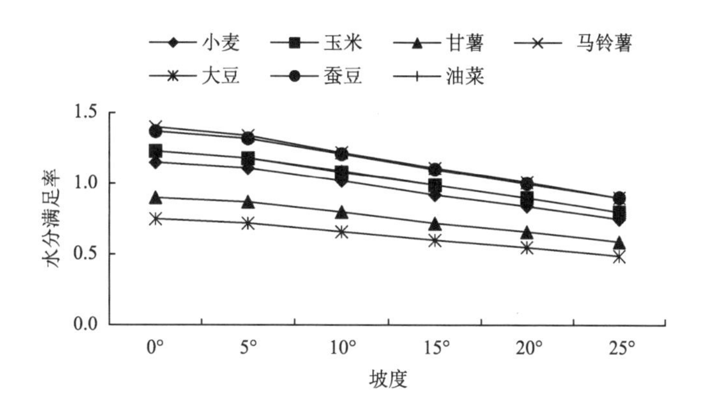

图 1-15　万州干旱年型主要单作作物的水分满足率

4. 不同降水年型万州主要作物水分满足率的比较

图 1-16 为万州 3 种降水年型下不同作物在平整耕地上水分满足率的比较。可以看出，水分满足率受降水年型影响比较大的是甘薯、大豆和玉米，对其他几种作物的影响比较小，甚至不受降水年型的影响，其原因与奉节类似，主要是不同作物生育期内的降水量受降水年型的影响各不相同。总体来看，万州大部分作物的水分满足率都大于 1，其中玉米、蚕豆、马铃薯在 3 种降水年型中都大于 1，说明万州进行作物配置时，适当增加玉米、蚕豆和马铃薯的种植面积，有利于种植业高产、稳产。

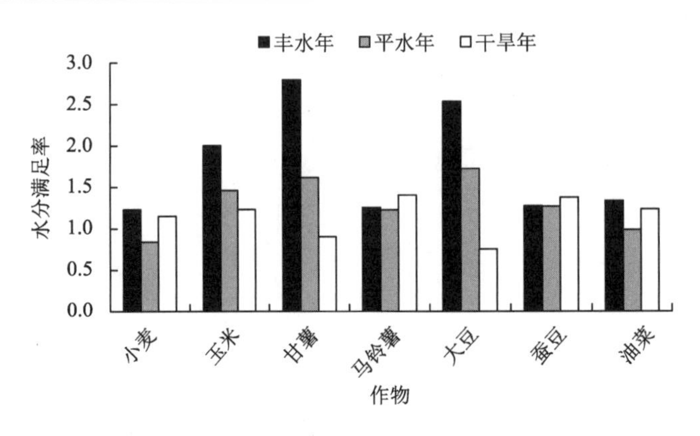

图 1-16　万州 3 种降水年型主要单作作物在平整耕地上的水分满足率

（三）沙坪坝主要作物水分供需平衡特征

1. 沙坪坝丰水年型主要作物水分满足率

图 1-17 为沙坪坝丰水年型各主要作物水分满足率随坡度增加的变化趋势。可以看出，几种主要作物的水分满足率呈明显的两极分布，其中甘薯、玉米和大豆的水分满足率为 1.71～2.87，而蚕豆、马铃薯、油菜和小麦的水分满足率仅为 0.70～1.30。造成这种两极分布的原因是沙坪坝丰水年降水量大量集中在 5～8 月。因此，对于沙坪坝丰水年型的作物配置，应重点发展甘薯、玉米和大豆等秋熟作物，越冬作物优先选择蚕豆和马铃薯。

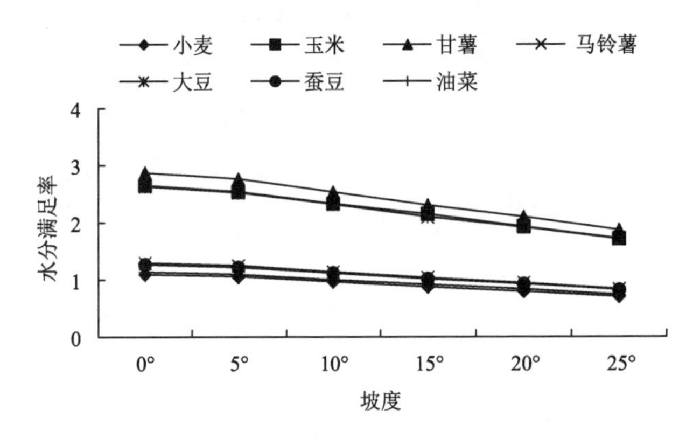

图 1-17　沙坪坝丰水年型主要单作作物的水分满足率

2. 沙坪坝平水年型主要作物水分满足率

图 1-18 为沙坪坝平水年型中各主要作物水分满足率随坡度增加的变化趋势。与该区丰水年型相比较，几种主要作物平水年的水分满足率变化曲线分布比较集中，变化范围也较小，为 0.72～1.56，其原因是沙坪坝平水年各月降水分布相对均匀。在相同坡度上不同作物水分满足率大小顺序为：玉米＞甘薯＞大豆＞马铃薯＞蚕豆＞油菜＞小麦。在这种年型中，除了小麦的水分满足率相对较小，其他作物的水分满足率都较高且非常接近。所以，在沙坪坝平水年型进行作物配置时可以根据市场需求进行多样化种植。

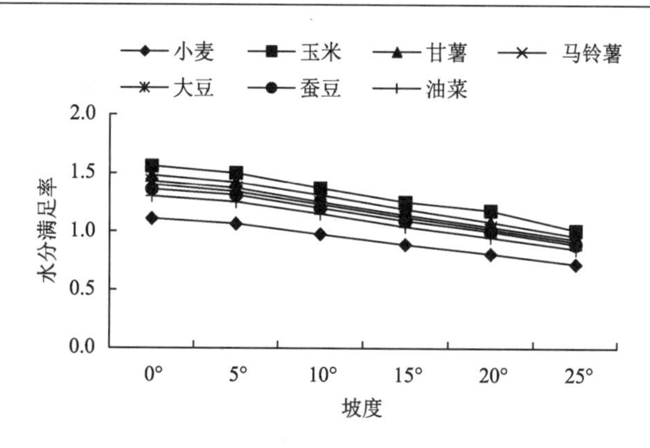

图 1-18　沙坪坝平水年型主要单作作物的水分满足率

3. 沙坪坝干旱年型主要作物水分满足率

图 1-19 为沙坪坝干旱年型各主要作物水分满足率随坡度增加的变化趋势。此年型非常特殊，其降水量分布不同于其他年型的 5～8 月出现高峰期，而是各月分布比较均匀，所以几种主要作物的水分满足率大小顺序也有很大变化，表现为：蚕豆＞油菜＞小麦＞马铃薯＞玉米＞大豆＞甘薯。同时，小麦、蚕豆和油菜生育期的有效降水量为需水量的 2～5 倍，远远大于其他降水年型和其他研究区。而马铃薯、玉米、大豆和甘薯的水分满足率大体一致且较低，主要受制于生育期降水量锐减的影响。因此，在沙坪坝干旱年型下应重点发展小麦、蚕豆和油菜等越冬作物生产，同时适当种植马铃薯和玉米。

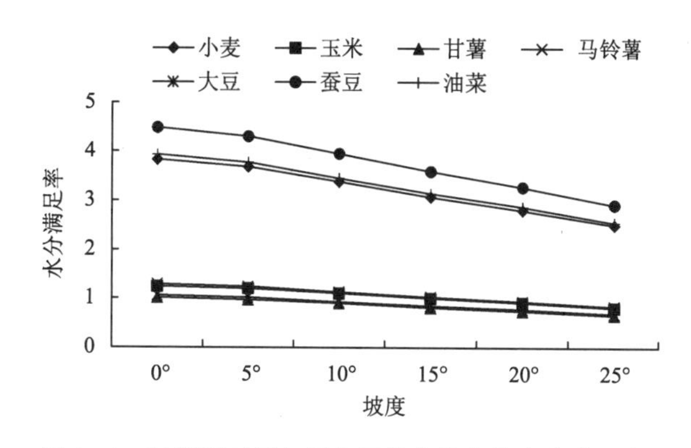

图 1-19　沙坪坝干旱年型主要单作作物的水分满足率

4. 不同降水年型沙坪坝主要作物水分满足率的比较

图 1-20 为沙坪坝 3 种降水年型下不同作物在平整耕地上水分满足率的比较。可以看出，丰水年玉米、甘薯和大豆的水分满足率明显提高；平水年中各种作物的水分满足率较低，但总体比较接近；与万州、奉节不同的是，沙坪坝干旱年小麦、蚕豆和油菜的水分满足率明显较高，这与干旱年各月降水分布比较均匀有关。总体来看，3 种降水年型中，沙

坪坝主要作物在平整耕地上的水分满足率均大于 1，说明沙坪坝为农业种植优势区域，有利于种植业多样化生产。

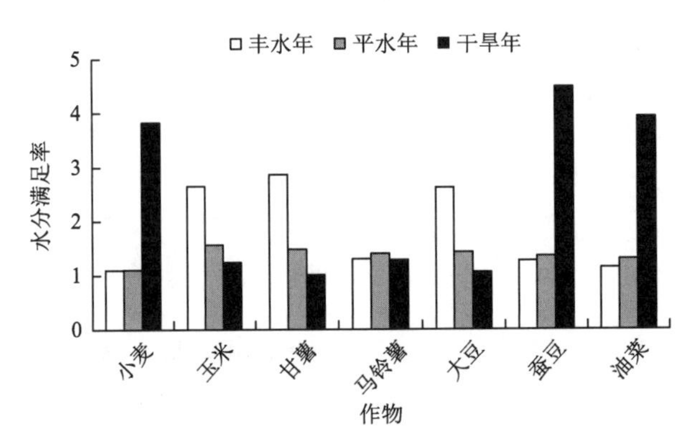

图 1-20　沙坪坝 3 种降水年型主要单作作物在平整耕地上的水分满足率

三、多熟制条件下作物水分供需平衡特征

（一）奉节多熟制条件下作物水分供需平衡特征

表 1-6 为奉节 3 种降水年型下不同多熟制模式在不同坡度耕地上水分满足率的比较。可以看出，在同一降水年型中，几种主要多熟制模式的水分满足率随耕地坡度的增加而减少。各年型中，多熟制模式水分满足率的大小顺序为：麦/玉/薯＞蚕/玉/薯＞麦/玉/豆＞马/玉/薯＞蚕/玉/豆＞油/玉/薯。在丰水年型中，麦/玉/薯在 15°及以下的耕地上水分满足率都大于 1，蚕/玉/薯、麦/玉/豆和马/玉/薯在 5°以下的耕地上大于 1；在平水和干旱年型中，有效降水量都不能满足几种多熟制模式生育期的需水量。因此，这些多熟制模式尽量选择在丰水年种植，或者在平水年种植在坡度较小的耕地上，才能保证作物正常生长发育所需的水分得到满足。干旱年里，可选择种植水分满足率较高的麦/玉/薯模式，同时应积极采用抗旱节水技术（如秸秆覆盖），加强农田蓄水保墒，从而增加降水利用率，保证作物生育期所需水分的满足；同时针对坡耕地，可实施横坡起垄技术，防止坡地上水土流失，降低径流系数，从而增加有效降水量，增加作物的水分满足率。

表 1-6　奉节主要多熟制模式水分满足率

年型	多熟制模式	坡度					
		0°	5°	10°	15°	20°	25°
丰水年	麦/玉/薯	1.28	1.23	1.12	1.02	0.93	0.83
	马/玉/薯	1.04	1.00	0.92	0.83	0.76	0.68
	蚕/玉/薯	1.13	1.08	0.99	0.90	0.82	0.73
	油/玉/薯	0.97	0.93	0.85	0.77	0.71	0.63
	麦/玉/豆	1.09	1.05	0.96	0.87	0.80	0.71
	蚕/玉/豆	1.00	0.96	0.88	0.80	0.73	0.65

续表

年型	多熟制模式	坡度					
		0°	5°	10°	15°	20°	25°
平水年	麦/玉/薯	0.99	0.95	0.87	0.79	0.72	0.64
	马/玉/薯	0.80	0.77	0.71	0.64	0.59	0.52
	蚕/玉/薯	0.87	0.84	0.77	0.70	0.64	0.57
	油/玉/薯	0.75	0.72	0.66	0.60	0.54	0.48
	麦/玉/豆	0.84	0.81	0.74	0.67	0.61	0.55
	蚕/玉/豆	0.77	0.74	0.68	0.61	0.56	0.50
干旱年	麦/玉/薯	0.69	0.66	0.60	0.55	0.50	0.45
	马/玉/薯	0.56	0.54	0.49	0.45	0.41	0.36
	蚕/玉/薯	0.61	0.58	0.53	0.48	0.44	0.39
	油/玉/薯	0.52	0.50	0.46	0.42	0.38	0.34
	麦/玉/豆	0.59	0.56	0.52	0.47	0.43	0.38
	蚕/玉/豆	0.53	0.51	0.47	0.43	0.39	0.35

（二）万州多熟制条件下作物水分供需平衡特征

表1-7为万州3种降水年型下不同多熟制模式在不同坡度耕地上水分满足率的比较。可以看出，各多熟制模式的水分满足率随其需水量的增大而减小，且减小趋势相同，其原因是几种多熟制模式的作物系数不同，作物系数大则需水量大。各年型中，多熟制模式水分满足率的大小顺序为：麦/玉/薯＞蚕/玉/薯＞麦/玉/豆＞马/玉/薯＞蚕/玉/豆＞油/玉/薯，与奉节相同。在丰水年型中，麦/玉/薯在0°～25°坡度的耕地上水分满足率都大于1，其他几种模式在15°以下坡度的耕地上能获得满足其生育期所需的有效降水量；平水年型中，各种多熟制模式水分满足率随坡度的增加而逐渐变小，其中水分满足率最小的模式为油/玉/薯，所以在平水年型中尽可能减少其种植面积；在干旱年型中，各多熟制模式水分满足率都小于1，尤其是在25°坡耕地上，有效降水量只为作物需水量的50%左右，将严重影响作物的生长发育，所以在干旱年型可以采用单作或两熟制模式。

表1-7　万州主要多熟制模式水分满足率

年型	多熟制模式	坡度					
		0°	5°	10°	15°	20°	25°
丰水年	麦/玉/薯	1.71	1.64	1.51	1.37	1.25	1.11
	马/玉/薯	1.40	1.34	1.23	1.12	1.02	0.91
	蚕/玉/薯	1.51	1.45	1.33	1.21	1.10	0.98
	油/玉/薯	1.30	1.24	1.14	1.04	0.95	0.84
	麦/玉/豆	1.46	1.40	1.29	1.17	1.07	0.95
	蚕/玉/豆	1.33	1.28	1.17	1.07	0.97	0.87

续表

年型	多熟制模式	坡度					
		0°	5°	10°	15°	20°	25°
平水年	麦/玉/薯	1.24	1.19	1.09	0.99	0.90	0.80
	马/玉/薯	1.01	0.92	0.85	0.77	0.71	0.65
	蚕/玉/薯	1.09	1.05	0.96	0.87	0.80	0.71
	油/玉/薯	0.94	0.90	0.82	0.75	0.68	0.61
	麦/玉/豆	1.06	1.00	0.93	0.85	0.77	0.69
	蚕/玉/豆	0.96	0.93	0.85	0.77	0.70	0.63
干旱年	麦/玉/薯	0.91	0.88	0.80	0.73	0.67	0.59
	马/玉/薯	0.75	0.72	0.66	0.60	0.54	0.48
	蚕/玉/薯	0.81	0.77	0.71	0.65	0.59	0.52
	油/玉/薯	0.69	0.66	0.61	0.55	0.51	0.45
	麦/玉/豆	0.78	0.75	0.69	0.62	0.57	0.51
	蚕/玉/豆	0.71	0.68	0.63	0.57	0.52	0.46

（三）沙坪坝多熟制条件下作物水分供需平衡特征

表 1-8 为沙坪坝 3 种降水年型下不同多熟制模式在不同坡度耕地上水分满足率的比较。可以看出，沙坪坝各种多熟制模式水分满足率变化趋势和奉节、万州基本一致。在丰水年型中，不同复种模式（麦/玉/薯、马/玉/薯、蚕/玉/薯、油/玉/薯、麦/玉/豆、蚕/玉/豆）的水分满足率均较高；在平水年型里，沙坪坝多熟制模式水分满足率小于万州，但麦/玉/薯、蚕/玉/薯、麦/玉/豆仍然可以在坡度较小的缓坡地或平整耕地上满足水分需求；在干旱年型中，虽然沙坪坝各种多熟制模式水分满足率均小于 1，但与奉节和万州相比，其水分满足率相对较高，因此在干旱年型中沙坪坝多熟制模式的适应性优于奉节和万州。

表 1-8 沙坪坝主要多熟制模式水分满足率

年型	多熟制模式	坡度					
		0°	5°	10°	15°	20°	25°
丰水年	麦/玉/薯	1.70	1.64	1.50	1.36	1.24	1.11
	马/玉/薯	1.39	1.33	1.22	1.11	1.01	0.90
	蚕/玉/薯	1.51	1.44	1.32	1.20	1.10	0.98
	油/玉/薯	1.29	1.24	1.14	1.03	0.94	0.84
	麦/玉/豆	1.46	1.40	1.28	1.17	1.06	0.95
	蚕/玉/豆	1.33	1.27	1.17	1.06	0.97	0.86

续表

年型	多熟制模式	坡度					
		0°	5°	10°	15°	20°	25°
平水年	麦/玉/薯	1.21	1.16	1.06	0.97	0.88	0.78
	马/玉/薯	0.98	0.95	0.87	0.79	0.72	0.64
	蚕/玉/薯	1.07	1.02	0.94	0.85	0.78	0.69
	油/玉/薯	0.91	0.88	0.80	0.73	0.67	0.59
	麦/玉/豆	1.03	0.99	0.91	0.83	0.75	0.67
	蚕/玉/豆	0.94	0.90	0.83	0.75	0.69	0.61
干旱年	麦/玉/薯	0.96	0.93	0.85	0.77	0.70	0.63
	马/玉/薯	0.79	0.76	0.69	0.63	0.57	0.51
	蚕/玉/薯	0.85	0.82	0.75	0.68	0.62	0.55
	油/玉/薯	0.73	0.70	0.64	0.58	0.53	0.47
	麦/玉/豆	0.82	0.79	0.73	0.66	0.60	0.54
	蚕/玉/豆	0.75	0.72	0.66	0.60	0.55	0.49

第四节　旱地农作系统水分生态适应性评价

一、水分生态适应性的计算方法

参考其他学者提出的水分生态适应性评价方法，在综合与权衡作物各生育阶段的降水供需平衡关系的前提下，采用定量评价作物生长的水分生态适应性的加权阶乘数学模型[10]，即

$$\mathrm{PESI}=\prod_{i=1}^{n}\left\{1-a_i\left[1-P\left(1-C\right)/\mathrm{ET_m}\right]_i\right\}$$

式中，PESI 为水分生态适应性指数（precipitation ecological suitability index）；P 为各生育阶段的降水供给量；C 为降水径流系数；P（$1-C$）为各生育阶段的有效降水供给量；$\mathrm{ET_m}$ 为土壤水分供给充足条件下的最大蒸散量；a_i 为第 i 个生育阶段的权重系数；n 为生育阶段数量。

a_i 主要反映作物各生育期的水分生态适应性对作物总体水分生态适应性的相对重要性程度或贡献大小，即反映作物各生育期对降水亏缺的敏感性程度，可用下式计算。

$$a_i=K_{ci}/\sum K_{\mathrm{c}}$$

式中，K_{ci} 为第 i 个生育阶段的作物需水系数；$\sum K_{\mathrm{c}}$ 为各生育阶段作物需水系数之和。

旱地作物种群的总体水分生态适应性是由作物各生育阶段的水分生态适应性决定的。由于作物各生育阶段的水分生态适应性对作物总体水分生态适应性的影响或贡献并不均等，对作物种群的水分生态适应性进行评价时，必须全面权衡各生育阶段的水分供需关系，做出综合评价。本研究采用水分生态适应性评价模型，对重庆市3个研究区主要作物和种植模式的水分生态适应性做出定量分析和系统评价。

二、单作条件下水分生态适应性评价

（一）各研究区小麦水分生态适应性

表1-9为3个研究区小麦各生育阶段和全生育期水分生态适应性指数。可以看出，在同一研究区，小麦各个生育阶段的水分生态适应性不同，且小麦的同一生育阶段在不同研究区的水分生态适应性也不同。从小麦整个生育期来看，3个研究区水分生态适应性指数的大小顺序为：沙坪坝＞万州＞奉节，其中沙坪坝和万州分别高出奉节54.8%和23.8%。从不同研究区来看，奉节的小麦第Ⅱ、Ⅲ和Ⅳ生育阶段的水分生态适应性指数均小于1；万州的小麦第Ⅱ生育阶段水分生态适应性指数较低，为0.85，其原因是本区小麦的该生育阶段内有效降水量不足；相对于奉节和万州，沙坪坝的小麦各个生育阶段水分生态适应性均较好。所以，就降水资源利用来讲，沙坪坝和万州比奉节更适宜种植小麦。

表1-9　各研究区小麦水分生态适应性指数

生育阶段	奉节	万州	沙坪坝
Ⅰ	1.11	1.23	1.26
Ⅱ	0.85	0.85	1.03
Ⅲ	0.96	1.00	1.02
Ⅳ	0.93	1.00	0.98
全生育期	0.84	1.04	1.30

（二）各研究区玉米水分生态适应性

表1-10为3个研究区玉米各生育阶段和全生育期水分生态适应性指数。可以看出，玉米全生育期水分生态适应性大小为：沙坪坝＞万州＞奉节，其中沙坪坝和万州分别高出奉节27.7%和25.7%。3个研究区的玉米全生育期的水分生态适应性指数都大于1，但其第Ⅲ生育阶段由于有效降水量较少，水分生态适应性指数均小于1，存在水分供需错位现象。这说明玉米对3个研究区均有较好的适应性，但为了防止其第Ⅲ生育阶段水分供需错

位导致的减产，在种植时可以适当提前播种，或者采用温室育苗的方法，有效避开玉米需水高峰期高温伏旱造成的水分胁迫。

表 1-10　各研究区玉米水分生态适应性指数

生育阶段	奉节	万州	沙坪坝
Ⅰ	1.11	1.15	1.17
Ⅱ	1.00	1.07	1.05
Ⅲ	0.89	0.97	0.97
Ⅳ	1.02	1.07	1.09
全生育期	1.01	1.27	1.29

（三）各研究区甘薯水分生态适应性

表 1-11 为 3 个研究区甘薯各生育阶段和全生育期水分生态适应性指数。可以看出，甘薯全生育期水分生态适应性大小为：沙坪坝＞万州＞奉节，其中沙坪坝和万州分别高出奉节 30.3%和 25.3%。在奉节，甘薯由于受到第Ⅱ、Ⅲ生育阶段水分供需错位的影响，其全生育期的生态适应性指数略小于 1；在万州，甘薯第Ⅲ生育阶段存在轻微的水分供需错位现象，但全生育期的水分生态适应性指数仍达到 1.24；在沙坪坝，甘薯各生育阶段水分需求均能得到满足，且全生育期的水分生态适应性指数为 1.29。因此，甘薯在万州和沙坪坝均有较好的适应性，而在奉节种植甘薯时应注意避免水分错位现象，如提前扦插，或采取起垄、秸秆覆盖等保护性耕作措施，达到保温、保水的效果，通过适当提早种植，使甘薯需水与降水分布尽量吻合，实现高产、稳产。

表 1-11　各研究区甘薯水分生态适应性指数

生育阶段	奉节	万州	沙坪坝
Ⅰ	1.10	1.17	1.19
Ⅱ	0.95	1.00	1.02
Ⅲ	0.94	0.99	1.00
Ⅳ	1.01	1.07	1.06
全生育期	0.99	1.24	1.29

（四）各研究区马铃薯水分生态适应性

表 1-12 为 3 个研究区马铃薯各生育阶段和全生育期水分生态适应性指数。可以看

出，马铃薯全生育期水分生态适应性大小为：沙坪坝＞万州＞奉节，其中沙坪坝和万州分别高出奉节 30.6%和 17.6%。总体来看，沙坪坝是马铃薯的适宜种植区域；万州也基本适宜种植马铃薯，但应注意生育期和降水的吻合性；奉节的马铃薯各个生育阶段水分生态适应性指数均小于 1，会严重影响到马铃薯整个生育期的生长发育，做好抗旱保水工作显得尤为重要。

表 1-12　各研究区马铃薯水分生态适应性指数

生育阶段	奉节	万州	沙坪坝
Ⅰ	0.99	0.98	1.09
Ⅱ	0.96	0.99	1.00
Ⅲ	0.92	0.99	0.97
Ⅳ	0.99	1.04	1.04
全生育期	0.85	1.00	1.11

（五）各研究区大豆水分生态适应性

表 1-13 为 3 个研究区大豆各生育阶段和全生育期水分生态适应性指数。可以看出，大豆全生育期水分生态适应性大小为：沙坪坝＞万州＞奉节，其中沙坪坝和万州分别高出奉节 29.0%和 25.0%。3 个研究区的全生育期水分生态适应性指数都大于或等于 1，且沙坪坝的大豆各生育阶段水分需求均能得到满足，大豆在本区的生态适应性最高；在奉节和万州，大豆第Ⅱ、Ⅲ生育阶段的水分生态适应性指数小于 1，这主要与此阶段有效降水量不足有关，因此奉节和万州虽然总体上适宜种植大豆，但仍需加强抗旱保水工作。

表 1-13　各研究区大豆水分生态适应性指数

生育阶段	奉节	万州	沙坪坝
Ⅰ	1.10	1.17	1.18
Ⅱ	0.92	0.98	1.00
Ⅲ	0.94	0.99	1.00
Ⅳ	1.04	1.09	1.08
全生育期	1.00	1.25	1.29

（六）各研究区蚕豆水分生态适应性

表 1-14 为 3 个研究区蚕豆各生育阶段和全生育期水分生态适应性指数。可以看出，

蚕豆全生育期水分生态适应性大小为：沙坪坝＞万州＞奉节，其中沙坪坝和万州分别高出奉节46.6%和21.9%。在3个研究区中，仅沙坪坝的蚕豆全生育期水分生态适应性指数大于1，奉节和万州分别仅为0.73和0.89，总体来看蚕豆在沙坪坝种植较为适宜，而在奉节和万州两地的适应性偏低。同时，3个研究区蚕豆的第Ⅱ、Ⅲ生育阶段均表现出需水和降水错位的现象，主要原因是12月至次年3月有效降水量较少。因此，在蚕豆生产中应注意做好春季的防旱减灾工作。

表1-14　各研究区蚕豆水分生态适应性指数

生育阶段	奉节	万州	沙坪坝
Ⅰ	1.15	1.28	1.26
Ⅱ	0.79	0.81	0.89
Ⅲ	0.80	0.80	0.90
Ⅳ	1.01	1.07	1.06
全生育期	0.73	0.89	1.07

（七）各研究区油菜水分生态适应性

表1-15为3个研究区油菜各生育阶段和全生育期水分生态适应性指数。可以看出，油菜全生育期水分生态适应性大小为：沙坪坝＞万州＞奉节，其中沙坪坝和万州分别高出奉节72.0%和25.3%。在3个研究区中，沙坪坝的油菜各生育阶段水分生态适应性指数均大于或等于1，且全生育期达到1.29，其生态适应性较高；而在万州和奉节，其水分生态适应性较低，尤其是第Ⅱ生育阶段水分生态适应性指数仅为0.77，会严重影响油菜的生长发育，因此做好春季防旱减灾工作对油菜生产也显得十分重要。

表1-15　各研究区油菜水分生态适应性指数

生育阶段	奉节	万州	沙坪坝
Ⅰ	1.01	1.16	1.18
Ⅱ	0.77	0.77	1.00
Ⅲ	0.94	0.99	1.00
Ⅳ	1.03	1.07	1.08
全生育期	0.75	0.94	1.29

三、多熟制条件下水分生态适应性评价

图1-21为3个研究区6种主要多熟制模式整个生育期水分生态适应性指数的比较。

可以看出，各种多熟制模式在 3 个研究区的水分生态适应性指数大小顺序为：沙坪坝＞万州＞奉节。由于多熟制模式生育期为 1 年，因此水分生态适应性指数的高低与多熟制模式需水量有关，且 3 个研究区的不同多熟制模式表现出相同的变化趋势。就同一研究区来看，不同多熟制模式的水分生态适应性指数大小顺序为：麦/玉/薯＞蚕/玉/薯＞麦/玉/豆＞马/玉/薯＞蚕/玉/豆＞油/玉/薯，此顺序与多熟制模式的水分满足率一致。其中，麦/玉/薯模式在奉节高出油/玉/薯 20.0%，在万州高出 17.4%，在沙坪坝高出 17.2%。总体来看，麦/玉/薯模式在 3 个研究区的水分适应性最高，其次是蚕/玉/薯模式和麦/玉/豆模式，而油/玉/薯模式的水分适应性最低。

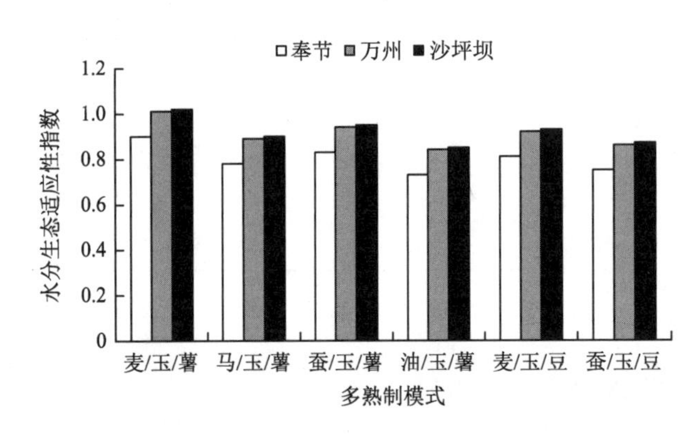

图 1-21 各研究区主要多熟制模式水分生态适应性指数分布图

四、提升水分生态适应性的对策

基于前文的旱地农作系统水分供需平衡特征与水分生态适应性研究结果，特提出增进农田作物水分生态适应性的对策与建议。

（1）积极调整种植结构。根据作物水分供需平衡特征和水分生态适应性分析结果，在水分资源有限的西南地区，应建立与降水规律相适应的种植制度。由于同一坡度上不同作物水分满足率的大体顺序是：甘薯＞大豆＞玉米＞马铃薯＞油菜＞小麦＞蚕豆，不同多熟制模式的水分生态适应性指数大小顺序为：麦/玉/薯＞蚕/玉/薯＞麦/玉/豆＞马/玉/薯＞蚕/玉/豆＞油/玉/薯，在农业生产中应适当扩大水分满足率和水分生态适应性指数高的单作作物及多熟制模式的比例，压缩水分生态适应性差的作物和模式的比例。例如，在以奉节为代表的低山温和区，应扩大甘薯、玉米、大豆和麦/玉/薯、蚕/玉/薯、麦/玉/豆的种植面积，减少蚕豆、油/玉/薯等水分生态适应性差的作物和模式的种植面积。

（2）调节作物播种期。针对西南地区季节性干旱发生特征，适当调整农作物播种期，适时早播或晚播，或者采用育苗移栽等办法，使作物生育期需水与降水同步。例如，奉节地区蚕豆在第Ⅱ、Ⅲ生育阶段和全生育期生态适应性指数分别只有 0.79、0.80 和 0.73，为了提高蚕豆生育期需水与降水的吻合程度，可以适当延迟播种期到 11 月初；甘薯可采用温床地膜育苗，适时早栽，确保伏旱前封垄。针对全球气候变暖，小麦冬前旺长现象比较普遍，不利于苗期养分的积累和供应，导致麦苗变弱，应通过适当延迟播种时期，减少前期水肥消耗量，培育壮苗，促进小麦安全越冬。

（3）采用保护性耕作。针对西南地区旱坡地面积大、水土流失严重的实际情况，应积极推行少耕、免耕、秸秆覆盖、垄沟种植、横坡耕作、坡地生物篱等保护性农业措施，可实现集水、保水、节水、培肥地力和控制水土流失的综合效益。我们以西南地区“小麦/玉米/甘薯”和“马铃薯/玉米/甘薯”“蚕豆/玉米/甘薯”等典型旱三熟农作制度为研究对象开展了持续多年的试验研究，探讨了垄作、秸秆覆盖、垄作+秸秆覆盖、秸秆覆盖+腐熟剂、垄作+秸秆覆盖+腐熟剂 5 种保护性耕作措施对农田水分动态、养分动态、农田生态环境、作物产量及经济效益的影响。研究表明：保护性耕作措施在改善土壤肥力、增加土壤贮水、调节土壤温度、控制农田杂草和促进蚯蚓生长等方面具有显著作用；与传统耕作对照相比，粮食产量增加了 3.7%～13.1%，水分利用效率提高了 0.61～2.85kg/(hm^2·mm)，总产值提高了 4.41%～17.40%，纯收入提高了 5.36%～15.37%，产投比提高了 3.84%～19.21%，其中以垄作+秸秆覆盖+腐熟剂、垄作+秸秆覆盖两个处理表现最佳。由此可见，保护性耕作在本区旱作农业中具有巨大的推广应用价值。

（4）抗旱品种培育与生物抗旱技术。优良品种是西南地区旱地农业实现高产、稳产的内在因素，是一项投资少、收效快的增产措施，即使在其他生产条件一时难以显著改善的情况下，植物遗传种质的改良也可有效地增强作物对季节性干旱环境的适应能力。针对西南地区气候和土壤特点，培育和引进适应性强的抗旱耐瘠优良品种，是挖掘旱地农业生产潜力的关键措施之一。另外，充分发挥本区水热资源自身优势，探讨旱地新型高产高效集约多熟种植模式，在发展粮油生产的同时，增加饲料饲草、豆科绿肥等耐旱作物种植面积和比例，促进农牧结合和土地用养结合，也是实现生物抗旱的重要途径[11]。

（5）其他节水抗旱技术。针对西南地区降水分布不均导致季节性干旱多发，坡耕地比例大且农田土壤浅薄导致径流损失严重的问题，大力修建蓄水工程，确保雨水充分蓄积，大力发展集水农业，结合节水灌溉工程技术，为干旱季节提供补充灌溉条件，也可有效缓解季节性干旱对农业生产的威胁。在经济发达的城郊农业区可通过发展设施农业，包括塑料大棚、日光温室等，配套实施水肥一体化管理、智能化监测与控制等新型节水农业技术，实现光温水土资源的优化配置，增强农业的抗灾能力，培养西南地区旱地农业可持续发展能力。

本 章 小 结

本章以重庆市奉节、万州、沙坪坝为研究区，以农田作物种群优化和降水资源优化为目标，根据调查资料和田间试验结果，计算旱作农田主要作物和种植模式的需水量，系统分析在不同坡度、不同降水年型下主要作物和种植模式水分供需平衡特征，并进行水分生态适应性定量评价，以期为西南旱作区种植制度优化和生产技术改进提供科学指导。得出的主要结论如下。

（1）研究区降水时空分布特征与有效降水量：重庆市各年降水量变化较大，且近年来这个波动有增大的趋势。年内降水主要集中在 5～9 月，占全年总降水量的 68.63%，其中

7 月降水量最大。在 3 个研究区中，奉节 3 种降水年型主要是由各年 5～9 月的实际降水量决定，其丰水年 5～9 月的降水量占全年的 76.48%，平水年 5～9 月的降水量占全年的 62.09%，干旱年同期降水量占全年的 64.39%；万州 3 种降水年型的差异主要体现在 7～9 月，其丰水年 7～9 月的降水量占全年的 54.16%，平水年 7～9 月的降水量占全年的 40.59%，干旱年同期降水量占全年的 14.43%；沙坪坝 3 种降水年型差异最明显的月份为 7 月，其丰水年 7 月的降水量占全年的 38.45%，而平水年同期的降水量仅占 9.97%，干旱年更少，仅为 3.25%。同一地区、同一降水年型的有效降水量随着耕地坡度的增加而减少。

（2）研究区旱地作物需水量与作物系数：3 个研究区和北碚试验区的平均年参考作物蒸散量的大小顺序是：奉节＞北碚＞万州＞沙坪坝；平均各月的日均参考作物蒸散量变化与年内各月气温分布相近，较大值出现在 5～8 月。几种主要单作作物整个生育期的作物系数大小排序为：甘薯=马铃薯＞大豆＞蚕豆＞油菜＞玉米＞小麦；就同种单作作物而言，不同研究区作物需水量的大小顺序为：奉节＞万州＞沙坪坝；就相同多熟制模式而言，不同研究区作物需水量的大小顺序同样为：奉节＞万州＞沙坪坝；同一研究区不同多熟制模式需水量大小顺序为：油/玉/薯＞蚕/玉/豆＞马/玉/薯＞麦/玉/豆＞蚕/玉/薯＞麦/玉/薯。

（3）研究区旱地主要作物和种植模式水分供需平衡特征：在同一个降水年型中，不同研究区单作作物和多熟制模式的水分满足率都随着耕地坡度的增加而减小。在同一研究区内，各种多熟制模式的水分满足率大小与降水年型有关，其大小顺序是：丰水年＞平水年＞干旱年。就单作作物而言，在平整的耕地上，奉节丰水年和平水年适宜种植的作物为甘薯、玉米和大豆，干旱年可以选择种植较适宜干旱年型的小麦和油菜；万州各降水年型都适宜种植的作物较多，如玉米、马铃薯、蚕豆和油菜；沙坪坝的主要作物在不同降水年型的水分满足率都大于或等于 1，所以可以根据实际需要进行作物配置。就多熟制模式而言，奉节只有丰水年适宜在坡度较小的耕地上采用麦/玉/薯、蚕/玉/薯和麦/玉/豆模式；万州丰水年里可以在平整的耕地上采用各种多熟制模式，平水年里适宜采用麦/玉/薯模式；沙坪坝丰水年型各种复种模式均有较高的水分满足率，平水年里适宜采用麦/玉/薯、蚕/玉/薯和麦/玉/豆模式。

（4）研究区旱地农作系统水分生态适应性规律：在单作作物全生育期和各个生育期的水分生态适应性指数大小及相对稳定性方面，3 个研究区表现为：沙坪坝＞万州＞奉节。其中，全生育期水分生态适应性指数偏小（小于 0.9）的有：奉节地区的小麦、马铃薯、蚕豆、油菜；万州地区的蚕豆。3 个研究区多熟制模式的水分生态适应性指数大小顺序也表现为：沙坪坝＞万州＞奉节。其中，水分生态适应性指数偏小（小于 0.8）的有：奉节地区的马/玉/薯、油/玉/薯和蚕/玉/豆。应当根据单作作物和多熟制模式水分生态适应性指数大小，合理调整作物配置，增加适应性指数高的作物和模式的种植比例，压缩适应性指数低的作物和模式的种植比例，从而提高农作系统的水分生态适应性。

（5）旱地节水抗旱的农业对策：针对西南地区季节性干旱发生频率高、持续时间长、降水时空分布不均的特点，可通过调整种植结构、调节作物播种期、采用保护性耕作措施、发展抗旱品种培育与生物抗旱技术、大力修建蓄水工程、发展设施农业等措施，改善农田水资源状况，提高农作系统的水分利用效率，促进西南地区旱作农业可持续发展。

参 考 文 献

[1] 王龙昌，谢小玉，张臻，等. 论西南季节性干旱区节水型农作制度的构建[J]. 西南大学学报（自然科学版），2010，32（2）：1-6.

[2] Peng Y Q，Xiao Y X，Fu Z T，et al. Precision irrigation perspectives on the sustainable water-saving of field crop production in China：Water demand prediction and irrigation scheme optimization[J]. Journal of Cleaner Production，2019，230（9）：365-377.

[3] 谢春燕，倪九派，魏朝富. 节水灌溉方式下作物需水量和灌溉需水量研究综述[J]. 中国农学通报，2004，20（5）：143-147.

[4] 张伟伟，王允，张国斌. 西南地区 1960—2013 年参考作物蒸散量时空变化特征及成因分析[J]. 中国农学通报，2016，32（2）：135-141.

[5] 许迪，刘钰. 测定和估算田间作物腾发量方法研究综述[J]. 灌溉排水，1997，16（4）：54-59.

[6] 康绍忠，刘晓明，熊运章. 土壤—植物—大气连续体水分传输理论及其应用[M]. 北京：水利水电出版社，1994.

[7] 蔡超，任华堂，夏建新. 气候变化下我国主要农作物需水变化[J]. 水资源与水工程学报，2014，25（1）：71-75.

[8] 王健，蔡焕杰，刘红英. 利用 Penman-Monteith 法和蒸发皿法计算农田蒸散量的研究[J]. 干旱地区农业研究，2002，20（4）：67-71.

[9] 王立祥，王龙昌. 中国旱区农业[M]. 南京：江苏科学技术出版社，2009.

[10] 王龙昌，谢小玉，王立祥，等. 黄土丘陵区旱地作物水分生态适应性系统评价[J]. 应用生态学报，2004，15（5）：758-762.

[11] Mohamed M B，Richard A C C，Juana P M. Effect of soil and water management practices on crop productivity in tropical inland valley swamps[J]. Agricultural Water Management，2019，222（8）：82-91.

第二章　西南地区旱地农作系统水分生产潜力分析与评价

作物潜在的生产力称为作物生产潜力（crop potential productivity），也称为理论潜力。它是假设作物生长所需的光、温、土、水、气等各种要素都得到满足，作物品种、劳动力投入、耕作技术、管理水平等都处于最佳状态时的生产能力[1, 2]。联合国粮食及农业组织（FAO）专家的说法为："高产品种，在较好地适应环境条件的同时，也能最大限度地利用当地光、温、水、土、气（CO_2）资源所获得的产量"[3]。简单来说，就是作物在特定资源存在条件下可能实现的最大生产能力。

旱作农业在我国西南地区农业生产中占有重要地位。据统计，重庆、四川、贵州、云南4省（直辖市）总耕地面积为$2.05 \times 10^7 hm^2$，其中旱地面积为$1.32 \times 10^7 hm^2$，占总耕地面积的64.4%。对于西南地区旱地农作系统，水分是限制作物生产的重要因子之一，而水分生产潜力可以用于预测作物生产能力，通过对水分生产潜力与实际产量的比较，就可以对当前的生产水平和今后的发展前景做出评估，从而有针对性地提出相应的开发策略，以便充分发挥气候资源和农业资源的优势，最大限度地挖掘作物产量潜力。

本章选取重庆市为研究对象，借助多个站点的气候、土壤、生态环境，以及种植业方面的调查数据及田间试验数据，建立旱地农作系统水分生产潜力数学模型，对本区旱地农作系统的水分生产潜力进行定量研究，包括单作模式下各种单作作物的水分生产潜力和多熟制模式的水分生产潜力。并与本区现实生产力进行比较，寻找提高土地生产力的各种限制要素，进而提出开发水分生产潜力的对策，为提高农作系统整体生产效益提供科学指导。

第一节　水分生产潜力的研究方法

一、生产潜力数学模型

作物生产潜力的研究方法包括实际测量法、经验公式法、理论计算法和遥感方法等。其中，实际测量法与理论计算法比较适合中小尺度区域较短时期内的精确研究；经验公式法和遥感方法则适合宏观尺度和较长时间的研究[4, 5]。

本研究采用理论计算法（也称机制法），该方法建立在生理生态学研究的基础上，依据作物生产力形成的机制，考虑光、温、水、土等自然生态因子及施肥、灌溉、耕作、育种等农业技术因子，对光合生产潜力进行逐级订正来确定土地生产潜力。由于其物理意义清晰，因果关系明确，是目前应用最广泛的粮食生产潜力研究方法，可用公式概括为

$$
\begin{aligned}
Y_F &= Q\cdot f(Q)\cdot f(T)\cdot f(W)\\
&= Y_O\cdot f(T)\cdot f(W)\\
&= Y_T\cdot f(W)\\
&= Y_W
\end{aligned}
$$

式中，Y_F 为粮食生产潜力；Q 为作物生长期的太阳总辐射；f（Q）为光合有效系数；Y_O 为光合生产潜力；f（T）为温度订正系数；Y_T 为光温生产潜力；f（W）为水分订正系数；Y_W 为水分生产潜力。

（1）光合生产潜力模型：光合生产潜力是指当温度、水分、土壤、肥力及农业技术因子等处于最适宜条件时，只考虑太阳辐射所确定的生产潜力。

采用邓根云和冯雪华于 1980 年提出的光合生产潜力模型，其表达式为[6]

$$Y_O=666.67\times10^4\times F\cdot E\cdot Q/C/500$$

式中，Y_O 为光合生产潜力（kg/hm^2）；F 为作物最高光能利用率，即作物光合作用所截获的太阳光能与太阳总辐射的比值；C 为作物能量转换系数（J/kg）；Q 为作物生长期的太阳总辐射（J/m^2）；E 为作物经济系数。

（2）光温生产潜力模型：光温生产潜力是指作物群体在其他自然条件都适宜的情况下，仅由光照和温度作为作物产量的决定因素时，所确定的作物生产潜力。其表达式为

$$Y_T=Y_O\cdot f(T)$$

式中，Y_T 为光温生产潜力；Y_O 为光合生产潜力；$f(T)$为温度订正系数。

采用方光迪于 1985 年提出的分段函数模型进行温度订正，其表达式为[7]

$$C_4\text{作物}f(T)=\begin{cases}0.04T-2.0 & \text{当}10\leqslant T\leqslant 30\\ 1.00 & \text{当}30<T<35\\ 2.645-0.047T & \text{当}35\leqslant T\leqslant 40\end{cases}$$

$$C_3\text{喜凉作物}f(T)=\begin{cases}0.63T-0.006 & \text{当}0\leqslant T\leqslant 16\\ 1.00 & \text{当}16<T<18\\ 1.495-0.0275T & \text{当}18\leqslant T\leqslant 40\end{cases}$$

$$C_3\text{喜温作物}f(T)=\begin{cases}0.045T-0.080 & \text{当}10\leqslant T\leqslant 24\\ 1.00 & \text{当}24<T<30\\ 2.026-0.0342T & \text{当}35\leqslant T\leqslant 40\end{cases}$$

式中，$f(T)$为温度订正系数；T 为全生育期平均日温。

（3）水分生产潜力模型：水分生产潜力又称光温水生产潜力或气候生产潜力，是指在光温生产潜力基础上进一步进行水分订正得到的作物生产潜力。其表达式为

$$Y_W=Y_T\cdot f(W)$$

式中，$f(W)$为水分订正系数；Y_T 为光温生产潜力；Y_W 为水分生产潜力。

采用侯光良于 1993 年提出的水分订正系数模型，该模型认为作物产量与蒸散量存在线性关系[8]。其表达式为

$$f(W)=\mathrm{ET_a}/\mathrm{ET_m}=\begin{cases}(1-C)R/\mathrm{ET_m} & \text{当}0<(1-C)R<\mathrm{ET_m}\\ 1 & \text{当}(1-C)R\geqslant \mathrm{ET_m}\end{cases}$$

式中，R 为降水量；C 为渗漏系数（一般取 0.2）；ET_a 为作物实际蒸散量；ET_m 为土壤水分供给充足条件下的最大蒸散量。

本研究采用以上生产潜力数学模型分析了重庆东北部、东南部和中西部 7 个代表区（县）的作物及多熟制模式的水分生产潜力。各种作物参数取值详见表 2-1。

表 2-1　各种作物参数取值

参数	玉米	大豆	甘薯	马铃薯	小麦	油菜
生育期	3 月下旬至 8 月中旬	5～10 月	6～10 月	1～5 月	10月下旬至次年5月中旬	11 月至次年 4 月
C（$\times10^4$J/kg）	1704	1704	1779	1779	1779	1779
E（理论值）	0.35～0.50	0.20	0.60～0.78	0.55～0.70	0.40～0.45	0.20～0.30
E（实验值）	0.35	0.20	0.70	0.50	0.43	0.30
F	0.04	0.04	0.04	0.04	0.04	0.04

在完成前期计算分析工作后，选取沙坪坝区作为代表，研究高温伏旱灾害对其作物水分生产潜力的影响。最后利用作物相对生产潜力和增产潜力系数构建评价指标，对各种作物和各类地区进行分类分析。

二、数据来源

用于统计信息的数据来源有：研究区域各气象站点数据、中国气象科学数据共享服务网（中国地面气候资料月值数据集、中国辐射月值数据集）、重庆市统计年鉴（55 年合计版本和 1994～2009 年单行版本）。

田间试验、人工模拟试验收集的数据有：作物实际蒸散量 ET_a、土壤水分供给充足条件下的最大蒸散量 ET_m、作物经济系数 E、各种作物生育期、作物叶面积指数（LAI）等生理生化指标。

第二节　旱地农作系统水分生产潜力分析

一、研究区的气候特点分析

选取重庆市具有代表性的 7 个区（县）采用理论计算法分析其水分生产潜力。收集了奉节（1954～2018 年）、彭水（1951～2018 年）、酉阳（1951～2018 年）、沙坪坝（1951～2018 年）、万州（1954～2018 年）、涪陵（1952～2018 年）、梁平（1951～2018 年）共 7 个站点的地面气候资料月值数据，包括平均气温、平均相对湿度、降水量、平均风速、日照时数、日照百分率等；太阳总辐射根据以下经验方法利用日照百分率计算[9]。

$$Q/Q_0=a+b\cdot s$$

式中，Q 为太阳总辐射（MJ/m^2）；Q_0 为天文总辐射（MJ/m^2）；Q/Q_0 为相对总辐射；s 为日照百分率（%）；a、b 为经验系数，与研究区域的经度、纬度、海拔和水汽压有关。

7 个区（县）多年平均气象数据见表 2-2。按地域来看，光辐射资源以重庆东北部的奉节、梁平、万州为最高，年日照时数分别达到了 1505.5h、1272.3h 和 1258.4h，年太阳总辐射分别达到了 39.4MJ/m^2、36.6MJ/m^2 和 37.7MJ/m^2；而东南部的彭水、酉阳的光辐射资源就比较欠缺，年太阳总辐射分别只有 30.1MJ/m^2 和 30.4MJ/m^2。热量资源以重庆中西部的沙坪坝和涪陵较佳，年平均气温分别为 18.2℃和 18.1℃，热量资源较差的是酉阳，年平均气温为 14.9℃。就降水资源而言，重庆东南部的酉阳和东北部的梁平年降水量在 1300mm 左右，属于水分资源较为充裕的地区，重庆中西部的沙坪坝和涪陵降水资源较少。

表 2-2　研究区多年平均气象数据统计表

区域	站名	年降水量（mm）	年平均风速（m/s）	年日照时数（h）	年日照百分率（%）	年平均气温（℃）	年平均相对湿度（%）	年太阳总辐射（MJ/m^2）
重庆东北部	奉节	1151.1	1.94	1505.5	33.3	16.3	71.0	39.4
	梁平	1291.7	1.19	1272.3	27.7	16.6	81.6	36.6
	万州	1229.1	0.49	1258.4	27.0	18.0	81.9	37.7
重庆中西部	沙坪坝	1104.4	1.33	1054.9	22.6	18.2	79.7	35.8
	涪陵	1130.6	0.72	1086.8	23.5	18.1	80.7	35.4
重庆东南部	彭水	1250.4	0.73	953.6	20.8	17.4	78.2	30.1
	酉阳	1331.7	0.79	1076.6	23.8	14.9	79.8	30.4

重庆市年日照时数大多介于 1000～1500h，日照百分率一般仅为 25%～35%，为全国年日照时数、光辐射资源最少的地区之一，秋、冬季日照更少，仅占全年的 35%左右。年平均降水量较丰富，大部分地区为 1000～1350mm，降水多集中在 5～9 月，占全年总降水量的 70%左右。年平均相对湿度多为 70%～80%，在全国属高湿区。就时间而言，光、热、水资源主要集中在 6～8 月，这一阶段也是区域内主要作物的生育关键期，但是光、热资源在 8 月达到顶峰，而水分则在 6 月达到最大值，造成光、热、水资源在时间上的不协调。夏季是暴雨等强降水时间最集中的季节，6～8 月暴雨次数占全年总次数的 60%～70%，常常造成洪涝灾害。由于夏季气温高、日照强、降水分布极不均匀，形成了“十年八旱”的伏旱气候特点。

总体来看，研究区的主要气候特点可以概括为：冬暖春早，夏热秋凉，无霜期长；太阳辐射弱，日照时间短；光、温、水同季，气候立体性强；降水分布不均，季节性干旱多发。

二、单作模式下的水分生产潜力

采用前文所选择的生产潜力数学模型，对 7 个研究区的玉米、大豆、甘薯、马铃薯、小麦、油菜共 6 种作物的光合生产潜力、光温生产潜力和水分生产潜力进行了计算，计算结果见表 2-3～表 2-5。

（1）光合生产潜力：从表 2-3 可知，就区域而言，光照资源丰富的地区如重庆东北部的奉节、万州，其光合生产潜力值也比较高，平均光合生产潜力超过 26 000kg/hm^2，达到了 26 925kg/hm^2 和 26 037kg/hm^2；光辐射资源贫乏的地区如东南部的酉阳、彭水，其光合生产潜力也低，平均光合生产潜力只有 20 667kg/hm^2 和 20 672kg/hm^2，远远低于 7 个研究区平均值 24 107kg/hm^2。因此，光辐射资源与作物光合生产潜力呈正相关关系。就作物而言，玉米、甘薯等作物由于其本身的生物特性，对光能需求较大，利用效率较高，故光合生产潜力也较高，平均值分别达到了 36 944kg/hm^2 和 35 935kg/hm^2；而大豆、油菜则相反，平均值只有 14 642kg/hm^2 和 10 474kg/hm^2。据此，可以根据作物本身对光能的需求差异特点，合理安排玉米间作大豆、油菜-甘薯等多熟制种植模式。

表 2-3　研究区作物单作模式下光合生产潜力（kg/hm^2）

站名	玉米	大豆	甘薯	马铃薯	小麦	油菜	平均值
奉节	40 234	16 227	39 575	27 436	26 006	12 070	26 925
梁平	38 728	15 234	37 191	25 639	23 574	11 035	25 234
万州	40 012	15 818	38 628	26 450	24 131	11 183	26 037
沙坪坝	38 901	14 933	36 453	25 318	22 628	10 738	24 829
涪陵	37 944	14 925	36 699	24 366	22 036	10 342	24 385
彭水	31 776	12 727	31 477	20 597	18 700	8 754	20 672
酉阳	31 010	12 631	31 524	20 354	19 290	9 193	20 667
平均值	36 944	14 642	35 935	24 309	22 338	10 474	24 107

注：甘薯、马铃薯按 3kg 折合 1kg 粮食。下同

（2）光温生产潜力：从表 2-4 可知，热量资源与光辐射资源具有较高的协调性，一般光辐射资源丰富，其热量资源也相对较好。由于东北部的奉节、万州的光合生产潜力较高，温度订正系数差异不大，故其光温生产潜力仍然属于较高的，光温生产潜力平均值分别达到了 16 366kg/hm^2 和 17 341kg/hm^2；中西部的沙坪坝和涪陵借助其优越的热量资源，平均值达到了 16 719kg/hm^2 和 16 324kg/hm^2，特别是一些喜温作物如玉米的温度订正系数较高，其光温生产潜力也较高；而东南部的酉阳、彭水因温度条件限制，其光温生产潜力较低。

表 2-4　研究区作物单作模式下光温生产潜力（kg/hm^2）

站名	玉米	大豆	甘薯	马铃薯	小麦	油菜	平均值
奉节	28 007	12 351	30 737	12 773	10 402	3 923	16 366
梁平	27 217	11 671	29 009	12 278	9 744	3 746	15 611
万州	30 009	12 874	31 958	13 842	11 070	4 293	17 341
沙坪坝	29 413	12 129	30 110	13 616	10 710	4 337	16 719
涪陵	28 437	12 081	30 265	12 860	10 229	4 073	16 324
彭水	23 055	10 062	25 371	10 379	8 290	3 249	13 401
酉阳	19 933	8 989	22 886	8 492	6 864	2 579	11 624
平均值	26 582	11 451	28 619	12 034	9 616	3 743	15 341

（3）水分生产潜力：从表 2-5 可知，由光热资源造成的光温生产潜力巨大差异被水分订正系数大大抵消。就地区而言，东北部的梁平、万州的玉米和甘薯的水分生产潜力超过了 10 000kg/hm^2，大豆、马铃薯和小麦的水分生产潜力也处于较高水平；东南部的彭水和酉阳的水分生产潜力相对较低。就作物而言，玉米和甘薯的水分生产潜力较高，平均值分别为 9269kg/hm^2 和 10 279kg/hm^2；而小麦和油菜的水分生产潜力较低，平均值分别为 3500kg/hm^2 和 2637kg/hm^2。

表 2-5　研究区作物单作模式下水分生产潜力（kg/hm^2）

站名	玉米	大豆	甘薯	马铃薯	小麦	油菜	平均值
奉节	9 376	4 555	11 087	3 999	3 729	2 693	5 907
梁平	10 152	4 800	11 799	4 113	3 651	2 737	6 209
万州	10 286	4 830	11 663	4 262	3 635	2 598	6 212
沙坪坝	8 913	3 937	9 442	3 828	3 392	2 694	5 368
涪陵	9 076	4 038	9 437	3 988	3 619	2 693	5 475
彭水	8 417	3 800	9 261	3 587	3 067	2 378	5 085
酉阳	8 666	3 870	9 264	3 856	3 406	2 667	5 288
平均值	9 269	4 261	10 279	3 948	3 500	2 637	5 649

综上所述，按地域来看，重庆东北部凭借优越的光、热、水资源，水分生产潜力较高，重庆东南部较差，重庆中西部则介于两者之间。按不同作物比较，以甘薯、玉米的增产能力最强，而小麦、油菜的增产潜力空间较小，其他作物居中。因此，研究区内应该积极提升甘薯、玉米和大豆的种植比例，同时应把旱地农业投入的重点放在东北部和中西部两大片区。

三、多熟制模式下的水分生产潜力

多熟制是指一年内于同一田地上连续种植两季或两季以上作物的一种种植制度。多熟制是一种集约经营的种植制度，目的在于充分利用有限的耕地，提高单位面积上的作物产量。研究区域属于亚热带气候，水分和热量资源较为丰富，而光照资源相对不足，且耕地资源尤其紧缺，多熟制种植模式在本区旱地得到广泛应用。研究多熟制模式的水分生产潜力对于本区旱地农业具有更加实际的指导意义。

（一）多熟制模式水分生产潜力模型

研究区现有多种多样的多熟制种植模式，如二熟制的油菜-玉米（以下简称油-玉），三熟制的小麦/玉米/甘薯、油菜/玉米/甘薯、马铃薯/玉米/甘薯、小麦/玉米/大豆（以下分别简称麦/玉/薯、油/玉/薯、马/玉/薯、麦/玉/豆）等。考虑到多熟制条件下，前后茬作物之间常常存在一定的相互影响，因此特提出多熟制模式水分生产潜力数学模型。

$$Y_{\mathrm{M}}=\sum_{i=1}^{n} Y_{\mathrm{W}i} \cdot C_i$$

式中，Y_{M}为多熟制模式水分生产潜力（kg/hm²）；n为多熟制模式中的作物种类数，对于二熟制和三熟制模式，分别取值 2 和 3；$Y_{\mathrm{W}i}$为第 i 种作物在单作条件下的水分生产潜力；C_i为第 i 种作物在多熟制模式下的产量贡献系数。

上述模型中各作物对模式水分生产潜力的贡献系数，除了要考虑到田间试验的实际产量系数和前后作物共生期时间的长短，同时要兼顾作物间的相互影响，如不同作物对光、热、水的不同利用程度。在大量田间试验和调查的基础上，本研究提出了研究区域内主要多熟制模式下各种作物的产量贡献系数（C_i）的经验值（表 2-6）。

表 2-6　主要多熟制模式下各种作物的产量贡献系数

模式	作物 1	作物 2	作物 3
油-玉	0.9	0.9	—
麦/玉/薯	0.6	0.7	0.6
油/玉/薯	0.8	0.7	0.6
马/玉/薯	0.65	0.7	0.6
麦/玉/豆	0.6	0.7	0.7

（二）旱作多熟制模式水分生产潜力

利用前文计算得出的各种单作作物的水分生产潜力，结合提出的多熟制模式水分生产潜力模型，得到研究区域 7 个区（县）不同多熟制模式下的水分生产潜力（表 2-7）。

表 2-7　旱作多熟制模式下的水分生产潜力（kg/hm²）

模式	奉节	梁平	万州	沙坪坝	涪陵	彭水	酉阳	平均值
油-玉	10 862	11 600	11 595	10 446	10 592	9 716	10 200	10 716
麦/玉/薯	15 452	16 376	16 379	13 940	14 187	13 289	13 668	14 756
油/玉/薯	15 540	16 540	16 414	14 112	14 206	13 435	13 818	14 866
马/玉/薯	15 814	16 859	16 969	14 392	14 608	13 780	14 131	15 222
麦/玉/豆	11 989	12 657	12 762	11 030	11 352	10 393	10 819	11 572
平均值	13 931	14 806	14 824	12 784	12 989	12 122	12 527	13 426

按区域来看，重庆东北部的奉节、梁平和万州的多熟制模式水分生产潜力均超过研究区平均水平，分别达到了 13 931kg/hm²、14 806kg/hm² 和 14 824kg/hm²；中西部的沙坪坝和涪陵处于中间水平，分别为 12 784kg/hm² 和 12 989kg/hm²；东南部的酉阳和彭水较差，分别是 12 527kg/hm² 和 12 122kg/hm²。按多熟制模式来排，其水分生产潜力由高到低依次

为：马/玉/薯＞油/玉/薯＞麦/玉/薯＞麦/玉/豆＞油-玉，其平均值分别为 15 222kg/hm^2、14 866kg/hm^2、14 756kg/hm^2、11 572kg/hm^{2}和 10 716kg/hm^2。这个次序没有因为地域的改变而改变，说明这些多熟制模式在不同区域具有相似的适应性。

综上所述，多熟制模式下，马/玉/薯、油/玉/薯两种模式占优势，而麦/玉/豆、油-玉两种模式表现较差；按区域来看，重庆东北部具有较高的旱作多熟制发展潜力，中西部发展潜力居中，而东南部发展潜力较低。

第三节　干旱灾害对水分生产潜力的影响

一、不同降水年型下单作模式的水分生产潜力

在一般的旱作农业水分生产潜力研究中，通常根据全年降水的多少将年型分为干旱年、平水年、丰水年，然后通过计算 3 种降水年型作物生产潜力的差值，来确定降水对作物生产潜力的影响。然而，研究区域属于高温伏旱多发区，高温伏旱灾害对农业生产的影响较大。所以，本研究参照江玉华等于 2009 年提出的方法[10]，依据 6～9 月降水状况将研究区划分为干旱年、平水年和丰水年。这样区分年份的好处在于，可以从光、热、水的综合角度对高温伏旱区进行研究，而非仅仅考虑降水量这个单一因素。

选取重庆市高温伏旱典型地区沙坪坝作为研究对象，将该区 1988～2008 年共计 21 年划分成 3 种年型：①干旱年，包括 1990 年、1992 年、1994 年、2002 年和 2006 年；②丰水年，包括 1993 年和 1998 年；③平水年，包括 1988 年、1989 年、1991 年、1995 年、1996 年、1997 年、1999 年、2000 年、2001 年、2003 年、2004 年、2005 年、2007 年和 2008 年。以平水年的生产潜力作为评价标准，分析高温伏旱对各种作物生产潜力的影响程度。

从表 2-8 可以看出，在高温伏旱年份，大豆、甘薯、玉米的 Y_O和 Y_T有明显的提高，而马铃薯、小麦、油菜的 Y_O和 Y_T变化较小。总体而言，高温伏旱并未对作物的 Y_O和 Y_T造成负面影响，反而由于较高的光辐射和热量条件，促进了作物的光合和光温生产潜力。图 2-1 表明，3 种年型的温度订正系数[$f(T)$]因作物不同而有较大差异，大豆、甘薯、玉米的热量利用效率较高，都在 0.7 以上，而马铃薯、小麦、油菜的热量利用效率较低，都在 0.5 左右。热量利用效率与作物本身的生物特性具有较大的关系，另外生育期内积温对其影响也较大，大豆、甘薯、玉米的生育期正好处于热量和光能都十分丰富的 6～9 月，所以其光合、光温生产潜力较高。需要注意的是，并不是辐射大、热量多就一定能促进作物生长，同时还应该考虑其对作物生长的伤害，如强光、高温会造成作物的气孔关闭，阻止 CO_2 的吸收；同时会增强作物的水分蒸发，降低作物的水分利用效率；另外，强光、高温本身对作物的生理生化过程有一定的伤害，如影响新陈代谢中酶的合成与运输。但是，单种作物的 Y_O和 Y_T在不同年型上保持基本一致的规律，没有较大差异。这说明在高温伏旱区，光照和温度不是限制或者促进作物生产潜力的主要因素。另外，高温伏旱区在全国光辐射资源区划中，属于光能资源不足的地区，因此，在高温伏旱区能最大化利用光辐射资源的作物（如玉米、甘薯）具有较强的竞争优势。

表 2-8　沙坪坝区不同降水年型下单作作物平均生产潜力（kg/hm^2）

年型	潜力	小麦	油菜	马铃薯	玉米	大豆	甘薯
干旱年	Y_O	20 712	9 499	22 717	37 031	14 423	34 563
	Y_T	10 189	4 044	11 072	28 652	11 962	29 204
	Y_W	3 055	2 368	3 512	7 358	3 405	7 606
平水年	Y_O	19 217	8 720	21 903	31 976	12 827	30 617
	Y_T	9 469	3 547	10 636	24 468	10 487	25 428
	Y_W	3 184	2 422	3 064	8 214	3 493	8 264
丰水年	Y_O	21 176	9 275	25 065	33 517	12 807	29 790
	Y_T	10 374	3 890	12 609	25 403	10 325	24 320
	Y_W	2 811	2 177	4 350	9 839	4 039	9 665

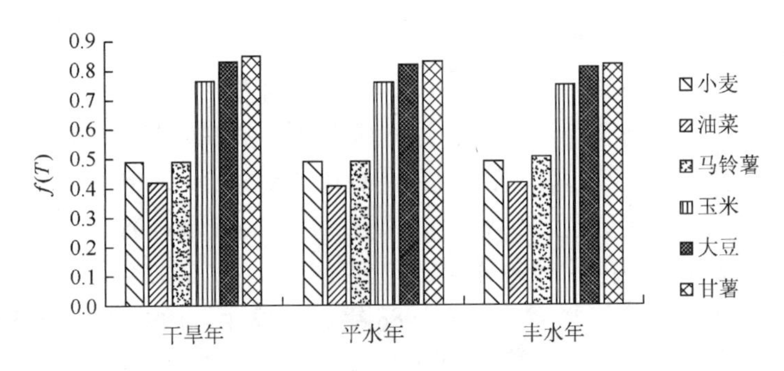

图 2-1　3 种降水年型下作物的温度订正系数[$f(T)$]变化

从表 2-8 还可以看出，高温伏旱对不同作物水分生产潜力的影响存在明显差别。就小麦、油菜、马铃薯等夏熟作物而言，由于高温伏旱期不在其生育期之内，因而干旱年份的水分生产潜力与平水年、丰水年相比并无明显下降；而玉米、大豆、甘薯等秋熟作物的生育期正好与高温伏旱的时间相吻合，干旱年份良好的光热资源使其光合、光温生产潜力超过平水年和丰水年，但是比较其水分生产潜力时，均值都低于平水年和丰水年。图 2-2 表明，在同一降水年型下不同作物的水分订正系数[$f(W)$]存在较大差异。尤其值得注意的是，干旱年的水分订正系数一般明显低于平水年和丰水年，其幅度足以抵消光热资源优势。从图 2-2 中还可以看出，在 6 种作物中，除油菜的水分订正系数较高外，其他作物的水分订正系数均处于较低水平，这也是高温伏旱区的一个重要特点。其原因在于，高温伏旱区的降水量主要分布在 6～9 月，其他时期的降水量较少，但是在 6～9 月，特别是 7 月下旬至 8 月中旬，属于高温伏旱易发且危害最重的时期，虽然在此期间降水量较大，但是由于一般是在连续高温时期过后突然出现强降水，在短时间内降水量较大，土壤不能充分吸收水分，从而使相当一部分降水以地表径流形式损失掉。

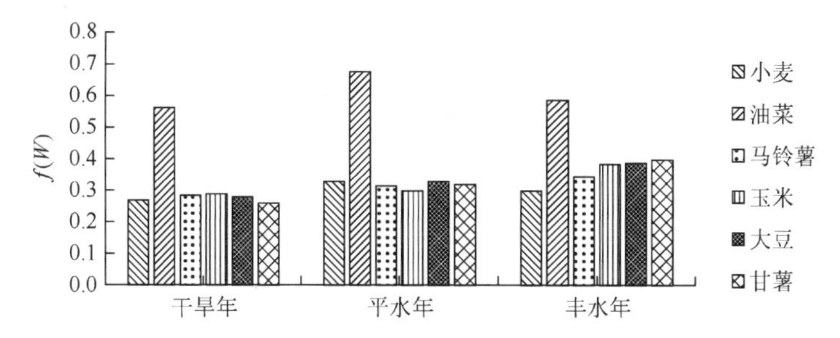

图 2-2　3 种降水年型下作物水分订正系数[$f(W)$]的变化

综上所述，高温伏旱对作物光合、光温生产潜力的影响较小，而对秋熟作物水分生产潜力会造成巨大的影响，因而，在高温伏旱区内水分是限制作物产量最主要的一个因素。

二、不同降水年型下多熟制模式的水分生产潜力

高温伏旱灾害不仅会对单作作物产量造成损害，对多熟制模式的水分生产潜力也会造成一定的负面影响。图 2-3 展示了各种降水年型下 5 种多熟制模式总水分生产潜力的变化情况。

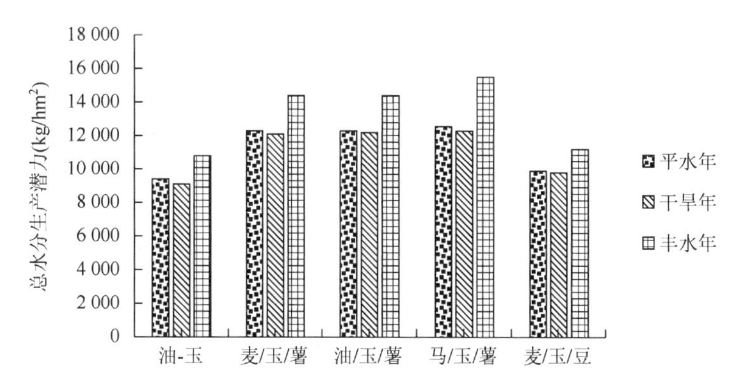

图 2-3　3 种降水年型下旱作多熟制模式总水分生产潜力的变化

在所研究的 5 种多熟制模式中，总水分生产潜力以马/玉/薯模式最高，麦/玉/薯和油/玉/薯模式次之，最低的是油-玉、麦/玉/豆模式。不管是哪种模式，其丰水年的总水分生产潜力都是最高的，其中马/玉/薯模式超过了 15 000kg/hm^2。同平水年相比，伏旱灾害对 5 种模式总水分生产潜力的影响不大。这说明本研究所选择的 5 种多熟制模式能充分利用降水资源，在降水量较多的情况下能大幅度地提高产量，同时能较好地适应高温伏旱气候，在干旱年能够有效地抵抗高温伏旱灾害，获得较好的产量，是适合大面积推广的多熟制模式。

一般情况下，温度升高，光温生产潜力升高；温度降低，光温生产潜力降低。温度的变化幅度大则光温生产潜力的变化幅度也大。考虑到全球气温升高这一事实[11, 12]，理论上高温伏旱区的光温生产潜力应该持续增加。但是，由于极端持续高温会对作物（特别是玉米）的生长发育造成巨大伤害，在农业生产中做好高温伏旱等季节性干旱的预防和应对工作是非常必要的。

第四节 旱地农作系统水分生产潜力综合评价与开发对策

一、现实生产力

根据重庆市统计年鉴，重庆市 2016 年和 2017 年主要作物播种面积、总产量和单位产量见表 2-9[13]。由此可得出研究区各主要旱地作物的现实生产力，进而对旱地农作系统相对生产潜力和增产潜力系数做出综合评价。

表 2-9 重庆市主要作物播种面积、总产量及单位产量（2016～2017 年）

作物	播种面积（万 hm^2）		总产量（万 t）		单位产量（kg/hm^2）	
	2016 年	2017 年	2016 年	2017 年	2016 年	2017 年
粮食	225.01	223.90	1166.00	1167.15	5182	5213
谷物	126.09	124.48	806.24	803.14	6394	6452
其中：小麦	5.98	5.25	19.64	17.03	3283	3246
玉米	47.53	46.84	264.69	264.53	5569	5647
豆类	24.26	24.55	48.37	49.23	1994	2005
薯类	74.65	74.86	311.39	314.78	4171	4205
其中：马铃薯	37.18	37.24	129.33	130.85	3478	3514
油料	32.00	32.86	62.72	64.36	1960	1959
其中：油菜籽	25.20	25.99	49.19	50.46	1952	1942

二、相对生产潜力

相对生产潜力可以体现作物产量在某个区域内的可能增长值，反映各种作物实际产量与生产潜力之间的差异，即相对生产潜力（kg/hm^2）=水分生产潜力（kg/hm^2）－现实生产力（kg/hm^2）。相对生产潜力是评价作物水分生产潜力的主要指标之一。

由表 2-10 可知，各区域各种作物产量均未达到水分生产潜力的标准，都有增产空间。按地域来看，东北部的万州和梁平凭借优异的光、热、水资源，相对生产潜力较高，东南部的彭水、酉阳较差。按作物分析，甘薯、玉米的增产能力最强，相对生产潜力平均为 6223kg/hm^2 和 3868kg/hm^2；而小麦、马铃薯的增产潜力空间较小，平均值分别为 466kg/hm^2 和 668kg/hm^2。

表 2-10 高温伏旱区主要旱地作物相对生产潜力（kg/hm^2）

站名	玉米	大豆	甘薯	马铃薯	小麦	油菜	平均值
奉节	3975	2630	7031	719	649	925	2655
梁平	4751	2875	7743	833	571	969	2957

续表

站名	玉米	大豆	甘薯	马铃薯	小麦	油菜	平均值
万州	4885	2905	7607	982	555	830	2961
沙坪坝	3512	2012	5386	548	312	926	2116
涪陵	3675	2113	5381	708	539	925	2224
彭水	3016	1875	5205	307	313	610	1888
酉阳	3265	1945	5208	576	326	899	2037
平均值	3868	2336	6223	668	466	869	2405

三、增产潜力系数

作物相对生产潜力仅反映了各地实际产量与生产潜力之间的差距，由于各地实际产量和生产潜力水平不同，同量的相对生产潜力并不具有同等的可开发性。增产潜力系数可以反映区域作物生产潜力的可开发性，即增产潜力系数（%）=相对生产潜力（kg/hm^2）/水分生产潜力（kg/hm^2）。

从表 2-11 可以看出，作物增产潜力系数以甘薯、大豆和玉米较高，特别是在光、热资源较为丰富的重庆东北部地区，均有 40%～66%的增产潜力；而马铃薯、小麦的增产潜力系数较低，大多在 20%以下。油菜在各地区的增产潜力系数保持比较均匀，基本为 30%左右。从作物增产潜力系数来看，研究区均应该积极发展甘薯、大豆和玉米的生产，可努力扩大其种植面积。就不同区域而言，中西部的沙坪坝和涪陵及东南部的彭水和酉阳，其小麦、马铃薯的增产潜力系数均较低，仅为 10%左右，增产空间有限，不宜扩大种植面积。

表 2-11　高温伏旱区主要旱地作物增产潜力系数（%）

站名	玉米	大豆	甘薯	马铃薯	小麦	油菜	平均值
奉节	42	58	63	18	17	34	39
梁平	47	60	66	20	16	35	41
万州	47	60	65	23	15	32	40
沙坪坝	39	51	57	14	9	34	34
涪陵	40	52	57	18	15	34	36
彭水	36	49	56	9	10	26	31
酉阳	38	50	56	15	10	34	34
平均值	41	54	60	17	13	33	36

四、水分生产潜力开发对策

针对前文研究揭示的作物和多熟制模式的水分生产潜力，从研究区的实际出发，提出以下开发高温伏旱区水分生产潜力的对策与建议。

（1）促进降水资源化。研究区内全年降水资源较丰富，能够满足 2～3 季作物生长的需要，但因降水时空分布不均，各地 7 月、8 月都有不同程度的缺水发生，虽然缺水量一般不大，时间不长，但是由于土层浅薄、土壤保水能力差、农田抗旱力弱，故抵抗伏旱灾害的能力较差，加之重庆的农业为典型的山地农业，旱地中坡耕地比例大，水土流失严重。所以，要提高旱地生产能力，就必须加强农田水利基本建设，促进降水资源化，提高水资源利用率。同时，坚持以蓄为主，蓄、引、提相结合的方针，加强水利工程管理，做好水利工程的配套维修和病塘病库的整治工作，提高蓄水能力，扩大旱地浇灌面积。此外，要加强山、水、林、路综合治理，达到蓄水有池、沉沙有凼、地边做埂、排水有沟、引水入渠、层层设防、蓄排结合，尽量做到沟、渠、池相连，避免上部坡地径流直冲地块，从而达到控制水土流失、提高旱地保水保肥能力的目的。对于 25°以上陡坡旱地，为了使土地资源可持续利用，通过有计划、分步骤的合理退耕，可以极大地改善全区生态环境，创造良好的生产条件，推进全区农业生产要素的优化组合和农村经济结构的调整。

（2）大力发展玉米产业。研究区内种植面积较大的主要作物是水稻和玉米，人们历来更加重视水稻生产，忽视对旱作农业的投入，导致玉米单产水平较低。然而，水稻生育期内需水量要比玉米、小麦等旱地作物大得多。据调查，在干旱年份本区水稻对水最敏感的生殖生长期每公顷缺水约 4500m^3，玉米每公顷缺水约 1500m^3，小麦每公顷缺水约 1000m^3。相比较而言，要在灾害严重年份满足水稻对水的需求就需要更多的水资源消耗，但是对玉米等旱地作物而言，满足其需水量相对容易办到。另外，前文研究也发现玉米具有较大的增产潜力，故发展玉米产业是实现高温伏旱区旱作农业增产的有效途径。

（3）推广高产高效多熟制模式。前文研究表明，多熟制模式在降水资源高效利用方面具有明显的优势。在降水量较多的情况下能大幅度提高产量，同时能较好地应对高温伏旱区的高温和干旱灾害，在重灾年份仍然能获得较好的收成。但是，由单纯的粮油作物组成的多熟种植模式对旱地地力消耗较大，若不加以调节，必然导致土地养分流失和土壤退化。因此，在土地利用上除考虑种植粮食、油料作物外，还应纳入养地作物如豆类、绿肥等，可采用轮、间、套的办法来提高土壤有机质和养分含量，如旱粮与豆科作物（蚕豆、花生、大豆等）轮作，小麦、油菜行间插种绿肥等。同时，要加强农家肥、堆肥、农作物秸秆等有机质的循环利用。总之，要把多熟制集约用地与科学养地相结合，实现土地生产能力的持续提高。

（4）推行保护性耕作。旱坡耕地心土层的可蚀性普遍高于耕作层，一旦耕作层受到破坏或侵蚀，心土层裸露于地表，将会造成严重的水土流失，因此应加强耕作层的保护力度。在覆盖措施上，可增加林、草、作物的植被覆盖，减少土面裸露时间，特别是雨季，可采用秸秆、青草、留茬、地膜覆盖措施，既能有效保水、保土，使耕作层得到保护，提高有机质含量和土地的覆盖率，降低土壤的可蚀性，减少水土流失，又能提高地面温度，减缓季节性干旱对作物生产的影响。另外，因地制宜地推广少耕、免耕、垄作等保护性耕作技术，对于西南地区旱作农业可持续发展也具有重要意义。

本章小结

本章以重庆市为研究对象，借助多个站点的气候、土壤、生态环境及种植业方面的调查数据与田间试验数据，建立旱地农作系统水分生产潜力数学模型，对旱地农作系统的水分生产潜力进行定量研究。主要结论如下。

（1）单作模式下，按作物来看，甘薯的生产优势明显，不论是水分生产潜力、相对生产潜力还是增产潜力系数，都处于各作物之首；其次是玉米、大豆；马铃薯、小麦和油菜的增产潜力较差。按区域来看，重庆东北部的万州、梁平和中西部的沙坪坝凭借优越的光、热、水资源，总体生产潜力位列前茅；东南部的酉阳和彭水虽然水分资源较好，但是光、热资源较差，其生产潜力整体处于劣势。

（2）多熟制种植模式下，马铃薯/玉米/甘薯、小麦/玉米/甘薯、油菜/玉米/甘薯三种模式占据优势，小麦/玉米/大豆、油菜/玉米两种模式较差。按区域来看，重庆东北部的多熟制总水分生产潜力均超过研究区的平均水平，中西部处于中间水平，东南部较差。

（3）高温伏旱灾害对作物光合、光温生产潜力的影响不大，但是对水分生产潜力造成了巨大影响。干旱年较好的光、热资源使其光合、光温生产潜力超过平水年和丰水年，但其水分生产潜力均低于平水年和丰水年。因此，在高温伏旱区内，水分是限制作物产量的主要因素。

（4）从不同降水年型看，各种多熟制模式在丰水年的总水分生产潜力总是最高的。与平水年比较，伏旱灾害对两种模式总水分生产潜力的影响不大，说明研究所选择的 5 种多熟制模式有利于降水资源的高效利用，同时能较好地应对高温伏旱区的高温和干旱灾害，是适合大面积推广的多熟制模式。

（5）基于水分生产潜力的研究结果，从促进降水资源化、大力发展玉米产业、推广高产高效多熟制模式、推行保护性耕作的角度，提出了开发高温伏旱区水分生产潜力的对策与建议。

参考文献

[1] 信乃诠，王立祥. 中国北方旱区农业[M]. 南京：江苏科学技术出版社，1998.
[2] 王立祥，王龙昌. 中国旱区农业[M]. 南京：江苏科学技术出版社，2009.
[3] Doorenbos J. Yield Response to Water[M]. Rome：FAO，1979.
[4] 刘扬，贾树海，那波. 土地生产潜力计算方法研究[J]. 中国农学通报，2005，21（12）：376-381.
[5] 侯西勇. 1951—2000 年中国气候生产潜力时空动态特征[J]. 干旱区地理，2008，41（5）：723-730.
[6] 邓根云，冯雪华. 我国光温资源与气候生产潜力[J]. 自然资源，1980，4（4）：11-16.
[7] 方光迪. 三江地区光、热资源及作物生产潜力[J]. 气象学报，1985，43（3）：321-331.
[8] 侯光良. 中国农业气候资源[M]. 北京：中国人民大学出版社，1993.

[9] 徐渝江. 四川省总辐射气候学计算及时空分布[J]. 四川气象, 1985，(4)：27-29.

[10] 江玉华，程炳岩，邓承之，等. 重庆市严重伏旱气候特征分析[J]. 高原山地气象研究，2009，29（1）：31-38.

[11] 赵俊芳，孔祥娜，姜月清，等. 基于高时空分辨率的气候变化对全球主要农区气候生产潜力的影响评估[J]. 生态环境学报，2019，28（1）：1-6.

[12] Zhao Y，Xiao D，Bai H，et al. Research progress on the response and adaptation of crop phenology to climate change in China[J]. Progress in Geography，2019，38（2）：224-235.

[13] 重庆市统计局. 重庆统计年鉴（2018）[M]. 北京：中国统计出版社，2018.

第三章　西南地区油菜节水抗旱生理生态机制研究

西南地区是我国旱地冬油菜主产区，该地区的油菜产量对我国食用植物油产量的影响巨大。该地区由于地理生态环境和特有的气候等原因，经常会受到季节性干旱的影响，尤其以秋旱和春旱更为严重。秋旱会对油菜的播种面积和生长造成严重影响，导致油菜秋播面积减少、产量显著降低、品质下降；春旱会对抽薹开花期的油菜产生很大的影响，不仅影响到油菜正常的生长，还使油菜的开花结实受阻，授粉受精不能完成，导致油菜产量降低，含油量降低。旱害已成为油菜生产最为突出的问题之一，开展油菜节水抗旱生理生态机制研究对该地区油菜新品种选育和高产高效栽培有着特别重要的意义。

第一节　油菜种子萌发期抗旱性研究及其鉴定指标筛选

针对西南地区油菜生产面临的季节性干旱问题，要提高油菜的抗旱性，首先就要对油菜品种的抗旱性能进行科学而准确的评价，筛选出快速有效的评价指标体系，以建立可靠的油菜抗旱能力鉴定及分析方法。为此，通过油菜萌发期聚乙二醇 6000（PEG-6000）模拟干旱胁迫试验，测定了种子萌发抗旱系数、发芽率、根芽比、根体积等生长发育指标，采用主成分分析法对多指标予以筛选，并以筛选后的指标为依据，利用隶属函数法对供试品种的抗旱性进行排序。

一、油菜种子萌发期抗旱性相关指标分析

在室内人工模拟干旱胁迫条件下开展试验，选取 10 个不同甘蓝型油菜品种为试验材料（表 3-1）。分别挑选籽粒饱满、均匀一致的油菜种子，萌发试验前种子用蒸馏水冲洗数次并浸种 24h。然后摆放在直径 9cm 并铺有 2 层定性滤纸的培养皿中，放置于 25℃的光照培养箱中进行培养。共两个处理：①干旱处理（*T*），用质量浓度为 100g/L 的 PEG-6000 溶液（与之相对应的溶液水势为–0.2MPa）模拟干旱处理，每皿加 10ml PEG-6000 溶液，每隔 1d 向每皿加 3ml PEG-6000 溶液；②对照（CK），以蒸馏水代替 PEG-6000 溶液。每个处理重复 3 次。以胚芽长度为种子长度的 1/2 为发芽标准，每天定时记录各处理的发芽情况；第 8 天时，在每个培养皿内随机挑选 10 个正常萌发的幼苗，测量其苗高、根长、根体积、根表面积、根数及根直径。

表 3-1　供试材料

编号	品种	千粒重（g）	编号	品种	千粒重（g）
A	中油 821DH	2.512	C	GH06	4.866
B	GH16/SC94005	3.706	D	中双 10 号	3.286

续表

编号	品种	千粒重（g）	编号	品种	千粒重（g）
E	94005	3.410	H	中双 11 号	3.240
F	（GH04/GH02）/GH04	2.230	I	Holiday	2.620
G	中双 9 号	2.502	J	油研 2 号	2.170

各评价指标计算公式如下[1-3]。

种子萌发抗旱系数=PI_S/PI_C

式中，PI_S为水分胁迫下种子萌发指数；PI_C为对照种子萌发指数。

$$萌发指数 = 1.00nd_2 + 0.75nd_4 + 0.5nd_6 + 0.25nd_8$$

式中，nd_2、nd_4、nd_6、nd_8分别为第 2 天、第 4 天、第 6 天、第 8 天的种子萌发率。

种子萌发率 = 正常发芽种子数/供试种子数×100%

发芽率=8d 内正常发芽种子数/供试种子数×100%

发芽势 = 4d 内正常发芽的种子数/供试种子数×100%

子叶相对含水量（RWC）= [(子叶鲜重−子叶干重)/(子叶饱和重−子叶干重)]×100%

伤害率 = [(CK−T)/CK]×100%

式中，CK 为对照值；T为处理值。

水分饱和亏（WSD）= 1−RWC

根芽比=胚根干重/胚芽（包括胚轴）干重

为消除各品种间的差异，各指标所测数值均采用抗旱系数来确定各品种在胁迫条件下的抗旱性强弱：抗旱系数 = 干旱胁迫下选定指标测定值/对照处理下指标测定值[4]。

由表 3-2、表 3-3 可知，PEG-6000 模拟干旱胁迫后，各品种的萌发指标均发生了一系列的变化：绝大多数材料的种子萌发指数、发芽率、根长、苗高、根体积与对照相比有极显著差异；子叶相对含水量与对照相比有显著差异。各材料的萌发指数的伤害率介于16.41%～91.44%，平均为 51.82%；发芽率的伤害率介于 11.00%～88.66%，平均为 42.99%；子叶相对含水量的伤害率介于 0.00%～31.98%，平均为 13.83%；根长的伤害率介于−119.62%～14.80%，平均为−46.69%；苗高的伤害率介于 37.91%～57.62%，平均为 46.20%；根体积的伤害率介于−54.55%～22.58%，平均为−17.50%。由此看出，各供试材料间的抗旱性和各指标所提供的信息均有较大差异，如果仅根据单一指标的测定值得出的结论难免具有一定的片面性，所以需要将这些指标综合起来进行抗旱性评价。

表 3-2　干旱胁迫对种子萌发指数、发芽率和子叶相对含水量的影响

材料编号	萌发指数（%）			发芽率（%）			子叶相对含水量（%）		
	CK	T	伤害率	CK	T	伤害率	CK	T	伤害率
A	11.67	9.00*	22.91	71	56*	21.13	110	92*	16.48
B	40.02	33.46*	16.41	100	89*	11.00	88	85	3.72
C	40.00	26.16*	34.60	100	69*	31.00	90	87	2.83
D	40.77	6.37**	84.38	100	18**	82.00	103	83*	19.34
E	39.49	3.38**	91.44	97	11**	88.66	90	79*	12.22

续表

材料编号	萌发指数（%）			发芽率（%）			子叶相对含水量（%）		
	CK	*T*	伤害率	CK	*T*	伤害率	CK	*T*	伤害率
F	40.17	32.45*	19.21	100	89*	11.00	109	84**	23.00
G	40.82	12.52**	69.32	96	35**	63.54	108	81**	24.90
H	25.28	9.58**	62.12	86	36**	58.14	80	80	0.00
I	41.53	13.85**	66.46	100	85*	15.00	92	88	3.80
J	36.68	17.86**	51.32	97	50**	48.45	128	87**	31.98
平均值	35.64	16.46**	51.82	94.70	53.80	42.99**	99.80	84.60	13.83*

注：*和**分别表示显著（$P<0.05$）和极显著（$P<0.01$）水平。下同

表 3-3　干旱胁迫对根长、苗高和根体积的影响

材料编号	根长			苗高			根体积		
	CK（cm）	*T*（cm）	伤害率（%）	CK（cm）	*T*（cm）	伤害率（%）	CK（mm^3）	*T*（mm^3）	伤害率（%）
A	4.40	6.52**	−48.18	1.72	1.00**	41.86	0.011	0.017**	−54.55
B	4.18	6.16**	−47.52	1.95	1.15**	41.02	0.055	0.079**	−43.64
C	2.65	5.82**	−119.62	1.82	1.13**	37.91	0.074	0.088**	−18.92
D	5.32	4.53**	14.80	1.33	0.67**	49.62	0.082	0.074**	9.76
E	3.47	5.18**	−49.42	2.17	1.03**	52.53	0.066	0.071**	−7.50
F	4.78	6.88**	−43.83	1.83	0.77**	57.62	0.056	0.077**	−37.50
G	5.12	5.97**	−16.68	2.15	1.33**	38.14	0.062	0.048**	22.58
H	4.42	7.52**	−70.26	1.73	0.93**	46.24	0.106	0.112**	−5.66
I	4.42	7.88**	−78.42	1.47	0.78**	46.94	0.052	0.075**	−44.23
J	5.32	5.73**	−7.77	2.25	1.13**	49.78	0.063	0.060**	4.76
平均值	4.41	6.22**	−46.69	1.84	0.99**	46.20	0.063	0.070**	−17.50

二、油菜种子萌发期抗旱指标的主成分分析

将种子萌发指数作为代表各甘蓝型油菜种质抗旱性强弱的指标与测定的各项指标进行了相关性分析，并选择与油菜早期抗旱性关系密切的多个抗旱指标作为被分析的变量（表 3-4）。

表 3-4　供试材料各品种所测指标与种子萌发抗旱系数的相关系数

指标	相关系数 *r*	指标	相关系数 *r*
根直径	0.529*	根长	0.838**
发芽率	0.986**	苗高	0.801**

续表

指标	相关系数 r	指标	相关系数 r
发芽势	0.901**	子叶相对含水量	0.784**
根表面积	0.423*	根长苗高比	0.622**
根数	0.499*	干物质重	0.855**
水分饱和亏	−0.470*	根体积	0.734**
根鲜重	−0.572*	根芽比	0.641**

表 3-5 是各处理下 10 个供试油菜材料 10 个测定指标（萌发指数及与萌发指数呈极显著相关的 9 个指标）的抗旱系数，由此构成主成分分析的原数据矩阵，进一步分析得到各项指标的相关系数矩阵，根据相关系数矩阵得出各指标的特征值和主成分特征向量值（表 3-6 和表 3-7）。

表 3-5　各测定指标的抗旱系数

材料编号	X_1	X_2	X_3	X_4	X_5	X_6	X_7	X_8	X_9	X_{10}
A	0.80	0.78	0.76	2.48	0.78	0.84	2.55	0.71	0.79	1.55
B	0.80	0.89	0.96	2.17	0.60	0.96	2.50	0.78	1.00	1.44
C	0.64	0.68	0.96	2.19	0.62	0.97	3.54	0.65	0.78	1.19
D	0.15	0.30	0.96	1.85	0.50	0.81	1.69	0.70	0.89	0.90
E	0.10	0.22	1.00	1.50	0.48	0.88	3.15	0.58	1.04	1.08
F	0.78	0.89	0.96	1.85	0.50	0.81	1.69	0.63	0.97	1.38
G	0.28	0.36	0.91	1.17	0.52	0.75	1.89	0.49	0.85	0.77
H	0.39	0.42	1.06	1.70	0.54	1.01	3.17	0.89	1.04	1.06
I	0.79	0.85	0.96	2.78	0.70	0.96	3.36	0.81	0.88	1.44
J	0.47	0.52	0.94	1.08	0.50	0.68	2.15	1.00	1.00	0.95

注：X_1～X_{10} 分别代表种子萌发指数、发芽率、发芽势、根长、苗高、子叶相对含水量、根长苗高比、根芽比、干物质重和根体积。下同

表 3-6　各测定指标的特征值、贡献率和累计贡献率

指标	特征值	贡献率（%）	累计贡献率（%）
X_1	4.624	46.238	46.238
X_2	2.239	22.388	68.626
X_3	1.577	15.771	84.397
X_4	0.836	8.363	92.760
X_5	0.343	3.433	96.193
X_6	0.252	2.518	98.711
X_7	0.091	0.909	99.620
X_8	0.035	0.345	99.965
X_9	0.004	0.035	100.000
X_{10}	0.000	0.000	100.000

表 3-7　主成分特征向量值

主成分编号	所测指标的特征向量值									
	X_1	X_2	X_3	X_4	X_5	X_6	X_7	X_8	X_9	X_{10}
1	0.845	0.801	−0.454	0.899	0.870	0.516	0.477	0.151	−0.491	0.877
2	−0.142	−0.148	0.802	0.174	−0.064	0.752	0.700	0.402	0.551	0.011
3	0.454	0.504	0.141	−0.231	−0.313	−0.265	−0.410	0.550	0.559	0.304

由表 3-6 可知，第一、第二和第三主成分的贡献率分别是 46.238%、22.388%和 15.771%，三者累计贡献率达 84.397%，基本代表了所测指标的绝大部分信息，可初步作为反映甘蓝型油菜种子萌发期不同品种间抗旱性的主导因素。

从表 3-7 特征向量上各个独立指标在综合指标中的贡献率来看，第一主成分中种子萌发指数、发芽率、根长、苗高和根体积所占的比例较大；第二主成分中发芽势、子叶相对含水量和根长苗高比所占的比例较大；第三主成分中根芽比和干物质重所占的比例较大。

从不同指标在不同成分中所占比例的大小可以看出，发芽率、根长、苗高及根体积与种子萌发抗旱系数息息相关，种子萌发抗旱系数是种子萌发试验简便而有效的鉴定指标，它在一定程度上能间接反映作物萌发期的抗旱性。

总之，以上 3 个成分所包含信息的基本意义在于其集中反映了构成油菜萌发期抗旱性的各项生长发育指标在干旱胁迫环境下相互影响、相互制约、相互协调的关系，由此而建立的评价指标体系也更能综合地反映油菜种子萌发期抗旱能力的强弱。

三、油菜种子萌发期抗旱性的隶属函数分析

隶属函数分析是在多指标测定的基础上对材料进行综合评价的方法。其计算公式如下[3]。

$$\text{隶属函数值}\ R(X_i)=(X_i-X_{\min})/(X_{\max}-X_{\min})$$

$$\text{反隶属函数值}\ R'(X_i)=1-(X_i-X_{\min})/(X_{\max}-X_{\min})$$

式中，X_i 为指标测定值；$X_{\min}$、$X_{\max}$ 分别为供试材料某一指标的最小值与最大值。

根据本试验所筛选出的 10 个指标，应用隶属函数计算公式对 10 种甘蓝型油菜的抗旱性进行综合评价，各项指标的隶属函数值及抗旱性综合评价结果见表 3-8。

表 3-8　各项指标的隶属函数值及抗旱性综合评价结果

材料编号	所测指标的隶属值										平均值	排序
	X_1	X_2	X_3	X_4	X_5	X_6	X_7	X_8	X_9	X_{10}		
A	1.000	0.843	0.000	0.824	1.000	0.470	0.566	0.440	0.039	1.000	0.618	4
B	1.000	1.000	0.667	0.641	0.495	0.857	0.538	0.569	0.846	0.859	0.747	2
C	0.779	0.680	0.667	0.656	0.566	0.884	1.000	0.304	0.000	0.539	0.608	5

续表

材料编号	所测指标的隶属值										平均值	排序
	X_1	X_2	X_3	X_4	X_5	X_6	X_7	X_8	X_9	X_{10}		
D	0.066	0.119	0.667	0.453	0.222	0.384	0.098	0.412	0.419	0.167	0.301	9
E	0.000	0.000	0.800	0.244	0.158	0.597	0.809	0.183	1.000	0.397	0.419	8
F	0.978	0.996	0.667	0.211	0.000	0.273	0.000	0.267	0.731	0.782	0.491	6
G	0.251	0.208	0.505	0.051	0.278	0.215	0.193	0.000	0.269	0.000	0.197	10
H	0.413	0.296	1.000	0.366	0.329	1.000	0.818	0.784	1.000	0.372	0.638	3
I	0.986	0.940	0.667	1.000	0.778	0.854	0.913	0.626	0.365	0.859	0.799	1
J	0.531	0.450	0.595	0.000	0.233	0.000	0.320	1.000	0.846	0.231	0.421	7

通过对 10 项指标的隶属函数值求平均值，然后按其大小排序就得到 10 种甘蓝型油菜种子萌发期的抗旱性综合评价结果，其抗旱能力依次为：Holiday＞GH16/SC94005＞中双 11 号＞中油 821DH＞GH06＞（GH04/GH02）/GH04＞油研 2 号＞94005＞中双 10 号＞中双 9 号。

第二节　油菜苗期抗旱性研究及其鉴定指标筛选

针对长江流域常见的秋旱对油菜播种和苗期生长造成的严重影响，通过苗期盆栽试验探讨干旱胁迫对油菜苗期相关指标的影响，开展油菜苗期抗旱性综合评价，筛选油菜抗旱种质资源，对于油菜抗旱减灾具有重要的指导意义。

试验以 10 个不同种质的甘蓝型油菜为材料（同表 3-1）。将种子播在育苗盘中，待幼苗长到四叶一心时将其移栽于遮雨网室中的塑料花盆中（盆高 24cm、直径 22cm），盆中所用基质为草炭土、自然土壤和蛭石的混合物（比例为 1∶3∶1）。培养一个月后于油菜 6～7 片叶时对供试材料进行干旱处理。试验设置 3 个水分处理：①对照（CK），每次浇水量为 500ml；②中度干旱（MD），每次浇水量为 300ml；③重度干旱（WD），每次浇水量为 150ml。每次在对照处理的土壤含水量低于田间最大持水量的 65%时进行灌溉。试验为油菜材料（10 个材料）和水分处理（3 个水分梯度）的二因素裂区设计，共 30 个处理，每处理种植 7 盆，每盆种植 3 株。从水分胁迫开始，每隔 5d 取样一次，共取 5 次样（取样均在浇水前），每次取心叶外侧第 3～4 片功能叶测定叶片相对含水量、叶面积及抗性相关生理生化指标。

一、干旱胁迫下油菜苗期相关指标变化分析

（一）干旱胁迫对油菜叶片相对含水量的影响

叶片相对含水量（relative water content，RWC）是指示植物叶片保水力的一个常用指标，一般可以认为：干旱胁迫下叶片相对含水量越大，下降速率越小，则品种抗旱性越强[5]。

表 3-9 表明，同一材料在相同的干旱胁迫时间，WD 比 MD 的叶片相对含水量下降幅度大，而对于同一材料，在相同的干旱处理下，随着干旱胁迫时间的延长，叶片的相对含水量的下降幅度变大。材料 B、C、D、E、F 在 WD 下胁迫第 5 天，在 MD 下胁迫第 10 天时与对照差异显著；A、G、H、J 在 WD 和 MD 下胁迫第 10 天时与对照差异显著；而 I 在干旱胁迫下第 15 天时才与对照差异显著。也就是说，在干旱胁迫下，叶片相对含水量最不容易下降的材料是 I，而最容易下降的是 B、C、D、E、F，A、G、H、J 介于中间。因此，根据油菜叶片相对含水量的降低情况，对供试材料抗旱性的判断结果是：材料 I 的抗旱性最强，A、G、H、J 次之，B、C、D、E、F 的抗旱性最弱。

表 3-9　干旱胁迫对油菜叶片相对含水量（%）的影响

材料	处理	干旱持续时间				
		5d	10d	15d	20d	25d
A	CK	95.33±4.78	91.72±3.92	94.20±3.24	88.53±2.24	85.53±3.60
	MD	92.00±3.22（−3.49%）	84.20±4.15（−8.20%）	74.20±4.23（−21.23%）	67.20±4.26（−24.09%）	57.20±1.95（−33.12%）
	WD	88.53±5.26（−7.13%）	80.90±1.85（−11.80%）	70.90±4.44（−24.74%）	59.90±5.08（−32.34%）	49.90±2.33（−41.66%）
B	CK	90.89±2.79	89.01±2.74	94.54±4.25	92.26±3.11	88.26±5.25
	MD	83.86±2.91（−7.74%）	80.54±2.81（−9.52%）	70.54±2.64（−25.39%）	60.54±4.38（−34.38%）	52.54±2.63（−40.47%）
	WD	80.26±4.98（−11.70%）	72.93±3.32（−18.07%）	52.93±4.89（−44.01%）	46.93±3.67（−49.14%）	26.93±0.89（−69.49%）
C	CK	92.38±3.47	93.06±1.91	90.93±4.09	92.11±4.08	82.11±3.16
	MD	85.63±2.37（−7.31%）	80.93±2.60（−13.04%）	60.93±5.82（−32.99%）	55.93±4.95（−39.28%）	43.93±3.66（−46.50%）
	WD	82.11±4.07（−11.12%）	70.28±4.39（−24.49%）	50.28±3.20（−44.70%）	41.28±2.25（−55.18%）	34.28±2.08（−58.25%）
D	CK	93.00±4.76	92.83±6.20	94.91±2.67	92.14±4.64	80.14±4.85
	MD	86.61±3.99（−6.87%）	80.91±2.85（−12.84%）	68.91±3.02（−27.39%）	51.91±4.55（−43.66%）	39.91±1.66（−50.20%）
	WD	82.14±3.08（−11.67%）	73.37±2.51（−20.96%）	63.37±2.73（−33.23%）	33.37±2.53（−63.78%）	20.37±1.64（−74.58%）
E	CK	88.80±3.09	92.38±2.99	92.02±3.64	89.67±6.46	88.67±3.20
	MD	82.11±3.05（−7.54%）	78.02±2.41（−15.55%）	70.02±4.23（−23.91%）	71.02±1.38（−20.81%）	59.02±2.92（−33.44%）
	WD	79.67±4.05（−10.28%）	69.24±1.35（−25.06%）	49.24±0.99（−46.49%）	55.24±2.60（−38.40%）	35.24±4.55（−60.26%）

续表

材料	处理	干旱持续时间				
		5d	10d	15d	20d	25d
F	CK	86.23±5.23	91.81±6.48	93.69±5.68	90.06±7.82	91.06±4.26
	MD	81.56±1.00 (−5.42%)	83.69±3.49 (−8.84%)	73.69±3.40 (−21.35%)	43.69±3.76 (−51.49%)	33.69±3.09 (−63.01%)
	WD	70.06±3.42 (−18.76%)	60.56±2.98 (−34.04%)	50.56±2.69 (−46.04%)	31.56±3.14 (−64.97%)	19.56±0.59 (−78.52%)
G	CK	91.09±5.34	92.89±5.57	93.68±2.79	88.74±2.72	95.74±4.66
	MD	89.15±3.06 (−2.13%)	80.68±4.97 (−13.14%)	60.68±1.91 (−35.24%)	53.68±1.68 (−39.51%)	50.68±2.05 (−47.07%)
	WD	88.74±3.47 (−2.57%)	80.47±1.62 (−13.36%)	70.47±2.26 (−24.77%)	45.47±2.15 (−48.76%)	25.47±1.24 (−73.39%)
H	CK	89.12±3.04	92.62±2.17	93.98±4.26	89.12±6.09	87.12±3.25
	MD	84.66±1.26 (−5.00%)	75.98±5.36 (−17.96%)	55.98±1.95 (−40.43%)	46.98±2.00 (−47.28%)	36.98±2.58 (−57.55%)
	WD	83.90±3.43 (−5.85%)	77.13±1.83 (−16.73%)	47.13±1.33 (−49.86%)	36.13±0.90 (−59.46%)	30.13±1.88 (−65.42%)
I	CK	94.73±4.71	89.85±1.02	91.33±7.07	94.73±3.71	96.73±2.85
	MD	91.02±2.42 (−3.92%)	85.33±5.18 (−5.03%)	78.33±2.59 (−14.23%)	69.33±1.29 (−26.82%)	59.33±1.96 (−38.67%)
	WD	89.27±5.68 (−5.77%)	79.02±1.70 (−12.05%)	71.02±4.14 (−22.23%)	60.02±3.48 (−36.64%)	48.02±1.07 (−50.35%)
J	CK	99.18±0.90	91.74±2.14	92.36±2.38	89.76±3.64	85.76±4.54
	MD	89.97±4.74 (−9.29%)	79.36±2.96 (−13.49%)	69.36±3.16 (−24.90%)	41.36±2.36 (−53.92%)	30.36±2.98 (−64.60%)
	WD	84.76±4.14 (−14.54%)	68.74±3.29 (−25.07%)	48.74±0.98 (−47.23%)	30.74±0.78 (−65.75%)	21.74±1.51 (−74.65%)

注：表内数据为平均值±标准差；括号中的数据表示较对照增加或降低的百分率。下同

（二）干旱胁迫对油菜叶面积的影响

表 3-10 表明，同一材料在重度干旱胁迫下比在中度干旱胁迫下叶面积减少幅度大。随着干旱胁迫时间的延长，在中度干旱胁迫下，材料 F 的下降幅度逐渐增大，而 A、B、D、E、G、I、J 下降幅度先小后大；在重度干旱胁迫下，材料 A、D、H、I、J 的下降幅度逐渐增大，其余材料的变化情况比较复杂。不论是中度还是重度干旱胁迫，材料 A、B、C、D、E、G、I 在干旱胁迫的第 5 天就与对照差异显著；H 和 J 虽然在重度干旱胁迫的

第5天就与对照差异显著，但在中度干旱胁迫下，H在第15天、J在第25天才与对照差异显著；而材料F在重度干旱胁迫下第15天与对照差异显著，在中度干旱胁迫下第25天才与对照差异显著。由此说明，在干旱胁迫下，材料F的叶面积降低得最慢，H、J次之，而叶面积降低最快的是材料A、B、C、D、E、G、I。

表3-10 干旱胁迫对油菜叶面积（cm^2）的影响

材料	处理	干旱持续时间		
		5d	15d	25d
A	CK	88.20±5.76	117.00±10.20	130.67±8.64
	MD	73.53±2.70（−16.64%）	100.58±5.60（−14.03%）	105.43±5.24（−19.31%）
	WD	65.09±4.06（−26.20%）	73.47±5.53（−37.20%）	64.1±3.62（−50.95%）
B	CK	88.20±6.23	105.28±5.12	103.34±5.44
	MD	65.22±3.51（−26.05%）	90.24±4.52（−14.29%）	77.62±2.64（−24.88%）
	WD	60.83±4.20（−31.03%）	74.72±4.23（−29.02%）	70.01±4.89（−32.25%）
C	CK	66.73±4.61	119.50±7.86	106.00±3.17
	MD	50.83±2.52（−23.83%）	97.05±3.67（−18.78%）	89.17±6.37（−15.88%）
	WD	58.18±2.32（−12.81%）	73.53±3.92（−38.46%）	67.87±4.95（−35.97%）
D	CK	70.99±3.70	101.18±4.96	119.67±8.01
	MD	63.54±3.88（−10.50%）	95.58±4.45（−5.54%）	95.37±1.96（−20.31%）
	WD	52.81±4.22（−25.61%）	65.03±4.88（−35.73%）	54.2±3.53（−54.71%）
E	CK	74.04±2.46	99.30±3.66	105.58±5.21
	MD	61.92±2.83（−16.37%）	92.17±3.72（−7.18%）	85.34±5.11（−19.17%）
	WD	49.43±3.56（−33.24%）	78.47±1.63（−20.98%）	59.77±3.56（−43.39%）
F	CK	69.65±3.90	91.89±1.75	113.55±3.77
	MD	67.27±4.19（−3.42%）	88.34±2.30（−3.86%）	74.10±3.95（−34.74%）
	WD	53.37±5.07（−23.38%）	73.85±4.23（−19.63%）	49.74±3.32（−56.19%）
G	CK	67.16±4.33	98.01±3.83	104.29±4.19
	MD	59.43±2.05（−11.52%）	89.89±6.74（−8.29%）	75.69±2.01（−27.42%）
	WD	51.20±2.03（−23.76%）	81.56±2.74（−16.78%）	42.43±3.70（−59.32%）
H	CK	55.17±4.36	83.21±3.40	76.15±3.54
	MD	50.97±3.25（−7.62%）	60.71±3.19（−27.04%）	67.56±4.65（−11.28%）
	WD	45.39±2.23（−17.73%）	50.19±2.12（−39.68%）	39.35±2.07（−48.33%）
I	CK	89.50±3.85	135.77±3.87	123.26±4.09
	MD	75.15±3.42（−16.03%）	114.06±3.76（−15.99%）	97.48±2.93（−20.91%）
	WD	64.29±2.98（−28.17%）	86.71±3.61（−36.14%）	52.85±2.60（−57.13%）
J	CK	57.00±4.20	72.63±2.98	102.72±5.26
	MD	54.88±4.62（−3.72%）	74.79±4.76（2.97%）	68.76±5.61（−33.06%）
	WD	46.45±3.79（−18.52%）	55.04±2.84（−24.22%）	43.98±3.25（−57.18%）

（三）干旱胁迫对油菜丙二醛含量的影响

植物在逆境或衰老条件下会发生膜脂过氧化作用，丙二醛（MDA）是膜脂过氧化的产物之一，其浓度的变化表示细胞膜脂质的过氧化强度和膜系统的伤害程度。一般情况下，植物在逆境条件下 MDA 含量越高，表明植物受伤害的程度越大。

由表 3-11 可以看出，所有供试材料在干旱胁迫下 MDA 含量均增加，且重度干旱胁迫下比中度干旱胁迫下增加幅度大。随着干旱胁迫时间的延长，MDA 含量均增加，但增加幅度的变化比较复杂。材料 B、C、G、I 在中度胁迫的第 5 天就与对照差异显著，材料 A 在中度胁迫的第 10 天和重度胁迫的第 5 天与对照差异显著，材料 F、J 在中度胁迫的第 15 天和重度胁迫的第 5 天与对照差异显著，材料 D 在中度和重度胁迫下均是在第 10 天与对照差异显著，而材料 E 和 H 在中度胁迫下的第 15 天和重度胁迫的第 10 天与对照差异显著。由此表明，在中度干旱胁迫下，油菜叶片受伤害程度是：E、H、F、J<A、D<B、C、G、I；在重度干旱胁迫下，油菜叶片受伤害的程度是：E、H、D<A、F、J<B、C、G、I。总体表现，在干旱胁迫下，材料 E 和 H 的受伤害程度轻，F、J 次之，A、D 再次之，B、C、G、I 的受伤害程度最大。

表 3-11　干旱胁迫对油菜丙二醛含量（μmol/g FW）的影响

材料	处理	干旱持续时间				
		5d	10d	15d	20d	25d
A	CK	2.61±1.00	8.89±1.17	7.36±2.11	10.42±2.29	12.01±1.37
	MD	3.69±0.69	10.58±0.87	14.29±2.01	17.21±1.80	20.16±1.21
		（41.07%）	（18.97%）	（94.20%）	（65.13%）	（67.91%）
	WD	6.54±0.45	14.50±0.42	17.02±1.91	38.80±1.45	31.08±1.71
		（150.26%）	（63.04%）	（131.30%）	（272.39%）	（158.83%）
B	CK	3.63±1.21	6.60±1.75	5.51±1.78	8.87±2.16	17.75±1.60
	MD	6.27±1.01	8.59±1.48	15.06±1.29	28.20±2.10	37.30±1.29
		（72.73%）	（30.04%）	（173.49%）	（218.08%）	（110.08%）
	WD	6.73±1.24	9.47±1.58	16.01±1.24	35.98±0.83	38.87±1.16
		（85.31%）	（43.36%）	（190.68%）	（305.79%）	（118.99%）
C	CK	4.53±1.41	9.82±0.84	7.65±2.11	10.64±1.62	11.19±1.32
	MD	8.55±0.19	9.11±2.36	17.02±2.12	38.26±0.64	49.12±1.34
		（88.88%）	（−7.20%）	（122.53%）	（259.47%）	（339.09%）
	WD	9.38±1.69	10.40±1.15	19.11±2.19	47.09±2.28	51.08±1.28
		（107.22%）	（5.94%）	（149.80%）	（342.47%）	（356.59%）
D	CK	5.71±0.81	6.44±0.97	6.15±0.41	7.75±1.67	13.91±1.50
	MD	7.62±1.30	9.92±2.09	16.61±1.18	29.63±1.47	29.31±1.44
		（33.43%）	（54.17%）	（169.93%）	（282.53%）	（110.64%）
	WD	7.72±1.79	10.43±0.83	16.93±0.89	32.55±2.11	39.45±1.64
		（35.06%）	（61.99%）	（175.14%）	（320.18%）	（183.54%）

续表

材料	处理	干旱持续时间				
		5d	10d	15d	20d	25d
E	CK	7.04±1.87	4.53±1.40	5.34±1.75	6.05±1.82	16.71±2.15
	MD	6.59±0.79 (−6.48%)	7.04±1.76 (55.48%)	18.30±1.17 (242.76%)	26.41±1.28 (336.23%)	36.90±2.39 (120.89%)
	WD	7.12±2.29 (1.09%)	8.53±1.22 (88.30%)	20.26±1.93 (279.34%)	37.25±1.33 (515.36%)	39.91±1.73 (138.87%)
F	CK	5.10±1.79	9.86±1.23	6.47±0.96	10.41±2.23	15.75±1.44
	MD	7.49±1.17 (46.93%)	9.56±1.84 (−3.01%)	16.59±2.04 (156.47%)	29.24±1.75 (180.79%)	41.28±2.11 (162.12%)
	WD	8.36±1.64 (63.92%)	12.87±1.6 (30.54%)	17.16±1.62 (165.28%)	39.16±1.68 (276.02%)	51.29±1.98 (225.65%)
G	CK	3.35±0.56	7.92±1.47	6.53±1.77	10.36±1.11	10.62±1.96
	MD	6.11±1.54 (82.29%)	7.80±0.79 (−1.47%)	15.81±0.43 (142.06%)	27.90±0.80 (169.19%)	37.75±2.26 (255.32%)
	WD	7.64±1.31 (128.06%)	9.96±1.56 (25.85%)	23.17±0.79 (254.87%)	42.87±2.03 (313.67%)	42.64±1.24 (301.38%)
H	CK	7.48±0.30	6.51±0.90	6.58±0.40	8.42±0.42	11.45±1.85
	MD	5.92±1.53 (−20.89%)	7.38±1.61 (13.42%)	17.75±1.62 (169.94%)	18.59±1.85 (120.74%)	27.47±0.49 (139.81%)
	WD	8.03±1.79 (7.31%)	10.39±2.40 (59.55%)	24.14±1.92 (267.00%)	49.10±2.50 (483.17%)	38.59±1.68 (236.93%)
I	CK	4.51±0.36	8.75±0.59	6.92±0.89	8.87±1.11	17.72±2.09
	MD	8.85±0.81 (96.01%)	8.15±0.94 (−6.93%)	17.85±0.48 (158.00%)	19.47±1.92 (119.55%)	28.84±1.91 (62.75%)
	WD	9.79±1.89 (116.91%)	9.93±1.59 (13.44%)	19.82±1.71 (186.37%)	40.29±1.50 (354.40%)	59.09±2.42 (233.48%)
J	CK	6.27±0.69	5.09±1.24	5.84±0.67	9.43±1.42	19.39±1.80
	MD	6.30±1.66 (0.43%)	7.69±0.92 (50.98%)	18.26±1.27 (212.79%)	27.94±1.23 (196.32%)	39.26±1.95 (102.51%)
	WD	9.08±1.26 (44.74%)	9.74±1.34 (91.16%)	25.79±1.98 (341.86%)	32.95±1.87 (249.45%)	57.46±1.92 (196.41%)

（四）干旱胁迫对油菜脯氨酸含量的影响

正常条件下植物体内的游离脯氨酸（Pro）含量较低，但生长在逆境中的植物，其体内会积累大量的游离脯氨酸，植物体内的脯氨酸积累量在一定程度上可以反映植物的抗逆性。例如，抗旱性强的品种，脯氨酸积累量也多。因此，测定植物体内脯氨酸的含量在一定程度上可从理论上了解植物受逆境胁迫的情况，可作为作物抗旱育种的一个生理指标。

由表 3-12 可以看出，供试材料除 B、G、F 的脯氨酸含量在干旱胁迫的第 5 天有所下降外，其余材料的脯氨酸含量在干旱胁迫的其他时间均增加，且重度干旱胁迫下比中度干旱胁迫下增加幅度大。随着干旱胁迫时间的延长，脯氨酸含量均增加，但增加幅度变化复杂。材料 A、B、C、E、F、G 在中度干旱胁迫的第 5 天叶片中脯氨酸的含量就与对照差异显著，材料 H 在中度干旱胁迫的第 10 天和重度干旱胁迫的第 5 天叶片中脯氨酸的含量与对照差异显著，而材料 D、I、J 在中度干旱胁迫和重度干旱胁迫下均是在第 10 天与对照差异显著。由此表明，A、B、C、E、F、G 在干旱胁迫下，通过快速积累脯氨酸来抵御胁迫，维持自身的生长与代谢，而 D、I、J 对干旱胁迫的反应比较迟钝。因此，根据干旱胁迫下油菜叶片中脯氨酸的累积状况，材料 A、B、C、E、F、G 的抗旱能力最强，材料 H 次之，材料 D、I、J 的抗旱能力最弱。

表 3-12　干旱胁迫对油菜脯氨酸含量（μg/g FW）的影响

材料	处理	干旱持续时间				
		5d	10d	15d	20d	25d
A	CK	8.27±1.76	10.82±1.42	13.89±2.23	18.15±3.36	16.11±2.34
	MD	12.89±0.32 （55.93%）	13.46±1.81 （24.33%）	14.98±1.90 （7.85%）	30.73±1.82 （69.33%）	71.51±1.06 （343.89%）
	WD	14.47±1.82 （75.08%）	22.54±4.85 （108.22%）	36.31±1.76 （161.35%）	46.36±0.45 （155.43%）	90.19±1.35 （459.84%）
B	CK	18.83±2.25	10.87±2.51	14.25±1.69	19.70±1.40	33.24±0.90
	MD	15.01±1.05 （−20.30%）	34.18±1.96 （214.38%）	35.66±1.98 （150.28%）	42.85±1.77 （117.53%）	102.10±1.51 （207.14%）
	WD	30.92±1.98 （64.18%）	52.45±1.48 （382.40%）	55.74±1.74 （291.27%）	154.97±1.45 （686.78%）	171.94±1.74 （417.21%）
C	CK	16.46±2.02	10.44±2.05	12.63±1.94	20.19±2.05	65.48±0.73
	MD	19.98±1.14 （21.41%）	24.22±2.29 （131.99%）	34.87±1.20 （176.16%）	73.87±0.94 （265.93%）	83.27±1.32 （27.17%）
	WD	20.34±2.35 （23.60%）	22.1±2.23 （111.65%）	65.11±1.32 （415.68%）	88.66±1.67 （339.20%）	91.97±0.95 （40.46%）
D	CK	12.23±1.83	7.82±1.87	10.64±2.01	19.73±0.62	49.93±0.87
	MD	12.23±1.77 （0.00%）	12.24±1.40 （56.52%）	13.71±2.06 （28.84%）	53.95±2.36 （173.47%）	64.41±1.14 （29.00%）
	WD	15.40±0.80 （25.92%）	18.07±1.88 （131.12%）	45.77±2.18 （330.03%）	59.87±1.33 （203.50%）	72.37±1.50 （44.94%）
E	CK	15.13±1.61	7.74±0.79	12.89±2.11	18.32±1.38	15.01±2.56
	MD	18.96±1.51 （25.31%）	28.89±1.84 （273.26%）	26.03±2.32 （101.86%）	78.58±1.39 （328.83%）	98.81±1.36 （558.15%）
	WD	30.43±1.41 （101.08%）	64.25±2.33 （730.15%）	68.41±1.49 （430.61%）	181.80±1.72 （892.18%）	156.30±1.14 （941.34%）

续表

材料	处理	干旱持续时间				
		5d	10d	15d	20d	25d
F	CK	18.30±1.26	21.43±0.92	10.98±1.78	14.41±1.88	65.79±2.30
	MD	12.63±1.86 (−31.01%)	28.23±1.39 (31.75%)	33.96±1.57 (209.41%)	47.09±1.51 (226.71%)	85.93±2.27 (30.61%)
	WD	16.19±1.73 (−11.55%)	50.01±1.26 (133.36%)	58.51±0.82 (433.04%)	78.43±1.06 (444.15%)	99.34±1.54 (51.00%)
G	CK	18.04±1.38	20.14±0.81	14.28±0.58	11.85±2.36	41.39±1.77
	MD	13.81±2.10 (−23.43%)	39.38±2.02 (95.58%)	32.06±1.45 (124.46%)	77.23±1.50 (551.94%)	82.30±2.21 (98.85%)
	WD	26.62±2.12 (47.56%)	76.76±1.47 (281.20%)	71.43±2.61 (400.07%)	151.9±5.86 (1182.30%)	159.6±6.40 (285.51%)
H	CK	15.40±1.55	8.60±0.78	10.30±1.87	18.00±1.75	12.54±1.99
	MD	18.57±1.42 (20.58%)	19.85±2.34 (130.85%)	25.89±1.91 (151.39%)	82.52±1.77 (358.36%)	93.48±2.97 (645.26%)
	WD	23.06±2.49 (49.74%)	44.52±1.44 (417.67%)	49.06±0.98 (376.31%)	88.46±1.81 (391.35%)	112.40±4.59 (796.25%)
I	CK	17.51±1.95	18.49±1.79	21.28±1.64	19.76±2.08	37.35±1.92
	MD	17.91±1.38 (2.25%)	23.58±1.13 (27.55%)	29.40±2.08 (38.12%)	94.26±1.63 (377.01%)	79.19±2.12 (111.99%)
	WD	20.29±1.01 (15.84%)	57.14±0.90 (209.01%)	55.75±1.64 (161.96%)	112.2±3.72 (468.02%)	94.38±2.21 (152.67%)
J	CK	15.66±2.09	9.85±1.26	11.77±2.00	11.58±2.02	51.52±1.94
	MD	16.08±1.01 (2.66%)	21.9±2.26 (122.29%)	23.26±1.89 (97.65%)	63.25±1.51 (446.20%)	98.30±1.67 (90.80%)
	WD	17.51±1.69 (11.81%)	66.87±2.38 (578.62%)	75.38±1.98 (540.47%)	71.94±1.53 (521.24%)	108.9±3.75 (111.34%)

（五）干旱胁迫对油菜可溶性糖含量的影响

可溶性糖（SS）是植物体内参与渗透调节的主要溶质之一，其含量的变化可以改变植物细胞渗透势，维持正常的细胞膨压，从而使植物体内各种与膨压有关的生理过程正常进行，增强植物适应干旱胁迫的能力。

表 3-13 表明，随着干旱胁迫时间的延长，油菜叶片中的可溶性糖含量增加。除材料 D 和 E 在干旱胁迫的早期（第 5 天），叶片的可溶性糖含量为重度干旱胁迫下小于中度干旱胁迫下外，其余所有处理叶片的可溶性糖含量均为重度干旱胁迫下大于中度干旱胁迫下。材料 D、E、H 在中度干旱胁迫的第 5 天叶片中可溶性糖含量就与对照差异显著，B、

C、J在中度干旱胁迫的第10天、重度干旱胁迫的第5天与对照差异显著，材料G在中度干旱胁迫和重度干旱胁迫的第10天与对照差异显著，材料A在中度干旱胁迫的第15天和重度干旱胁迫的第5天与对照差异显著，材料F、I在中度干旱胁迫的第20天和重度干旱胁迫的第5天与对照差异显著。由此表明，D、E、H在干旱胁迫下更易于累积可溶性糖，维持植株体内的膨压，增强植株的抗旱能力；A、B、C、F、I、J更易于适应重度干旱胁迫；F、I对重度干旱的反应最为迟钝；材料G对中度和重度干旱的适应能力均较差。因此，干旱胁迫下油菜叶片中可溶性糖含量的变化表明，在中度干旱胁迫下，油菜的抗旱性是D、E、H>B、C、G、J>A>F、I；在重度干旱胁迫下，油菜的抗旱性是D、E、H>A、B、C、F、I、J>G。

表3-13　干旱胁迫对油菜可溶性糖含量（μg/g FW）的影响

材料	处理	干旱持续时间				
		5d	10d	15d	20d	25d
A	CK	1.55±0.32	5.64±1.28	5.28±1.12	6.85±1.23	4.75±0.85
	MD	2.41±0.23 （55.15%）	6.90±1.02 （22.25%）	10.70±1.59 （102.73%）	9.62±1.24 （40.49%）	7.15±1.13 （50.48%）
	WD	4.63±0.32 （198.07%）	8.92±1.32 （58.00%）	24.34±2.19 （361.34%）	28.70±1.95 （318.93%）	19.11±1.47 （302.03%）
B	CK	1.76±0.18	3.41±0.40	4.12±0.92	6.89±1.50	5.87±1.24
	MD	3.56±0.14 （101.89%）	8.79±1.39 （157.77%）	10.49±2.18 （154.61%）	18.01±1.79 （161.32%）	13.32±1.82 （126.97%）
	WD	6.09±1.34 （245.37%）	11.65±1.64 （241.74%）	30.77±1.06 （646.93%）	35.97±1.45 （421.86%）	30.29±2.20 （416.07%）
C	CK	3.01±1.01	3.64±0.50	10.61±2.15	9.15±1.26	9.83±1.35
	MD	4.91±1.37 （63.12%）	8.42±1.21 （131.11%）	15.46±1.77 （45.71%）	21.30±1.45 （132.87%）	10.48±1.49 （6.58%）
	WD	6.18±1.26 （105.32%）	12.66±1.89 （247.48%）	30.09±2.02 （183.60%）	36.04±1.83 （294.02%）	18.23±2.94 （85.42%）
D	CK	1.92±1.02	4.01±0.63	7.30±1.16	4.31±0.48	5.29±0.78
	MD	5.48±1.21 （184.75%）	5.36±0.54 （33.58%）	10.15±1.69 （39.06%）	9.62±1.26 （123.12%）	8.75±0.69 （65.47%）
	WD	5.14±0.98 （167.24%）	5.74±0.70 （43.14%）	11.03±1.18 （51.12%）	11.6±1.77 （169.14%）	32.5±1.84 （514.81%）
E	CK	2.83±0.33	4.11±1.13	3.99±0.87	4.44±1.07	5.53±1.13
	MD	5.28±1.16 （86.24%）	8.06±1.22 （96.19%）	15.91±1.44 （299.16%）	9.24±0.88 （108.11%）	9.18±1.54 （65.84%）
	WD	4.58±0.95 （61.53%）	10.46±1.76 （154.58%）	16.61±1.68 （316.72%）	26.18±1.62 （489.71%）	12.51±2.14 （126.02%）

续表

材料	处理	干旱持续时间				
		5d	10d	15d	20d	25d
F	CK	2.39±0.80	3.54±0.32	3.73±0.40	7.32±1.30	8.56±1.02
	MD	4.18±1.15	3.63±0.38	5.03±1.07	20.00±1.73	11.67±4.39
		（75.00%）	（2.45%）	（34.73%）	（173.05%）	（36.38%）
	WD	5.78±0.69	8.68±1.04	15.31±3.26	23.03±1.50	13.32±2.13
		（142.04%）	（144.97%）	（310.00%）	（214.47%）	（55.71%）
G	CK	3.44±0.95	8.66±1.09	5.03±0.98	4.03±0.86	8.56±1.39
	MD	4.08±1.04	11.7±1.87	13.73±0.96	17.32±1.98	21.67±1.76
		（18.39%）	（35.05%）	（173.03%）	（329.86%）	（153.25%）
	WD	4.64±0.91	12.54±1.91	15.31±1.98	18.00±1.59	23.32±1.99
		（34.85%）	（44.75%）	（204.31%）	（346.57%）	（172.57%）
H	CK	6.68±0.78	7.73±1.35	8.76±1.04	11.12±1.34	11.70±0.98
	MD	8.41±1.34	10.03±1.71	12.41±1.64	25.50±1.32	12.39±2.19
		（25.96%）	（29.71%）	（41.63%）	（129.28%）	（5.87%）
	WD	13.88±0.96	16.75±1.31	16.62±2.06	35.68+3.18	20.78±2.32
		（107.84%）	（116.65%）	（89.69%）	（220.74%）	（77.53%）
I	CK	2.24±0.69	3.84±0.72	2.80±0.63	3.35±0.20	5.56±1.35
	MD	3.94±0.88	3.98±0.87	5.57±1.19	14.12±1.71	7.85±1.64
		（75.78%）	（3.65%）	（98.57%）	（322.01%）	（41.21%）
	WD	4.94±1.64	6.34±1.22	9.57±1.21	28.04±3.43	14.49±1.97
		（120.21%）	（65.33%）	（241.38%）	（737.95%）	（160.71%）
J	CK	4.68±1.10	4.63±1.39	4.44±0.69	8.59±1.70	9.77±2.24
	MD	5.21±1.45	7.79±0.99	10.03±1.58	23.39±1.42	11.08±1.56
		（11.40%）	（68.30%）	（125.73%）	（172.15%）	（13.34%）
	WD	8.31±1.30	11.65±1.24	14.02±1.72	36.00±3.36	20.46±1.78
		（77.69%）	（151.73%）	（215.60%）	（318.97%）	（109.35%）

（六）干旱胁迫对油菜可溶性蛋白质含量的影响

蛋白质与生命活动密切相关，细胞中的可溶性蛋白质（SP）由于其亲水特性，可能单独或与可溶性糖协同作用，防止细胞脱水和细胞质结晶并维护细胞膜的结构和功能，从而使植物营养体或种子具有耐脱水能力。植物体内可溶性蛋白质的含量与植物的渗透调节有关，高浓度的可溶性蛋白质可以使植物细胞维持较低的渗透势和水势，以此来抵抗水分胁迫等逆境带来的损伤[6]。

表 3-14 表明，中度干旱和重度干旱下，处在同一梯度上的 10 个油菜材料，随着胁迫时间的延长，可溶性蛋白质含量的变化趋势基本一致，即呈现出“升-降-升”的趋势。重

度胁迫下，可溶性蛋白质含量变化趋势与中度胁迫下一致，只是其含量高于中度胁迫水平，而 G 和 J 的增幅始终维持在一个较高的水平，高含量的可溶性蛋白质有助于维持细胞的低渗透势，使植物免遭干旱胁迫的伤害，表明 G 和 J 的抗旱性高于其他供试材料；材料 D 在干旱胁迫的第 5 天可溶性蛋白质含量就大幅度上升，然后又小幅度下降再小幅度上升，材料 A 在干旱胁迫的第 5 天可溶性蛋白质含量虽有所下降，但第 10 天又大幅度上升，说明可溶性蛋白质作为渗透调节物质在这两个油菜材料中对干旱胁迫有一定的渗透调节能力，超过一定限度，渗透调节能力降低。

表 3-14　干旱胁迫对油菜可溶性蛋白质含量（mg/g FW）的影响

材料	处理	干旱持续时间				
		5d	10d	15d	20d	25d
A	CK	9.79±1.30	4.64±0.53	6.39±1.04	12.71±1.24	14.45±1.56
	MD	8.63±1.12 （−11.78%）	10.66±1.07 （129.65%）	16.71±1.34 （161.45%）	12.19±1.20 （−4.09%）	26.96±1.24 （86.55%）
	WD	6.91±0.92 （−29.39%）	13.72±2.26 （195.55%）	15.14±2.47 （136.88%）	12.67±1.13 （−0.34%）	27.88±2.16 （92.87%）
B	CK	7.11±2.34	12.70±1.23	7.00±2.08	4.88±0.84	9.52±2.08
	MD	8.71±1.94 （22.61%）	10.43±1.01 （−17.87%）	13.39±1.68 （91.33%）	10.32±1.05 （111.62%）	22.53±1.77 （136.54%）
	WD	6.84±1.36 （−3.80%）	14.58±1.85 （14.78%）	10.76±1.93 （53.71%）	17.47±1.64 （258.17%）	24.10±2.01 （153.03%）
C	CK	8.59±1.64	10.66±1.97	9.87±1.96	13.83±1.97	16.67±2.20
	MD	8.46±1.10 （−1.51%）	11.07±2.05 （3.78%）	9.51±1.11 （−3.68%）	19.30±2.19 （39.49%）	24.37±1.77 （46.20%）
	WD	9.01±1.17 （4.81%）	13.12±0.77 （23.04%）	10.02±1.29 （1.52%）	29.86±1.89 （115.88%）	33.19±1.66 （99.14%）
D	CK	2.48±0.18	10.92±1.29	15.39±0.83	10.75±1.42	13.26±0.69
	MD	9.76±1.08 （292.89%）	16.80±1.94 （53.80%）	12.04±1.57 （−21.78%）	16.03±1.48 （49.10%）	24.74±1.69 （86.50%）
	WD	13.97±1.26 （462.55%）	18.04±2.66 （65.121%）	14.96±2.07 （−2.84%）	18.79±1.11 （74.77%）	31.03±0.94 （133.98%）
E	CK	9.09±0.34	14.57±2.20	10.36±0.86	12.00±1.61	13.41±1.27
	MD	7.74±1.25 （−14.86%）	9.11±1.29 （−37.44%）	12.47±1.85 （20.36%）	10.03±2.25 （−16.44%）	21.67±1.07 （61.66%）
	WD	15.87±1.90 （74.61%）	14.55±1.49 （−0.14%）	16.01±1.27 （54.49%）	20.92±2.14 （74.26%）	39.64±2.81 （195.70%）
F	CK	6.14±1.46	8.53±1.20	9.97±1.78	5.04±1.07	8.45±1.16
	MD	12.26±1.69 （99.62%）	15.56±1.47 （82.34%）	14.64±3.04 （46.82%）	18.37±0.46 （264.48%）	24.33±1.24 （187.85%）
	WD	10.43±2.25 （69.72%）	13.45±1.79 （57.58%）	16.89±2.26 （69.35%）	24.15±1.76 （379.10%）	28.84±1.52 （241.21%）

续表

材料	处理	干旱持续时间				
		5d	10d	15d	20d	25d
G	CK	3.30±0.35	8.49±0.42	7.92±0.68	9.59±0.94	6.57±0.82
	MD	5.26±0.07 (59.66%)	9.92±1.24 (16.84%)	10.76±2.27 (35.86%)	15.42±2.08 (60.83%)	21.65±1.99 (229.53%)
	WD	9.83±1.58 (198.18%)	16.72±1.63 (96.98%)	18.28±1.10 (130.85%)	20.19±2.34 (110.57%)	29.96±1.14 (356.01%)
H	CK	4.25±0.58	7.42±1.15	8.31±1.25	4.16±0.82	9.73±1.37
	MD	3.39±0.31 (−20.24%)	10.46±1.12 (40.95%)	6.49±0.89 (−21.83%)	11.62±1.24 (179.18%)	14.47±2.48 (48.75%)
	WD	9.01±1.09 (111.92%)	12.28±1.07 (65.42%)	5.65±1.28 (−31.94%)	18.78±1.59 (351.08%)	18.62±0.72 (91.40%)
I	CK	7.13±0.75	10.58±0.34	9.61±2.17	14.02±0.97	14.81±1.88
	MD	11.4±1.07 (59.86%)	15.27±1.59 (44.41%)	9.82±2.31 (2.18%)	16.85±1.55 (20.16%)	19.91±1.08 (34.38%)
	WD	7.43±2.55 (4.21%)	14.24±1.68 (34.60%)	10.62±2.39 (10.44%)	23.90±2.10 (70.47%)	29.95±2.15 (102.18%)
J	CK	6.88±1.03	11.33±1.33	12.32±1.44	6.32±1.12	11.94±1.66
	MD	16.62±1.48 (141.52%)	20.39±1.25 (79.99%)	19.24±1.70 (56.14%)	21.79±0.32 (244.96%)	24.91±2.45 (108.54%)
	WD	14.34±2.01 (108.48%)	19.67±2.44 (73.64%)	17.24±0.81 (39.94%)	23.7±1.37 (275.20%)	34.41±4.95 (188.11%)

（七）干旱胁迫对油菜超氧化物歧化酶活性的影响

超氧化物歧化酶（SOD）是植物体内重要的活性氧清除酶之一，当植物在逆境下产生大量活性氧和自由基等有害物质时，它能及时有效地清除这些有害物质，从而保护植物体免受伤害。一般认为，干旱胁迫下植物的抗氧化酶活性升高，且抗旱性强的材料抗氧化酶活性高于抗旱性弱的材料。

表 3-15 表明，油菜的 SOD 活性随干旱时间的延续呈先升高后降低的趋势，表明供试材料均有一定的抵御干旱胁迫的能力，超过一定限度，植物就会受到不可逆的伤害。在重度胁迫下，SOD 活性变化趋势与中度胁迫下一致，只是变化幅度高于中度胁迫水平，说明重度胁迫加剧了干旱胁迫对供试材料的伤害。在供试材料中，E 增加的幅度较小，说明材料 E 对活性氧的清除能力较弱，抗旱性较差；而材料 C、D、F、G、H 的增加幅度大，表明其在干旱胁迫下有较强的自由基清除能力，抗旱性较强。材料 A、B、C、D、F、G、H 在干旱胁迫的第 15 天时 SOD 活性增幅达最大；E 在中度干旱胁迫下第 15 天时 SOD 活性增幅达最大，在重度干旱胁迫下第 10 天时增幅达最大；I 在干旱胁迫的第 10 天时增幅达最大；J 在第 5 天时增幅达最大。由此表明，A、B、C、D、F、G、H 抵御干旱胁迫的能力强，E 次之，I 位于第三，而 J 最差。

表 3-15　干旱胁迫对油菜 SOD 活性（U/g FW）的影响

材料	处理	干旱持续时间				
		5d	10d	15d	20d	25d
A	CK	2.82±0.63	7.02±1.30	7.23±1.18	10.30±1.86	9.11±1.65
	MD	4.71±1.01 （67.02%）	8.85±1.20 （26.08%）	10.22±1.47 （41.34%）	13.02±1.12 （26.33%）	7.38±0.55 （−18.99%）
	WD	11.60±2.17 （311.35%）	17.56±2.05 （150.26%）	19.96±1.75 （175.94%）	21.24±1.72 （106.18%）	13.09±1.72 （43.69%）
B	CK	4.50±1.05	2.87±0.27	3.17±1.20	13.80±2.26	6.83±1.06
	MD	7.35±1.43 （63.53%）	10.58±1.75 （269.07%）	9.99±1.20 （214.92%）	10.69±1.40 （−22.54%）	8.92±1.89 （30.71%）
	WD	11.59±1.22 （157.67%）	32.58±1.29 （1036.51%）	26.49±1.61 （734.87%）	15.08±1.50 （9.33%）	11.38±1.56 （66.65%）
C	CK	7.73±1.10	7.38±1.08	2.82±0.75	9.40±1.91	10.73±1.87
	MD	18.49±1.81 （139.15%）	22.33±1.18 （202.44%）	33.15±1.49 （1074.26%）	31.51±1.21 （235.33%）	29.04±1.41 （170.64%）
	WD	11.66±0.29 （50.80%）	22.57±0.30 （205.73%）	43.49±1.50 （1440.38%）	16.76±0.98 （78.36%）	13.12±1.39 （22.31%）
D	CK	3.56±0.87	4.94±1.06	2.94±0.83	5.77±1.16	5.39±1.42
	MD	9.52±1.39 （167.67%）	13.19±1.90 （167.12%）	15.35±1.91 （422.22%）	27.02±1.50 （368.01%）	15.51±1.97 （187.76%）
	WD	18.91±1.77 （431.68%）	29.10±0.40 （489.53%）	36.33±1.75 （1135.60%）	41.28±2.33 （615.01%）	22.69±2.31 （320.90%）
E	CK	8.99±1.19	10.48±1.73	12.13±2.13	24.64±1.95	25.06±1.44
	MD	10.19±0.74 （13.31%）	14.36±1.33 （36.95%）	14.78±1.22 （21.91%）	30.44±1.72 （23.54%）	20.76±1.23 （−17.15%）
	WD	14.28±0.83 （58.82%）	16.53±1.45 （57.65%）	21.87±1.34 （80.35%）	45.17±1.57 （83.32%）	22.09±1.76 （−11.84%）
F	CK	9.09±1.08	9.43±1.39	6.86±1.52	5.42±1.89	6.59±1.80
	MD	17.85±1.29 （96.26%）	21.83±1.10 （131.38%）	24.49±1.64 （257.00%）	29.04±1.83 （435.85%）	11.26±2.05 （71.00%）
	WD	18.37±1.10 （102.02%）	27.44±1.41 （190.88%）	36.30±1.89 （429.11%）	40.42±1.74 （645.76%）	10.34±1.12 （56.93%）
G	CK	6.38±1.15	7.17±2.30	3.37±1.03	3.81±1.37	8.76±0.76
	MD	7.67±1.23 （20.28%）	9.86±1.52 （37.52%）	13.37±1.30 （297.13%）	33.96±2.62 （791.43%）	15.07±1.80 （71.93%）
	WD	10.81±1.13 （69.58%）	14.31±1.77 （99.54%）	13.57±1.94 （303.07%）	43.16±1.35 （1032.90%）	23.39±0.52 （166.87%）

续表

材料	处理	干旱持续时间				
		5d	10d	15d	20d	25d
H	CK	9.35±1.10	8.85±0.84	5.47±1.17	6.24±1.66	9.79±1.66
	MD	12.04±1.72 （28.85%）	20.03±1.07 （126.37%）	28.95±1.30 （428.93%）	40.17±0.93 （543.46%）	17.42±0.35 （77.94%）
	WD	16.55±2.20 （77.07%）	36.19±1.29 （308.89%）	38.43±2.05 （602.13%）	42.66±0.68 （583.24%）	29.51±2.09 （201.40%）
I	CK	5.23±0.95	3.57±1.23	8.89±1.16	9.42±1.12	9.42±0.67
	MD	8.69±1.65 （66.09%）	10.38±1.17 （191.12%）	13.94±2.43 （56.71%）	44.09±1.34 （368.18%）	11.88±1.25 （26.11%）
	WD	11.70±1.35 （123.77%）	13.00±1.03 （264.58%）	25.44±0.95 （186.06%）	44.86±2.13 （376.42%）	20.47±0.93 （117.23%）
J	CK	8.08±1.68	9.85±2.01	7.99±1.58	6.76±1.43	9.84±1.40
	MD	31.53±1.86 （290.02%）	25.45±1.32 （158.34%）	18.53±1.09 （131.87%）	11.39±1.95 （68.62%）	12.60±2.20 （28.05%）
	WD	39.77±0.46 （391.96%）	28.38±1.96 （188.09%）	21.99±2.36 （175.177%）	25.54±1.38 （278.00%）	24.84±2.51 （152.44%）

（八）干旱胁迫对油菜过氧化物酶活性的影响

过氧化物酶（POD）也是植物体内重要的抗氧化酶，逆境胁迫下对植物体内 POD 活性的研究具有一定的生理意义。

从表 3-16 可以看出，随着干旱胁迫时间的持续，中度干旱胁迫下各供试材料的 POD 活性呈现出先降后升的变化趋势；重度干旱胁迫下各供试材料的 POD 活性呈现出递增的变化趋势，说明在重度干旱胁迫下 POD 在清除活性氧中表现活跃，在植株抵御干旱胁迫中扮演着重要角色。在相同处理时间段，不同材料在中度干旱和重度干旱下较对照变化复杂，有增亦有减。从表 3-16 中还可以看出，中度干旱胁迫下，材料 I 在干旱胁迫第 5 天时，其 POD 活性增幅就达到最大值；材料 A、D 和 E 在干旱胁迫第 10 天时，其 POD 活性增幅达到最大值；材料 C 和 H 在干旱胁迫第 20 天时，其 POD 活性增幅达到最大值；其余材料均在第 25 天时，其 POD 活性增幅才达到最大值，说明这些材料中的 POD 在干旱胁迫末期依然保持较高的活性，其清除活性氧的能力在整个干旱胁迫过程中一直处于活跃状态。因此，依据各材料叶片中 POD 活性在中度胁迫不同天数下的变化，可将其抗旱性排序为：B、G、F、J＞C、H＞A、D、E＞I。重度干旱胁迫下，材料 A 在干旱胁迫第 10 天时，其 POD 活性增幅就达到最大值；材料 C 在干旱胁迫第 15 天时，其 POD 活性增幅达到最大值；材料 D、E 和 H 在干旱胁迫第 20 天时，其 POD 活性增幅达到最大值；其余材料均在第 25 天时，其 POD 活性增幅才达到最大值。因此，依据各材料叶片中 POD 活性在重度胁迫不同天数下的变化，可将其抗旱性排序为：B、G、F、I、J>D、E、H>C>A。

表 3-16　干旱胁迫对油菜 POD 活性（U/g FW）的影响

材料	处理	干旱持续时间				
		5d	10d	15d	20d	25d
A	CK	5.20±1.53	2.47±0.46	4.66±1.39	5.78±1.84	6.69±1.74
	MD	4.70±1.51 (−9.62%)	4.73±1.55 (91.89%)	4.67±1.31 (0.21%)	6.20±0.69 (7.56%)	10.60±1.01 (58.77%)
	WD	3.90±0.81 (−25.00%)	9.24±2.16 (274.59%)	9.57±1.46 (105.15%)	11.10±1.33 (92.90%)	19.70±1.02 (194.92%)
B	CK	8.10±0.56	5.60±0.59	4.76±0.79	5.38±1.42	6.14±0.70
	MD	7.60±1.06 (−6.17%)	5.98±1.39 (6.79%)	6.46±1.26 (35.55%)	7.66±1.35 (42.32%)	9.84±1.77 (60.26%)
	WD	6.60±1.43 (−18.52%)	9.96±1.11 (77.86%)	8.15±0.31 (71.17%)	10.90±1.43 (102.29%)	18.30±1.27 (198.48%)
C	CK	4.70±0.86	2.89±1.15	2.26±0.59	2.89±0.60	8.89±1.09
	MD	3.10±0.17 (−34.04%)	3.06±0.91 (6.00%)	2.34±0.72 (3.53%)	6.24±1.63 (115.80%)	11.20±0.31 (25.67%)
	WD	2.69±1.34 (−42.77%)	2.71±1.09 (−6.23%)	6.99±1.68 (208.69%)	8.75±0.05 (202.65%)	17.00±0.29 (91.49%)
D	CK	6.60±1.37	3.08±0.81	2.89±0.71	3.74±1.45	6.80±2.44
	MD	4.20±1.45 (−36.36%)	6.78±0.79 (120.26%)	4.28±0.87 (48.10%)	4.77±0.71 (27.45%)	7.39±1.13 (8.57%)
	WD	3.30±0.75 (−50.00%)	6.30±1.47 (104.77%)	6.67±1.25 (130.68%)	10.30±1.96 (174.69%)	10.40±3.32 (52.23%)
E	CK	1.75±0.34	1.42±0.35	2.37±0.98	1.67±0.15	2.45±0.55
	MD	3.00±0.37 (71.10%)	4.08±0.19 (187.76%)	2.90±1.39 (22.36%)	4.66±1.70 (178.69%)	6.00±1.00 (144.76%)
	WD	2.40±1.43 (36.88%)	4.46±1.19 (215.06%)	7.43±1.34 (213.64%)	11.60±1.64 (595.62%)	10.50±2.79 (328.98%)
F	CK	3.00±1.00	4.84±1.22	3.98±0.57	5.40±1.85	4.04±0.57
	MD	4.00±1.70 (33.33%)	3.91±0.90 (−19.34%)	5.10±0.79 (27.95%)	7.77±1.86 (43.80%)	7.30±1.42 (80.46%)
	WD	3.00±1.58 (0%)	5.14±1.78 (6.13%)	5.11±1.61 (28.20%)	7.84±1.90 (45.03%)	10.20±0.41 (151.69%)
G	CK	3.20±1.06	3.05±1.05	4.32±0.67	4.04±1.76	4.41±1.12
	MD	4.20±1.14 (31.25%)	3.15±1.21 (3.50%)	3.23±1.11 (−25.29%)	3.70±0.88 (−8.34%)	8.37±0.58 (89.72%)
	WD	5.39±0.82 (68.54%)	9.23±1.89 (202.84%)	10.40±2.78 (140.94%)	10.40±1.38 (157.89%)	19.40±1.63 (339.83%)

续表

材料	处理	干旱持续时间				
		5d	10d	15d	20d	25d
H	CK	4.10±2.04	3.26±1.74	4.67±2.65	2.31±0.88	4.08±1.02
	MD	3.50±0.52 (−14.63%)	4.91±0.91 (50.61%)	2.82±1.36 (−39.73%)	7.89±0.88 (241.07%)	6.10±0.81 (49.47%)
	WD	2.60±1.65 (−36.59%)	2.40±0.65 (−26.38%)	3.96±1.05 (−15.26%)	8.33±0.33 (260.23%)	13.10±4.03 (221.63%)
I	CK	2.10±0.76	3.97±0.56	2.52±0.73	3.81±0.65	3.18±1.72
	MD	4.10±0.85 (95.24%)	3.83±0.89 (−3.45%)	3.63±0.51 (43.92%)	5.78±0.99 (51.62%)	5.48±0.41 (72.51%)
	WD	6.30±1.30 (200.00%)	7.96±2.50 (100.67%)	9.99±3.45 (296.43%)	12.60±2.66 (230.27%)	17.40±1.57 (448.48%)
J	CK	6.10±3.30	2.85±0.78	3.04±0.90	3.04±1.29	4.04±0.13
	MD	3.50±1.32 (−42.62%)	4.54±2.80 (58.81%)	3.24±1.13 (6.47%)	5.01±0.97 (64.80%)	9.86±1.37 (144.26%)
	WD	2.64±0.92 (−56.72%)	3.78±1.01 (32.32%)	4.46±0.53 (46.82%)	10.80±0.75 (253.84%)	16.40±4.19 (307.18%)

二、油菜苗期抗旱性评价

为定量评价不同油菜种质材料的抗旱性，采用以下公式计算抗旱系数、综合抗旱系数、抗旱指数、隶属函数值、抗旱性量度值[7]。

$$\text{各指标抗旱系数 PI} = X_s / X_c$$

$$\text{综合抗旱系数 RI} = \frac{1}{n}\sum_{i=1}^{n}\text{PI}$$

$$\text{抗旱指数 DI} = \left(X_s / \bar{X}_s\right) \times \text{PI}$$

$$\text{隶属函数 } \mu(x) = \frac{\text{PI} - \text{PI}_{i\min}}{\text{PI}_{i\max} - \text{PI}_{i\min}}$$

$$\text{抗旱性量度值 } D = \sum_{i=1}^{n}\left[\mu(x) \times \left(|r_i| \Big/ \sum_{i=1}^{n}|r_i|\right)\right]$$

式中，X_s 和 X_c 分别为干旱胁迫和对照下各材料各指标的测定值；$\bar{X}_s$ 为各指标在干旱胁迫下的平均值；$\text{PI}_{i\min}$、$\text{PI}_{i\max}$ 为各性状抗旱系数的最小值和最大值；r_i 为各性状与综合抗旱系数的相关系数。

在此基础上，对抗旱性量度值进行聚类分析，划分抗旱级别。然后，根据灰色系统理论，对各指标进行无量纲化处理，利用以下公式计算关联系数和关联度。

$$X_i'(k) = \left[X_i(k) - \bar{X}_i\right] / S_i$$

$$\text{关联系数}\ \xi_i(k)=\frac{\min\limits_i\min\limits_k\left|X_0(k)-X_i(k)\right|+\rho\max\limits_i\max\limits_k\left|X_0(k)-X_i(k)\right|}{\left|X_0(k)-X_i(k)\right|+\rho\max\limits_i\max\limits_k\left|X_0(k)-X_i(k)\right|}$$

$$\text{关联度}\ r_i=\frac{1}{n}\sum_{k=1}^{n}\xi_i(k)$$

式中，$X_i(k)$、$\bar{X}_i$和S_i分别为各材料各指标在干旱胁迫下的测定值、同一指标的平均值和标准差；$X_i'(k)$为数据无量纲处理后的结果；$|X_0(k)-X_t(k)|$为参考数列X_0与被比较数列X_i在k点之差的绝对值；$\min\limits_t\min\limits_k|X_0(k)-X_t(k)|$为二级最小差；$\max\limits_t\max\limits_k|X_0(k)-X_t(k)|$为二级最大差；$\rho$为分辨系数，取值为0.5。

（一）单项指标的抗旱性评价

各材料各指标的单项抗旱系数和综合抗旱系数见表3-17。可以看出，根据综合抗旱系数的不同，油菜种质材料的抗旱性由强到弱依次是：94005＞中双 11 号＞中双9号＞GH16/SC94005＞中油821DH＞中双10号＞Holiday＞油研2号＞（GH04/GH02）/GH04＞GH06。

表3-17　各材料各指标的单项抗旱系数和综合抗旱系数

材料	抗旱系数								综合抗旱系数
	叶片相对含水量	叶面积	丙二醛含量	脯氨酸含量	可溶性糖含量	可溶性蛋白质含量	SOD活性	POD活性	
中油821DH	0.5834	0.4905	2.5883	5.5984	4.0203	1.9287	1.4369	2.9492	2.4495
GH16/SC94005	0.3051	0.6775	2.1894	5.1721	5.1607	2.5303	1.6665	2.9848	2.5858
GH06	0.4175	0.6403	4.5659	1.4046	1.8542	1.9914	1.2231	1.9149	1.7515
中双10号	0.2542	0.4529	2.8354	1.4494	6.1481	2.3398	4.2090	1.5223	2.4014
94005	0.3974	0.5661	2.3887	10.4134	2.2602	2.9570	0.8816	4.2898	3.0193
（GH04/GH02）/GH04	0.2148	0.4381	3.2565	1.5100	1.5571	3.4121	1.5693	2.5169	1.8094
中双9号	0.2661	0.4068	4.0138	3.8551	2.7257	4.5601	2.6687	4.3983	2.8618
中双11号	0.3458	0.5167	3.3693	8.9625	1.7753	1.9140	3.0140	3.2163	2.8892
Holiday	0.4965	0.4287	3.3348	2.5267	2.6071	2.0218	2.1723	5.4848	2.3841
油研2号	0.2535	0.4282	2.9641	2.1134	2.0935	2.8811	2.5244	4.0718	2.1663

参照连续变数的次数分布统计方法，将各性状的抗旱系数以组距为0.5分成9个组区间，制作成次数分布表（表3-18）。可以看出，在同一组区间各性状的抗旱系数分布次数相差较大，在供试种质材料中，有40%的脯氨酸和POD活性的抗旱系数PI≥4.0，而9个材料的叶片相对含水量和6个材料的叶面积抗旱系数PI＜0.5。这说明脯氨酸含量和POD活性对干旱胁迫的反应迟钝，而叶片相对含水量和叶面积反应敏感，其余性状属中间类型。由此可见，油菜的不同性状对干旱胁迫的敏感程度各异，同一种质不同指标的抗旱系数并不完全一致，甚至有较大差距。所以，用任何单一指标的抗旱系数来评价抗旱性都存在片面性和不稳定性，必须用多个指标进行综合评价才较为可靠。

表 3-18　供试材料各性状指标的抗旱系数在不同区间的分布

指标	次数								
	4≤PI	3.5≤PI<4.0	3.0≤PI<3.5	2.5≤PI<3.0	2.0≤PI<2.5	1.5≤PI<2.0	1.0≤PI<1.5	0.5≤PI<1.0	0≤PI<0.5
叶片相对含水量	0	0	0	0	0	0	0	1	9
叶面积	0	0	0	0	0	0	0	4	6
丙二醛含量	2	0	3	3	2	0	0	0	0
脯氨酸含量	4	1	0	1	1	1	2	0	0
可溶性糖含量	3	0	0	3	1	3	0	0	0
可溶性蛋白质含量	1	0	1	3	2	3	0	0	0
SOD 活性	1	0	1	2	1	2	2	1	0
POD 活性	4	0	1	3	0	2	0	0	0

（二）综合抗旱性评价

植物的抗旱性是一个受多基因控制的复合性状，植物的种类、生长发育指标、生理生化指标及内部结构都与植物的抗旱性有关。干旱胁迫程度不同，植物的抗旱机制也会有所不同。植物的抗旱机制十分复杂，不同的植物可以通过不同的途径抵御逆境胁迫。因此对于植物的抗旱性评价不能只利用单一的指标进行鉴定，为避免单一指标评价带来的片面性，应该采用多项指标综合评价，从而准确反映植物的抗旱性。

综合评价的步骤是：利用相关分析计算各性状与综合抗旱系数（抗旱系数的平均值）的相关系数；再利用前文给出的公式计算各材料的隶属函数值及抗旱性量度值 D；然后根据 D 值大小对供试种质进行抗旱性排序（表 3-19），D 值越大表示抗旱性越强；最后对 D 值进行聚类分析，划分抗旱级别（图 3-1）。

表 3-19　供试材料抗旱性排序

材料	*D* 值	排序	等级
中油 821DH	0.3652	5	抗旱性中等
GH16/SC94005	0.3303	6	抗旱性中等
GH06	0.2323	8	抗旱性差
中双 10 号	0.2145	9	抗旱性差
94005	0.5750	1	抗旱性强
(GH04/GH02)/GH04	0.1908	10	抗旱性差
中双 9 号	0.5162	3	抗旱性强
中双 11 号	0.5341	2	抗旱性强
Holiday	0.4082	4	抗旱性中等
油研 2 号	0.2891	7	抗旱性中等

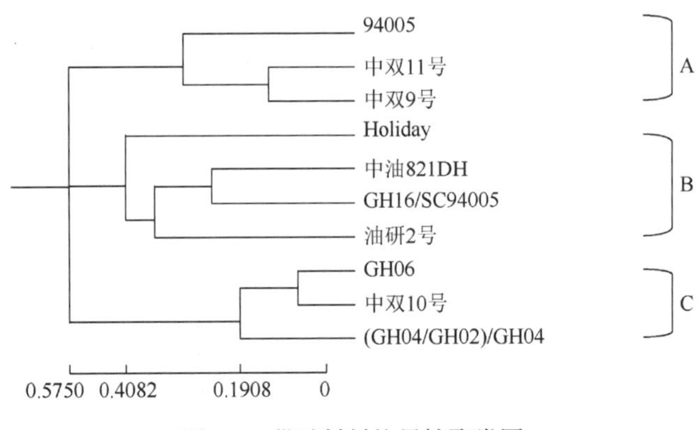

图 3-1　供试材料抗旱性聚类图

由图 3-1 可以看出，当两者之间的距离为 0.4082 时，可将 10 个材料聚为 A、B、C 共 3 类，分别代表抗旱性强、抗旱性中等和抗旱性差。聚入 A 类的材料有 94005、中双 11 号和中双 9 号，聚入 B 类的材料有 Holiday、中油 821DH、GH16/SC94005 和油研 2 号，聚入 C 类的材料有 GH06、中双 10 号和(GH04/GH02)/GH04。这与表 3-17 的分析结果有一定差异，但抗旱和不抗旱的材料排序基本一致。因此，94005、中双 11 号和中双 9 号具有较为稳定的抗旱性。

（三）关联度分析

根据灰色系统理论，将 10 个材料的综合抗旱系数和干旱胁迫下的 8 个指标视为一个整体，即灰色系统。将综合抗旱系数作为参考数列（母序列），以各指标原始数据经标准化处理后的值为比较数列（子序列），进行灰色关联度分析。各指标与其综合抗旱系数的关联度计算结果见表 3-20。可以看出，在干旱胁迫条件下，8 个指标与综合抗旱系数的密切程度（关联度）从大到小依次为：叶片相对含水量、丙二醛含量、叶面积、可溶性蛋白质含量、POD 活性、可溶性糖含量、SOD 活性、脯氨酸含量。综合表 3-18 和表 3-20 的分析结果可见，在干旱胁迫下，总体表现出叶片相对含水量、丙二醛含量、叶面积 3 个指标受影响较大。

表 3-20　油菜各指标与综合抗旱系数的关联度及关联序

项目	叶片相对含水量	叶面积	丙二醛含量	脯氨酸含量	可溶性糖含量	可溶性蛋白质含量	SOD 活性	POD 活性
关联度	0.6339	0.6216	0.6329	0.5963	0.6049	0.6124	0.6007	0.6118
关联序	1	3	2	8	6	4	7	5

在计算所得的各指标和综合抗旱系数关联度的基础上，利用关联度计算各指标的权重。再用各指标的权重分别与各材料各指标的综合抗旱系数相乘，对各相乘结果求和，得到各材料的加权抗旱系数（表 3-21）。加权抗旱系数越高，则抗旱性越强。据此，不同油菜种质材料的加权抗旱系数由大到小依次是：94005＞中双 9 号＞GH16/SC94005＞中双

11 号＞中双 10 号＞Holiday＞油研 2 号＞中油 821DH＞GH06＞(GH04/GH02)/GH04。

表 3-21　各材料的加权抗旱系数

材料	加权抗旱系数	排序
中油 821DH	2.2375	8
GH16/SC94005	3.0877	3
GH06	1.8152	9
中双 10 号	2.7587	5
94005	3.2754	1
(GH04/GH02)/GH04	1.5563	10
中双 9 号	3.2592	2
中双 11 号	2.8090	4
Holiday	2.5146	6
油研 2 号	2.4204	7

第三节　干旱胁迫对油菜生理生化特性及农艺性状的影响

油菜蕾薹期正是处于春旱频发期，研究干旱胁迫对油菜蕾薹期生理生化特性及农艺性状的影响，有助于揭示油菜蕾薹期节水抗旱机制[8]。为此，采用盆栽试验方式，探讨了干旱胁迫对其生理生化特性和农艺性状的影响，并通过相关分析和主成分分析，筛选出适用于西南地区的油菜蕾薹期抗旱性鉴定指标体系，可为油菜抗旱品种选育及制定节水抗旱种植技术提供理论依据。

试验采用前期筛选的两种抗旱性不同的油菜品种中双 10 号（简写为 ZS10，抗旱性相对较弱）和 94005（抗旱性强）为材料。将种子播在育苗盘中，培养至五叶期时将其移栽于遮雨网室内的塑料盆钵（盆高 35cm，直径 25cm）中，每盆装基质 6.0kg，施氮磷钾复合肥 25g，每盆定植长势一致的植株两株。至蕾薹期对其进行干旱处理，试验处理包括自然干旱 0d、2d、4d、6d、8d、10d（经测定处理，第 10 天土壤相对含水量为 20%～25%，已达重度干旱）及正常供水对照（土壤相对含水量维持在 65%～75%），每个处理 12 盆。于干旱处理的第 0 天上午开始取样，以后每隔 2d 进行取样，取样前先测定其光合参数，每次取两种材料各 6 盆，样品迅速放于冰盒中带回实验室，将样品分为两部分：一部分用于测定叶绿素含量、叶片水分状况（包括叶片相对含水量、总含水量、自由水及束缚水含量）、电导率（细胞膜透性）及根系活力；另一部分保存在−80℃的超低温冰箱中，用于测定其余各生理指标[9]。干旱处理 10d 后复水使各处理土壤含水量恢复到对照水平，直至成熟期，用于农艺性状的测定。

为消除各材料间的差异，各指标所测数值均采用抗旱系数（各指标的相对值，抗旱系数=干旱胁迫下选定指标测定值/对照处理下选定指标测定值）来确定各材料在胁迫条件下的抗性强弱。

一、干旱胁迫对油菜蕾苔期生理生化指标的影响

（一）干旱胁迫对油菜叶片水分状况的影响

干旱胁迫下，大多数植株叶片的水分状况会发生改变，以此来适应干旱逆境。图 3-2（a）、图 3-2（b）表明，当发生土壤水分亏缺时，油菜叶片相对含水量（RWC）及叶片总含水量的抗旱系数均会下降，且都随着干旱胁迫时间的延长，下降幅度不断增加，从处理第 4 天开始出现了急剧下降的趋势，且均在处理第 10 天下降幅度达最大值。与对照相比，两材料叶片相对含水量下降幅度几乎都大于叶片总含水量，其中，材料 ZS10 的 RWC 与总含水量最大下降幅度分别为 45.6%、7.4%，而材料 94005 的这两项指标下降幅度的峰值分别为 34.8%、6.7%。两种材料相比，不论是叶片相对含水量还是叶片总含水量的相对值，每个处理下几乎都是 94005 高于 ZS10，尤其是到了干旱胁迫中后期，两者的差异越来越大。统计分析表明，两种材料的这两项指标的相对值均在干旱处理的第 6 天、第 8 天、第 10 天达到极显著差异，而每个材料的这两项指标的各处理之间相比，均是从处理第 4 天开始达到极显著差异。说明这两个指标相对值的下降幅度均与材料抗旱性呈负相关，与处理天数呈正相关。

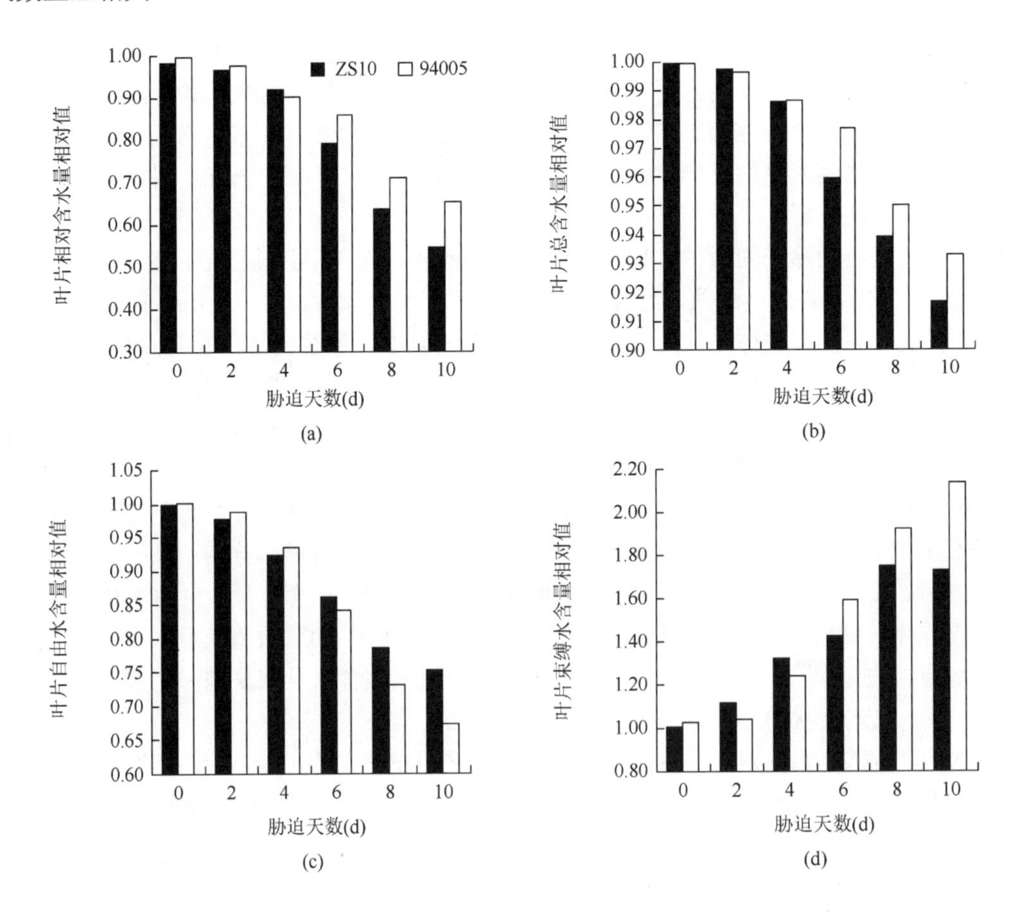

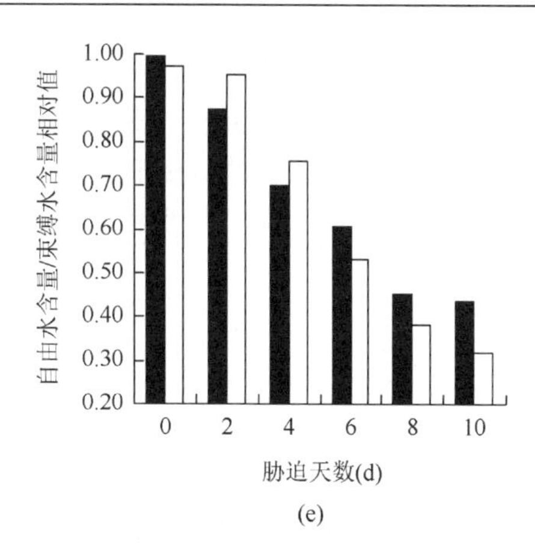

(e)

图 3-2　干旱胁迫下油菜叶片相对含水量、总含水量、自由水含量、束缚水含量和自由水含量/束缚水含量相对值变化趋势

植物组织中的水分以自由水含量（FW）和束缚水（BW）两种不同的状态存在，自由水与束缚水含量的高低与植物的生长及抗性有密切关系，而叶片中的自由水与束缚水含量会因土壤水分状况的改变而有所变化。由图 3-2（c）可知，随着土壤干旱胁迫的加剧与时间的增加，油菜叶片自由水含量抗旱系数不断下降，且与对照相比，下降幅度不断增大。从干旱处理的第 4 天开始，两种材料的自由水含量相对值急剧下降，材料 ZS10 分别比对照下降了 7.8%、13.9%、21.4%、24.7%，材料 94005 分别下降了 6.5%、15.8%、16.9%、32.6%。可以看出，在干旱胁迫前期，材料 94005 的自由水含量相对值高于 ZS10，而在处理的中后期则相反，在干旱处理的第 8 天、第 10 天，两种材料的自由水含量相对值差异达到极显著水平。这说明在严重干旱胁迫下，油菜叶片的自由水含量与材料的抗旱性呈负相关。

由图 3-2（d）可知，干旱胁迫下，油菜叶片中束缚水含量抗旱系数的变化趋势与自由水含量抗旱系数的变化趋势相反，随着干旱胁迫时间的增加，叶片中束缚水含量相对值逐渐增加，且增加幅度逐渐变大。与对照相比，材料 ZS10 分别增加 0.5%、11.9%、32.1%、42.6%、75.2%、73.0%，94005 分别增加了 2.5%、3.9%、24.1%、59.3%、92.7%、113.9%。两种材料相比，与自由水含量抗旱系数变化相反，在干旱处理前期，材料 94005 的束缚水含量相对值低于 ZS10，而在干旱处理的第 6 天、第 8 天、第 10 天则相反。统计分析可知，在处理的第 6 天、第 8 天、第 10 天，两种材料的束缚水含量相对值均达到极显著差异。这说明在干旱胁迫后期或重度干旱胁迫下，油菜叶片中束缚水含量相对值与材料的抗旱性呈正相关。

植物叶片的自由水含量与束缚水含量的比值可反映植物组织或器官的代谢活动情况及植株的抗逆性。图 3-2（e）表明，当发生土壤水分亏缺时，自由水含量与束缚水含量比值抗旱系数会逐渐下降，且随着干旱胁迫时间的延长下降幅度增加，材料 ZS10 下降幅度的最大值为 56.3%，94005 下降幅度的最大值为 68.3%，且都出现在干旱处理的最后一天。两种材料的此指标相对值的变化趋势与自由水含量相对值变化类似，在干旱处理第 6 天以前，材料 94005 的自由水含量与束缚水含量比值的相对值几乎都高于 ZS10，在干旱处理的第 6 天、第 8 天、第 10 天则低于后者。统计分析表明，材料 ZS10 的自由水含量与束缚水含量比值的相对值于处理的第 2 天开始达到极显著差异，而 94005 的此指标相对值的差异则从处理的第 4 天开始达极显著水平。这说明在干旱胁迫后期，油菜叶片中的自由水含量和束缚水含量比值的相对值与材料的抗旱性呈负相关，而在干旱胁迫前期或轻度胁迫下情况则相反。

（二）干旱胁迫对油菜光合特性的影响

图 3-3 表明，干旱胁迫下，两种油菜光合参数的抗旱系数均发生了变化，其中净光合速率、气孔导度、蒸腾速率及胞间 CO_2 浓度的抗旱系数都有不同程度的下降。材料 94005 的气孔限制值抗旱系数呈现出上升趋势，而材料 ZS10 的此指标抗旱系数则表现为先上升后下降的趋势；两种材料的水分利用效率抗旱系数则出现了相反的趋势，前者为上升趋势，后者与之相反。

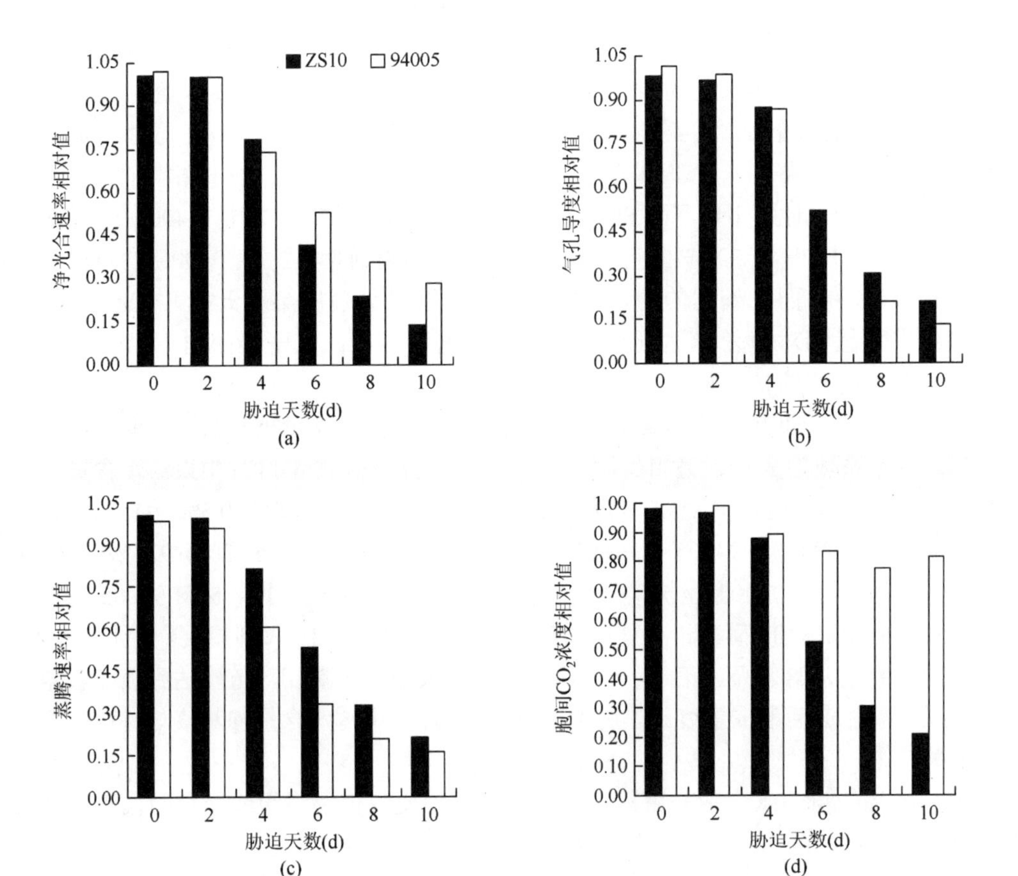

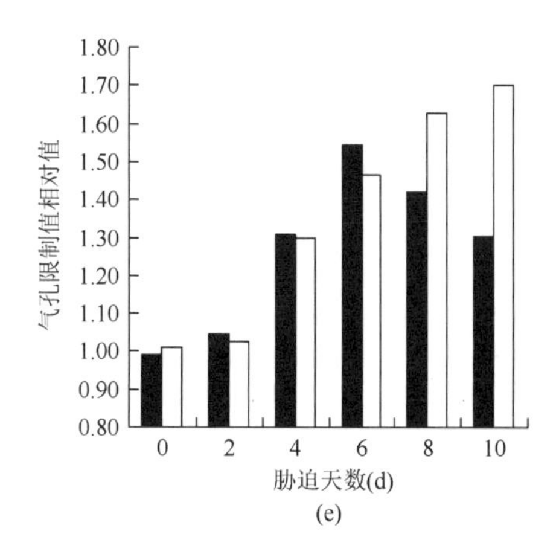

(e)

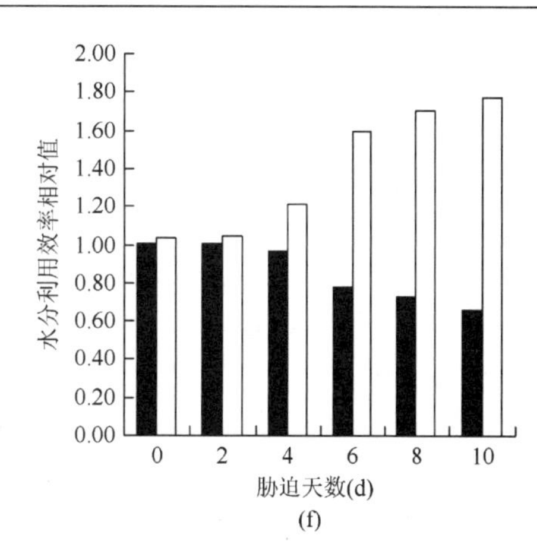

(f)

图 3-3 干旱胁迫下油菜净光合速率、气孔导度、蒸腾速率、胞间 CO_2 浓度、气孔限制值和水分利用效率相对值的变化趋势

光合作用是油菜主要的固碳途径，是产量形成的关键。图 3-3（a）表明，在干旱胁迫下，两种材料的净光合速率（Pn）都受到了不同程度的影响，随着干旱胁迫时间的延长，Pn 与对照相比下降幅度均增加。其中，ZS10 于处理的第 0 天、第 2 天、第 4 天、第 6 天、第 8 天、第 10 天依次下降–0.74%、–0.22%、21.6%、58.3%、76%、86%；材料 94005 则依次下降–1.87%、0.11%、26.4%、47.1%、64.6%、71.6%。而同一材料不同处理天数之间相比，在干旱处理的第 0 天、第 2 天，材料的 Pn 相比对照有很小幅度的上升；但从处理第 4 天开始，Pn 则急剧下降；到了干旱胁迫后期，两种材料的 Pn 均下降到了一个极低的水平。此外，在干旱胁迫中后期，抗旱性差的 ZS10 的 Pn 下降幅度比抗旱性强的 94005 大，且差异越来越明显。统计分析表明，在处理的第 4 天、第 6 天、第 8 天、第 10 天，Pn 相对值均达到极显著差异，表明水分的缺失严重地影响了油菜的净光合速率。

气孔导度（Gs）表示的是气孔张开的程度，影响光合作用的进行。图 3-3（b）表明，当发生干旱胁迫时，与净光合速率变化趋势相似，油菜叶片的气孔导度逐渐降低，说明气孔逐渐关闭。在干旱处理前期，与对照相比，两种材料的 Gs 还能保持在较高水平，维持着光合作用的正常进行；但从处理的第 6 天开始，由于水分的缺失，越来越多的气孔开始关闭，导致 Gs 相对值下降幅度不断增大，材料 ZS10 的 Gs 最多下降了近 79%，94005 下降幅度最大值达 86.8%，且均出现在处理的第 10 天。两材料相比，在干旱处理的中后期，94005 的气孔导度下降幅度均比 ZS10 大，差异逐渐变大。统计分析表明，处理的第 6 天、第 8 天、第 10 天，两材料 Gs 相对值的差异达到极显著水平，说明水分的亏缺对后者的影响大于前者。

蒸腾速率（Tr）可表示植株体内单位时间水分蒸发量的大小，其大小会因环境的改变而改变。从图 3-3（c）可以看出，土壤水分胁迫下，油菜叶片的蒸腾速率会下降，且随着胁迫时间的增加，下降幅度不断增大，变化趋势与气孔导度的变化类似。且两种材料的 Tr 相对值均是在处理的第 4 天开始出现较大幅度的下降，与对照相比，材料 ZS10 最大下降 79%，94005 下降幅度的峰值为 84%，且都是出现在干旱处理的第 10 天。两种材料相比，94005 的 Tr 相对值在各个处理中都低于材料 ZS10 对应的各处理值。统计分析表明，从处理的第 4 天开始，两种材料的 Tr 相对值均达到极显著差异，且同一材料处理间也于第 4 天达到极显著差异，说明蒸腾速率下降幅度与材料抗旱性及干旱胁迫时间呈正相关。

胞间 CO_2 浓度（Ci）在一定程度上会影响植株光合作用的进行。由图 3-3（d）可知，干旱胁迫降低了胞间 CO_2 浓度，且材料 ZS10 的 Ci 相对值下降幅度不断增大，从处理第 4 天开始分别比对照下降了 12.4%、48.7%、69.4%、79%；而品种 94005 的 Ci 相对值下降趋势则比较平缓，始终处于较高水平，下降幅度的最大值为 22.5%。于胁迫处理的第 6 天、第 8 天、第 10 天两种材料 Ci 相对值达极显著差异。可见，干旱胁迫对水分敏感性材料的胞间 CO_2 浓度的影响远大于抗旱性强的材料。

图 3-3（e）表明，干旱胁迫对不同抗旱性材料的气孔限制值（Ls）的影响不同。材料 ZS10 的 Ls 相对值的变化趋势为先上升后下降，最大值出现在处理的第 6 天，且与对照相比上升了 54.2%；而材料 94005 的 Ls 相对值的变化趋势为一直上升，且上升幅度不断增加，于处理的第 10 天达最大值，比对照上升了 70%。两种材料各处理之间相比，在处理的第 0 天，ZS10 的 Ls 相对值与材料 94005 几乎相等；但在处理的第 2 天、第 4 天、第 6 天，ZS10 的 Ls 相对值均大于材料 94005；而到了处理后期（第 8 天、第 10 天），前者 Ls 相对值却低于后者。统计分析表明，在处理的第 4 天、第 6 天、第 8 天、第 10 天，Ls 相对值均达到极显著差异。

水分利用效率（WUE）是以净光合速率（Pn）与蒸腾速率（Tr）的比值来表示的，可以反映植物叶片光合作用过程中对水分的利用情况，也是评价油菜抗旱性的重要指标。WUE 越大，表明油菜的耐旱能力越强。图 3-3（f）表明，干旱胁迫下，与对照相比，在干旱处理初期（第 0 天、第 2 天），两材料的水分利用效率均有极小幅度的上升；但从处理的第 4 天开始，干旱对两个品种的油菜 WUE 的影响表现出了巨大的差异，其变化趋势出现了截然相反的趋势，抗旱性弱的材料 ZS10 的 WUE 相对值开始逐渐下降，且随着胁迫时间的延长和胁迫程度的加深下降幅度增加，与对照相比最大下降了 34.2%，而 94005 则仍然处于上升趋势，且上升幅度增加，在处理的第 10 天增加值达最大值 77%。两种材料的 WUE 相对值的差异于处理的第 4 天开始均达极显著水平。这说明抗旱性强的材料在干旱胁迫下是通过提高水分利用效率来抵御水分亏缺逆境的，且 WUE 的大小与材料的抗旱性呈正相关。

图 3-3 表明，在干旱胁迫处理的前 4d，两种材料的 Pn 是伴随着 Gs 与 Ci 的下降而下降的，且下降趋势较为一致，说明这段时间油菜 Pn 的下降主要是由气孔限制引起的。而当干旱胁迫加重时，即在处理后期，Gs 下降相对胁迫初期开始变缓，而此时 Pn 下降到了极低的水平，说明非气孔因素开始起作用，但是表现出了材料差异性。由图 3-3（d）可以看出，抗旱性强的材料 94005 的 Ci 抗旱系数仍然处于较高水平，显著高于水分敏感型材料 ZS10，说明 94005 前期的 Pn 下降仍有很大一部分是气孔限制引起的，而 ZS10 的 Pn 下降则更多的是由非气孔因素引起的，比如叶片中叶绿体被严重破坏及光合酶的急剧失活。由此证明，干旱胁迫对强抗旱性材料的光合作用的影响小于弱抗旱性材料。

（三）干旱胁迫对油菜叶片光合色素的影响

叶绿素是植物光合色素中最重要的一类色素，其含量既是衡量叶片衰老的指标，也是反映光合能力的重要指标之一。叶绿素含量高低的变化可以直接反映其生长速度的快慢，可受多种逆境的胁迫而下降。试验结果表明，干旱胁迫条件下，两种油菜叶片中的总叶绿素含量、叶绿素 a 含量、叶绿素 b 含量及叶绿素 a/b 的抗旱系数均有所下降，且一般均随着干旱胁迫时间的延长，下降幅度不断增大（图 3-4）。

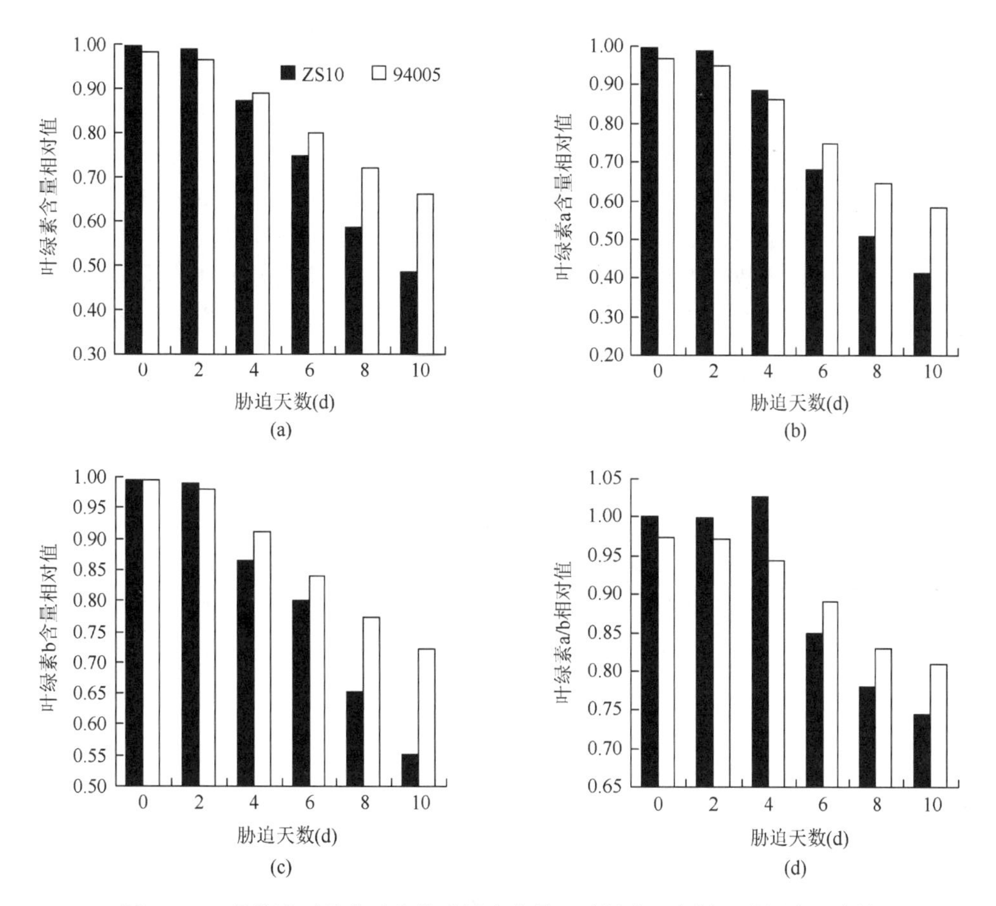

图 3-4　干旱胁迫下油菜叶片总叶绿素含量、叶绿素 a 含量、叶绿素 b 含量和叶绿素 a/b 相对值的变化趋势

从图 3-4（a）可以看出，在干旱胁迫初期，油菜叶片总叶绿素含量所受影响较小，两种材料的总叶绿素含量还能保持在对照的 90%左右；但随着胁迫的进一步加强，于干旱胁迫的第 6 天开始，其含量则急剧下降，均在处理的第 10 天达最低值，其中材料 ZS10 最大下降幅度为 51.4%，94005 下降幅度的最大值则为 33.9%。两种材料相比较，除处理的第 0 天、第 2 天的叶绿素含量抗旱系数是材料 ZS10 高于品种 94005 外，其余处理均是后者高于前者，且在整个干旱胁迫过程中，后者叶绿素含量相对值的下降趋势相对较平缓。

统计分析表明，在处理的后期（第 8 天、第 10 天），材料 94005 的叶绿素含量相对值与 ZS10 均达极显著差异。可见，干旱胁迫可以显著降低油菜叶片叶绿素含量抗旱系数，从而影响到油菜的光合作用，且抗旱性不同的品种所受的影响不同。

图 3-4（b）和图 3-4（c）表明，土壤干旱胁迫下，油菜叶片叶绿素 a 与叶绿素 b 含量的抗旱系数均会降低，且与对照相比，两种叶绿素的下降幅度不同。其中，在干旱处理的第 4 天、第 6 天、第 8 天、第 10 天，材料 ZS10 的叶绿素 a 含量分别下降 11.3%、22.9%、49.3%、59.9%，叶绿素 b 分别下降 13.5%、19.8%、24.8%、44.8%；材料 94005 的叶绿素 a 含量分别下降 13.9%、25.2%、35.7%、41.8%，叶绿素 b 含量分别下降 8.8%、15.9%、22.5%、27.9%。统计分析发现，在处理的第 8 天、第 10 天，两种油菜叶绿素 a 含量相对值差异达到极显著水平。而在处理的第 4 天、第 6 天，两者的叶绿素 b 含量相对值达到显著差异，却未达极显著水平；但从处理的第 8 天开始，其差异达到了极显著水平。可见，干旱胁迫会严重影响油菜叶片中的叶绿素 a 与叶绿素 b 含量，但两者受影响程度并不一致。此外，由图 3-4（b）与图 3-4（c）可知，不论哪种材料，均是叶绿素 a 含量抗旱系数下降幅度大，说明干旱胁迫对叶绿素 a 的破坏力强。两种材料相比较，土壤水分亏缺下，材料 94005 的两种叶绿素含量抗旱系数受水分胁迫的影响明显小于 ZS10，尤其到了干旱胁迫后期，前者明显表现出了比后者强的干旱适应能力，说明两种叶绿素含量的下降程度与胁迫时间成正比，与材料抗旱性成反比。

由图 3-4（d）可知，干旱胁迫不仅会影响油菜叶片叶绿素 a 与叶绿素 b 含量的相对值，还会改变两种叶绿素含量比值的抗旱系数。除在干旱胁迫前期，材料 ZS10 的叶绿素 a/b（Chla/b）相对值有极小幅度的上升外，其余处理两种材料的 Chla/b 抗旱系数均呈下降趋势。同时，随着胁迫程度的加深与时间的推移，其下降幅度逐渐增大，且两种油菜品种的此指标抗旱系数均在处理的第 6 天出现急剧下降趋势，其中材料 ZS10 的最大下降幅度达 25.6%，材料 94005 的最大下降幅度为 19.2%；在处理的第 6 天、第 8 天、第 10 天，两种材料 Chla/b 相对值表现为 94005 大于 ZS10，且差异越来越大。这说明在干旱胁迫下，油菜叶片中的 Chla/b 抗旱系数的下降程度与干旱胁迫时间成正比，与油菜品种的抗旱性呈负相关，这进一步说明叶绿素 a 受土壤水分胁迫的影响大于叶绿素 b。

一般认为，叶绿素 a 对活性氧的反应较敏感。由图 3-4 可知，干旱胁迫下抗旱性强的材料叶绿素 a 含量抗旱系数高，叶绿素 a 受破坏程度低，因此可认为抗旱系数高的叶绿素 a 能在一定程度上表示油菜的强抗旱性。而 Chla/b 可反映植株对光能的利用率，在自然界中，阳生植物 Chla/b 大，说明其利用光的效率高。研究结果发现，干旱胁迫下，抗旱性较强的材料 Chla/b 抗旱系数大于水分敏感型材料，由此可认为在此条件下，强抗旱性材料利用光的效率高于弱抗旱性材料，这也能解释前者 Pn 抗旱系数高的原因。因此，在抗旱性鉴定中可根据 Chla/b 相对值的高低初步判断材料的抗旱性。

（四）干旱胁迫对油菜叶片 RuBP 羧化酶活性的影响

RuBP 羧化酶是光合碳循环中最初的 CO_2 固定酶，它对净光合速率起着决定性的影响，是光合碳同化的关键酶，已成为植物光合作用的一个限制因子。图 3-5 表明，在干旱胁迫下，油菜叶片中的 RuBP 羧化酶活性抗旱系数表现为下降的趋势，且两种材料的变化趋势一致，除在干旱胁迫初期和对照相差不大外，均随胁迫程度的加深和干旱时间的延长，下降幅度增大。在干旱胁迫处理中后期（第 4 天、第 6 天、第 8 天、第 10 天），材料 ZS10 的 RuBP 羧化酶活性分别比对照下降了 15.7%、53.8%、77.5%、83.1%；材料 94005 则分别下降了 20.8%、40.7%、63.2%、71.5%。统计分析表明，在干旱处理的第 6 天、第 8 天、第 10 天，两个油菜品种的 RuBP 羧化酶活性相对值差异均达极显著水平，而每个材料的不同处理天数之间相比较，则在处理的第 4 天开始，就达到了极显著差异。可见，轻度或短时间的干旱胁迫对油菜叶片 RuBP 羧化酶活性的影响不大，但当水分亏缺严重或胁迫时间过长时，其 RuBP 羧化酶活性抗旱系数会显著降低，且会表现出品种差异性，其下降幅度与品种的抗旱性呈负相关。

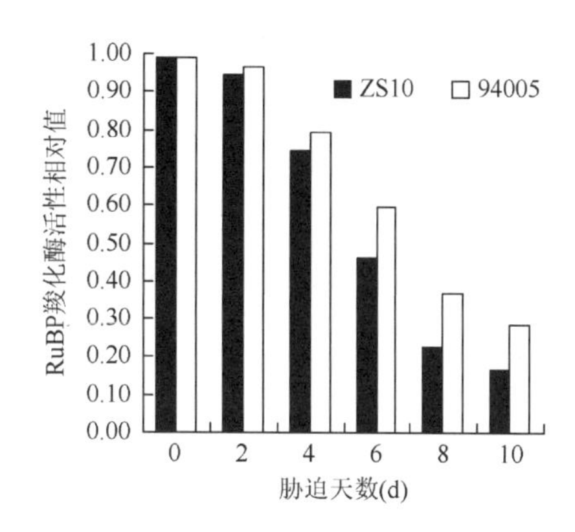

图 3-5 干旱胁迫下油菜叶片 RuBP 羧化酶活性相对值的变化趋势

（五）干旱胁迫对油菜叶片保护酶活性的影响

植物体在正常代谢过程中，通过多条途径和多个部位产生活性氧自由基，直接或间接地引起膜质的过氧化作用，从而伤害细胞膜，然而植物细胞在长期进化过程中形成了防御活性氧离子毒害的保护酶系统，即超氧化物歧化酶（SOD）、过氧化物酶（POD）、过氧化氢酶（CAT）等各种酶类，以维持植物体内活性氧离子代谢的动态平衡。这些保护酶在阻止或减少羟基自由基、超氧自由基、过氧化氢的形成等方面起着重要作用。研究表明，当发生干旱胁迫时，油菜叶片中 3 种保护酶抗旱系数都会发生改变（图 3-6）。

SOD 是植物体内清除活性氧自由基最重要的保护酶之一，是抵御活性氧伤害的第一道防线，能使 O_2 发生歧化作用而转化为 H_2O_2，从而减轻活性氧对植物的伤害。图 3-6（a）表明，随着处理时间的延长，油菜叶片的 SOD 活性抗旱系数呈先升高后降低的趋势，且两种材料的 SOD 活性相对值均在处理的第 6 天达最大值，然后逐渐下降。与对照相比，材料 ZS10 各处理分别上升了–1.7%、12.8%、22.5%、42.9%、7.6%、2.3%；材料 94005 分别上升了 1.1%、21.9%、55.7%、88.5%、33.6%、12.4%。在各处理中，两种材料的 SOD

活性几乎都高于对照，且材料 94005 的 SOD 活性相对值在各处理中均高于 ZS10，说明在干旱胁迫下，94005 的 SOD 活性上升速度和幅度均高于 ZS10。统计分析表明，两种材料的 SOD 活性相对值从处理的第 2 天开始，其差异就达到了极显著水平，且差异越来越大。可见，干旱胁迫会使油菜叶片中的 SOD 活性上升，但是当处于严重干旱胁迫或处理时间过长时，其活性又会下降。其原因可能是活性氧积累超过保护酶系的清除能力，进而对抗氧化酶系统造成严重伤害，导致其活性降低，SOD 活性相对值的上升幅度与材料抗旱性呈正相关。

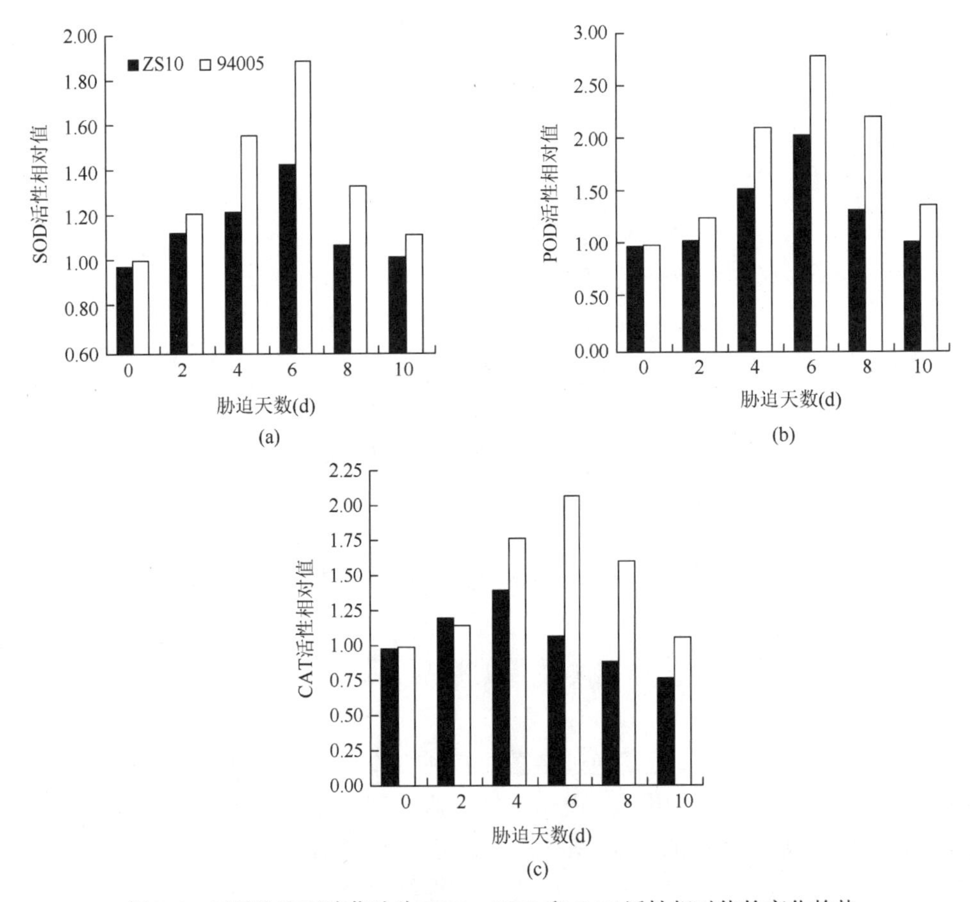

图 3-6　干旱胁迫下油菜叶片 SOD、POD 和 CAT 活性相对值的变化趋势

POD 是植物体内一种非常重要的保护酶，其主要作用之一是催化 H_2O_2 的降解及清除体内其他一些活性氧自由基，与其他一些保护酶（如 SOD、CAT 等）一起保护植物免受氧胁迫伤害。由图 3-6（b）可知，干旱胁迫下，油菜叶片 POD 活性抗旱系数的变化趋势与 SOD 活性抗旱系数的变化趋势相似，均是出现先升高后降低的变化趋势，且两种材料都在处理的第 6 天，其活性相对值达到最大，其中品种 ZS10 的 POD 活性比对照最高上升了 103.5%，而 94005 的最大值则是对照的 2.79 倍。统计分析发现，材料 ZS10 的 POD 活性相对值从处理的第 4 天开始达到极显著差异，而材料 94005 各处理之间的差异则是从处理的第 2 天就已达极显著水平；两种材料之间相比，也是于处理的第 2 天，其差异达极

显著水平。可见，干旱胁迫下，油菜叶片中的 POD 活性显著上升了，但干旱处理中后期，其活性则会逐渐下降，不过始终高于对照，抗旱性强的材料，其活性上升幅度高于水分敏感型材料，说明 POD 活性的上升幅度与材料的抗旱性呈正相关。

CAT 是植株体内广泛存在的能清除活性氧的膜保护酶类，它能把活性氧转变为低活性物质，从而保护细胞膜系统。图 3-6（c）表明，当发生干旱逆境胁迫时，油菜叶片中的 CAT 活性抗旱系数会有所升高，但是在重度干旱胁迫或胁迫中后期，其活性会逐渐下降；且两种材料相比，其 CAT 活性相对值出现最大值的时间不同，材料 ZS10 在处理的第 4 天出现最大值，而材料 94005 的 CAT 活性相对值的峰值则出现在处理的第 6 天，而后者最大值几乎是前者最大值的 2 倍。两种材料相比，材料 ZS10 的 CAT 活性会下降到低于对照的水平，到处理的第 8 天、第 10 天，其活性分别只有对照的 88.0%、76.0%；而材料 94005 的 CAT 活性则均高于对照。统计分析表明，两种材料的 CAT 活性抗旱系数于处理的第 6 天开始达极显著差异，其差异渐渐变大后又开始缩小。可见，干旱胁迫下油菜叶片 CAT 活性的变化会因种质材料的不同而有所差异，总体来看，其活性相对值上升的速度及幅度与材料的抗旱性呈正相关。

综上所述，当发生干旱胁迫时，油菜体内 3 种酶活性抗旱系数均有所变化，且都是先上升后下降，然而 3 种酶对干旱胁迫的抵御能力并不是相同的。由图 3-6 可知，材料 94005 的 POD、SOD 和 CAT 活性抗旱系数上升幅度大，最高为对照的近 3 倍，即使在严重干旱胁迫时，也没有下降到对照值以下；材料 ZS10 的 POD、SOD 活性相对值与材料 94005 一致，而 CAT 活性在干旱胁迫后期低于对照。这说明在抵御干旱胁迫中，对于抗旱性强的品种，POD、SOD、CAT 三种保护酶共同发挥作用，而对于抗旱性弱的品种，只有 POD 和 SOD 发挥作用。

（六）干旱胁迫对油菜叶片膜脂过氧化的影响

丙二醛（MDA）是植物细胞膜脂过氧化作用的主要产物之一，并且是最终分解产物，在干旱、渍害及高盐等逆境胁迫时，植物体内产生大量的活性氧自由基，进而引发或加剧膜脂过氧化产生丙二醛，造成植物细胞膜系统受到破坏。图 3-7（a）表明，干旱胁迫会导致油菜叶片体内的 MDA 含量抗旱系数急剧升高，在干旱胁迫初期，两种油菜材料叶片内的 MDA 含量与对照相比上升幅度很小；但从干旱胁迫处理的第 4 天开始，两者的 MDA 含量相对值均开始显著增加，上升幅度越来越大。两种材料相比，抗旱性强的材料 94005 上升趋势较平缓，与对照相比最高上升了 39.2%，而水分敏感型材料 ZS10 最高上升了 83.8%；在整个干旱处理期间，MDA 含量均是前者低于后者。统计分析表明，在干旱处理的第 6 天、第 8 天、第 10 天，两种材料的 MDA 含量抗旱系数差异均达极显著水平，且差异不断增大。可见，在干旱处理初期，两种材料体内的膜脂过氧化作用都相对较弱；而在严重干旱胁迫下，这种作用渐渐变强，但表现出了品种差异性，强耐旱性材料 94005 受膜脂过氧化作用的伤害程度比 ZS10 小，说明 MDA 含量抗旱系数的上升幅度与材料的抗旱性呈负相关。

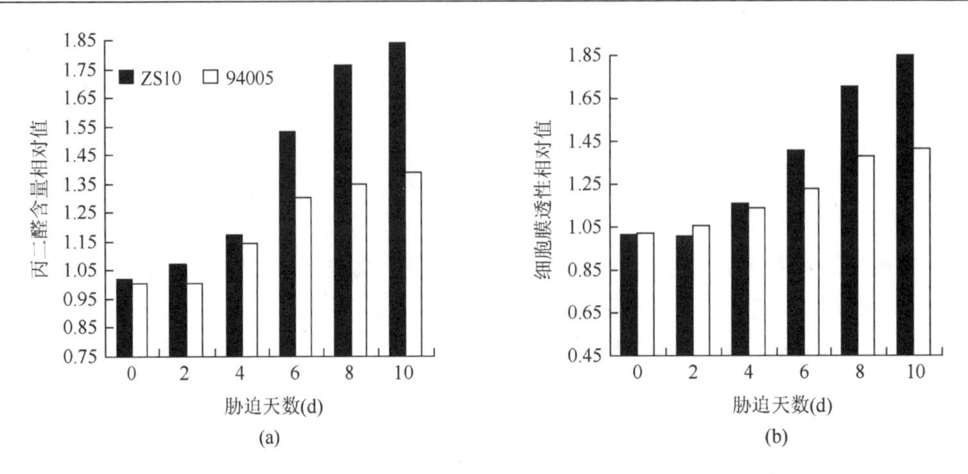

图 3-7　干旱胁迫下油菜叶片丙二醛含量和细胞膜透性相对值的变化趋势

植株在遭受干旱胁迫后，活性氧自由基积累导致膜脂过氧化，植物细胞的结构受到影响，细胞质膜相对透性增加，体内氧化物质增加，从而会导致细胞膜发生过氧化，细胞膜透性是干旱伤害的一个重要指标。图 3-7（b）表明，与丙二醛抗旱系数变化类似，在土壤干旱胁迫下，油菜叶片细胞膜透性抗旱系数会逐渐升高，且随着胁迫程度的加重和处理时间的增加，上升幅度也随之增大。两种油菜品种均是在处理的第 4 天，其细胞膜透性相对值急剧增加，但抗旱性强的材料 94005 上升趋势比水分敏感型材料 ZS10 平缓。与对照相比，前者在干旱处理的第 4 天、第 6 天、第 8 天、第 10 天分别增加了 13.6%、22.8%、38.2%、41.6%；后者则分别增加了 16.2%、41.0%、70.4%、85.1%。由图 3-7 可知，除在处理初期（第 0 天、第 2 天），材料 94005 的细胞膜透性相对值比 ZS10 稍高，以及处理第 4 天两者相差不大外，其余各处理下前者均显著低于后者。统计分析表明，在干旱胁迫处理的第 6 天、第 8 天、第 10 天，两者的细胞膜透性相对值都达到了极显著差异。可见，抗旱性强的材料 94005 细胞膜受的损害小于抗旱性弱的材料 ZS10，说明细胞膜透性抗旱系数的升高与材料的抗旱性呈负相关，与处理时间呈正相关。

（七）干旱胁迫对油菜叶片渗透调节能力的影响

干旱条件下，细胞中渗透调节物质的主动积累是增强细胞渗透调节能力的关键。脯氨酸（Pro）被认为是在植物组织内作为一种理想的渗透调节物质和防脱水剂，受到了广泛的关注。其具有分子质量低、高度水溶性，在生理 pH 范围内无静电荷及低毒性等特性，以游离状态存在于植物体中，并通过调节降低细胞水势并保持膨压，从而维持细胞的正常生理功能。从图 3-8（a）可知，当发生土壤水分亏缺时，油菜叶片脯氨酸含量抗旱系数会呈上升趋势，说明其体内会大量积累脯氨酸，且胁迫程度越重，干旱时间越久，积累量越多。在处理前期，与对照相比，两种油菜品种的脯氨酸含量变化不大，处于一个较低的水平；从处理的第 4 天开始，两者脯氨酸的积累量迅速增加，而到了干旱处理后期（第 8 天、第 10 天），材料 ZS10 的脯氨酸含量抗旱系数上升势头趋于平缓，材料 94005 则继续大量积累。与对照相比，前者脯氨酸最大积累量约为对照的 2.4 倍，后者最高几乎达到了对照的 4.4 倍，两者脯氨酸含量相对值均在处理的第 10 天达到峰值。统计分析发现，两个品种的脯氨酸含量相对值均在处理的第 4 天开始达到极显著差异，其中材料 ZS10 随处理时间的推移，各处理脯氨酸含量相对值差异渐渐变大然后又变小，而材料 94005 各处理之间的差异则一直变大。油菜叶片脯氨酸含量的增加，可能有利于油菜受旱时组织的持水和防止脱水。干旱胁迫下，其含量增加可能是生物体的一种保护反应。两种材料脯氨酸含量积累的品种差异性表明：干旱胁迫下，94005 持水能力和防止脱水能力强于 ZS10，脯氨酸的积累量与材料的抗旱性呈正相关。

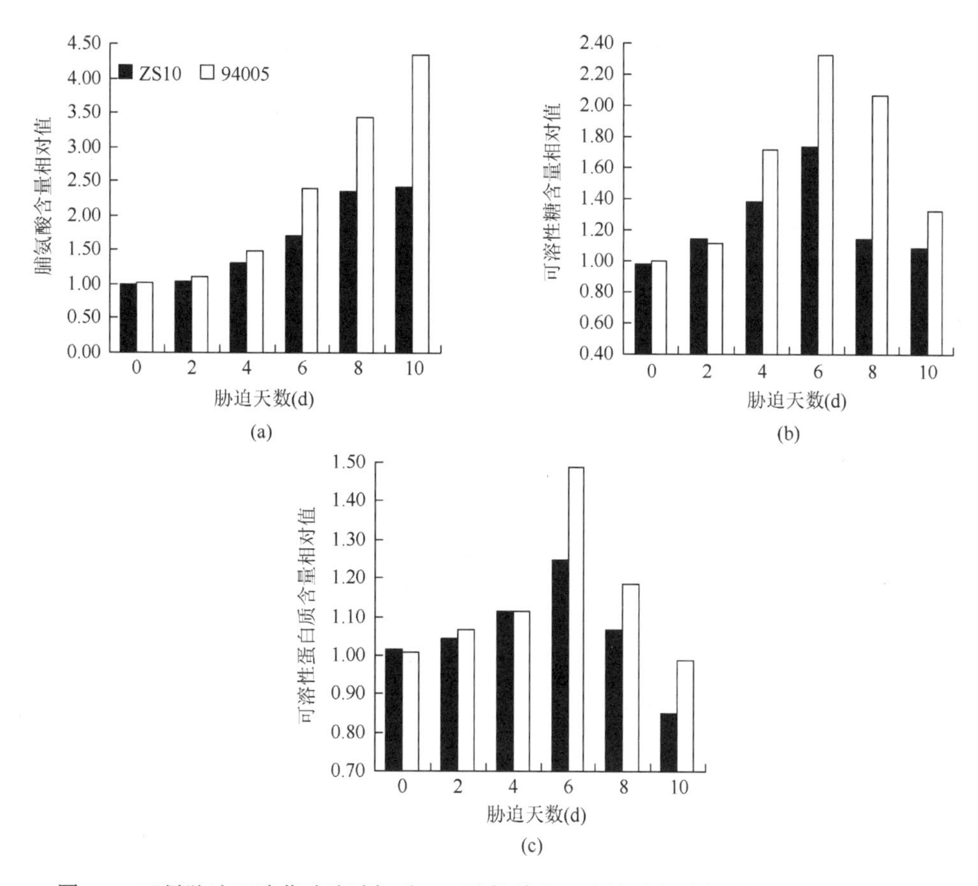

图 3-8　干旱胁迫下油菜叶片脯氨酸、可溶性糖和可溶性蛋白质含量相对值的变化趋势

可溶性糖（SS）是干旱胁迫诱导的小分子溶质之一，其种类主要包括葡萄糖、蔗糖、海藻糖等，这些可溶性糖类参与渗透调节，并可能在维持植物蛋白质稳定方面起到重要作用。图 3-8（b）表明，干旱胁迫下，油菜叶片可溶性糖含量抗旱系数呈现先上升后下降的趋势，两种油菜品种的可溶性糖含量相对值均在处理第 6 天达最大值，其中材料 ZS10 最高为对照的 1.73 倍，材料 94005 最高为对照的 2.32 倍。然后，两者可溶性糖含量渐渐降低，其中，前者下降到了和对照相当的水平，而后者在处理后期仍显著高于对照。除处理的第 2 天材料 94005 可溶性糖含量相对值稍低于 ZS10 外，其余各处理均是前者高。统计分析发现，两者可溶性糖含量相对值在处理的第 4 天、第 6 天、第 8 天、第 10 天达极显著差异，且随着时间的推移，差异越来越大。可见，短时间或适度程度的干旱会使油菜叶

片可溶性糖大量积累，但干旱胁迫时间过长或处于严重干旱胁迫下时，其含量又会降低；抗旱性强的材料上升的幅度大于水分敏感型材料而下降幅度则与之相反。

可溶性蛋白质（SP）与调节植物细胞的渗透势有关，抗旱性越强的植物体内的可溶性蛋白质含量越高。高含量的可溶性蛋白质有助于维持植物细胞较低的渗透势水平、增强耐脱水能力、保护细胞结构并且延缓衰老，以抵御干旱胁迫引起的伤害。从图 3-8（c）可知，土壤水分亏缺对油菜叶片可溶性蛋白质的影响和对可溶性糖含量的影响类似，其抗旱系数均呈先上升后下降的趋势；两种材料的可溶性蛋白质含量抗旱系数均在处理的第 6 天达最大值，材料 ZS10 的可溶性蛋白质含量最高比对照增加了 24.8%，而 94005 比对照增加了 48.8%。不同的是，可溶性蛋白质含量的上升幅度没有可溶性糖高，且在干旱胁迫的第 10 天，两种油菜品种的可溶性蛋白质含量相对值均下降到了低于对照的水平。两种材料相比，在干旱处理的前 4d，两者可溶性蛋白质含量相对值相差很小，未达显著水平，但在处理的第 6 天、第 8 天、第 10 天，材料 94005 显著高于材料 ZS10。可见，在干旱胁迫下，油菜叶片中的可溶性蛋白质含量抗旱系数的上升幅度有限且和材料抗旱性呈正相关，其下降幅度与之呈负相关。

（八）干旱胁迫对油菜叶片硝酸还原酶活性的影响

硝酸还原酶（NR）是植物氮代谢中一个重要的调节酶和限速酶，NR 对植物生长发育、产量形成和蛋白质的含量都有重要影响。NR 是植物氮代谢的关键酶，催化 NO_3^- 转化为氨基酸的第一步反应，其活性大小影响着 NO_3^- 转化的强度和速度，在一定程度上反映了植物蛋白质合成和氮代谢能力。NR 的活性由底物诱导产生，并且受到其他许多环境因素的影响。图 3-9 表明，干旱胁迫下，油菜叶片的 NR 活性抗旱系数逐渐降低，在土壤干旱处理时，其活性受水分亏缺的影响较小，到了胁迫后期，其活性与对照相比下降到了一个很低的水平。从处理的第 4 天开始，材料 ZS10 的 NR 活性比对照分别降低了 12.5%、36.8%、68.3%、72.9%；材料 94005 分别比对照下降了 11.7%、22.6%、48.1%、54.9%，说明后者 NR 活性下降趋势较平缓。统计分析表明，两者在处理的第 4 天、第 6 天、第 8 天、第 10 天，其 NR 活性相对值差异均达极显著水平，且差异不断变大。可见，干旱胁迫对抗旱性强的材料硝酸还原酶活性

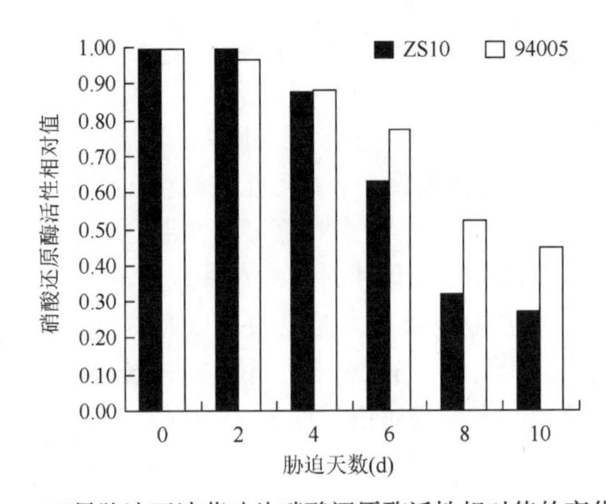

图 3-9 干旱胁迫下油菜叶片硝酸还原酶活性相对值的变化趋势

的影响小于对水分敏感型材料的影响；但严重干旱胁迫时，两者的硝酸还原酶活性抗旱系数均会极显著下降，其下降程度与胁迫时间呈正相关，而与材料的抗旱性呈负相关。

（九）干旱胁迫对油菜根系活力的影响

根系活力泛指根系的吸收能力、合成能力、氧化能力和还原能力等，是一种较客观地反映根系生命活动的生理指标，易受不同逆境胁迫的影响。图 3-10 反映了油菜根系活力抗旱系数在土壤干旱胁迫下的变化情况。可以看出，随着干旱处理时间的延长和胁迫程度的加深，油菜根系活力的抗旱系数呈现先小幅度上升后大幅度下降的趋势。两种品种材料的根系活力相对值在不同处理时间点达最大值，其中材料 ZS10 于处理的第 2 天达最大值，但仅比对照上升了 5.8%；而材料 94005 根系活力最高则比对照上升了 7.9%，出现在处理的第 4 天。在干旱胁迫的中后期，材料 94005 的根系活力相对值均高于 ZS10，且前者根系活力下降趋势较后者平缓，前者最低下降到只有对照的 78.8%，后者的根系活力最低，只有对照的 60.6%。统计分析表明，在干旱处理的第 6 天、第 8 天、第 10 天，两种材料的根系活力相对值均达极显著差异，且随着时间的增加，差异也不断增加。可见，适度的干旱胁迫有利于提高油菜的根系活力，但长时间或严重的干旱胁迫则会使其活力下降，影响油菜对水分和养分的吸收，且其下降的程度与胁迫时间呈正相关，而与材料的抗旱性呈负相关。

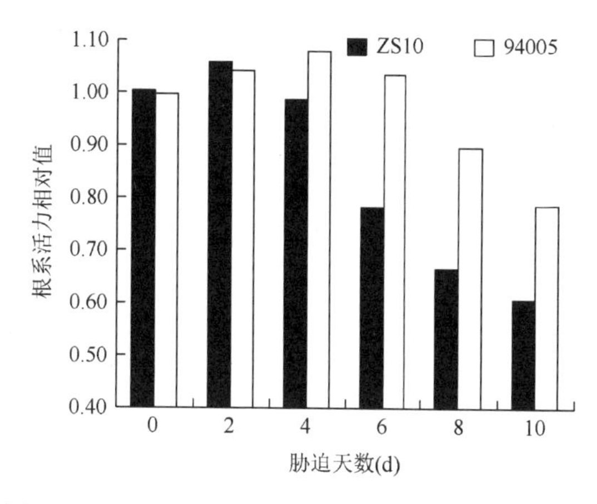

图 3-10　干旱胁迫下油菜根系活力相对值的变化趋势

二、干旱胁迫对油菜农艺性状及产量的影响

（一）干旱胁迫对油菜地上部性状的影响

从图 3-11 可以看出，蕾薹期干旱胁迫对油菜后期的生长产生了一定的影响，油菜的株高、茎粗、茎秆干重及叶干重等生长指标的抗旱系数都受到不同程度的影响；随着干旱胁迫时间的延长，这些指标的抗旱系数不断下降，且下降幅度不断增大。图 3-11（a）表明，

土壤水分亏缺影响了油菜的株高和茎粗抗旱系数，与对照相比，材料 ZS10 的株高与茎粗抗旱系数最大下降幅度分别为 15.5%、25.1%，而材料 94005 的这两个指标抗旱系数下降幅度的最大值分别为 12.5%、15.1%，且均是出现在干旱处理的第 10 天。这说明干旱胁迫下，两种材料均是茎粗抗旱系数下降幅度大，即茎粗受水分缺失的影响严重。在各个干旱处理下，这两种指标抗旱系数的下降幅度均是 ZS10 大于 94005。统计分析表明，两种材料的株高抗旱系数差异在干旱处理的第 2 天开始达极显著水平，而两材料的茎粗抗旱系数差异则从处理的第 6 天开始达极显著水平，且两指标抗旱系数均是随着水分处理时间的延长和胁迫程度的加深差异越来越显著。

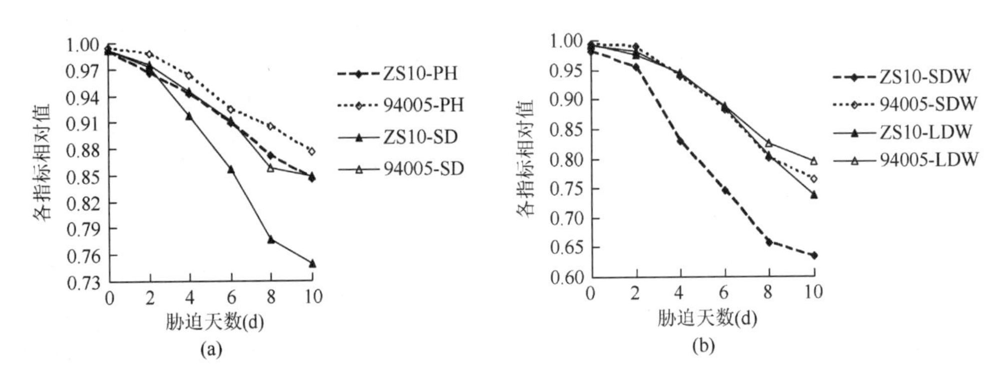

图 3-11 干旱胁迫对油菜株高（PH）、茎粗（SD）、茎秆干重（SDW）及叶干重（LDW）抗旱系数的影响

图 3-11（b）表明，干旱胁迫严重影响了油菜后期生物量的积累，两种品种的茎秆干重和叶干重抗旱系数均随着干旱处理时间的延长而不断下降，且下降幅度持续增大；两指标抗旱系数均是从处理的第 2 天开始，下降幅度急剧增加。两种材料的两种指标抗旱系数均在处理的第 10 天达最小值，其中材料 ZS10 的茎秆干重和叶干重分别比对照最大下降 36.5%、26.3%，材料 94005 的两指标分别比对照最高下降了 23.5%、20.5%。两种材料均是茎秆干重下降趋势更明显，说明水分亏缺对茎秆干物质积累的影响大于对叶片的影响。统计分析表明，两材料相比，在处理的第 4 天、第 6 天、第 8 天、第 10 天，两者的茎秆干重抗旱系数均达到极显著差异，且差异随时间的推移逐渐变大；而两者的叶干重抗旱系数差异则只在处理的第 10 天达极显著水平，其余各处理均未达显著差异。

综上所述，干旱胁迫下，油菜各生长指标抗旱系数的下降幅度与干旱胁迫处理时间和程度呈正相关，而与油菜品种的抗旱性呈负相关，其中抗旱性强的材料 94005 比水分敏感型材料 ZS10 表现出了更好的生长态势。

（二）干旱胁迫对油菜根部性状的影响

干旱胁迫不仅会影响蕾薹期油菜的根系活力，还会影响油菜的根部性状，总根体积、侧根体积、总根干重、侧根干重及侧根数目等指标的抗旱系数均会随着干旱处理时间的延长而逐渐下降，下降幅度不断增大（图 3-12）。图 3-12（a）表明，水分亏缺处理下，除处理的第 2 天，其根系体积相对值有很小幅度的上升外，其余各处理根系体积均比对照低。其中，在处理的第 4 天、第 6 天、第 8 天、第 10 天，材料 ZS10 的总根体积分别比对照下降了 9.2%、21.7%、38.8%、43.7%，侧根体积分别比对照下降了 10.2%、24.5%、38.6%、46.5%；材料 94005 的总根体积分别比对照下降了 5.3%、13.8%、26.2%、31.5%，侧根体积分别比对照下降了 8.2%、16.5%、28.1%、35.5%。两个品种均是侧根体积下降幅度较大，说明干旱胁迫对油菜侧根体积的影响大于对总根体积的影响。两个品种相比，材料 94005 两个指标相对值下降幅度均低于 ZS10。统计分析表明，两品种总根体积和侧根体积抗旱系数差异均在处理的第 6 天、第 8 天、第 10 天达极显著水平，且差异越来越明显。

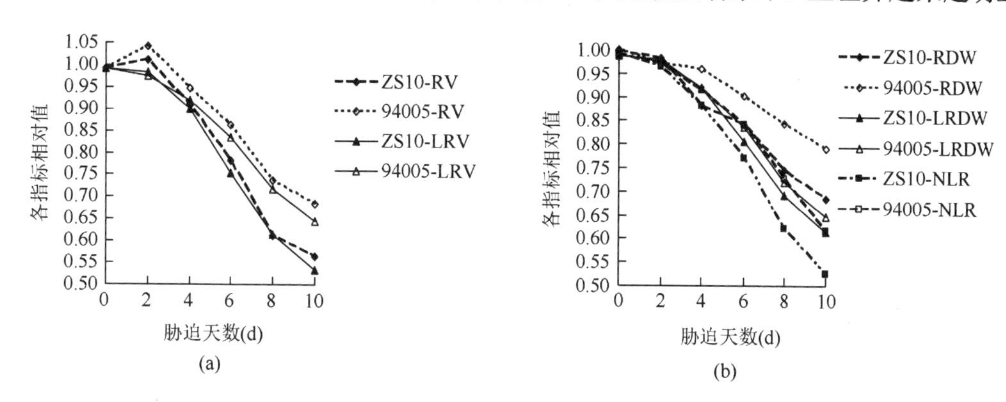

图 3-12　干旱胁迫对油菜总根体积（RV）、侧根体积（LRV）、总根干重（RDW）、侧根干重（LRDW）及侧根数目（NLR）抗旱系数的影响

图 3-12（b）表明，干旱胁迫对油菜后期根系干物质的积累和侧根数目均产生了不同程度的影响。总根干重、侧根干重及侧根数目相对值均随着干旱胁迫处理时间的延长而逐渐下降，下降幅度不断增大且下降趋势相似。其中，材料 ZS10 的总根干重、侧根干重及侧根数目分别比对照最多下降 31.5%、38.7%、47.6%；材料 94005 的这三种指标则分别比对照最多下降 20.9%、25.7%、38.4%，最低值均出现在处理的第 10 天。两品种根系受水分胁迫的影响均是：总根干重＜侧根干重＜侧根数目。两种材料相比，在各处理下，这几种指标的相对值均是强耐旱品种 94005 大于水分敏感型品种 ZS10。统计分析表明，两种材料相比，总根干重相对值于处理的第 4 天开始达极显著差异；侧根干重相对值差异则在处理的第 6 天开始达极显著水平；侧根数目相对值差异很小，只在处理的第 8 天达到了显著水平，其余各天差异不显著。

综上所述，干旱胁迫对油菜根部性状各指标的影响不尽相同。总体而言，这些指标的抗旱系数均呈下降趋势，其下降幅度与干旱处理时间呈正相关，与材料的抗旱性呈负相关。

（三）干旱胁迫对油菜产量及产量构成因子的影响

在水分亏缺条件下，油菜的一次分枝数、有效角果数、每荚粒数、千粒重及单株产量等指标的抗旱系数，均随着胁迫时间的延长而下降，下降幅度也不断增大（图 3-13）。图 3-13（a）表明，干旱胁迫影响了油菜的分枝情况及有效角果和每荚果粒的形成。其中，材料 ZS10 的一次分枝数、有效角果数及每荚粒数分别比对照最大下降 28.2%、31.5%、11.7%；材料 94005 的这三种指标比对照最大下降幅度分别为 19.7%、22.5%、9.6%。这些指标相对值几乎均在处理的第 4 天下降趋势变明显，两种材料相比，在各个水分处理下，抗旱性强的材料 94005 三种指标抗旱系数下降幅度几乎均低于弱抗旱性材料 ZS10。统计分析表明，两种材料一次分枝数相对值的差异于处理的第 10 天达显著水平，有效角果数相对值于处理的第 6 天、第 8 天、第 10 天达极显著水平，而在各处理下每荚粒数相对值的差异均未达显著水平。

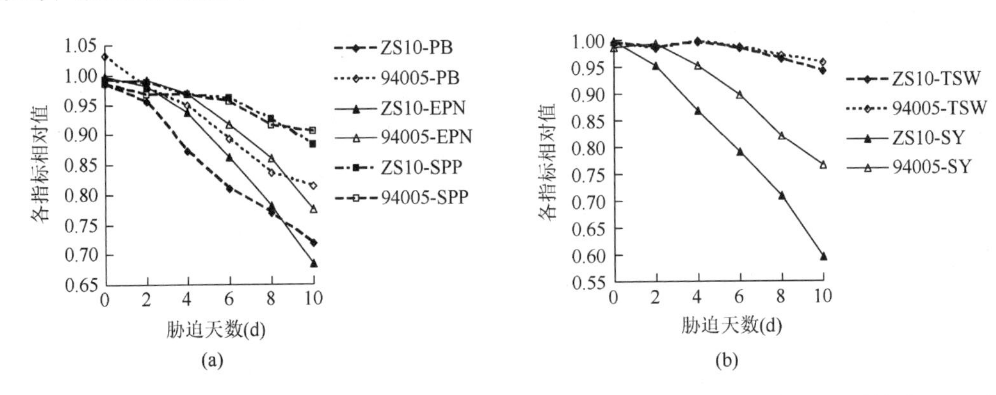

图 3-13　干旱胁迫对油菜一次分枝数（PB）、有效角果数（EPN）、每荚粒数（SPP）、千粒重（TSW）及单株产量（SY）抗旱系数的影响

图 3-13（b）表明，水分胁迫下的油菜单株产量与千粒重的抗旱系数都有所下降。其中，千粒重与对照相比下降幅度不明显，最低下降幅度仅为 5.9%；而单株产量随土壤水分的减少下降幅度不断增加，材料 94005 和材料 ZS10 的单株产量与对照相比最大下降幅度分别为 40.5%和 76.7%。因此，材料 94005 的千粒重相对值与单株产量相对值受干旱胁迫的影响小于材料 ZS10。统计分析表明，两种材料的千粒重抗旱系数之间的差异在各处理下均未达显著水平，而单株产量抗旱系数之间的差异则从干旱处理的第 4 天开始均达到了极显著水平。

综上所述，干旱胁迫对油菜产量因子的影响大小顺序为：有效角果数＞一次分枝数＞每荚粒数＞千粒重；且这些指标和单株产量抗旱系数的下降幅度总体与干旱胁迫时间呈正相关，而与材料的抗旱性呈负相关。

三、油菜单株产量与各指标的相关性分析

选择干旱胁迫时间较长的处理（第 8 天、第 10 天）各指标抗旱系数，分析各指标与油菜单株产量之间的相关性（表 3-22）。结果表明，干旱胁迫下，产量与 Pn、RWC、叶绿素含量、叶绿素 a 含量、叶绿素 b 含量、叶绿素 a/b、侧根体积、总根干重和一次分枝数的抗旱系数呈极显著正相关；与总含水量、RuBP 羧化酶活性、NR 活性、根系活力、株高、茎粗、茎秆干重、叶干重、总根体积、侧根数目和有效角果数的抗旱系数呈显著正相关；与细胞膜透性、MDA 含量的抗旱系数呈显著负相关；与其余指标相关程度则未达显著水平。

表 3-22　干旱胁迫下油菜各指标抗旱系数与单株产量的相关系数

指标	r	指标	r	指标	r	指标	r
X_1	0.995**	X_{11}	−0.626	X_{21}	−0.956*	X_{31}	0.971*
X_2	−0.228	X_{12}	0.996**	X_{22}	0.676	X_{32}	0.984**
X_3	−0.216	X_{13}	0.995**	X_{23}	0.806	X_{33}	0.987**
X_4	0.888	X_{14}	0.998**	X_{24}	0.872	X_{34}	0.777
X_5	0.894	X_{15}	0.995**	X_{25}	0.944*	X_{35}	0.936*
X_6	0.859	X_{16}	0.962*	X_{26}	0.948*	X_{36}	0.994**
X_7	0.988**	X_{17}	0.862	X_{27}	0.959*	X_{37}	0.952*
X_8	0.904*	X_{18}	0.858	X_{28}	0.941*	X_{38}	0.672
X_9	−0.448	X_{19}	0.865	X_{29}	0.922*	X_{39}	0.874
X_{10}	0.673	X_{20}	−0.914*	X_{30}	0.934*	X_{40}	1.000

注：X_1～X_{40} 分别表示 Pn、Gs、Tr、Ci、Ls、水分利用效率、相对含水量、总含水量、自由水含量、束缚水含量、自由水含量/束缚水含量、叶绿素含量、叶绿素 a 含量、叶绿素 b 含量、叶绿素 a/b、RuBP 羧化酶活性、SOD 活性、POD 活性、CAT 活性、MDA 含量、细胞膜透性、脯氨酸含量、可溶性糖含量、可溶性蛋白质含量、NR 活性、根系活力、株高、茎粗、茎秆干重、叶干重、总根体积、侧根体积、总根干重、侧根干重、侧根数目、一次分枝数、有效角果数、每荚粒数、千粒重、单株产量；*和**分别表示显著相关（$P<0.05$）和极显著相关（$P<0.01$）

因此，针对西南地区季节性干旱条件，在选育抗旱型油菜品种时应注意选择 Pn、RWC、叶绿素含量、叶绿素 a 含量、叶绿素 b 含量、叶绿素 a/b、侧根体积、总根干重和一次分枝数抗旱系数高的品种，同时也要兼顾植株总含水量、RuBP 羧化酶活性、硝酸还原酶活性、根系活力、株高、茎粗、茎秆干重、叶干重、总根体积、侧根数目和有效角果数等指标。可以通过提高植株以上指标的抗旱系数及降低细胞膜透性、MDA 含量抗旱系数，来提高油菜的抗旱性和产量。

四、干旱胁迫下各指标主成分分析

主成分分析是研究如何通过少数几个主成分来揭示多个变量间的内部结构的一种多元统计方法，即从原始变量中导出少数几个主成分，使它们尽可能多地保留原始变量的信息，且彼此间互不相关。以干旱胁迫时间较长的处理（第 8 天、第 10 天）各指标抗旱系数为基础进行主成分分析，计算出各主成分的特征向量和贡献率，并根据各向量的绝对值将不同性状指标置于不同的主成分之中，同一指标在各因子中的最大绝对值所在位置就是其所属主成分。

由表 3-23 可知，主成分 1 的特征值为 31.434，贡献率是 78.584%，代表了全部性状信息的 78.584%，是最主要的主成分；主成分 2 的特征值为 7.097，贡献率是 17.743%，是仅次于主成分 1 的重要主成分。前两个综合指标的累计贡献率超过 85%，达到 96.327%，表明干旱胁迫处理中前两个综合指标能代表 40 个单项指标的绝大部分信息，因此可以用这两个主成分对油菜的抗旱性进行分析。

表 3-23　各指标主成分的特征向量及贡献率

指标	主成分 1	主成分 2
净光合速率（Pn）	0.1768#	0.0456
气孔导度（Gs）	−0.0559	0.3540#
蒸腾速率（Tr）	−0.0580	0.3346#
胞间 CO_2 浓度（Ci）	0.1637#	−0.1470
气孔限制值（Ls）	0.1600#	−0.1368
水分利用效率（WUE）	0.1603	−0.1645#
相对含水量（RWC）	0.1731#	0.0827
总含水量	0.1548	0.1839#
自由水（FW）含量	−0.0893	0.3226#
束缚水（BW）含量	0.1225	−0.2477#
自由水含量/束缚水含量	−0.1179	0.2729#
叶绿素含量	0.1779#	0.0053
叶绿素 a（Chla）含量	0.1781#	0.0053
叶绿素 b（Chlb）含量	0.1776#	0.0079
叶绿素 a/b（Chla/b）	0.1780#	−0.0007
RuBP 羧化酶活性	0.1764#	0.0146
超氧化物歧化酶（SOD）活性	0.1622#	0.0656
过氧化物酶（POD）活性	0.1595#	0.1071
过氧化氢酶（CAT）活性	0.1635#	0.0486
丙二醛（MDA）含量	−0.1693#	0.1180
细胞膜透性	−0.1732#	0.0835
脯氨酸含量	0.1259	−0.2551#
可溶性糖含量	0.1550#	0.0533
可溶性蛋白质含量	0.1503	0.2019#
硝酸还原酶（NR）活性	0.1750#	−0.0589
根系活力	0.1757#	−0.0233
株高	0.1710#	0.1038
茎粗	0.1720#	−0.0975
茎秆干重	0.1719#	−0.0925
叶干重	0.1572#	0.1484
总根体积	0.1776#	−0.0218
侧根体积	0.1759#	0.0611
总根干重	0.1782#	0.0152
侧根干重	0.1313	0.2541#
侧根数目	0.1665#	0.1308
一次分枝数	0.1771#	−0.0135
有效角果数	0.1671#	0.1312
每荚粒数	0.1014	0.2530#
千粒重	0.1466	0.2040#

续表

指标	主成分 1	主成分 2
单株产量	0.1763#	0.0267
特征值	31.434	7.097
贡献率（%）	78.584	17.743
累计贡献率（%）	78.584	96.327

注：#表示某指标在各因子中的最大绝对值

决定主成分 1 大小的主要有 Pn、Ci、Ls、RWC、叶绿素含量、叶绿素 a 含量、叶绿素 b 含量、叶绿素 a/b、RuBP 羧化酶活性、SOD 活性、POD 活性、CAT 活性、MDA 含量、细胞膜透性、可溶性糖含量、NR 活性、根系活力、株高、茎粗、茎秆干重、叶干重、总根体积、侧根体积、总根干重、侧根数目、一次分枝数、有效角果数和单株产量，它们反映了 78.584%的原始数据信息量。其中，Pn、Ci、Ls、RWC、叶绿素含量、叶绿素 a 含量、叶绿素 b 含量、叶绿素 a/b、RuBP 羧化酶活性主要与光合作用有关，SOD 活性、POD 活性、CAT 活性主要与抗氧化作用相关，MDA 含量与细胞膜透性主要反映植株的膜脂过氧化作用，其余指标则多数与植株的生长相关。因此，可把主成分 1 概括为“光合-生长-膜脂过氧化-抗氧化调节因子”。

主成分 2 主要包括 Gs、Tr、WUE、总含水量、自由水含量、束缚水含量、自由水含量/束缚水含量、脯氨酸含量、可溶性蛋白质含量、侧根干重、每荚粒数和千粒重，它们反映了原始数据信息量的 17.743%。其中，Gs、Tr、WUE、总含水量、自由水含量、束缚水含量主要与植株的水分散失及水分含量相关，脯氨酸含量、可溶性蛋白质含量主要反映植株的渗透调节作用，而每荚粒数、千粒重则反映了油菜的产量构成。因此，可将主成分 2 概括为“水分-渗透调节-产量构成因子”。

综上所述，油菜抗旱性评价指标体系可以把“光合-生长-膜脂过氧化-抗氧化调节因子”的抗旱系数作为主要鉴选指标，把“水分-渗透调节-产量构成因子”的抗旱系数作为次要鉴选指标。

本 章 小 结

1. 甘蓝型油菜种子萌发期抗旱鉴定研究

（1）用 PEG-6000 模拟干旱胁迫后，绝大多数材料的种子萌发指数、发芽率、根长、苗高、根体积与对照相比有极显著差异；子叶相对含水量与对照相比有显著差异。但各供试材料间的抗旱性和各指标所提供的信息均有较大差异，如果仅根据单一指标的测定值进行抗旱性评价难免具有一定的片面性，所以需要对这些指标综合起来进行抗旱性评价。

（2）主成分分析结果表明，种子萌发指数、发芽率、根长、苗高和根体积可作为油菜萌发期主要抗旱性鉴定指标，发芽势、子叶相对含水量和根长苗高比为油菜萌发期次要抗旱性鉴定指标，根芽比和干物质重为油菜萌发期抗旱性鉴定参考指标。

（3）运用隶属函数法综合分析油菜材料的抗旱性，得出 10 种甘蓝型油菜种子萌发期的抗旱能力依次为：Holiday＞GH16/SC94005＞中双 11 号＞中油 821DH＞GH06＞（GH04/GH02）/GH04＞油研 2 号＞94005＞中双 10 号＞中双 9 号。

2. 油菜苗期抗旱性研究及其鉴定指标的筛选

（1）干旱胁迫下，随着胁迫时间的延长和干旱程度的加剧，各甘蓝型油菜材料的生理指标呈现不同的变化趋势：叶面积和叶片相对含水量呈递减趋势；丙二醛（MDA）含量、脯氨酸（Pro）含量和可溶性糖含量呈递增趋势；可溶性蛋白质含量总体呈现“升-降-升”的变化趋势；SOD 活性总体呈现先升高后下降的变化趋势；POD 活性在中度干旱胁迫下随着胁迫时间的持续呈现先降低后升高的变化趋势，在重度干旱胁迫下呈现出递增的变化趋势。

（2）利用聚类分析法综合评价了 10 个甘蓝型油菜材料苗期的抗旱性，将其按抗旱性强弱分为 3 类：第一类抗旱性强，包括 94005、中双 11 号和中双 9 号；第二类抗旱性中等，包括 Holiday、中油 821DH、GH16/SC94005 和油研 2 号；第三类抗旱性差，包括 GH06、中双 10 号和（GH04/GH02）/GH04。

（3）灰色关联度分析表明，在干旱胁迫条件下，8 个指标与综合抗旱系数的密切程度（关联度）从大到小依次为：叶片相对含水量、丙二醛含量、叶面积、可溶性蛋白质含量、POD 活性、可溶性糖含量、SOD 活性、脯氨酸含量。不同油菜种质材料的加权抗旱系数由大到小依次是：94005＞中双 9 号＞GH16/SC94005＞中双 11 号＞中双 10 号＞Holiday＞油研 2 号＞中油 821DH＞GH06＞（GH04/GH02）/GH04。

3. 干旱胁迫对油菜蕾薹期生理特性及农艺性状的影响

（1）干旱胁迫对油菜蕾薹期各种生理指标会产生不同的影响。主要表现为：①随着干旱胁迫时间的延长，叶片净光合速率、气孔导度、蒸腾速率、胞间 CO_2 浓度与对照相比下降幅度均呈增加趋势，且这几个指标相对值与干旱胁迫时间呈负相关，与材料的抗旱性呈正相关。叶片水分利用效率相对值在抗旱性强的材料中呈增加趋势，在抗旱性差的材料中则相反，该指标与材料的抗旱性呈正相关。②随着干旱胁迫时间的延长，油菜叶片相对含水量、叶绿素含量和 RuBP 羧化酶活性相对值的下降幅度越来越大，RuBP 羧化酶活性相对值的下降幅度最大。相同干旱胁迫时间下，油菜叶片相对含水量、叶绿素含量和 RuBP 羧化酶活性相对值都表现出抗旱性强的材料比抗旱性弱的材料的下降幅度小，下降幅度与干旱胁迫时间呈正相关，与材料的抗旱性呈负相关。③随着干旱胁迫时间的增加，SOD、POD 和 CAT 活性相对值的变化趋势均是先上升后下降，三个指标相对值的上升幅度与抗旱性呈正相关，而下降幅度与之呈负相关。④随着干旱胁迫时间的增加，油菜叶片细胞膜透性、MDA 含量与脯氨酸含量相对值也随之增大，均在胁迫第 10 天达到峰值，且增加幅度总体表现出与干旱胁迫时间呈正相关，细胞膜透性、MDA 含量相对值增加幅度与抗旱性呈负相关，而脯氨酸含量相对值与抗旱性呈正相关。

（2）油菜蕾薹期干旱胁迫也会影响其成熟期生长状况和单株产量。随着干旱胁迫时间的增加，油菜株高、茎粗、一次分枝数及单株产量相比于对照下降幅度均增大。这些指标相对值与干旱胁迫时间呈负相关，与材料的抗旱性呈正相关。

（3）相关分析表明，干旱胁迫下，产量与叶片净光合速率、叶片相对含水量、叶片叶绿素含量、一次分枝数的抗旱系数呈极显著正相关，与叶片 RuBP 羧化酶活性、株高、茎粗抗旱系数呈显著正相关，与叶片细胞膜透性、MDA 含量抗旱系数呈显著负相关。因此，在干旱情况下，可通过提高叶片净光合速率、叶片相对含水量、叶绿素含量、一次分枝数、RuBP 羧化酶活性、株高、茎粗的抗旱系数，降低叶片细胞膜透性和 MDA 含量抗旱系数来提高油菜的抗旱性和产量。

（4）主成分分析表明，决定主成分 1 大小的主要有叶片净光合速率（Pn）、胞间 CO_2 浓度（Ci）、气孔限制值（Ls）、叶片相对含水量（RWC）、叶绿素含量、叶绿素 a 含量、叶绿素 b 含量、叶绿素 a/b、RuBP 羧化酶活性、SOD 活性、POD 活性、CAT 活性、MDA 含量、细胞膜透性、可溶性糖含量、硝酸还原酶（NR）活性、根系活力、株高、茎粗、茎秆干重、叶干重、总根体积、侧根体积、总根干重、侧根数目、一次分枝数、有效角果数和单株产量，被概括为“光合-生长-膜脂过氧化-抗氧化调节因子”，可将其作为油菜蕾薹期抗旱性评价的主要鉴选指标；决定主成分 2 大小的主要有气孔导度（Gs）、蒸腾速率（Tr）、叶片水分利用效率（WUE）、总含水量、自由水含量、束缚水含量、自由水含量/束缚水含量、脯氨酸含量、可溶性蛋白质含量、侧根干重、每荚粒数和千粒重，被概括为“水分-渗透调节-产量构成因子”，可将其作为次要鉴选指标。

参 考 文 献

[1] Xie X Y，Zhang X，He Q L. Identification of drought resistance of rapeseed（*Brassica napus* L.）during germination stage under PEG stress[J]. Journal of Food Agriculture and Environment，2013，11（2）：132-137.

[2] 孙彩霞，沈秀瑛. 作物抗旱性鉴定指标及数量分析方法的研究进展[J]. 中国农学通报，2002，18（1）：49-51.

[3] 张霞，谢小玉. PEG 胁迫下甘蓝型油菜种子萌发期抗旱鉴定指标的研究[J]. 西北农业学报，2012，21（2）：72-77.

[4] 李真，梅淑芳，梅忠，等. 甘蓝型油菜 DH 群体苗期抗旱性的评价[J]. 作物学报，2012，38（11）：2108-2114.

[5] 刘友良. 植物水分逆境生理[M]. 北京：中国农业出版社，1992.

[6] 李瑞雪，孙任洁，汪泰初，等. 植物抗旱性鉴定评价方法及抗旱机制研究进展[J]. 生物技术通报，2017，33（7）：40-48.

[7] 谢小玉，张霞，张兵. 油菜苗期抗旱性评价及抗旱相关指标变化分析[J]. 中国农业科学，2013，46（3）：476-485.

[8] 白鹏，冉春燕，谢小玉. 干旱胁迫对油菜蕾薹期生理特性及农艺性状的影响[J]. 中国农业科学，2014，47（18）：3566-3576.

[9] 张志良，李小方. 植物生理学实验指导[M]. 5 版. 北京：高等教育出版社，2016.

第四章　西南地区玉米节水抗旱生理生态机制研究

玉米是全球也是中国第一大作物，在保障国家粮食安全中占有重要地位[1]。西南丘陵山区是继东北春玉米区、华北玉米区后的中国第三大玉米产区，该地区玉米种植面积常年在550万hm^2，占全国玉米种植总面积的16%，但是总产量仅占全国总产量的13%左右[2]，单产仅3750～4500kg/hm^2。虽然西南地区光、热、水资源丰富，玉米生长季与光、热、水同季，但是由于降水时空分布不均，常常有干旱发生。近50年，西南地区玉米种植区每年均有干旱发生，且区域性干旱明显[3]。近年来，随着全球气候变化的加剧，极端天气气候事件频繁出现，西南地区干旱的发生频率和强度也在增加。为了避免或减轻季节性干旱对西南地区玉米生产的影响，深入研究旱地玉米节水生理生态机制具有重大的现实意义。

第一节　干旱胁迫对玉米生长和生理生化特性的影响

西南地区季节性干旱和区域性干旱问题突出，干旱（尤其是夏季干旱）常常会造成玉米不同程度的减产，严重时甚至绝产，干旱成为本区玉米生产的主要制约因素。研究表明，干旱胁迫显著阻碍植物根、茎的生长和叶面积的增长，还会导致光合作用速率显著下降[4-6]。因此，增强作物对干旱胁迫的适应性已成为旱地玉米持续发展的重要方向。

本节旨在通过探讨持续干旱对玉米形态的影响，持续干旱条件下玉米叶片光合作用、气体交换和叶绿素含量变化特征，以及持续干旱条件下不同渗透物质积累和抗氧化活性的变化规律，从而揭示耐旱品种和不耐旱品种的差异及耐旱品种对干旱胁迫响应的内在机制。以前期发芽试验筛选出的抗旱品种‘东单80’（Dong Dan 80）和不耐旱品种‘润农35’（Run Nong 35）为试验材料，通过育苗移栽，在西南大学日光温室开展盆栽试验。试验设两个处理：①对照组（WW），保持80%的田间持水量；②干旱胁迫处理组（DS），控制在35%的田间持水量。干旱处理于玉米播种45d后进行，在干旱处理后的第5天、第10天、第15天、第20天、第25天分别取样测定玉米的生理生化指标。

一、干旱胁迫对玉米生长和产量的影响

干旱胁迫显著影响了玉米的生长和产量。与对照相比，干旱胁迫导致玉米株高、地上部鲜重及干重、穗数和籽粒产重均显著降低（图4-1）。不同品种对干旱胁迫的响应不同，‘东单80’和‘润农35’两个品种的株高在干旱胁迫下分别降低了2.89%和6.17%。但是干旱对穗数的影响在两个品种之间的差异则不显著。玉米地上部的鲜重与干重变化表明，‘东单80’对干旱胁迫的耐受性更好，该品种的地上部鲜重与地上部干重在干旱胁迫下分别降低了9.42%和15.55%，而‘润农35’则降低了12.3%和21.92%。从籽粒产重来看，‘东单80’在干旱胁迫下比‘润农35’高出23.53%。

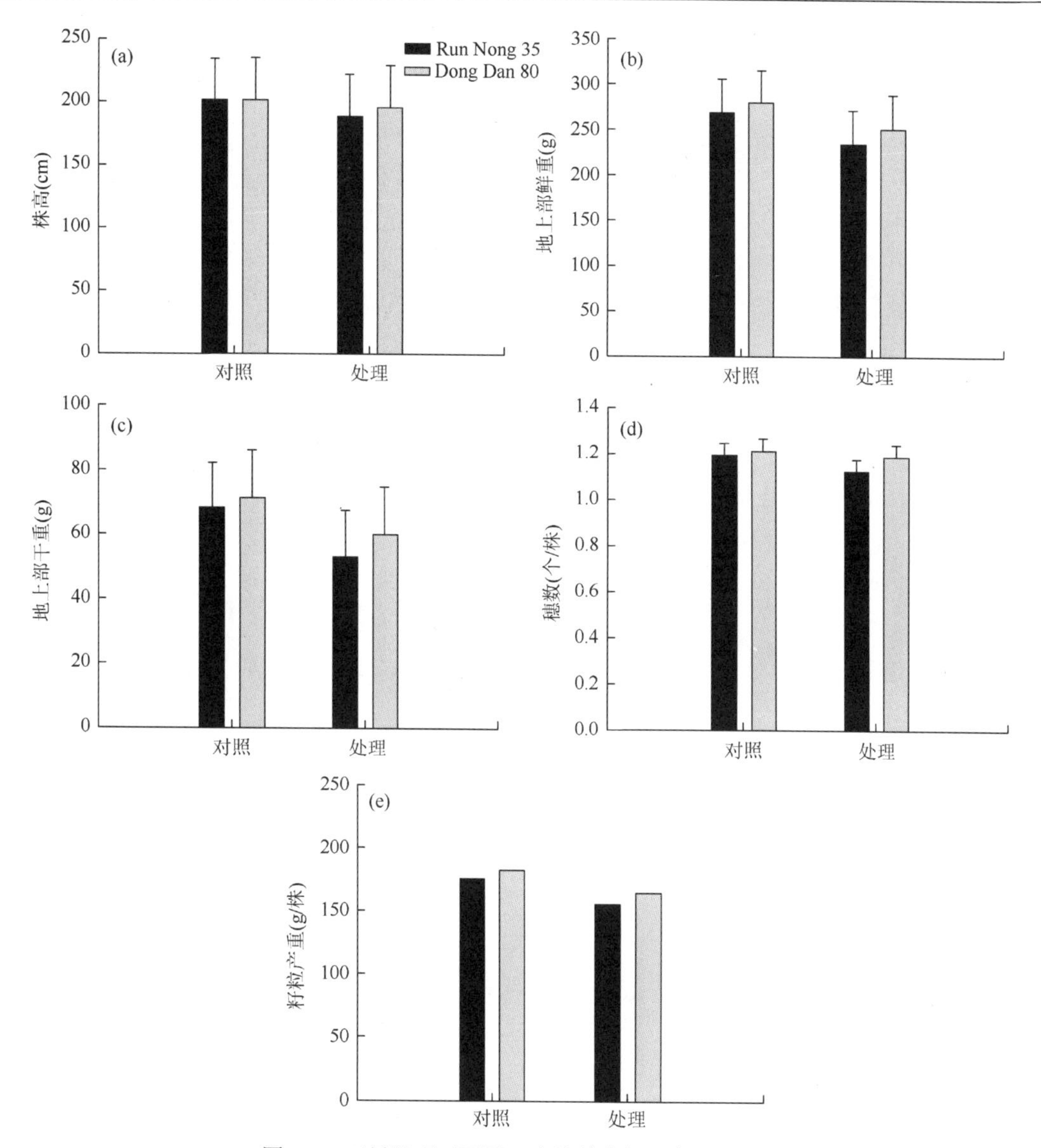

图 4-1　干旱处理对不同玉米品种生长及产量的影响

二、干旱胁迫对玉米叶片光合特性的影响

在持续干旱条件下，玉米叶片光合特性指标均受到了显著的影响。两个玉米品种叶片光合速率、蒸腾速率、气孔导度和相对含水量在持续干旱胁迫下均显著降低，其中‘润农35’的各指标降低得更加明显（图 4-2）。

与对照相比，在干旱胁迫第 5 天后，‘东单 80’的净光合速率降低了 4.39%，‘润农 35’降低了 5.42%。随着干旱胁迫的持续，净光合速率下降的程度不断增强。在干旱胁迫第 25 天后，净光合速率显著下降，‘东单 80’和‘润农 35’分别降低了 10.01% 和 15.59% [图 4-2（a)]。干旱初期，‘东单 80’的蒸腾速率下降了 0.4%，‘润农 35’下降了 0.2% [图 4-2（b)]。与对照相比，在干旱胁迫第 25 天后气孔导度也表现出最大程度的下降，其中‘东单 80’下降了 23.1%，‘润农 35’下降了 30.05%［图 4-2（c）］。在干旱胁迫第 5 天后，‘东单 80’的胞间 CO_2 浓度高于‘润农 35’。但是在持续干旱胁迫后，胞间 CO_2 浓度急剧下降［图 4-2（d）］。同时，‘东单 80’比‘润农 35’具有更高的相对含水量，且随着干旱胁迫的持续，两个玉米品种的相对含水量显著下降［图 4-2（e）］。干旱胁迫第 5 天后，与对照相比，‘东单 80’和‘润农 35’的相对含水量开始显著降低，且随着干旱胁迫天数的不断增加，相对含水量下降的程度随之加强。在干旱胁迫第 5 天后，‘东单 80’和‘润农 35’的相对含水量分别为 91.78%和 87.05%，而到了试验末期分别下降至 74.32%和 69.26%。

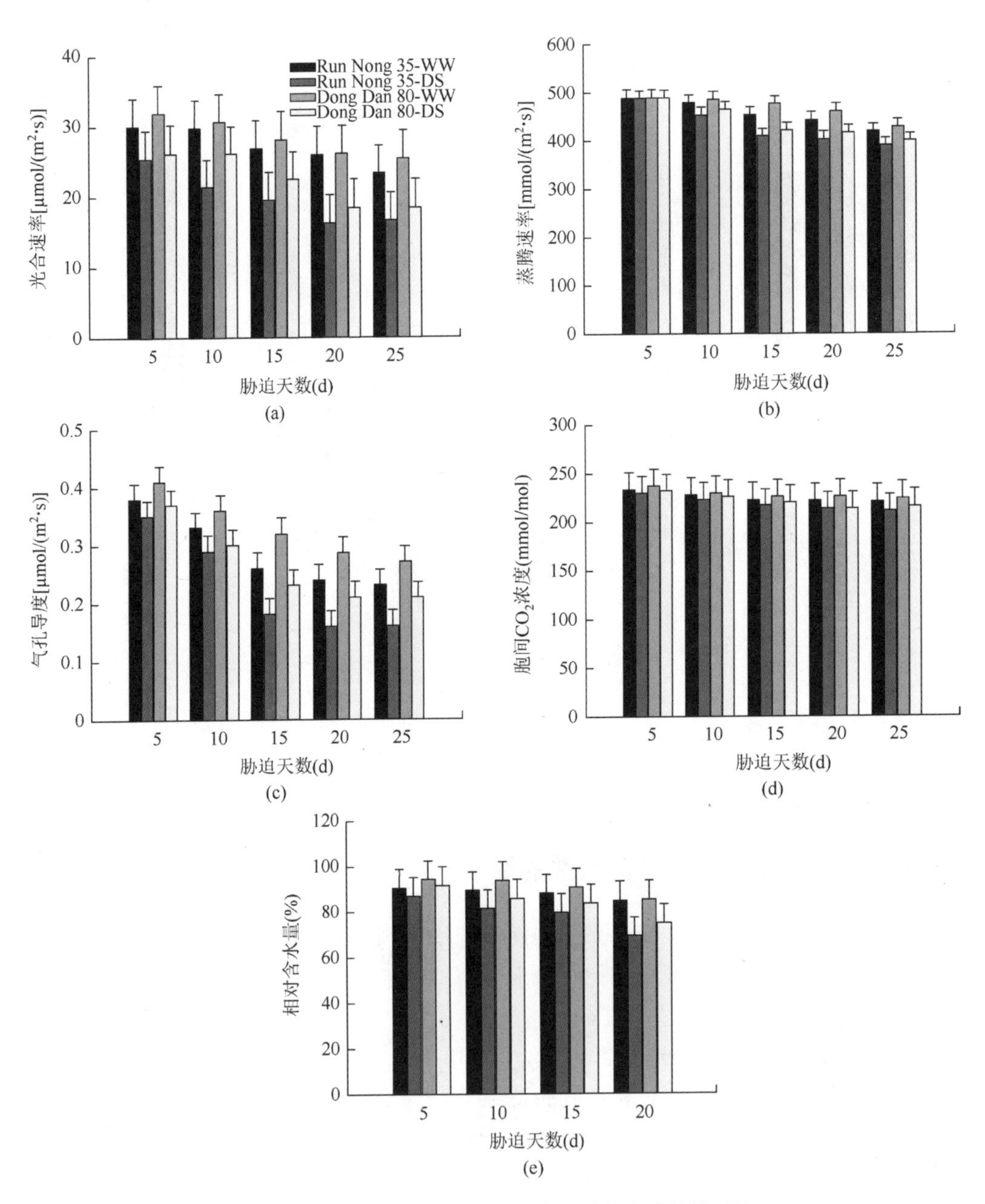

图 4-2　不同干旱时间下两个玉米品种的光合特性对比

三、干旱胁迫对玉米叶片脯氨酸和总碳水化合物含量的影响

与对照相比，在持续干旱胁迫下，玉米叶片合成的游离脯氨酸和总碳水化合物均显著增加，‘东单80’比‘润农35’积累更多的渗透物质。在试验初期，干旱胁迫促使‘东单80’合成的脯氨酸含量增加了5.25%，到试验结束时脯氨酸含量增加了14.98%；而对于‘润农35’来说，其脯氨酸含量在试验初期和后期分别增加了6.45%和9.86%[图4-3(a)]。两个玉米品种的总碳水化合物随着土壤水分的下降逐渐开始积累，与对照相比，在干旱胁迫第25天后，‘东单80’合成的总碳水化合物含量高于‘润农35’[图4-3（b)]。

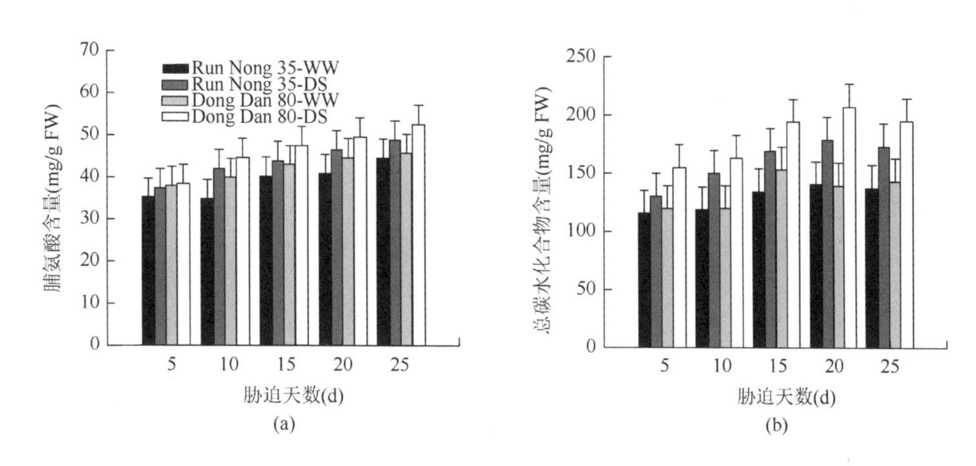

图4-3　不同玉米品种叶片脯氨酸和总碳水化合物含量对持续干旱胁迫的响应

四、干旱胁迫对玉米叶片丙二醛、超氧化物阴离子和酶活性的影响

随着干旱胁迫的持续，两个玉米品种的丙二醛（MDA）和超氧化物阴离子（O_2^-•）含量均显著上升。在干旱胁迫前10d内，MDA和O_2^-•增长幅度较小，干旱胁迫10～25d内，这两种指标含量迅速增加。在干旱胁迫第25天，‘东单80’的MDA和O_2^-•含量分别增加了10.88%和5.10%，‘润农35’增加了13.38%和4.04%（图4-4）。

在持续干旱胁迫下，SOD、POD、CAT和GR的活性显著增强（图4-5)。‘东单80’的各种酶活性高于‘润农35’，而且随着干旱胁迫的持续，这些酶合成的量也越来越多。在干旱胁迫第5天，‘东单80’的SOD和POD活性分别增加了6.97%和15.44%，‘润农35’则分别只增加了3.04%和10.44%。到干旱胁迫的第25天，‘东单80’的SOD和POD活性分别增加了22.47%和28.64%，‘润农35’分别增加了16.65%和18.00%［图4-5（a）和（b)]。同时，两个玉米品种的CAT和GR含量随着持续干旱的胁迫明显高于对照。在干旱胁迫的第25天，‘润农35’的CAT和GR含量分别增加了19.08%和8.42%，‘东单80’品种则分别增加了25.08%和11.66%［图4-5（c）和（d)]。

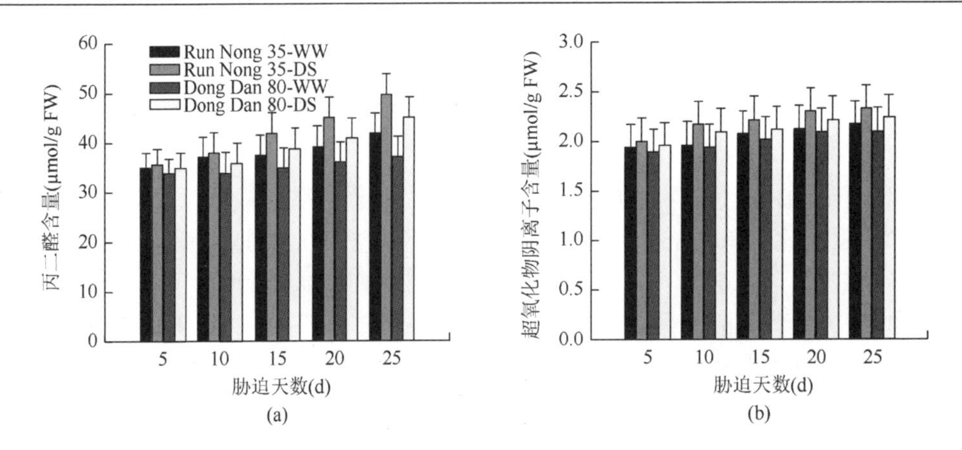

图 4-4　不同玉米品种叶片丙二醛和超氧化物阴离子含量对持续干旱胁迫的响应

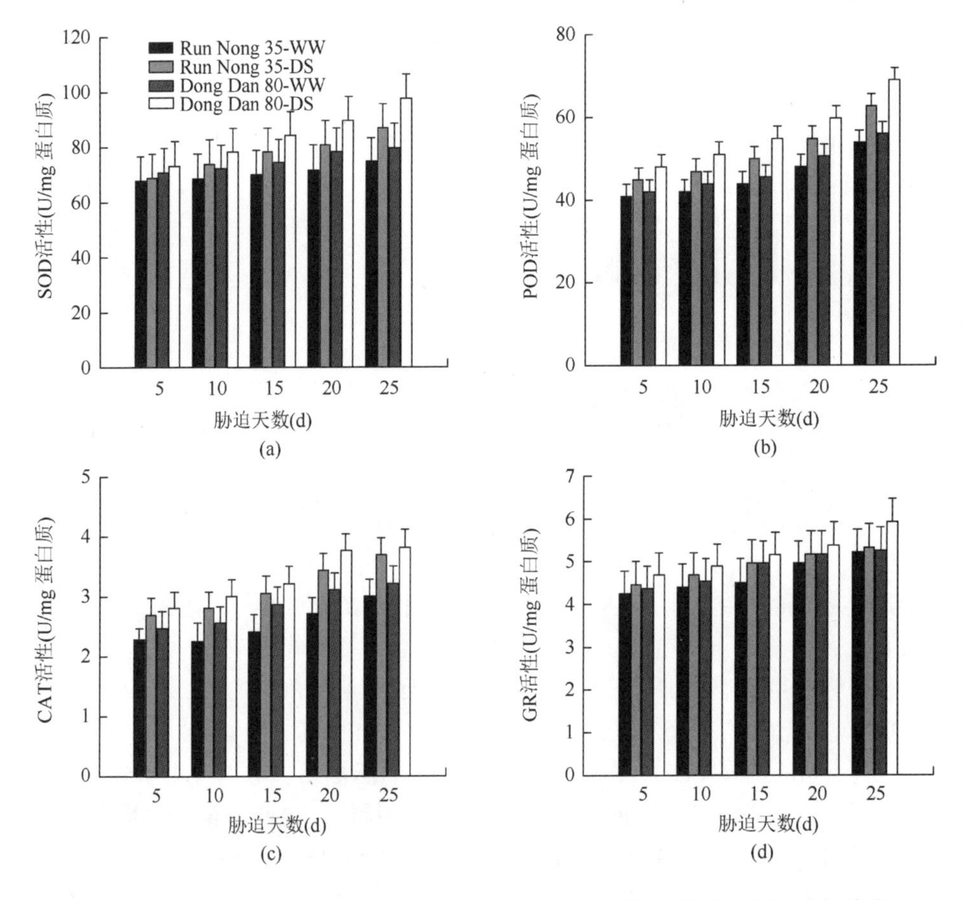

图 4-5　不同玉米品种叶片 SOD、POD、CAT 和 GR 活性对持续干旱胁迫的响应

第二节　水肥耦合对玉米生理生态特征的影响

西南地区季节性干旱和水土流失并存，肥料的利用效率低且极易造成水环境的污染。

已有研究显示，合理施氮可以促进干旱条件下作物根系的生长，提高根系活力和水肥吸收能力，增强植株抗性，从而减轻或恢复干旱胁迫造成的不利影响[7]。但是，不同土壤水分条件下氮素可能发挥不同的作用。有研究发现，水分充足、重度干旱条件下施氮对小麦生长分别表现出正向和负向的调节作用，而轻度干旱条件下无明显影响[8]。对夏玉米的研究显示，氮肥作用受控于土壤水分状况，干旱限制了氮肥的施用效果，导致根系生物量和生理特性下降，而适度补充灌水则增强了氮肥作用，促进根系生长并改善了生理特性[9]。可见，水分和氮素对作物的生长发育具有复杂的交互作用，通过合理的水、氮调控发挥其耦合效应是促进作物生长、提高耐旱性的重要技术途径。

水分和养分作为作物生长的必需条件，与农田生态系统碳循环过程息息相关。在水资源匮乏、化肥过量、CO_2浓度不断上升带来的环境负荷越来越严峻的今天，提高作物水分和养分的利用效率、加强水肥耦合关系的研究显得尤为重要。因此，运用生态化学计量学原理，从固碳减排角度探讨水氮耦合对玉米生长发育的调控机制，对于提高农田水分和肥料的利用效率，建立区域性高产、节水、省肥、减排的高效水肥管理模式，以及节约农业资源和保护生态环境具有重要意义。

试验采取盆栽方式，供试作物为玉米（‘农大 108’），供试土壤取自西南大学教学试验农场 0～20cm 土层。设置水分梯度 3 个（田间持水量的 90%、70%、50%，分别用 W1、W2、W3 表示），氮肥水平 3 个（高氮 N1、中氮 N2、低氮 N3，中氮水平为田间正常施肥量），共 9 个处理，分别为 W1N1、W1N2、W1N3、W2N1、W2N2、W2N3、W3N1、W3N2、W3N3，其中 W2N2 作为对照，即正常水分和正常氮肥用量，每个处理重复 3 次。试验盆钵由聚氯乙烯（PVC）管制成（图 4-6），圆柱形（高 20cm，直径 15cm）。外缘安装供采样（采集土壤呼吸量）、密封用的水槽（高 5cm，长宽均为 25cm），中间安装一根小 PVC 管（内径 2.5cm，长 6cm，露出盆口 2.5cm），起到隔离作用，玉米移栽到小 PVC 管内。于不同生育期对玉米生长发育、光合性能、土壤呼吸，以及土壤-作物系统生态化学计量学特征进行观测和分析，进而提出西南地区玉米水肥优化耦合模式。

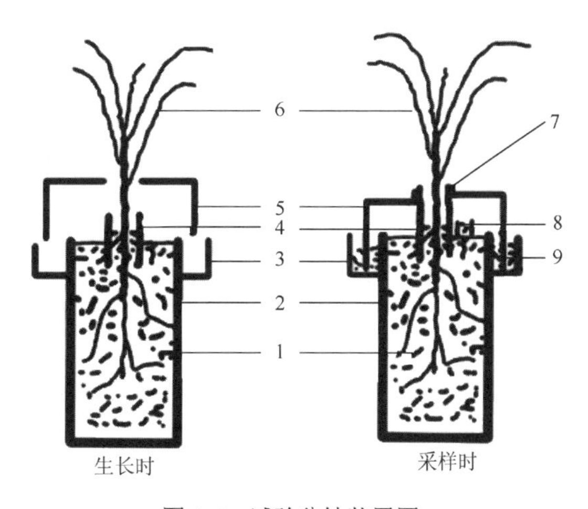

图 4-6　试验盆钵装置图

1. 土壤；2. 试验盆钵；3. 水槽；4. 隔离管；5. 采样箱；6. 作物；7. 硅胶；8. 玻璃采样皿及碱液；9. 密封水

一、不同水肥条件对玉米生长发育的影响

协调优化营养生长和生殖生长是取得作物高产优质的重要基础，水和肥又是协调作物生长的主要环境因素。因此，合理的灌溉和施肥是玉米种植获得高产、优质、节水、节肥的必要条件。

（一）不同水肥条件对玉米生物量的影响

玉米地上部干物质积累量（不含雌穗，下同）随着生育期不断增加，营养生长阶段生长速率较快，进入生殖生长后增长较为缓慢［图 4-7（a）］。地下部的生物量在玉米进入生殖生长后略有减少，这种现象只出现在中、高水分处理下（W1N1、W1N2、W1N3、W2N1 和 W2N2），说明高水分抑制了根的生长，适度干旱有利于根系的生长发育［图 4-7（b）］。不同处理下玉米生长速率为 0.184～0.348g/d，依次为 W1N1＞W1N2＞W1N3＞W2N3＞W2N1＞W2N2＞W3N1＞W3N2＞W3N3。在高水分和低水分下，玉米生长速率随着施氮量的减少而减小，而中水分条件下高氮和低氮都会在一定程度上提高玉米的生长速率；在同样的施氮水平下，水分越高，则越有利于玉米的快速生长。这说明水分胁迫时（不管是旱胁迫还是涝胁迫），增加氮肥施用量会加快玉米的生长，水分适宜时较低的施肥量便能提高玉米的生长速率，所以水氮之间有互作效应，存在最佳的水肥耦合水平。

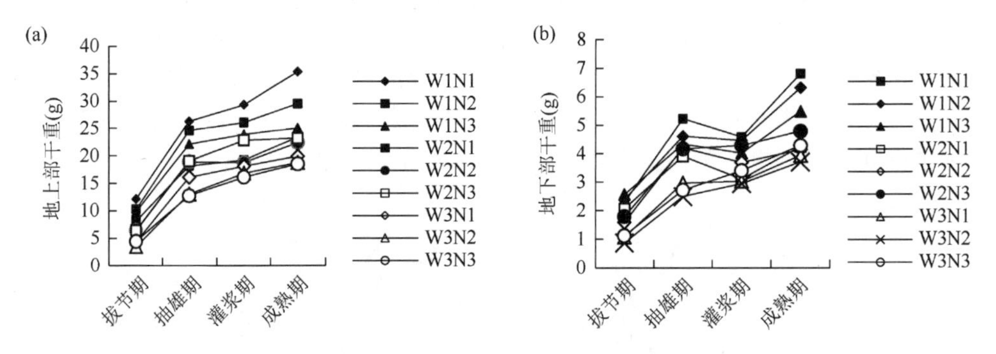

图 4-7 玉米地上部和地下部干物质积累量的动态变化

由图 4-8 可知，高水高氮处理下的单株生物量为 42.089g，远远大于低水低氮的 22.728g，不同处理下玉米总干物质积累量的大小依次为 W1N1＞W1N2＞W1N3＞W2N3＞W2N1＞W2N2＞W3N1＞W3N3＞W3N2。在高水分条件下，玉米干物质量随着施氮量的增加而增加，而中、低水分条件下高氮和低氮都会在一定程度上增加玉米的干物质量；在同样的施氮水平下，水分越高，则越有利于玉米干物质的积累。不同器官干重在不同处理下呈现出基本一致的变化规律。高水分处理显著提高了玉米根、茎、叶的干重，中、低水分处理对根、叶干重影响的差异不显著，但是对茎干重影响的差异达到显著水平，说明茎部位的生物量积累对水分响应较为敏感。

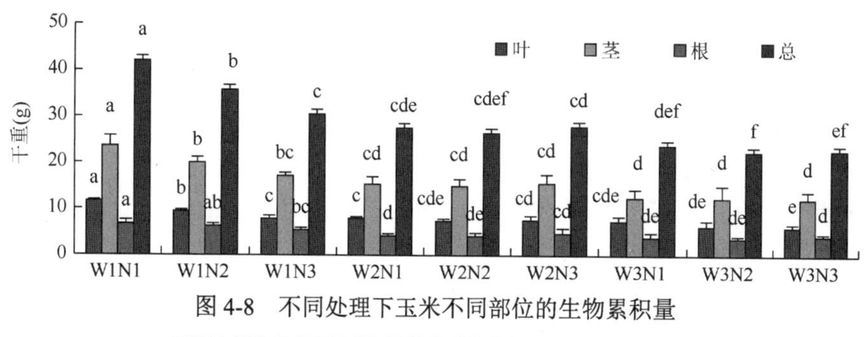

图 4-8　不同处理下玉米不同部位的生物累积量

不同小写字母表示处理间差异达到显著水平（$P<0.05$）。下同

（二）不同水肥条件对玉米形态指标的影响

由图 4-9（a）可知，高水分处理显著提高了玉米株高，低水分处理显著降低了玉米株高。高、中水分处理时玉米株高随着施氮量的增加而增加，当玉米处于干旱胁迫时，施氮量对玉米株高的影响不大。玉米茎粗受干旱胁迫的影响也比较大，低水分处理下的茎粗显著低于高、中水分处理。玉米根系形态指标包括根长、根直径、根表面积和根体积，对水肥的响应较为复杂，并没有出现预想的高水高氮有助于提高这些指标的绝对值的情况，甚至水肥处理对根长的影响完全没有差异［图 4-9（b）和（c）］。

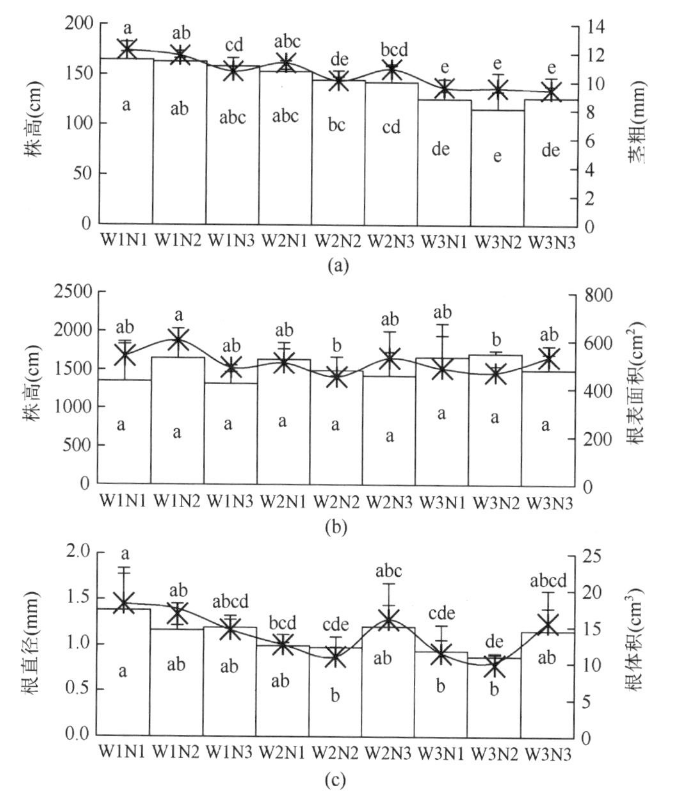

图 4-9　不同水肥对玉米收获时生长性状的影响

柱形图代表主纵坐标（左）对应的指标，折线图代表次纵坐标（右）对应的指标

从玉米不同生育期的株高和茎粗来看（图 4-10），玉米抽雄期以前的株高受水肥的影响较大，也就是说在进入生殖生长之前玉米处在快速生长阶段，对水肥的响应较为强烈。随着土壤含水量的增加，株高呈增加趋势。同水分条件时株高随施氮量的不同表现各异，其中中水分条件下的响应最不敏感，即水分适宜时施氮量对株高的影响不大，而水分胁迫时施氮量越多，玉米植株越高。在整个生育期，低水分处理都显著降低玉米茎粗，不同施氮量的影响不大。除高水高氮（W1N1）处理显著提高茎粗外，中、高水分处理各个施氮量水平对茎粗的影响差异不显著。

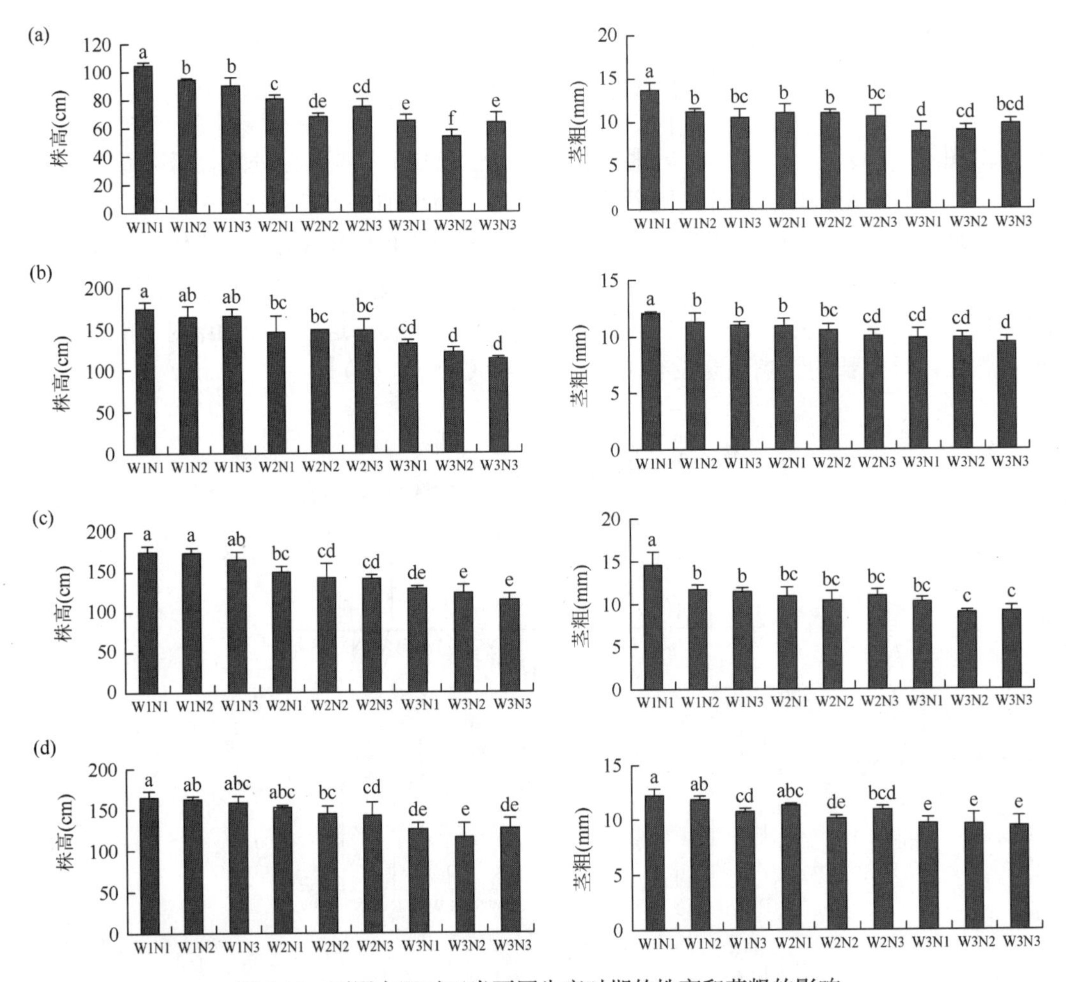

图 4-10　不同水肥对玉米不同生育时期的株高和茎粗的影响

（a）～（d）分别表示玉米拔节期、抽雄期、灌浆期和成熟期

二、不同水肥条件对玉米光合性能的影响

作物光合速率是多种生理、生态因素共同作用的结果，其作用过程较复杂。光合性能指标可用于评价作物对特定生态环境的适应能力或农业管理措施的合理性。

（一）不同水肥条件对玉米光合速率的影响

如图4-11所示，玉米整个生育期的光合速率（Pn）呈下降趋势，拔节期、抽雄期、灌浆期和成熟期4个时期的平均光合速率分别为20.06μmol/(m^2·s)、19.15μmol/(m^2·s)、11.93μmol/(m^2·s)和9.30μmol/(m^2·s)，拔节期到抽雄期变化不大，灌浆期开始各处理的光合速率显著降低，降低了14.75%～67.22%。不同水肥处理对玉米光合速率的影响不同，W1N1、W1N2、W1N3、W2N1、W2N2、W2N3、W3N1、W3N2和W3N3各处理的平均光合速率分别为16.07μmol/(m^2·s)、15.15μmol/(m^2·s)、11.96μmol/(m^2·s)、16.40μmol/(m^2·s)、16.01μmol/(m^2·s)、15.18μmol/(m^2·s)、16.63μmol/(m^2·s)、16.17μmol/(m^2·s)和12.39μmol/(m^2·s)。同一水分条件下光合速率随着施氮量的增加而增加，高水分条件下施氮量对光合速率的影响最大，中水分和低水分条件下高氮和中氮处理对光合速率的影响不大，但是低氮处理显著降低了光合速率。

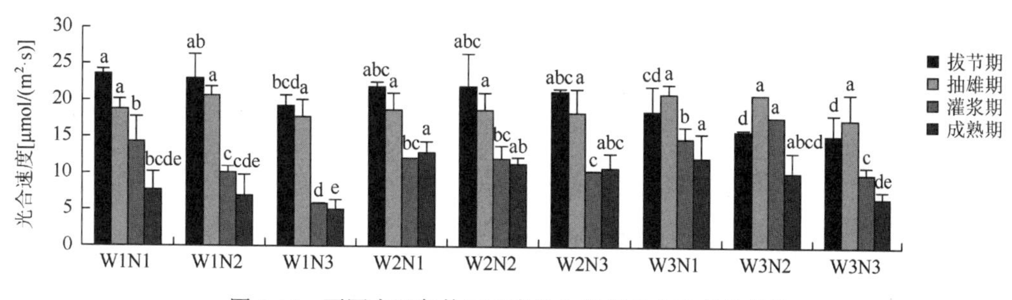

图4-11　不同水肥条件下玉米各生育期光合速率的变化

（二）不同水肥条件对玉米蒸腾速率的影响

如图4-12所示，玉米整个生育期的蒸腾速率（Tr）呈下降趋势，拔节期、抽雄期、灌浆期和成熟期4个时期的平均蒸腾速率依次为2.04mmol/(m^2·s)、2.08mmol/(m^2·s)、0.95mmol/(m^2·s)和1.01mmol/(m^2·s)，从灌浆期开始蒸腾速率显著下降，平均降低了54.5%。不同水肥处理下玉米蒸腾速率表现不同，W1N1、W1N2、W1N3、W2N1、W2N2、W2N3、W3N1、W3N2和W3N3各处理的平均蒸腾速率依次为1.35mmol/(m^2·s)、1.62mmol/(m^2·s)、

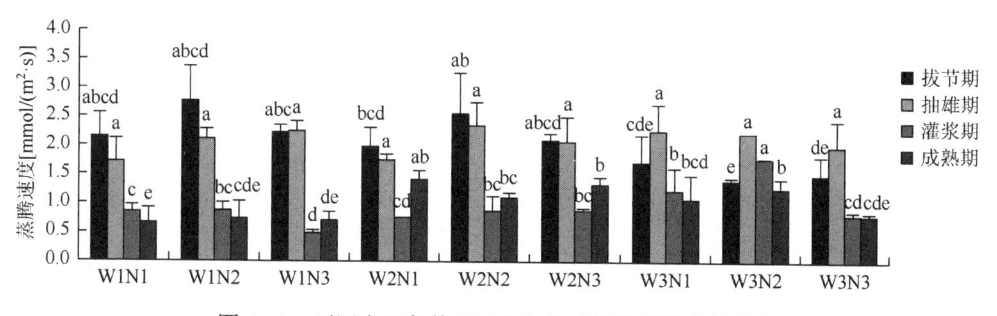

图4-12　不同水肥条件下玉米各生育期蒸腾速率的变化

1.42mmol/(m^2·s)、1.47mmol/(m^2·s)、1.72mmol/(m^2·s)、1.59mmol/(m^2·s)、1.57mmol/(m^2·s)、1.66mmol/(m^2·s)和 1.27mmol/(m^2·s)，中氮水平的蒸腾速率最高。同一水分条件下，氮肥用量过多或者过少都会抑制玉米的蒸腾速率，低氮低水处理的蒸腾速率最低。

（三）不同水肥条件对玉米气孔导度的影响

如图 4-13 所示，玉米整个生育期的气孔导度先下降后上升，在灌浆期达到最小。拔节期、抽雄期、灌浆期和成熟期 4 个时期的平均气孔导度依次为 0.117mmol/(m^2·s)、0.103mmol/(m^2·s)、0.059mmol/(m^2·s)和 0.068mmol/(m^2·s)。不同水肥处理对玉米叶片气孔导度的影响不同，W1N1、W1N2、W1N3、W2N1、W2N2、W2N3、W3N1、W3N2 和 W3N3 各处理的平均气孔导度依次为 0.102mmol/(m^2·s)、0.087mmol/(m^2·s)、0.070mmol/(m^2·s)、0.086mmol/(m^2·s)、0.108mmol/(m^2·s)、0.075mmol/(m^2·s)、0.109mmol/(m^2·s)、0.084mmol/(m^2·s)和 0.060mmol/(m^2·s)，当土壤水分过低或过高时，气孔导度随着施氮量的增加而上升，水分适宜时高氮和低氮都会降低叶片的气孔导度。

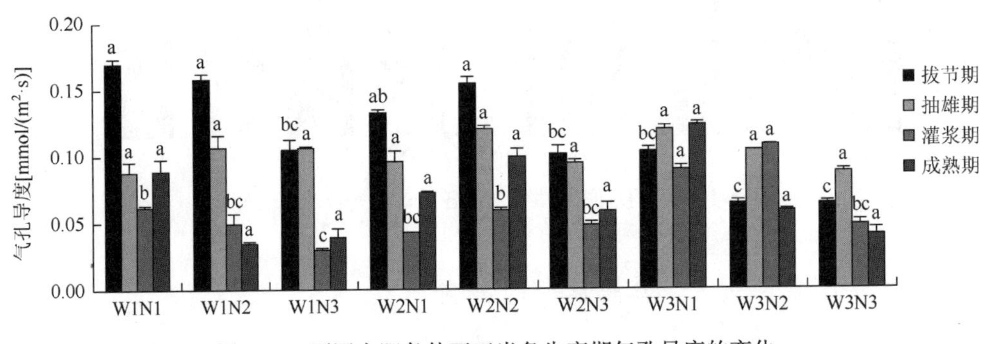

图 4-13　不同水肥条件下玉米各生育期气孔导度的变化

（四）不同水肥条件对玉米水分利用效率的影响

如图 4-14 所示，玉米水分利用效率（WUE）随着生育期先降再升后降，在灌浆期达到最大。拔节期、抽雄期、灌浆期和成熟期 4 个时期的平均 WUE 分别为 10.01μmol/mmol、9.30μmol/mmol、12.96μmol/mmol 和 9.29μmol/mmol。不同水肥处理对玉米水分利用效率的影响不同，W1N1、W1N2、W1N3、W2N1、W2N2、W2N3、W3N1、W3N2 和 W3N3 各处理的平均 WUE 分别为 12.56μmol/mmol、9.76μmol/mmol、8.90μmol/mmol、11.71μmol/mmol、10.16μmol/mmol、9.73μmol/mmol、10.90μmol/mmol、9.74μmol/mmol 和 10.01μmol/mmol，中氮水平时 WUE 随土壤含水量的变化波动不大，高氮水平时 WUE 随着土壤含水量的增加而增加，低氮水平时变化趋势刚好相反；干旱胁迫时，增加或者减少氮肥用量均在一定程度上提高了 WUE，解除干旱胁迫后玉米 WUE 随着施氮量的增加而增加。

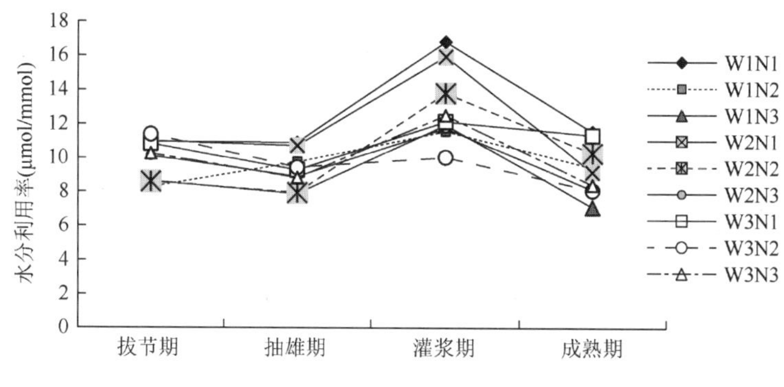

图 4-14　玉米水分利用效率随着生育期的变化

三、不同水肥条件下的土壤呼吸特征

（一）不同水肥条件对土壤呼吸的影响

如图 4-15 所示，不同处理下土壤呼吸速率随着玉米生育期的推进而变化，在玉米生长初期和末期不同处理对土壤呼吸的影响不大，而生长中期，尤其是在拔节后期至抽雄期，水肥因素对土壤呼吸的影响较大。差异显著性分析表明，高水高氮显著增强了玉米生长中期（5 月 15 日和 5 月 30 日）的土壤呼吸，平均值为 1.414μmol/(m^2·s)，而低水低氮处理下的土壤呼吸速率仅为 0.481μmol/(m^2·s)。从整个生育期的土壤呼吸速率平均值来看，9 个处理的土壤呼吸速率依次为 1.017μmol/(m^2·s)、1.025μmol/(m^2·s)、1.239μmol/(m^2·s)、0.867μmol/(m^2·s)、0.989μmol/(m^2·s)、1.020μmol/(m^2·s)、0.854μmol/(m^2·s)、0.960μmol/(m^2·s) 和 0.735μmol/(m^2·s)。可以看出，当土壤水分较低时增施氮肥会促进土壤呼吸，而中、高土壤水分条件下增施氮肥会抑制土壤呼吸。

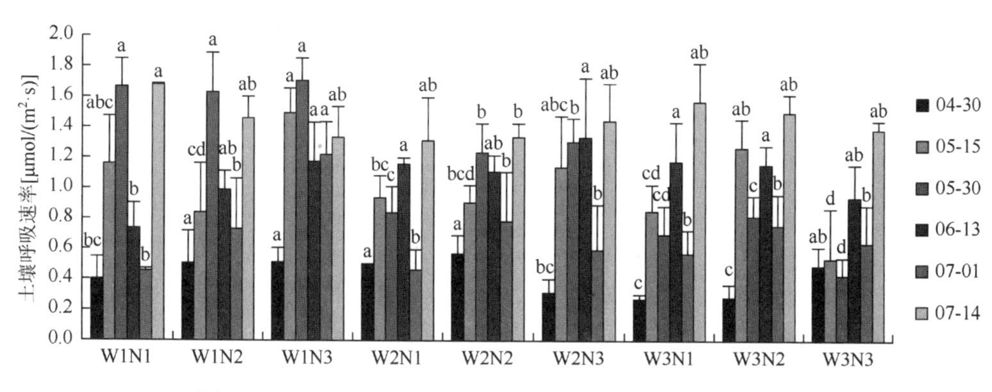

图 4-15　不同水肥条件下玉米各生育期土壤呼吸速率的变化

水肥耦合对土壤呼吸有互作效应，单因素下的土壤呼吸变化规律见表 4-1，除成熟期（7 月 14 日）以外，土壤呼吸速率随着施氮量的增加而递减，而除抽雄期（6 月 13 日）以外，土壤呼吸速率随着土壤含水量的减少呈现降低的趋势。因此，为了构建环境友好型农业，最大限度降低土壤呼吸速率，减少二氧化碳排放，需要在增施氮肥的同时控制好土壤含水量，找到减排最大化的最优水肥耦合模式。

表 4-1　水氮水平对土壤呼吸速率[μmol/（m^2·s）]的影响

水氮水平	4 月 30 日	5 月 15 日	5 月 30 日	6 月 13 日	7 月 1 日	7 月 14 日	平均值
高氮	0.390b	0.981a	1.067b	1.023b	0.495b	1.519a	0.913
中氮	0.451a	1.004a	1.225a	1.083b	0.754a	1.430b	0.991
低氮	0.437a	1.055a	1.145a	1.149a	0.815a	1.386c	0.998
高水	0.472a	1.163a	1.668a	0.967b	0.802a	1.490a	1.094
中水	0.460a	0.993a	1.126b	1.200a	0.612b	1.362b	0.959
低水	0.347b	0.883b	0.644c	1.088b	0.651b	1.483a	0.849

注：同一列数值后不同小写字母表示不同氮或水分水平下土壤呼吸的差异达显著水平（P<0.05）

（二）不同水肥条件对土壤-作物系统净碳汇的影响

为了估算玉米农田生态系统碳汇特征，需要对土壤呼吸进行区分，将自养呼吸和异养呼吸占土壤总呼吸的比例进行量化[10, 11]。有学者测定玉米生长季中根系呼吸占土壤总呼吸的 43.1%～63.6%[12]，为简化计算，设定玉米根系呼吸占总呼吸的 50%，植株碳含量取 40%。由表 4-2 可知，根据碳平衡原理，不同处理下农田生态系统在玉米生长季均表现为碳汇，以正常施氮量和正常浇水（W2N2 处理）为对照，高水分处理使碳汇能力提高了 14.40%～62.01%，低水分处理则降低了 10.03%～16.24%。在土壤水分含量充足时，增汇能力随着施氮量的增加而增加。

表 4-2　不同处理玉米净碳汇估算

处理	碳固定（g C/m^2）	碳排放（g C/m^2）		净碳汇（g C/m^2）	增汇幅度（%）
		总土壤呼吸	异养呼吸		
W1N1	1334.635a	93.696b	46.848b	1287.787a	62.01
W1N2	1134.291b	95.787b	47.894b	1086.397b	36.68
W1N3	967.654c	116.639a	58.320a	909.335c	14.40
W2N1	874.088d	80.407c	40.203c	833.885d	4.91
W2N2	839.102d	88.452b	44.226b	794.875d	0.00
W2N3	885.620d	92.947b	46.473b	839.147d	5.57
W3N1	753.717e	77.124c	38.562d	715.155e	−10.03
W3N2	709.629f	87.648b	43.824c	665.805f	−16.24
W3N3	720.707e	68.575c	34.288e	686.419f	−13.64

注：同一列数值后不同小写字母表示处理间差异达显著水平（P<0.05）

四、不同水肥条件下的玉米碳氮磷吸收、积累和分配特征

（一）不同水肥条件下玉米碳氮磷含量

1. 玉米碳含量

玉米整个生育期不同组织的碳含量差异不大，且随着水肥的变化差异不显著（表4-3）。根、茎、叶的碳含量依次为39.52%、40.14%、39.70%。

表4-3　玉米生育期不同组织碳含量（%）对水肥处理的响应

处理	拔节期			抽雄期			灌浆期			成熟期		
	根	茎	叶	根	茎	叶	根	茎	叶	根	茎	叶
W1N1	41.87a	40.48a	37.12a	39.55a	43.34a	43.35a	40.88a	38.39a	38.24a	37.09a	37.87a	40.63a
W1N2	42.73a	40.95a	41.54a	40.11a	42.14a	41.60a	36.94a	41.57a	39.71a	38.13a	36.76a	38.42a
W1N3	38.89a	40.61a	43.73a	41.18a	38.82a	42.05a	37.33a	43.20a	43.72a	39.34a	41.37a	39.17a
W2N1	42.75a	37.66a	41.70a	37.07a	38.25a	42.15a	36.36a	42.93a	37.91a	39.45a	39.46a	39.54a
W2N2	36.49a	39.46a	42.86a	39.63a	43.26a	38.14a	38.88a	37.05a	39.87a	43.11a	41.42a	37.79a
W2N3	39.72a	41.83a	37.94a	37.88a	37.45a	36.29a	39.19a	38.56a	39.70a	38.38a	41.47a	41.77a
W3N1	40.07a	41.91a	38.01a	43.83a	41.71a	38.24a	40.54a	41.40a	36.98a	36.41a	37.97a	37.82a
W3N2	38.53a	42.14a	42.19a	42.62a	36.85a	37.53a	40.31a	43.73a	37.93a	37.88a	41.10a	38.83a
W3N3	38.91a	38.01a	41.71a	41.48a	38.34a	41.86a	38.61a	38.42a	36.60a	40.65a	39.17a	36.46a
平均值	39.99	40.34	40.76	40.37	40.02	40.13	38.78	40.58	38.96	38.94	39.62	38.94

注：同一行数值后相同小写字母表示同一个生育期处理间差异不显著

2. 玉米氮含量

玉米整个生育期内根、茎、叶的氮含量依次为根11.51g/kg、茎13.35g/kg、叶22.94g/kg，即根氮＜茎氮＜叶氮。随着生育期的推进，各部位的氮含量均呈下降趋势（图4-16），其中根氮含量从拔节期的13.61g/kg下降到成熟期的9.99g/kg，茎氮含量从21.89g/kg下降到9.36g/kg，叶氮含量从28.22g/kg下降到16.80g/kg，分别下降了26.60%、57.24%、40.47%。

不同水肥对玉米根氮含量的影响较大［图4-16（a）］，其中低氮施肥下玉米根系氮含量显著低于中氮和高氮施肥。同一水分梯度下，中氮和高氮施肥对玉米根氮含量的影响差异不显著，而随着土壤水分含量的增加，根氮含量呈现减少的趋势。这说明土壤水分含量超过一定范围会抑制玉米根系吸收利用氮素的能力。玉米茎氮含量在不同水肥处理下表现不同［图4-16（b）］，同样，低氮施肥导致玉米茎氮含量显著低于中、高氮的施肥处理。同一水分梯度下，中氮和高氮施肥对玉米茎氮含量的影响差异均达到了显著水平，且除了抽雄期，土壤水分越高，越不利于氮元素向茎部位的转移。玉米叶氮含量在不同水

肥处理下的表现也不同［图 4-16（c）］，低氮处理下玉米叶氮含量显著低于中、高氮处理。同一水分梯度下，中氮和高氮施肥对玉米叶氮含量的影响在抽雄期以后才达到显著水平，且抽雄期以后土壤水分越高，叶氮含量越少。

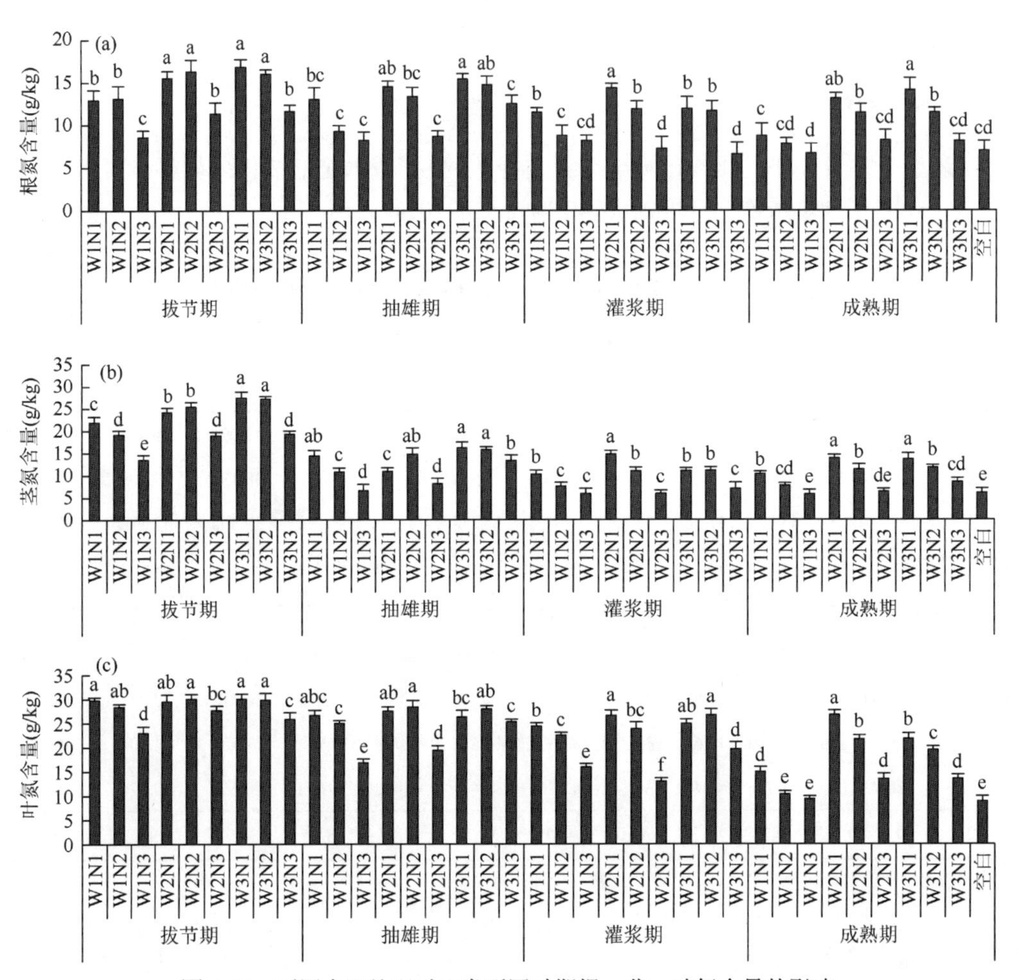

图 4-16　不同水肥处理对玉米不同时期根、茎、叶氮含量的影响

综上，低氮施肥显著降低了玉米根、茎、叶的氮含量，中、高氮施肥对增加玉米各部位氮含量并未全部达到显著水平。同水分条件下，氮肥用量对玉米茎吸收利用氮的影响最显著，对玉米生长后期叶片的氮含量也有显著影响，而对玉米整个生育期根部位的氮含量影响不大。此外，土壤水分含量超过一定范围会抑制玉米根、茎、叶对氮素的吸收。因此，土壤水分含量控制在适宜的范围，能大大提高玉米的氮素利用效率。

3. 玉米磷含量

不同水氮处理对玉米不同生育期根、茎、叶的磷含量有一定的影响（表 4-4），但无明显规律性，说明影响作物磷元素吸收利用的因素很多，与氮元素相比，磷元素在土壤-作物系统的迁移转化更为复杂。根、茎、叶的磷含量在玉米整个生育期依次为 1.81g/kg、

2.97g/kg、3.19g/kg，即根磷＜茎磷＜叶磷。随着生育期的推进，根和茎的磷含量呈下降趋势，而叶的磷含量有上升趋势，从拔节期到成熟期根磷含量下降了3.89%，茎磷含量下降了12.96%，叶磷含量上升了3.05%。

表4-4　不同水肥处理对玉米不同生育期根、茎、叶磷含量（g/kg）的影响

部位	生育期	W1N1	W1N2	W1N3	W2N1	W2N2	W2N3	W3N1	W3N2	W3N3
根	拔节期	1.61cde	2.02ab	1.40e	1.58de	2.12a	2.08a	1.93abc	1.71bcde	1.74bcd
	抽雄期	1.93ab	1.67bc	1.66bc	2.17a	1.80b	1.45c	1.96ab	1.93ab	1.83b
	灌浆期	2.06ab	1.95ab	2.15ab	1.70bc	1.87abc	2.12a	1.55c	2.06ab	1.59c
	成熟期	1.59a	1.66a	1.82a	1.60a	1.92a	1.74a	1.69a	1.67a	1.90a
茎	拔节期	2.80e	2.93de	3.04cde	3.07cde	3.82a	3.30bc	3.15cd	3.59ab	3.48b
	抽雄期	3.05ab	2.89ab	2.80ab	2.97ab	2.88ab	2.75b	2.91ab	2.83ab	3.10a
	灌浆期	2.78b	2.80b	3.34a	3.30a	2.81b	2.66b	2.74b	2.96b	2.85b
	成熟期	2.91ab	2.38c	2.91ab	2.72b	3.06a	2.92ab	2.67b	2.77ab	3.09a
叶	拔节期	3.36a	2.96bc	2.91bc	2.81c	3.17ab	2.90bc	2.74c	2.87c	2.79c
	抽雄期	3.57d	3.52d	2.25f	3.65d	3.85bc	2.92e	3.98b	4.34a	3.76bcd
	灌浆期	3.65ab	3.19c	2.68d	3.93a	3.57b	2.74d	3.36bc	3.42bc	2.74d
	成熟期	2.57cd	3.47b	2.37d	3.84a	3.32b	2.58cd	3.23b	3.27b	2.67cd

注：同一行数值后不同小写字母表示同一个生育期处理间差异达显著水平（$P<0.05$）

（二）不同水肥条件下玉米碳氮磷的积累量

根、茎、叶的碳累积量最大值均出现在成熟期（分别为10.65kg/hm^2、35.61kg/hm^2、17.64kg/hm^2），各部位的碳积累量均随着土壤含水量的增加而增加（图4-17）。但是随着施氮量的增加，其变化规律不一，可能是水肥的交互效应所致。

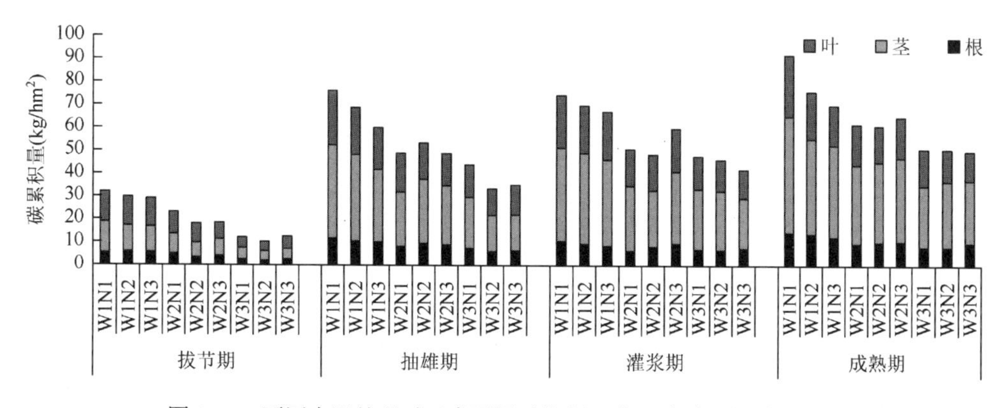

图4-17　不同水肥处理对玉米不同时期根、茎、叶碳累积量的影响

根、茎的氮累积量最大值出现在成熟期（分别为26.46kg/hm^2、87.39kg/hm^2），叶氮累

积量最大值出现在抽雄期（101.37kg/hm^2）。根、茎的磷积累量最大值也出现在成熟期（分别为 4.73kg/hm^2、25.39kg/hm^2），叶磷积累量最大值出现在灌浆期，为 14.43kg/hm^2。如图 4-18 所示，不同水肥处理对玉米各生育期各部位的氮累积量的影响较大，各部位氮累积量随着施氮量的增加而增加，其中根氮累积量从低氮低水的 14.75kg/hm^2 增加到高氮高水的 29.75kg/hm^2，增加了 101.69%，茎氮累积量增加了 157.60%（从 43.89kg/hm^2 增至 113.06kg/hm^2），叶氮累积量增加了 118.54%（从 56.69kg/hm^2 增至 123.89kg/hm^2）。玉米各部位氮累积量随着土壤含水量的增加而增加，根氮累积量在高水分下平均为 23.55kg/hm^2，中水分下为 23.07kg/hm^2，低水分下为 18.24kg/hm^2；茎氮累积量在高、中、低水分条件下分别为 79.75kg/hm^2、69.40kg/hm^2、58.34kg/hm^2；叶氮累积量在不同水分条件下依次为 94.32kg/hm^2、85.36kg/hm^2、69.27kg/hm^2。

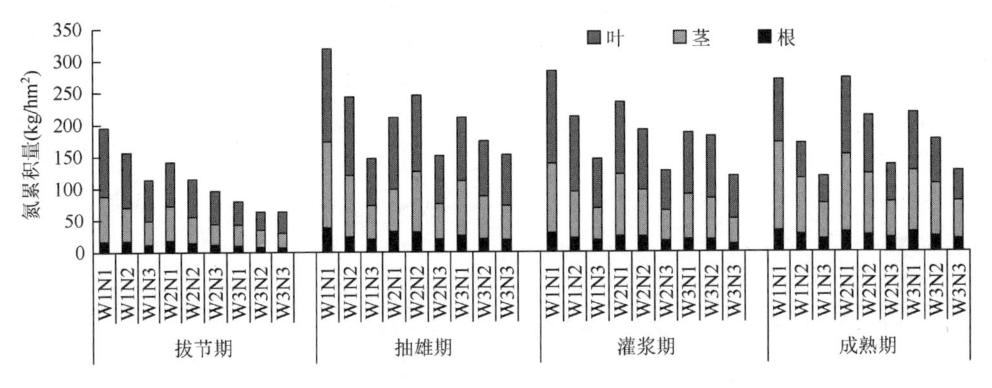

图 4-18　不同水肥处理对玉米不同时期根、茎、叶氮累积量的影响

如图 4-19 所示，玉米根、茎部位磷累积量随着施肥量的增加变化不大，叶磷累积量随着施肥量的增加而增加，三个部位的磷累积量均受土壤水分条件的影响较大，且随着土壤含水量的增加呈增加趋势，高、中、低不同水分条件下根磷累积量依次为 4.48kg/hm^2、3.62kg/hm^2、2.74kg/hm^2，茎磷累积量依次为 23.50kg/hm^2、17.62kg/hm^2、13.49kg/hm^2，叶磷累积量依次为 14.41kg/hm^2、12.25kg/hm^2、9.93kg/hm^2。

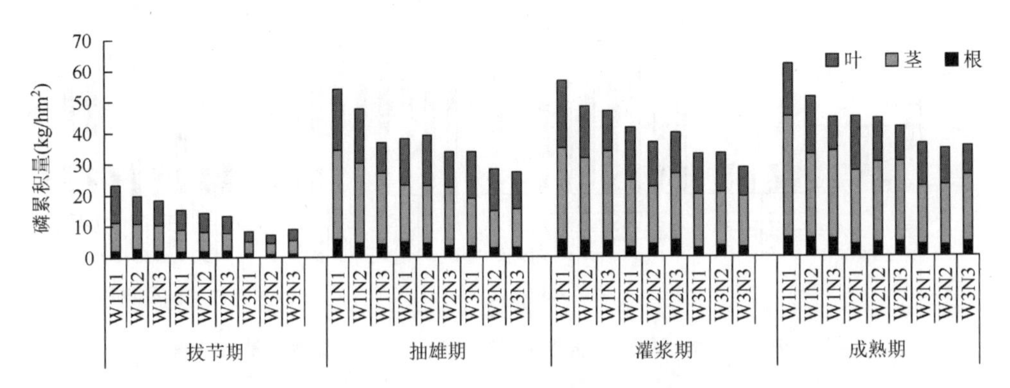

图 4-19　不同水肥处理对玉米不同时期根、茎、叶磷累积量的影响

（三）不同水肥条件下玉米氮、磷吸收转移特征

玉米不同生育期的 N、P 吸收率反映玉米从土壤中吸收转移的养分累积量。相同水分条件，N、P 从土壤向作物转移的多少受到施氮水平的影响（表 4-5），且均随着施氮量的减少而减少；相同施氮量时随着土壤水分的降低，N、P 从土壤向作物的转移率呈现不同的变化趋势，其中低水分促进了 N 的转移，却限制了 P 的转移，高水分促进 P 转移的同时限制了 N 的转移。

表 4-5　不同时期各处理下玉米 N、P 吸收率

处理	N				P			
	拔节期	抽雄期	灌浆期	成熟期	拔节期	抽雄期	灌浆期	成熟期
W1N1	0.239c	0.392e	0.358e	0.339f	0.051a	0.119a	0.130a	0.141a
W1N2	0.192e	0.299f	0.271f	0.217h	0.044b	0.105b	0.112b	0.118b
W1N3	0.140g	0.180h	0.188h	0.152i	0.041c	0.081e	0.109c	0.102c
W2N1	0.261b	0.389e	0.445d	0.514c	0.034d	0.084d	0.096d	0.102c
W2N2	0.212d	0.452d	0.365e	0.407e	0.032e	0.086c	0.085f	0.101d
W2N3	0.178f	0.279g	0.245g	0.262g	0.029f	0.074f	0.092e	0.095e
W3N1	0.295a	0.777a	0.711a	0.824a	0.018g	0.075f	0.077g	0.085f
W3N2	0.236c	0.640b	0.693b	0.669b	0.016h	0.062g	0.077g	0.081h
W3N3	0.236c	0.562c	0.459c	0.483d	0.020g	0.060h	0.067h	0.083g
平均值	0.221	0.441	0.415	0.430	0.032	0.083	0.094	0.101

注：同一列数值后不同小写字母表示处理间差异达显著水平（$P<0.05$）。下同

掌握玉米各生育阶段养分吸收百分比对合理施肥及形成高产具有重要意义。玉米对氮、磷养分的吸收百分比在拔节期最低（表 4-6），其中氮为 10.53%～21.17%，磷为 6.72%～12.26%，随着生育期的推进，养分吸收百分比呈增加趋势。增加土壤含水量后拔节期氮、磷的吸收百分比呈增加趋势，相同水分时减少施氮量，拔节期的氮、磷吸收百分比增加。而玉米其他生育期的氮、磷吸收百分比随着水肥变化没有明显规律。

表 4-6　不同时期各处理下玉米 N、P 吸收百分比（%）

处理	N				P			
	拔节期	抽雄期	灌浆期	成熟期	拔节期	抽雄期	灌浆期	成熟期
W1N1	18.02c	29.48d	26.98e	25.51g	11.63b	26.96d	29.47d	31.94f
W1N2	19.60b	30.53c	27.67c	22.20i	11.53b	27.75c	29.53d	31.20g
W1N3	21.17a	27.34f	28.44b	23.05h	12.26a	24.35i	32.62a	30.78h
W2N1	16.20d	24.17g	27.65c	31.98a	10.73c	26.59e	30.32c	32.36e
W2N2	14.73e	31.50b	25.44g	28.32d	10.42cd	28.34b	28.02f	33.22c
W2N3	18.48c	28.91e	25.42g	27.20f	10.14d	25.61h	31.63b	32.62d

续表

处理	N				P			
	拔节期	抽雄期	灌浆期	成熟期	拔节期	抽雄期	灌浆期	成熟期
W3N1	11.34g	29.80d	27.27d	31.60b	7.23f	29.27a	30.24c	33.26c
W3N2	10.53h	28.60e	30.98a	29.88c	6.72g	26.24f	32.68a	34.36b
W3N3	13.58f	32.28a	26.36f	27.78e	8.57e	26.13g	29.20e	36.10a
平均值	15.96	29.18	27.36	27.50	9.91	26.80	30.41	32.87

五、不同水肥条件下的土壤-作物系统生态化学计量学特征

生态化学计量学是近年来新兴的一个生态学研究领域，是生态学与生物化学、土壤化学研究领域的新方向，也是研究土壤-作物相互作用于碳、氮、磷循环的新思路。

（一）土壤 C∶N∶P 化学计量学特征对不同水肥条件的响应

如表 4-7 所示，在玉米种植过程中，土壤碳、氮、磷含量对水肥的响应不同，其中抽雄期不同处理间各指标差异不显著，土壤 N 和 P 含量除在拔节期有差异外，其余各时期均无显著差异，高氮和中氮处理下土壤全氮含量无显著差异，但是一般显著高于低氮处理，土壤全碳含量随着生育期的推进差异逐渐减小，说明土壤养分差异在作物生长过程中因被作物吸收而逐渐趋于一致，不同水肥处理对土壤养分的影响随着作物生育期的推进而减小甚至消失。而土壤的 N∶P 在整个生育期各个处理之间无显著差异，这种现象恰好验证了“内稳性假说”，说明内稳性不仅存在于植物、微生物中，土壤中也会有这种现象。

表 4-7　不同水肥处理下土壤 C∶N∶P 化学计量学特征

生育期	处理	全碳（g/kg）	全氮（g/kg）	全磷（g/kg）	C∶N	C∶P	N∶P
拔节期	W1N1	9.227a	1.015abc	0.666b	9.113a	13.908a	1.531a
	W1N2	8.749cd	1.052ab	0.716ab	8.316bcd	12.258b	1.473a
	W1N3	8.629d	0.962c	0.691ab	8.972ab	12.501b	1.394a
	W2N1	8.499d	1.074a	0.688ab	7.928d	12.402b	1.565a
	W2N2	9.032ab	1.072a	0.701ab	8.441abcd	12.883ab	1.531a
	W2N3	8.922bc	1.030ab	0.737a	8.670abc	12.111b	1.397a
	W3N1	8.668cd	1.063ab	0.719ab	8.157cd	12.061b	1.480a
	W3N2	9.219a	1.067a	0.738a	8.641abcd	12.510b	1.447a
	W3N3	8.744cd	0.980bc	0.699ab	8.950ab	12.507b	1.401a
抽雄期	W1N1	8.510a	0.980a	0.679a	8.686a	12.565a	1.448a
	W1N2	8.741a	0.969a	0.685a	9.028a	12.765a	1.414a
	W1N3	8.889a	0.994a	0.691a	9.013a	12.885a	1.440a

续表

生育期	处理	全碳（g/kg）	全氮（g/kg）	全磷（g/kg）	C∶N	C∶P	N∶P
抽雄期	W2N1	8.360a	0.986a	0.701a	8.487a	11.964a	1.411a
	W2N2	8.538a	0.990a	0.664a	8.653a	12.878a	1.489a
	W2N3	8.670a	0.982a	0.682a	8.879a	12.720a	1.443a
	W3N1	8.507a	0.953a	0.676a	8.932a	12.593a	1.410a
	W3N2	8.460a	0.988a	0.700a	8.570a	12.089a	1.412a
	W3N3	8.537a	0.930a	0.663a	9.188a	12.882a	1.403a
灌浆期	W1N1	9.005ab	0.999a	0.680ab	9.010ab	13.259ab	1.472a
	W1N2	8.534b	0.965a	0.657ab	8.847ab	13.020ab	1.472a
	W1N3	8.606ab	0.956a	0.637b	9.084ab	13.516a	1.501a
	W2N1	8.557b	0.982a	0.702ab	8.710ab	12.209ab	1.400a
	W2N2	9.088a	0.940a	0.705a	9.698a	12.947ab	1.345a
	W2N3	8.718ab	0.983a	0.675ab	8.875ab	12.993ab	1.462a
	W3N1	8.511b	1.033a	0.717a	8.249ab	11.873b	1.442a
	W3N2	8.934ab	0.964a	0.679ab	9.264ab	13.156ab	1.421a
	W3N3	8.696ab	1.110a	0.698ab	8.055b	12.463ab	1.589a
成熟期	W1N1	9.070a	1.086a	0.690a	8.676a	13.146a	1.571a
	W1N2	8.635ab	0.949a	0.695a	9.105a	12.429a	1.368a
	W1N3	8.968ab	1.064a	0.707a	8.637a	12.691a	1.511a
	W2N1	8.522b	0.937a	0.683a	9.100a	12.483a	1.372a
	W2N2	8.594ab	0.920a	0.688a	9.345a	12.490a	1.336a
	W2N3	8.816ab	0.939a	0.700a	9.394a	12.640a	1.345a
	W3N1	8.925ab	0.967a	0.676a	9.249a	13.217a	1.435a
	W3N2	8.802ab	0.949a	0.680a	9.288a	12.944a	1.395a
	W3N3	9.008ab	0.870a	0.713a	10.597a	12.668a	1.217a

注：同一列、同一生育期内数值后不同小写字母表示处理间差异达显著水平（P<0.05）。下同

水肥耦合对土壤碳、氮、磷含量及化学计量学特征有互作效应，单因素下的土壤碳、氮、磷的变化规律见表4-8，土壤含水量对土壤C、N、P含量及C∶N、C∶P、N∶P化学计量学特征的影响差异不显著，施氮量对这6个指标的影响也不大，仅对拔节期的土壤C含量、N含量、N∶P和成熟期的土壤P含量带来了显著影响。施氮量越低，拔节期的土壤C含量、N含量和N∶P越低，成熟期的P含量越高；中、高氮水平对这些指标的影响差异不显著，施氮量越高，土壤碳、氮、磷含量有下降的趋势。

表4-8　不同水氮水平对土壤C∶N∶P化学计量学特征的影响

生育期	水氮水平	全碳（g/kg）	全氮（g/kg）	全磷（g/kg）	C∶N	C∶P	N∶P
拔节期	高氮	8.798ab	1.051ab	0.691a	8.399a	12.790a	1.525a
	中氮	9.000a	1.064a	0.718a	8.466a	12.551a	1.484ab

续表

生育期	水氮水平	全碳（g/kg）	全氮（g/kg）	全磷（g/kg）	C∶N	C∶P	N∶P
拔节期	低氮	8.765b	0.990b	0.709a	8.864a	12.373a	1.397b
	高水	8.868a	1.010a	0.691a	8.800a	12.889a	1.466a
	中水	8.818a	1.059a	0.709a	8.346a	12.465a	1.498a
	低水	8.877a	1.037a	0.719a	8.583a	12.359a	1.443a
抽雄期	高氮	8.459a	0.973a	0.685a	8.702a	12.374a	1.423a
	中氮	8.580a	0.982a	0.683a	8.750a	12.577a	1.439a
	低氮	8.699a	0.968a	0.678a	9.027a	12.829a	1.429a
	高水	8.713a	0.981a	0.685a	8.909a	12.738a	1.434a
	中水	8.523a	0.986a	0.682a	8.673a	12.521a	1.448a
	低水	8.501a	0.957a	0.679a	8.896a	12.521a	1.408a
灌浆期	高氮	8.691a	1.005a	0.700a	8.656a	12.447a	1.438a
	中氮	8.852a	0.957a	0.680a	9.270a	13.041a	1.413a
	低氮	8.673a	1.016a	0.670a	8.671a	12.991a	1.517a
	高水	8.715a	0.974a	0.658a	8.980a	13.265a	1.482a
	中水	8.788a	0.968a	0.694a	9.094a	12.717a	1.402a
	低水	8.714a	1.036a	0.698a	8.523a	12.497a	1.484a
成熟期	高氮	8.839a	0.997a	0.683b	9.008a	12.949a	1.459a
	中氮	8.677a	0.939a	0.688b	9.246a	12.621a	1.366a
	低氮	8.931a	0.957a	0.707a	9.543a	12.666a	1.358a
	高水	8.891a	1.033a	0.697a	8.806a	12.755a	1.483a
	中水	8.644a	0.932a	0.691a	9.280a	12.538a	1.351a
	低水	8.912a	0.929a	0.690a	9.711a	12.943a	1.349a

（二）玉米C∶N∶P化学计量学特征对不同水肥条件的响应

玉米同一部位的氮磷比均随着生育期的推进呈递减趋势（图4-20），随着施氮量的增加，玉米根、茎、叶的氮磷比均有显著提高，而随着土壤含水量的增加一般则显著降低，进一步验证了高土壤水分抑制作物氮素的吸收利用的结论。不同组织器官的氮磷比大小依次为叶＞根＞茎，叶片氮磷比为5.47～9.61，根为5.52～7.62，茎为3.21～6.77。不同生育期各处理下植株氮磷比平均为：拔节期8.00、抽雄期5.96、灌浆期5.14和成熟期4.93；W1N1、W1N2、W1N3、W2N1、W2N2、W2N3、W3N1、W3N2、W3N3各处理的植株氮磷比依次为6.21、5.35、4.53、7.18、6.40、4.90、7.32、6.77、5.44，平均值为6.01。

如图4-21所示，玉米同一部位的碳磷比随着生育期的推进无明显变化，不同组织器官的碳磷比以根最大，按同一生育时期不同处理的平均值计介于2.07～2.26；茎、叶的差异不大，介于1.22～1.41。碳氮比随着生育期的推进呈增加的趋势，不同组织器官的碳氮比以叶最小，按同一生育时期不同处理的平均值计介于 0.15～0.26；根、茎的碳氮比除拔节期茎的碳氮比较低外（平均为 0.19），其他生育期相差不多，介于 0.31～0.47。随着施氮量的增加，玉米根、茎、叶的碳磷比和碳氮比有不同的变化规律，其中叶的碳磷比呈下降趋势，茎的碳磷比变化不大，根的碳磷比在灌浆期以前呈下降趋势，灌浆期以后又呈上升的趋势；根、茎、叶的碳氮比随着施氮量的增加变化规律一致，均呈现出下降的趋势。

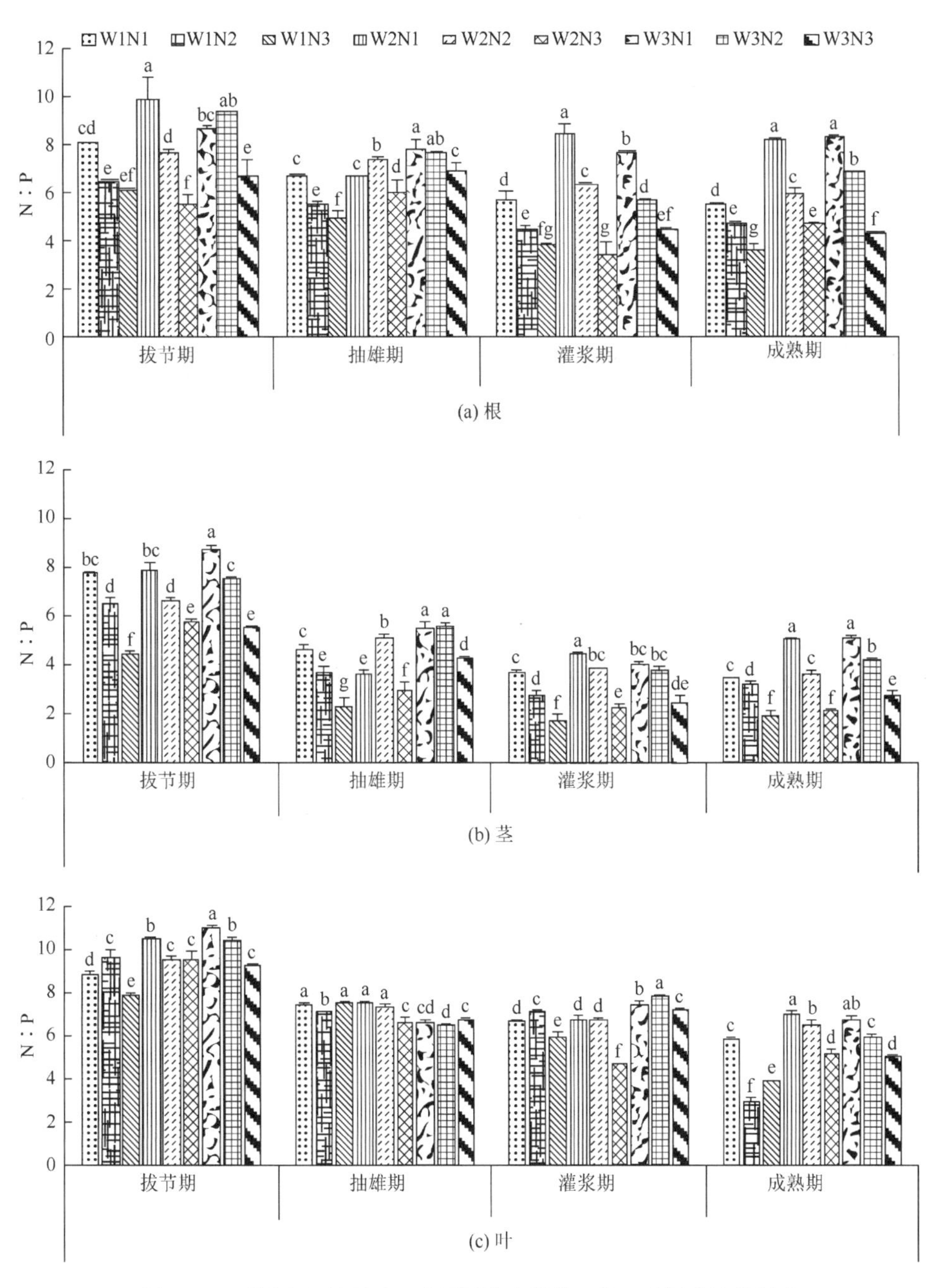

图 4-20　不同水肥处理对玉米不同生育期根、茎、叶氮磷比的影响

同一部位、同一生育期内不同小写字母表示处理间差异达显著水平（$P<0.05$）

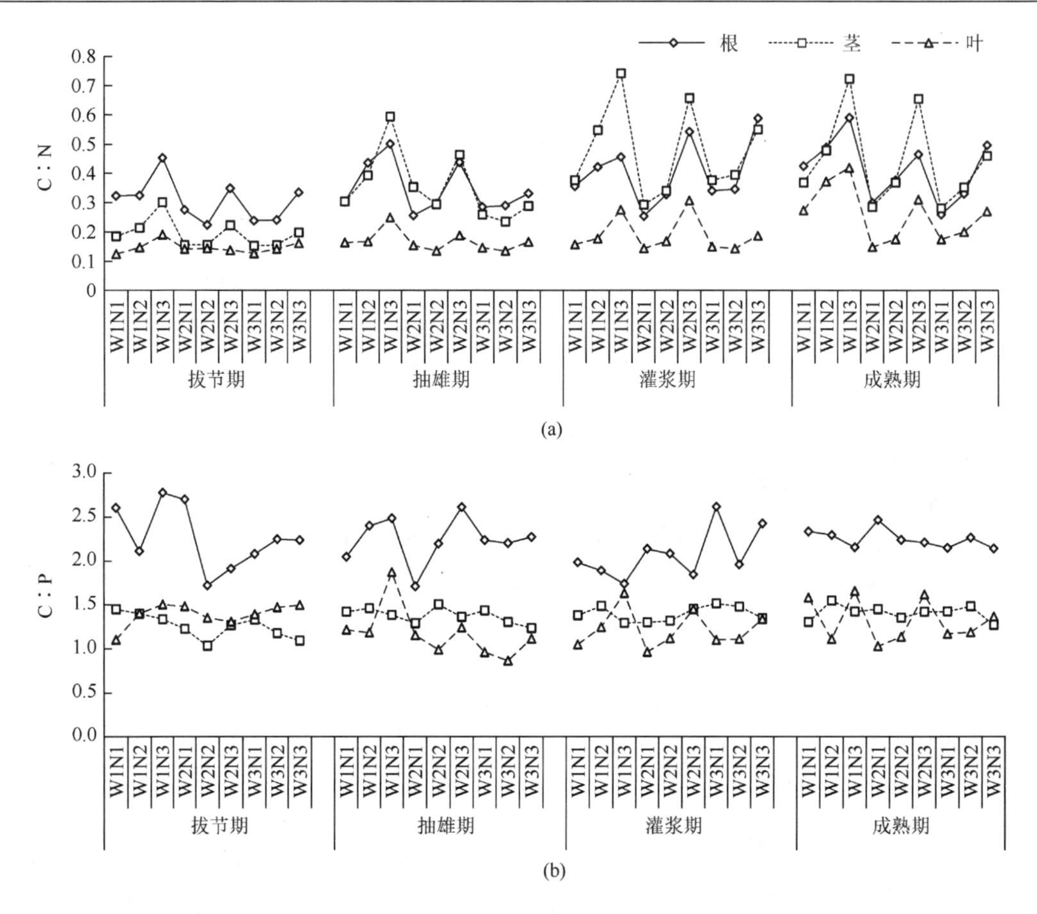

图 4-21　不同水肥处理对玉米不同生育期根、茎、叶碳氮比和碳磷比的影响

（三）玉米 C∶N∶P 化学计量学特征的影响因素

如表 4-9 所示，玉米 C 含量与 N 含量、P 含量及各生长指标无显著相关性，主要是因为碳是植物最基本的元素，植物具有稳定的碳组成和结构基础，C 含量在玉米不同器官组织和不同生育期基本一致。玉米 N 含量与植株 P 含量、植株 N∶P、光合速率呈显著正相关，与植株 C∶N、植株 C∶P、土壤 N 含量、土壤 C∶N、土壤 N∶P 及株高、根长、根表面积呈显著负相关。玉米 P 含量与植株 N∶P、光合速率呈显著正相关，而与植株 C∶N、植株 C∶P、土壤 N 含量、土壤 C∶N、土壤 N∶P 呈显著负相关。这一结论正说明了氮、磷元素在土壤-作物系统中迁移转化，两个系统必然是此消彼长的关系。玉米植株 C∶N、植株 C∶P 都与植株 N∶P、光合速率呈显著负相关，而与土壤 N 含量、土壤 C∶N、土壤 N∶P 呈显著正相关。玉米植株 N∶P 与光合速率、土壤 P 含量和 WUE 呈正相关关系，与其余各指标呈负相关关系，其中与株高、根表面积、土壤 N 含量、土壤 C∶N、土壤 N∶P 达到显著水平。

表 4-9　玉米碳氮磷含量及化学计量学特征与相关指标的相关系数

指标		作物					
		C 含量（g/kg）	N 含量（g/kg）	P 含量（g/kg）	C∶N	C∶P	N∶P
作物	C 含量（g/kg）	1.000					
	N 含量（g/kg）	–0.656	1.000				
	P 含量（g/kg）	–0.008	0.565*	1.000			
	C∶N	0.558	–0.962**	–0.596*	1.000		
	C∶P	0.289	–0.617**	–0.890*	0.590*	1.000	
	N∶P	–0.727	0.965**	0.340*	–0.921**	–0.416*	1.000
	干物质积累速率（g/d）	0.403	–0.207	–0.098	0.116	0.305	–0.206
	株高（cm）	0.851	–0.663*	–0.095	0.583*	0.309	–0.716**
	茎粗（mm）	0.037	–0.120	–0.004	0.106	0.000	–0.145
	根长（cm）	0.454	–0.505*	–0.328	0.428	0.405	–0.459
	根表面积（cm^2）	0.751	–0.625*	–0.178	0.526*	0.371	–0.656*
	根直径（mm）	0.314	–0.113	0.155	0.087	–0.037	–0.189
	根体积（cm^3）	0.559	–0.358	0.010	0.295	0.159	–0.418
	光合速率[$\mu mol/(m^2 \cdot s)$]	–0.541	0.761**	0.412*	–0.744**	–0.528*	0.733*
	WUE	0.104	0.099	0.223	–0.116	–0.210	0.050
土壤	全碳（g/kg）	0.304	–0.160	0.129	0.135	–0.038	–0.214
	全氮（g/kg）	0.193	–0.469*	–0.535*	0.508*	0.515*	–0.379*
	全磷（g/kg）	–0.225	0.000	–0.158	0.039	–0.036	0.034
	C∶N	0.263	–0.508*	–0.451*	0.529*	0.435*	–0.442*
	C∶P	0.115	–0.097	–0.057	0.098	0.030	–0.090
	N∶P	0.233	–0.481*	–0.529*	0.533*	0.517*	–0.398*
	呼吸速率[$\mu mol/(m^2 \cdot s)$]	–0.098	–0.172	–0.283	0.111	0.270	–0.106

注：*代表显著水平（$P<0.05$），**代表极显著水平（$P<0.01$）

六、玉米优化水氮耦合模式的综合评价

（一）水氮主效应及交互效应

如表 4-10 所示，水因素和水氮互作对玉米不同生育期的株高、茎粗、各部位的干物质积累量、根冠比、光合速率及土壤呼吸速率带来了不同程度的影响。其中，水因素对玉米不同生育期的株高、茎粗、根茎叶的干重及总干重的影响均达到显著水平；氮因素仅对拔节期的株高有显著影响，其他生育期的玉米株高受氮因素及水氮交互的影响不大，而玉米茎粗受到氮因素的显著影响时期分布在除拔节期以外的其他时期，水氮互作效应仅在拔节期出现。由此可见，玉米植株的株高和茎粗受水分的影响很大，营养生长阶段氮因素主

要影响株高，生殖生长阶段氮因素主要影响茎粗。氮因素及水氮互作对各生育期的玉米根干重几乎没有显著影响；氮因素对拔节期的茎干重带来了显著影响，水氮互作效应出现在成熟期。叶干重和总干重受氮因素及水氮互作的影响较大，除拔节期以外，玉米总干物质积累受水氮主效应及互作效应的影响达到显著水平。

表 4-10　不同水肥条件对玉米不同生育期形态和生理指标的主效应及水肥交互效应

生育期	变异来源	株高	茎粗	根干重	茎干重	叶干重	总干重	根冠比	光合速率	土壤呼吸速率
拔节期	水	0.000	0.000	0.000	0.000	0.000	0.000	0.059	0.000	0.000
	氮	0.000	0.083	0.355	0.043	0.031	0.055	0.038	0.019	0.191
	水×氮	0.067	0.009	0.600	0.662	0.296	0.654	0.258	0.482	0.015
抽雄期	水	0.000	0.000	0.001	0.000	0.000	0.000	0.333	0.539	0.092
	氮	0.241	0.003	0.746	0.156	0.002	0.050	0.855	0.125	0.467
	水×氮	0.533	0.448	0.812	0.074	0.097	0.010	0.941	0.620	0.105
灌浆期	水	0.000	0.000	0.001	0.000	0.000	0.000	0.369	0.000	0.222
	氮	0.067	0.014	0.459	0.543	0.083	0.033	0.198	0.000	0.023
	水×氮	0.940	0.186	0.126	0.080	0.024	0.014	0.673	0.001	0.069
成熟期	水	0.000	0.000	0.000	0.000	0.000	0.000	0.148	0.000	0.268
	氮	0.389	0.046	0.705	0.060	0.000	0.020	0.040	0.013	0.305
	水×氮	0.715	0.075	0.158	0.035	0.012	0.018	0.856	0.661	0.273

注：表中数据为方差分析的 P 值，当小于 0.05 时表示差异显著，当小于 0.01 时表示差异极显著。下同

根冠比受氮因素的影响较大，而不受水因素及水氮互作的影响，拔节期和成熟期的根冠比受氮因素的影响达到显著水平。除抽雄期以外，玉米光合速率受水因素、氮因素的影响达到显著水平，灌浆期的水氮互作效应达到极显著水平，说明抽雄期玉米光合速率受水氮因素的影响不大，灌浆期则受到水氮主效应和互作效应的三重影响。玉米生长初期的土壤呼吸速率受水因素及水氮互作的影响达到显著水平，灌浆期受氮因素的影响达到了显著水平，总体来看土壤呼吸速率受水氮因素的影响不大。

如表 4-11 所示，水因素、氮因素和水氮互作对玉米根、茎、叶的氮浓度有显著影响，除拔节期和成熟期根部位的水氮互作效应较弱以外，其他时期的各部位氮浓度受三重影响均达到了显著水平。玉米根、茎部位的磷浓度受三重影响相对较弱，叶磷浓度除拔节期氮因素影响较弱外，其他时期均受水、氮主效应及互作效应的显著影响。

表 4-11　不同水肥条件对玉米生育期不同组织氮、磷浓度的主效应及水肥交互效应

生育期	变异来源	根		茎		叶	
		氮	磷	氮	磷	氮	磷
拔节期	水	0.000	0.023	0.000	0.000	0.003	0.005
	氮	0.000	0.015	0.000	0.000	0.000	0.184
	水×氮	0.763	0.001	0.016	0.038	0.021	0.005

续表

生育期	变异来源	根		茎		叶	
		氮	磷	氮	磷	氮	磷
抽雄期	水	0.000	0.173	0.000	0.615	0.000	0.000
	氮	0.000	0.001	0.000	0.362	0.000	0.000
	水×氮	0.006	0.057	0.000	0.145	0.000	0.000
灌浆期	水	0.013	0.008	0.000	0.273	0.000	0.012
	氮	0.000	0.082	0.000	0.433	0.000	0.000
	水×氮	0.007	0.015	0.001	0.000	0.000	0.045
成熟期	水	0.000	0.723	0.000	0.120	0.000	0.000
	氮	0.000	0.119	0.000	0.017	0.000	0.000
	水×氮	0.057	0.353	0.040	0.002	0.000	0.000

如表4-12所示，水因素、氮因素和水氮互作对玉米植株的C∶N、C∶P、N∶P及土壤的C∶N带来了一定的影响，而对土壤C∶P和土壤N∶P的影响均不显著。其中，玉米植株的C∶N和N∶P基本上在不同生育期均受水因素、氮因素的主效应及交互效应三重影响，且影响均达到显著水平。玉米植株C∶P在拔节期受水肥互作效应显著，生长后期主要受氮因素的显著影响。水因素对土壤C∶N的主效应不显著，而氮因素或水氮互作显著影响了成熟期之前的土壤C∶N。

表4-12　不同水肥条件对土壤-作物系统化学计量比的主效应及水肥交互效应

生育期	变异来源	玉米			土壤		
		C∶N	C∶P	N∶P	C∶N	C∶P	N∶P
拔节期	水	0.000	0.107	0.000	0.062	0.751	0.464
	氮	0.000	0.289	0.000	0.037	0.400	0.351
	水×氮	0.001	0.016	0.003	0.041	0.522	0.938
抽雄期	水	0.000	0.000	0.000	0.195	0.741	0.284
	氮	0.000	0.002	0.000	0.387	0.955	0.630
	水×氮	0.000	0.075	0.000	0.032	0.926	0.728
灌浆期	水	0.002	0.177	0.000	0.442	0.256	0.373
	氮	0.000	0.010	0.000	0.021	0.169	0.465
	水×氮	0.005	0.107	0.000	0.902	0.465	0.731
成熟期	水	0.000	0.103	0.000	0.603	0.153	0.233
	氮	0.000	0.067	0.000	0.422	0.261	0.443
	水×氮	0.149	0.191	0.000	0.810	0.563	0.616

（二）综合评价的过程与结果

水氮耦合模式综合评价共选择11项指标（表4-13），因为各个指标在不同生育期的差异最终都会反映到玉米成熟期，所以综合评价指标均选取玉米成熟期的数值。从高产、减排、节水、省肥 4 个角度来考虑评价指标，其中株高、茎粗、总干重、光合速率是与高产相关的指标，土壤呼吸速率是与减排有关的指标，其余为玉米的生态化学计量学特征指标。

综合评价的方法是：采用极值标准化法对所选的 11 个指标进行无量纲化处理（表 4-14）；采用标准差系数权数法确定各指标的权数（表 4-15）；将各个指标进行综合计算得到不同处理的最终评价排序（表 4-16）。

表 4-13 参与综合评价的主要指标

处理	W1N1	W1N2	W1N3	W2N1	W2N2	W2N3	W3N1	W3N2	W3N3	CK
株高（cm）	164.67	162.73	158.30	152.87	144.70	142.33	125.37	115.63	126.30	113.23
茎粗（mm）	12.202	11.817	10.717	11.302	10.085	10.873	9.607	9.553	9.402	7.857
总干重（kg/hm^2）	23 841	20 262	17 286	15 614	14 989	15 820	13 464	12 676	12 874	9 302
光合速率[$\mu mol/(m^2 \cdot s)$]	7.650	6.930	5.026	12.903	11.320	10.766	12.180	10.177	6.710	7.292
土壤呼吸速率[$\mu mol/(m^2 \cdot s)$]	1.679	1.458	1.332	1.311	1.002	1.442	1.567	1.496	1.384	1.294
植株氮含量（g/kg）	11.340	8.406	6.830	17.465	14.226	8.610	16.218	13.856	9.812	7.003
植株磷含量（g/kg）	2.600	2.538	2.575	2.873	2.958	2.627	2.687	2.729	2.750	3.492
植株 C∶N	0.341	0.447	0.599	0.226	0.287	0.480	0.233	0.289	0.397	0.571
植株 C∶P	1.485	1.476	1.577	1.376	1.379	1.568	1.405	1.465	1.409	1.146
植株 N∶P	4.360	3.309	2.645	6.080	4.810	3.274	6.030	5.078	3.564	2.005
土壤 C∶N	8.676	9.105	8.637	9.100	9.345	9.394	9.249	9.288	10.597	9.521

注：CK 为零施肥+中水分处理。下同

表 4-14 参与综合评价指标的无量纲化

处理	W1N1	W1N2	W1N3	W2N1	W2N2	W2N3	W3N1	W3N2	W3N3	CK
株高	1.00	0.96	0.88	0.77	0.61	0.57	0.24	0.05	0.25	0.00
茎粗	1.00	0.91	0.66	0.79	0.51	0.69	0.40	0.39	0.36	0.00
总干重	1.00	0.75	0.55	0.43	0.39	0.45	0.29	0.23	0.25	0.00
光合速率	0.33	0.24	0.00	1.00	0.80	0.73	0.91	0.65	0.21	0.29
土壤呼吸速率	−1.00	−0.67	−0.49	−0.46	0.00	−0.65	−0.83	−0.73	−0.56	−0.43
植株氮含量	0.42	0.15	0.00	1.00	0.70	0.17	0.88	0.66	0.28	0.02
植株磷含量	0.06	0.00	0.04	0.35	0.44	0.09	0.16	0.20	0.22	1.00
植株 C∶N	0.31	0.59	1.00	0.00	0.16	0.68	0.02	0.17	0.46	0.92
植株 C∶P	0.79	0.77	1.00	0.53	0.54	0.98	0.60	0.74	0.61	0.00
植株 N∶P	0.58	0.32	0.16	1.00	0.69	0.31	0.99	0.75	0.38	0.00
土壤 C∶N	0.02	0.24	0.00	0.24	0.36	0.39	0.31	0.33	1.00	0.45

表 4-15 参与综合评价指标的权数

指标	株高	茎粗	总干重	光合速率	土壤呼吸速率	植株氮含量	植株磷含量	植株 C∶N	植株 C∶P	植株 N∶P	土壤 C∶N
权数	0.091	0.068	0.084	0.085	0.060	0.109	0.148	0.107	0.056	0.085	0.107

表 4-16　不同处理玉米综合指标排序

处理	W1N1	W1N2	W1N3	W2N1	W2N2	W2N3	W3N1	W3N2	W3N3	CK
综合指标（%）	39.5	36.8	32.4	51.9	47.7	38.7	37.2	32.3	30.8	29.7
排序	3	6	7	1	2	4	5	8	9	10

由表 4-16 可以看出，综合评价最优的处理为 W2N1，即土壤水分控制在田间持水量的 70%，施氮量为 405kg/hm^2。由于 W2N2 和 W2N1 两个处理的排序比较接近，从节水又省肥的角度来考虑，推荐的玉米优化水氮耦合模式是：土壤水分控制在田间持水量的 70%左右，施氮量为 270kg/hm^2。

第三节　外源生长调节物质对玉米抗旱性的影响

为了提高西南地区旱作农田有限水分的农业生产力，增强作物的抗旱性势在必行。除选育抗旱品种外，人们正在采取各种农艺措施和生理措施，尽量减少水分胁迫对作物的不良影响，其中一种方法就是研究和应用适宜的外源性生长调节剂，以提高作物承受干旱等逆境胁迫的能力[13-18]。近年来，植物生长调节剂被越来越多地应用于农作物的抗旱性诱导，在旱作农田节水抗旱中发挥着日益重要的作用。

一、油菜素内酯对玉米抗旱性的影响

为探讨干旱胁迫下外源油菜素内酯（BR）对玉米抗旱性的影响，以‘东单 60’玉米品种为材料，通过育苗移栽，在西南大学日光温室开展盆栽试验。在玉米抽穗期开始进行水分处理，持续 6d 后叶面喷施最适浓度的油菜素内酯 0.1mg/L。设置 2 个水分梯度，分别为水分充足（保持田间持水量的 75%，W）和干旱胁迫（保持田间持水量的 35%，D）。采用二因素完全随机设计，4 个处理分别为：水分充足（W）、水分充足下施用油菜素内酯（WBR）、干旱胁迫（D）、干旱胁迫下施用油菜素内酯（DBR）。于喷施油菜素内酯后第 12 天测定气体交换参数，在第 7 天、第 12 天、第 17 天对玉米植株进行取样测定其生理生化指标，在玉米成熟后测定其产量及产量构成因素。

（一）油菜素内酯对玉米生长及产量的影响

干旱严重影响了玉米植株的生长发育和产量性状，水分充足情况下玉米植株的生长发育和产量性状最高。缺水条件对作物生长的抑制作用主要表现在株高、叶面积、叶片数、穗轴长度、鲜重、干重等方面。施用外源 BR 改善了水分充足和干旱胁迫下玉米植株的生长特性、产量和产量组成（表 4-17 和表 4-18）。这种增产效应在干旱胁迫的植物中比在水分充足的植物中更明显。BR 处理显著改善了玉米植株的生长性状和产量参数。

表 4-17　不同水分条件下施用 BR 对玉米生长性状的影响

处理	W	WBR	D	DBR
株高（cm）	207.82±1.88ab	212.90±1.26a	193.48±1.97d	199.62±2.83c
叶面积（cm^2）	232.02±3.43b	247.67±1.84a	196.67±2.46d	213.22±1.68c
鲜重（g/株）	252.21±1.98b	270.14±2.36a	195.58±2.57d	217.82±1.99c
干重（g/株）	54.29±0.68b	61.06±1.12a	41.47±1.49d	46.43±1.51c
叶片数（个/株）	12.12±0.07b	12.98±0.02a	10.39±0.04d	11.45±0.05c
穗轴长度（cm）	19.29±0.26a	19.78±0.40a	17.53±0.28b	18.28±0.59ab

注：同一行不同小写字母表示处理间差异达显著水平（$P<0.05$）。下同

表 4-18　不同水分条件下施用 BR 对玉米产量及产量组成的影响

处理	W	WBR	D	DBR
穗行数	14.90±0.57bc	15.13±0.43a	14.20±0.11c	14.40±0.09bc
行粒数	35.90±0.95a	36.24±0.78a	29.30±1.36b	32.03±0.64b
百粒重（g）	31.15±0.59a	32.26±0.71a	25.52±0.32b	27.08±0.17b
穗粒数	544.23±3.52b	585.67±2.90a	380.13±3.04d	428.33±2.02c
生物产量（g/株）	314.33±4.35b	336.31±2.90a	233.67±2.90d	269.69±4.01c
经济产量（g/株）	171.11±3.05b	187.33±3.27a	125.86±2.34d	151.67±2.71c
收获指数（%）	54.92±0.91ab	55.98±0.55a	51.25±0.47c	53.04±0.44bc

（二）油菜素内酯对光合特性和气体交换的影响

表 4-19 显示，干旱胁迫导致净光合速率下降 33.22%，蒸腾速率下降 37.85%，气孔导度下降 25.54%，水分利用效率下降 50.87%，潜在水分利用效率下降 11.59%，胞间 CO_2 浓度下降 5.86%。叶面喷施 BR 对改善干旱胁迫导致的玉米叶片气体交换参数下降有一定的效果。在水分充足条件下施用 BR 使植株净光合速率提高 11.13%，蒸腾速率提高 10.98%，气孔导度提高 6.49%，水分利用效率提高 11.62%，潜在水分利用效率提高 5.07%，胞间 CO_2 浓度提高 2.95%。而在水分亏缺条件下施用 BR，净光合速率提高 16.08%，蒸腾速率提高 11.16%，气孔导度提高 6.52%，水分利用效率提高 30.44%，潜在水分利用效率提高 5.57%，胞间 CO_2 浓度提高 3.13%。

表 4-19　不同水分条件下施用 BR 对玉米气体交换参数的影响

处理	W	WBR	D	DBR
净光合速率[μmol/(m^2·s)]	20.13±0.27b	22.37±0.21a	15.11±0.48d	17.54±0.28c
蒸腾速率[mmol/(m^2·s)]	3.46±0.09b	3.84±0.02a	2.51±0.05d	2.79±0.05c
气孔导度[μmol/(m^2·s)]	0.231±0.002a	0.246±0.001a	0.184±0.006b	0.196±0.008b
水分利用效率（μmol/mmol）	7.83±0.09b	8.74±0.11a	5.19±0.24d	6.77±0.13c
潜在水分利用效率（μmol/mmol）	106.91±0.09a	112.33±1.14a	95.81±0.39c	101.15±0.30b
胞间 CO_2 浓度（μmol/mol）	271±1.52b	279±0.57a	256±0.88d	264±1.20c

（三）油菜素内酯对叶绿素的影响

图 4-22 显示，叶绿素（Chla、Chlb、Chla+b）含量随着干旱胁迫的加剧而明显降低，这种下降的程度在 BR 处理过的植物中明显小于非 BR 处理的植物，这说明叶面喷施 BR 能部分或完全缓解水分胁迫对叶绿素合成的抑制作用。在水分充足的条件下，BR 处理也能提高玉米植株叶绿素含量。

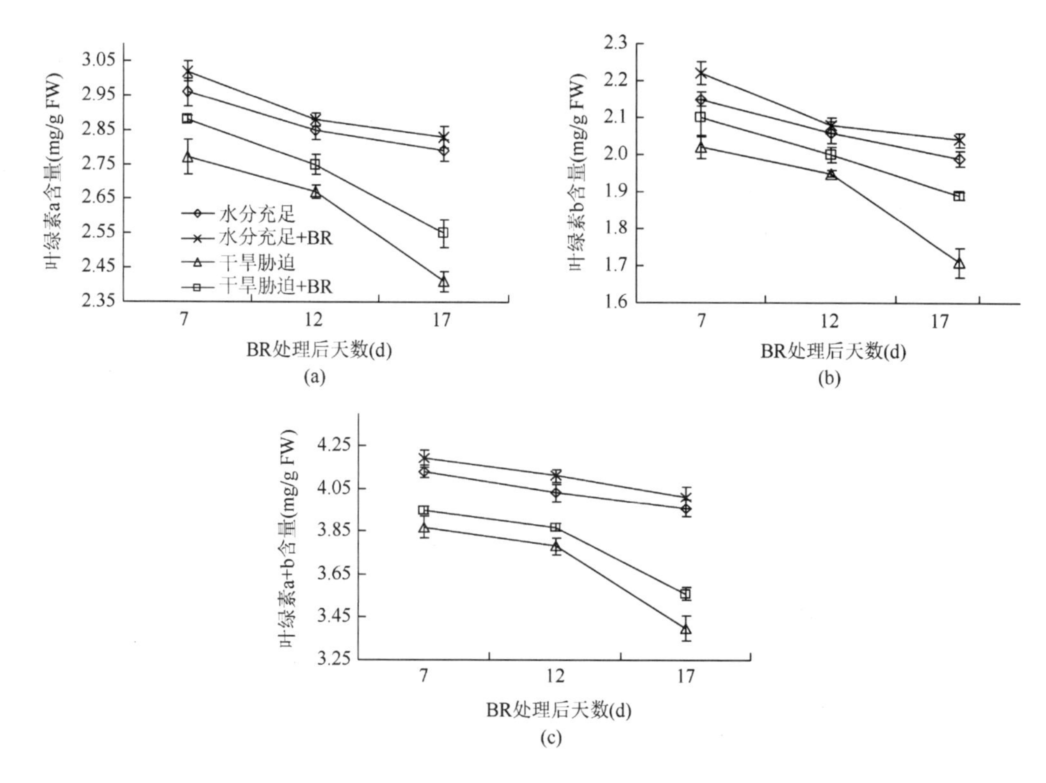

图 4-22 油菜素内酯对不同水分条件下玉米叶片 Chla、Chlb 和 Chla+b 含量的影响

（四）油菜素内酯对蛋白质含量、相对含水量、脯氨酸含量和丙二醛含量的影响

图 4-23 显示，干旱胁迫下 BR 处理对玉米叶片蛋白质含量、相对含水量、脯氨酸含量和丙二醛含量等生理生化指标均有显著效果。水分胁迫下植物的蛋白质含量从第 7 天开始显著增加，在第 12 天达到最大值，然后开始下降，但水分胁迫处理与水分充足的对照相比，蛋白质含量保持在较高水平。BR 与干旱胁迫的结合导致蛋白质含量增加。BR 处理后的第 7 天、第 12 天和第 17 天，可使受到水分胁迫的作物蛋白质含量分别提高 3.33%、2.41%和 5.35%。

在持续干旱胁迫下，叶片相对含水量呈一定比例的下降，但在缺水和水分充足的条件下，叶面喷施 BR 提高了叶片相对含水量。在干旱条件下，施用 BR 第 7 天、第 12 天和第 17 天后，植株叶片相对含水量分别提高 4.40%、8.75%和 9.55%。

干旱胁迫引起玉米植株脯氨酸的大量积累，且随着干旱胁迫时间的延长而先增加后降低。干旱胁迫下玉米脯氨酸积累量较高，喷施 BR 后，受干旱胁迫的玉米脯氨酸积累量最高。在施用 BR 后的第 12 天达到峰值，在 BR 处理第 17 天后受严重水分胁迫的影响而降低。外源施用 BR 也能促进水分充足情况下玉米脯氨酸的积累。

丙二醛含量随干旱胁迫程度的增加而增加，在第 12 天达到峰值，而后下降。BR 处理对不同处理下玉米植株丙二醛含量均有减缓作用。

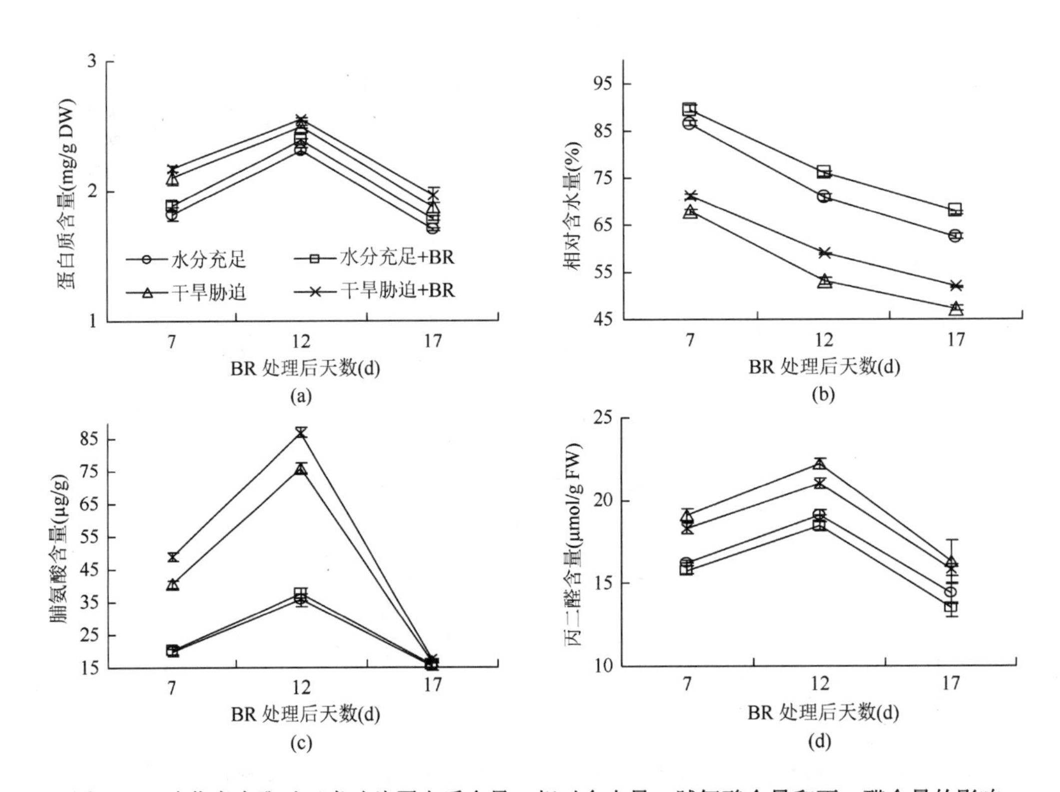

图 4-23　油菜素内酯对玉米叶片蛋白质含量、相对含水量、脯氨酸含量和丙二醛含量的影响

（五）油菜素内酯对抗氧化酶活性的影响

水分胁迫对玉米叶片抗氧化酶活性具有显著的调节作用（图 4-24）。在水分胁迫下，玉米植株的 SOD、POD 和 CAT 活性明显高于非胁迫植株。然而，外源施用 BR 使水分胁迫下玉米的抗氧化酶活性进一步提高。随着干旱胁迫的加剧，超氧化物歧化酶（SOD）和过氧化物歧化酶（POD）活性呈平行分布，SOD 和 POD 活性呈线性增加，而 CAT 活性在严重水分胁迫下呈下降趋势。外源施用 BR 也能提高水分充足情况下玉米的抗氧化酶活性。

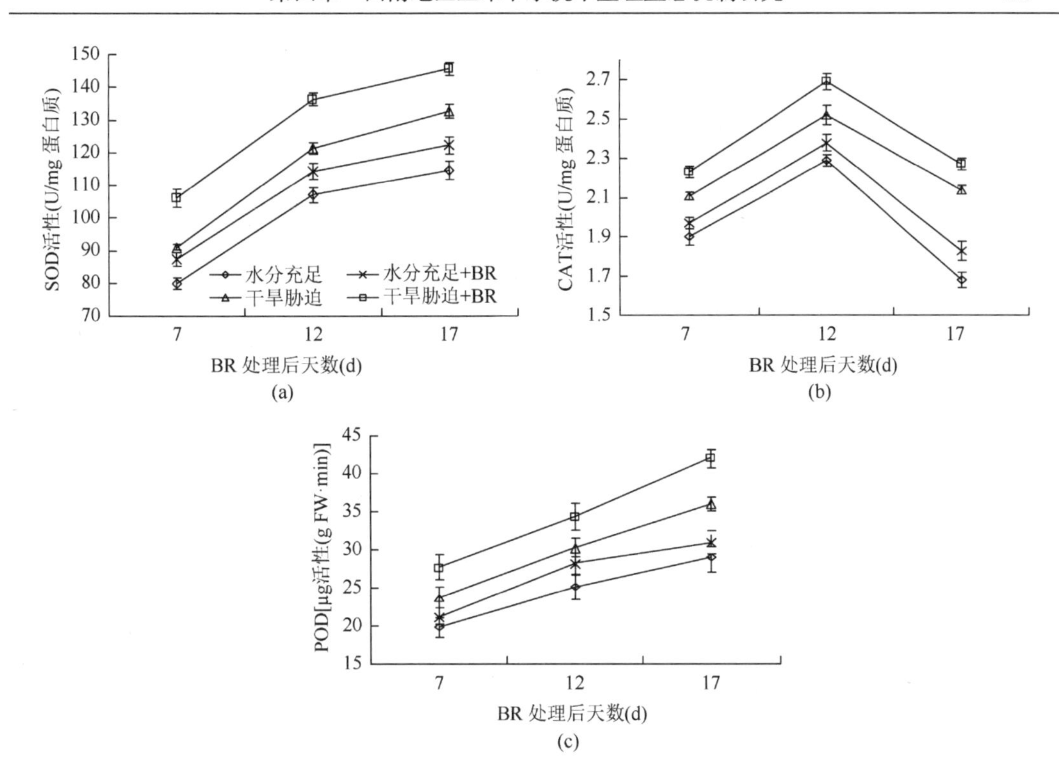

图 4-24　油菜素内酯对超氧化物歧化酶（SOD）、过氧化氢酶（CAT）和过氧化物酶（POD）活性的影响

二、黄腐酸对玉米抗旱性的影响

为探讨干旱胁迫下施用黄腐酸（FA）对玉米抗旱性的影响，试验以‘东单 60’玉米品种为材料，通过育苗移栽，在西南大学日光温室开展盆栽试验。在玉米抽穗期开始进行水分处理，持续 6d 后叶面喷施浓度为 1.5mg/L 的 FA。设置 2 个水分梯度，分别为水分充足（保持田间持水量的 75%，W）和干旱胁迫（保持田间持水量的 35%，D）。采用二因素完全随机设计，4 个处理分别为：水分充足（W）、水分充足下喷施黄腐酸（WFA）、干旱胁迫（D）、干旱胁迫下喷施黄腐酸（DFA）。叶面喷施 FA 后第 12 天测定气体交换参数，分别在第 7 天、第 12 天和第 17 天取玉米植株顶部第三叶测定其生理生化指标，在玉米成熟后测定其产量及产量构成因素。

（一）黄腐酸对玉米生长及产量的影响

干旱胁迫显著抑制了玉米的生长，降低了产量和产量构成指标。但是施用 FA 基本显著提高了干旱胁迫和水分充足条件下玉米植株的株高、叶面积、地上部鲜重、地上部干重、叶片数和穗轴长度、（表 4-20）。同时 FA 处理基本显著提高了产量和产量构成指标，包括穗行数、行粒数、百粒重、穗粒数、生物产量、经济产量和收获指数（表 4-21）。

表 4-20　不同水分条件下施用 FA 对玉米农艺性状的影响

处理	W	WFA	D	DFA
株高（cm）	206.62±2.33ab	214.27±1.49a	191.92±2.82c	202.29±2.64bc
叶面积（cm^2）	238.01±0.99b	256.04±2.23a	199.03±2.50d	221.49±3.74c
地上部鲜重（g/株）	251.86±1.67b	279.43±2.22a	198.20±1.86c	221.80±2.31b
地上部干重（g/株）	54.16±2.53b	63.72±2.60a	37.71±2.19c	48.86±1.73b
叶片数（个/株）	13.02±0.18b	13.26±0.14a	10.27±0.20d	11.60±0.06c
穗轴长度（cm）	19.71±0.34a	20.64±0.22a	17.63±0.32c	18.66±0.35b

注：同一行不同小写字母表示处理间差异达显著水平（$P<0.05$）。下同

表 4-21　不同水分条件下施用 FA 对玉米产量及相关性状的影响

处理	W	WFA	D	DFA
穗行数	14.06±0.07bc	14.73±0.06a	13.73±0.07c	14.33±0.18b
行粒数	37.63±0.46a	38.50±0.43a	32.30±0.32b	33.66±0.26c
百粒重（g）	30.67±0.62a	31.77±1.17a	25.45±0.33b	27.47±0.31b
穗粒数	553.96±1.10b	607.10±1.87a	386.90±3.06d	448.06±2.43c
生物产量（g/株）	310.33±4.35b	336.31±2.90a	233.67±2.90d	269.69±4.01c
经济产量（g/株）	176.66±1.27b	192.32±1.30a	121.52±1.55d	144.33±1.76c
收获指数（%）	54.49±0.29b	55.98±0.07a	49.34±0.70d	51.58±0.47c

（二）黄腐酸对光合特性和气体交换的影响

表 4-22 显示，干旱胁迫导致玉米植株叶片的光合和气体交换指标显著下降，原因是水分胁迫导致气孔部分关闭，阻碍了气体交换。而施用外源 FA 显著提高了干旱胁迫和非干旱胁迫下玉米植株的 CO_2 同化速率。在不同水分处理下，施用外源 FA 均能有效提高净光合速率、蒸腾速率、气孔导度、水分利用效率、潜在水分利用效率和胞间 CO_2 浓度。

表 4-22　施用 FA 对玉米气体交换特性及水分利用效率的影响

处理	W	WFA	D	DFA
净光合速率[μmol/(m^2·s)]	20.58±0.71b	23.01±0.32a	15.48±0.80d	17.91±0.17c
蒸腾速率[mmol/(m^2·s)]	3.49±0.10b	3.92±0.07a	2.58±0.02d	2.84±0.07c
气孔导度[μmol/(m^2·s)]	0.234±0.01ab	0.268±0.02a	0.192±0.01b	0.217±0.01ab
水分利用效率（μmol/mmol）	7.80±0.13b	9.18±0.38a	5.12±0.19d	7.02±0.16c
潜在水分利用效率（μmol/mmol）	108.25±2.27b	113.26±1.17a	93.87±1.05d	102.14±1.23c
胞间 CO_2 浓度（μmol/mol）	274±2.03b	283±1.76a	259±0.88d	267±2.18c

（三）黄腐酸对叶绿素的影响

叶面喷施FA可以部分或完全缓解干旱胁迫对玉米叶绿素生物合成的抑制作用(图4-25)。在干旱胁迫条件下，叶面喷施 FA 后对玉米植株的叶绿素合成有明显的改善作用，其叶绿素含量略低于水分充足条件下的植株。在水分充足条件下，FA 处理也能提高玉米植株的叶绿素含量。

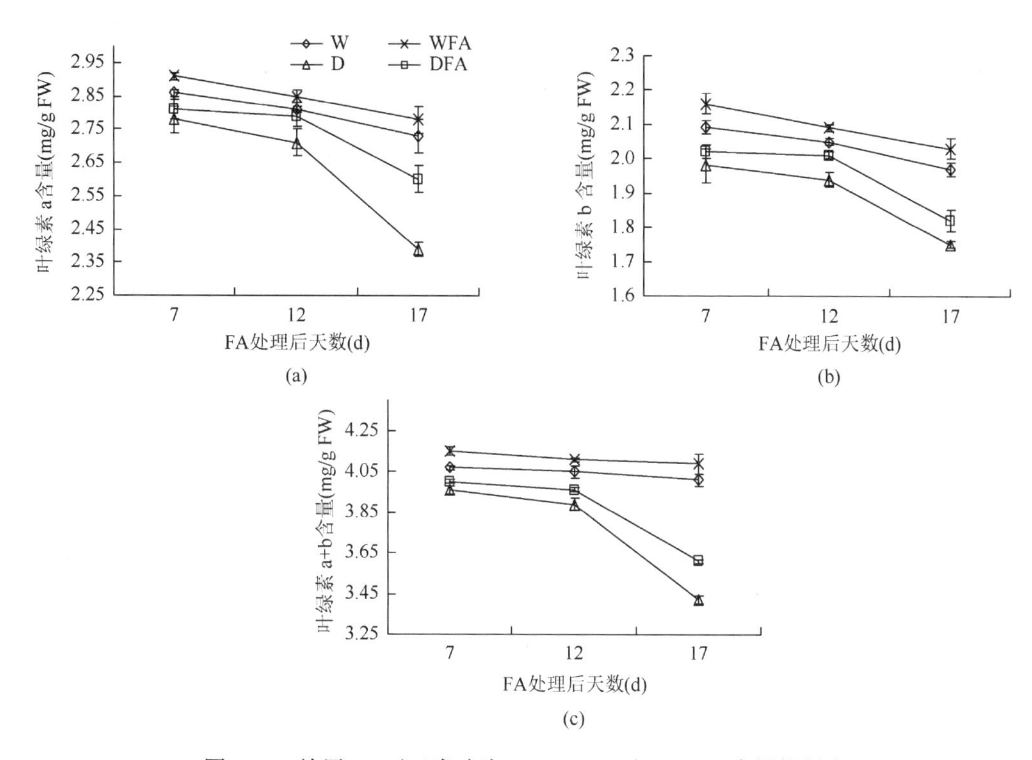

图 4-25　施用 FA 对玉米叶片 Chla、Chlb 和 Chla+b 含量的影响

（四）黄腐酸对蛋白质含量、相对含水量、脯氨酸含量和丙二醛含量的影响

图 4-26 表明，从施用 FA 第 7 天开始，玉米叶片蛋白质含量显著增加，在第 12 天达到最大值，然后开始下降。但在干旱胁迫期间，其蛋白质含量相对于水分充足的对照植株仍保持在较高的水平。在干旱条件下，施用 FA 对蛋白质合成有明显的促进作用。在持续干旱胁迫下，玉米叶片相对含水量降低，而施用 FA 能改善叶片相对含水量。

图 4-27 表明，施用 FA 提高了玉米叶片脯氨酸的含量，并在施用后第 12 天达到峰值，然后随着干旱胁迫的累积进而降低。在水分充足条件下，施用 FA 同样促进了脯氨酸的积累。施用外源 FA 在一定程度上减轻了水分胁迫对玉米植株膜稳定性的抑制作用。玉米叶片丙二醛含量随水分胁迫而增加，而 FA 处理对不同水分条件下丙二醛含量都有一定的抑制作用。

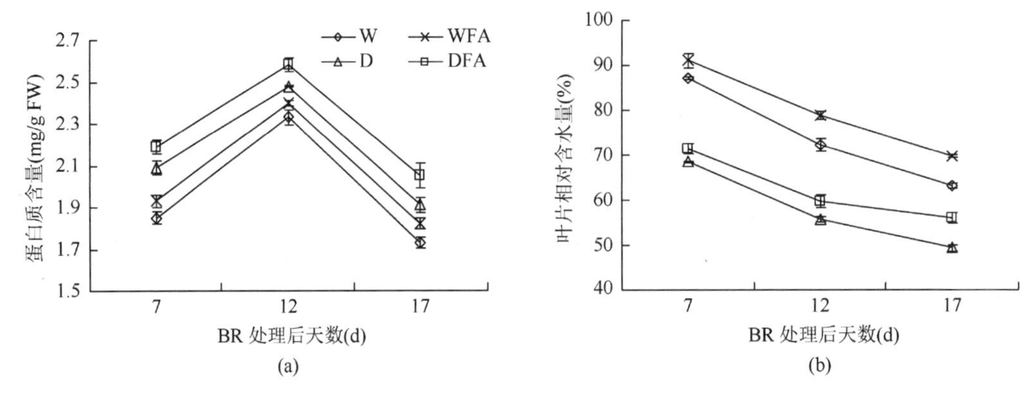

图 4-26　施用 FA 对玉米蛋白质含量和叶片相对含水量的影响

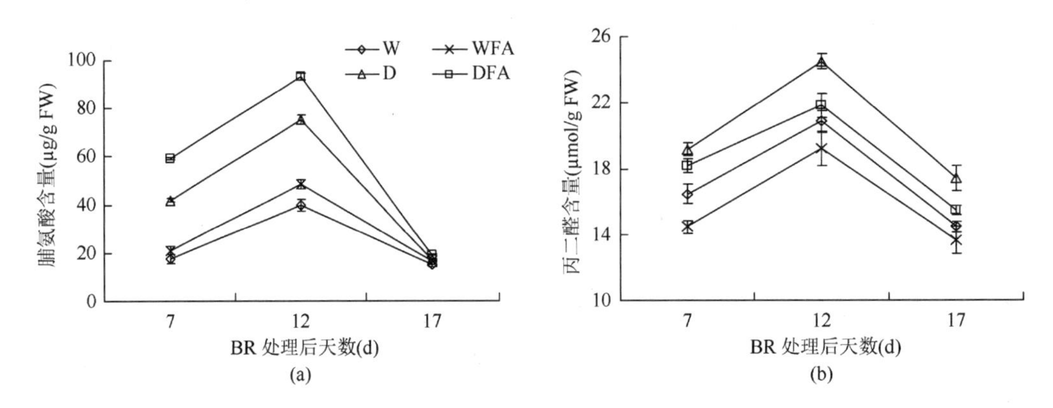

图 4-27　施用 FA 对玉米脯氨酸和丙二醛含量的影响

（五）黄腐酸对抗氧化酶活性的影响

在干旱条件下，玉米植株抗氧化酶即超氧化物歧化酶（SOD）、过氧化物酶（POD）、过氧化氢酶（CAT）活性显著提高。随着干旱胁迫的加强，SOD 和 POD 活性呈持续增加趋势，CAT 活性呈先增加后降低的趋势。无论在干旱或水分充足条件下，施用外源 FA 均可提高抗氧化酶的活性（图 4-28）。

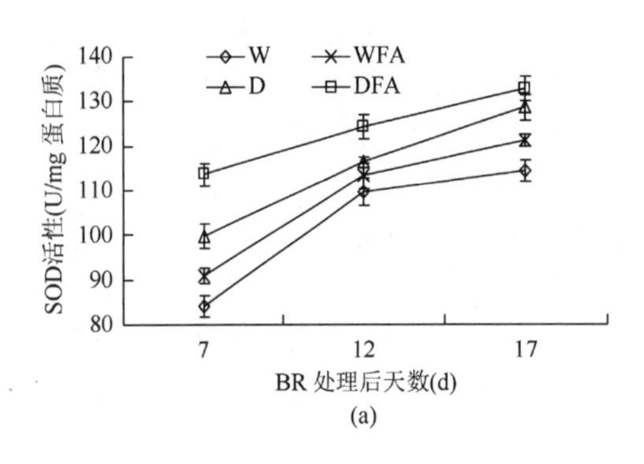

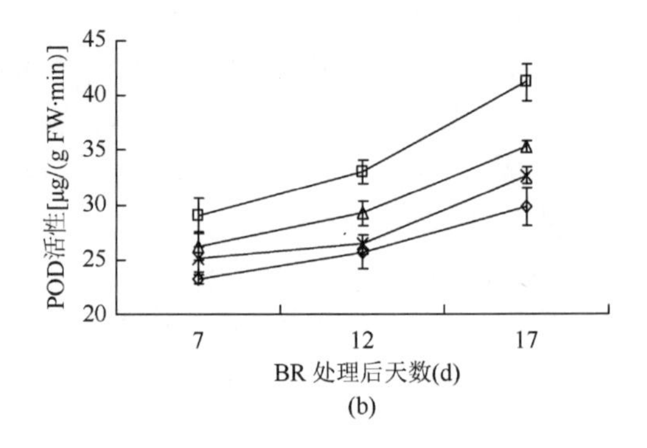

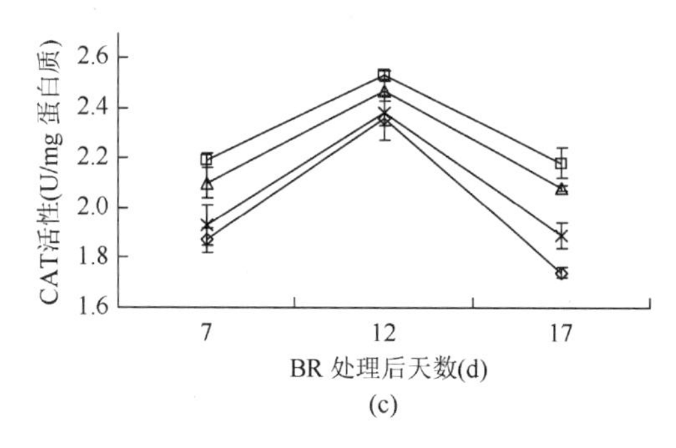

图 4-28　施用 FA 对玉米超氧化物歧化酶（SOD）、过氧化物酶（POD）和过氧化氢酶（CAT）活性的影响

三、甜菜碱对不同玉米品种抗旱性的影响

为探讨干旱胁迫下施用甜菜碱（GB）对玉米抗旱性的影响，以前期筛选的耐旱品种‘东单 60’（DD-60）和不耐旱品种‘农大 95’（ND-95）两个玉米品种为材料，通过育苗移栽，在西南大学日光温室开展盆栽试验。在玉米进入抽穗期开始进行水分处理，设置 2 个水分梯度，分别为水分充足（保持田间持水量的 80%，WW）和干旱胁迫（保持田间持水量的 35%，DS）。对每个品种分别采用二因素完全随机设计，共 4 个处理：水分充足（WW）、水分充足条件下施用甜菜碱（WW+GB）、干旱胁迫（DS）、干旱胁迫下施用甜菜碱（DS+GB）。于叶面喷施 GB 后第 10 天测定气体交换参数和叶绿素含量，成熟期测定玉米生长指标、产量及产量构成因素。

（一）甜菜碱对玉米生长性状的影响

表 4-23 显示，在干旱胁迫下，两个玉米品种的株高、地上部鲜重、地上部干重、叶片数、穗轴长等生长指标均显著降低。外源施用 GB 明显改善了玉米的生长情况，表明 GB 在缓解干旱方面具有积极作用。在干旱条件下，GB 处理使‘DD-60’植株株高提高了 4.48%，地上部鲜重提高了 11.39%，地上部干重提高了 20.83%，叶片数增加了 8.94%，穗轴长提高了 6.40%；而‘ND-95’上述性状的增加率分别为 3.51%、9.04%、16.32%、7.37% 和 5.78%。可见，在干旱胁迫下，外源 GB 的施用对耐旱品种‘DD-60’生长性状的改善效果更加明显。

表 4-23　不同水分条件下施用 GB 对两个玉米品种生长性状的影响

品种	处理	株高（cm）	地上部鲜重（g/株）	地上部干重（g/株）	叶片数（个/株）	穗轴长（cm）
DD-60	WW	201.00±2.00a	254.52±4.30b	66.66±1.33a	13.05±0.07a	20.08±0.59ab
	WW+GB	207.01±1.15a	268.87±1.10a	71.00±1.15a	13.69±0.02a	21.09±0.18a
	DS	186.33±2.91c	197.88±2.89d	48.00±1.53c	10.51±0.04b	17.97±0.20c
	DS+GB	194.67±0.88b	220.42±1.69c	58.00±1.73b	11.45±0.05b	19.12±0.20b

续表

品种	处理	株高（cm）	地上部鲜重（g/株）	地上部干重（g/株）	叶片数（个/株）	穗轴长（cm）
ND-95	WW	199.00±2.89a	252.70±3.89a	64.00±2.00a	12.44±0.07b	19.69±0.38a
	WW+GB	204.33±1.20a	261.77±3.61a	68.97±0.99a	12.71±0.02a	20.65±0.23a
	DS	181.67±1.76b	190.76±5.49c	47.00±1.73c	10.04±0.04d	17.64±0.27c
	DS+GB	188.04±1.20b	208.00±3.61b	54.67±2.03b	10.78±0.05c	18.66±0.35b

注：同列不同字母表示同一品种在不同处理间差异显著（$P<0.05$）。下同

（二）甜菜碱对玉米产量和产量构成因素的影响

表 4-24 显示，在干旱条件下，两个玉米品种的产量与对照相比均有不同程度的下降，其中‘DD-60’的产量比对照下降了 25.55%，‘ND-95’的产量下降了 27.72%。在干旱胁迫下，外源 GB 对两个品种的产量和产量构成指标的降低都有显著的缓解作用，但在水分充足条件下一般没有显著效果。在干旱胁迫下，外源施用 GB 使‘DD-60’的穗行数、行粒数、穗粒数和每株穗数分别增加了 1.47%、5.41%、13.79%和 12.80%，‘ND-95’分别增加了 1.48%、4.43%、6.98%和 10.57%。‘DD-60’和‘ND-95’分别增产 12.94%和 13.80%。可见，外源施用 GB 对‘DD-60’的干旱胁迫有更好的缓解效应。在不考虑品种的情况下，与水分充足条件相比，外源 GB 在干旱胁迫条件下对玉米产量和产量构成因素表现出更大的促进作用。

表 4-24　不同水分条件下施用 GB 对两个玉米品种产量和产量构成因素的影响

品种	处理	穗行数	行粒数	穗粒数	穗数（个/株）	产量（g/株）
DD-60	WW	14.10±0.06a	37.06±0.71a	549.00±3.62b	1.64±0.03a	178.00±1.73b
	WW+GB	14.23±0.09a	37.93±0.12a	565.33±0.33a	1.69±0.01a	184.93±2.58a
	DS	13.60±0.06b	31.43±0.27c	384.13±2.21d	1.25±0.01b	132.52±2.04d
	DS+GB	13.80±0.06b	33.13±0.46b	437.10±3.55c	1.41±0.01ab	149.67±1.86c
ND-95	WW	14.03±0.09ab	37.14±0.94a	553.47±7.52a	1.61±0.01a	177.10±3.66a
	WW+GB	14.20±0.12a	37.63±0.35a	567.00±3.06a	1.67±0.01a	184.60±3.12a
	DS	13.47±0.24b	31.13±1.26c	377.33±8.60c	1.23±0.02c	128.00±4.04c
	DS+GB	13.67±0.07ab	32.51±0.36b	403.67±4.48b	1.36±0.02b	145.67±2.91b

（三）甜菜碱对光合特性和气体交换的影响

作物光合能力对干物质生产力有着重要意义。表 4-25 显示，在水分胁迫下，两个玉米品种的净光合速率、蒸腾速率和气孔导度均受到明显抑制，而气孔导度的降低又导致胞间 CO_2 浓度的降低。‘ND-95’与‘DD-60’相比，光合和气体交换指标的降低幅度更大。在干旱胁迫条件下，GB 的施用能在一定程度上恢复光合和气体交换特性。其中，‘DD-60’

的净光合速率、蒸腾速率、气孔导度和胞间CO_2浓度分别提高了16.28%、8.33%、21.60%、2.32%，而‘ND-95’分别提高了10.30%、7.03%、18.12%和1.61%。在整个干旱胁迫过程中，两个玉米品种经GB处理的植株光合和气体交换指标始终高于非GB处理的植株。同时，干旱胁迫提高了玉米的水分利用效率，而GB处理后水分利用效率进一步升高。

表4-25　不同水分条件下施用GB对玉米光合特性和气体交换的影响

品种	处理	净光合速率 [μmol/(m²·s)]	蒸腾速率 [mmol/(m²·s)]	气孔导度 [μmol/(m²·s)]	水分利用效率（μmol/mmol）	胞间CO_2浓度（μmol/mol）
DD-60	WW	20.91±0.56b	3.68±0.09a	0.227±0.012a	5.68±0.07d	259.33±0.88a
	WW+GB	22.40±0.32a	3.85±0.03a	0.248±0.003a	5.81±0.11c	262.66±1.71a
	DS	15.66±0.34d	2.64±0.04c	0.162±0.009c	5.92±0.22b	248.56±2.16b
	DS+GB	18.21±0.41c	2.86±0.05b	0.197±0.004b	6.38±0.25a	254.33±1.45ab
ND-95	WW	19.49±0.39a	3.63±0.06a	0.216±0.007ab	5.37±0.08c	262.00±2.65a
	WW+GB	20.37±0.15a	3.75±0.02a	0.226±0.006a	5.43±0.06bc	265.67±1.20a
	DS	13.79±0.40c	2.56±0.04c	0.149±0.006c	5.56±0.11ab	248.67±2.33b
	DS+GB	15.21±0.27b	2.74±0.04b	0.176±0.004bc	5.65±0.02a	252.68±1.20b

（四）甜菜碱对叶绿素和类胡萝卜素的影响

表4-26显示，相对于水分充足条件，干旱胁迫会导致玉米植株的光合色素（Chla、Chlb、Chla+b和类胡萝卜素）显著减少。干旱胁迫引起的Chla含量下降表明光合反应中心（PSI和PSII）受到严重损伤。在水分充足条件下，两品种的叶绿素含量变化不明显。干旱胁迫对两种玉米品种的叶绿素含量均有显著的抑制作用，其中‘DD-60’的降低幅度小于‘ND-95’。与‘ND-95’相比，‘DD-60’在干旱胁迫下保持较高的叶绿素含量，能够更好地抵御水分胁迫。与此同时，干旱胁迫下植株的Chla/b有所增加，表明随着玉米植株的生长，光合作用反应中心的外周捕光天线系统尺寸减小。干旱胁迫条件下两种品种的Chla/b均有一定增加，GB处理降低了Chla/b。在干旱条件下，施用GB使‘DD-60’中Chla、Chlb、Chla+b和类胡萝卜素含量分别增加了4.23%、6.49%、2.96%和3.91%，‘ND-95’中的Chla、Chlb、Chla+b和类胡萝卜素含量则分别增加了3.10%、4.40%、2.18%和2.87%。可见，施用GB可有效改善玉米光合色素的生物合成。

表4-26　不同水分条件下施用GB对两个玉米品种叶绿素和类胡萝卜素含量的影响

品种	处理	叶绿素a含量（mg/g FW）	叶绿色b含量（mg/g FW）	叶绿素a+b含量（mg/g FW）	叶绿素a/b	类胡萝卜素含量（mg/g FW）
DD-60	WW	2.82±0.03a	2.01±0.03ab	4.05±0.03a	1.40±0.02ab	1.96±0.03ab
	WW+GB	2.87±0.01a	2.08±0.02a	4.11±0.01a	1.37±0.01b	1.99±0.02a
	DS	2.60±0.0 c	1.85±0.04c	3.71±0.02c	1.41±0.03a	1.79±0.04c
	DS+GB	2.71±0.03b	1.97±0.01bc	3.82±0.02b	1.38±0.01b	1.86±0.01bc

续表

品种	处理	叶绿素 a 含量（mg/g FW）	叶绿色 b 含量（mg/g FW）	叶绿素 a+b 含量（mg/g FW）	叶绿素 a/b	类胡萝卜素含量（mg/g FW）
ND-95	WW	2.82±0.02a	1.99±0.02a	4.03±0.02a	1.41±0.02a	1.92±0.02a
	WW+GB	2.84±0.01a	2.05±0.01a	4.07±0.01a	1.38±0.01b	1.93±0.01a
	DS	2.58±0.02c	1.82±0.03c	3.67±0.03c	1.42±0.02a	1.74±0.03b
	DS+GB	2.66±0.03b	1.90± 0.02b	3.75±0.01b	1.40±0.02ab	1.79± 0.02b

本章小结

1. 干旱胁迫对玉米生长和生理生化特性的影响

针对干旱敏感型‘润农 35’和非敏感型‘东单 80’两个品种研究了持续干旱条件下玉米的形态、生理和生化反应。主要研究结果如下。

（1）干旱胁迫严重阻碍了玉米的形态发育和生长，但两个品种对干旱胁迫的响应程度是不同的。与‘润农 35’相比，在持续干旱胁迫下‘东单 80’表现出更好的生长状况，具有较高的生物产量和经济产量。

（2）在持续干旱条件下，‘东单 80’比‘润农 35’具有较高的相对含水量（RWC）、较高的净光合速率和较低的蒸腾作用。随着干旱程度不断加强，两个品种脯氨酸的含量都在不断增加，其中‘东单 80’的脯氨酸含量高于‘润农 35’，‘东单 80’的总碳水化合物产量也更高。脯氨酸和总碳水化合物的积累随着干旱胁迫的持续时间和严重程度的增加而增加，这使得植物能够更好地维持相对较高的水分含量来抵御干旱。

（3）MDA 和 $O_2^-\cdot$ 的含量随干旱时间的延长而增加，但‘东单 80’具有更好的自由基清除系统，能够保护其免受干旱氧化损伤。所有的抗氧化剂（SOD、POD、CAT 和 GR）的活性都随着干旱严重程度的增加而增加。‘东单 80’较高的 SOD 和 POD 活性有助于克服干旱胁迫对其组织的损伤，降低 $O_2^-\cdot$ 的毒性水平；‘东单 80’较高的 CAT 和 GR 活性，提高了其 $O_2^-\cdot$ 分解能力，从而避免了 $O_2^-\cdot$ 在细胞和亚细胞水平造成的不可逆破坏作用。

总之，干旱胁迫对玉米的生长、产量和其他生理生化特性都有不利的影响。与‘润农 35’相比，‘东单 80’在干旱胁迫下具有较高的光合活性、渗透积累和抗氧化活性，而脂质过氧化作用较低。因而，在干旱胁迫下，‘东单 80’生长发育相对较好，比‘润农 35’增产 23.53%。

2. 水肥耦合对玉米生理生态特征的影响

对西南地区旱地玉米土壤-作物系统在不同水氮耦合模式下的碳氮动态进行研究，分析了玉米生长性状、光合特性、土壤呼吸速率、碳氮磷含量及碳氮磷生态化学计量学特征等指标对不同水肥处理的响应，结合综合评价模型提出该地区玉米栽培最优的水肥耦合水平。主要研究结果如下。

（1）水肥耦合下玉米的生长速率、干物质积累量、株高和茎粗表现出基本一致的变化规律。水分胁迫（包括旱、涝胁迫）时，玉米生长速率随着施氮量的增加而加快，水分适宜时较低的施肥量便能提高玉米的生长速率、干物质积累量、株高和茎粗。玉米根系形态指标对水肥的响应较为复杂。

（2）玉米的光合特性随着生育期的推进呈现不同的变化趋势。其中光合速率呈持续下降趋势；蒸腾速率在抽雄期到灌浆期阶段的下降幅度最大；气孔导度呈先下降后上升的趋势；水分利用效率则呈现先高后低的趋势。同一水分条件下光合速率随着施氮量的增加而增加，高水分条件下施氮量对光合速率的影响最大。在中氮水平下，玉米的蒸腾速率最高。当土壤水分不构成胁迫时，氮肥用量过多或者过少都会抑制玉米的蒸腾速率和气孔导度，低氮低水处理的蒸腾速率和气孔导度均最低。当土壤水分胁迫（包括旱、涝胁迫）时，气孔导度随着施氮量的增加而上升。干旱胁迫时，增加或者减少氮肥用量均在一定程度上提高了 WUE，解除干旱胁迫后玉米 WUE 随着施氮量的增加而增加。

（3）在玉米拔节后期至抽雄期，水肥因素对土壤呼吸的影响较大。当土壤水分较低时增施氮肥会促进土壤呼吸，而中、高土壤水分条件下增施氮肥会抑制土壤呼吸。水肥耦合对土壤呼吸有互作效应，单因素下土壤呼吸速率随着施氮量的增加而递减，随着土壤含水量的减少呈现降低的趋势。不同处理下农田生态系统在玉米生长季均表现为碳汇，高水分处理使得碳汇能力提高了 14.40%～62.01%，低水分处理则降低了 10.03%～16.24%。在土壤水分含量充足时，增汇能力随着施氮量的增加而增加。

（4）玉米植株碳氮磷含量对水肥管理的响应不同。玉米整个生育期内根、茎、叶的碳含量差异不显著，且随生育期的推进没有显著变化。根、茎、叶的氮含量表现为：根氮＜茎氮＜叶氮，随着生育期的推进，各部位的氮含量均呈下降趋势；根、茎、叶的磷含量也表现为：根磷＜茎磷＜叶磷，随着生育期的推进，根和茎的磷含量呈下降趋势，而叶的磷含量呈上升趋势。玉米各部位氮累积量受水肥因素的影响较大，它随着施氮量的增加而增加，且随着土壤含水量的增加而增加。玉米根、茎部位磷累积量随着施肥量的增加变化不大，叶磷累积量随着施肥量的增加而增加，三个部位的磷累积量均受土壤水分条件的影响较大，随着土壤含水量的增加呈增加趋势。相同水分条件下，N、P 从土壤向作物转移的多少受到施氮水平的影响，且均随着施氮量的减少而减少；相同施氮量时随着土壤水分的降低，N、P 从土壤向作物的转移率呈现不同的变化趋势，其中低水分处理促进了 N 的转移，却限制了 P 的转移，高水分处理促进 P 的转移同时限制了 N 的转移。

（5）土壤碳氮磷含量对水肥管理的响应也不同。土壤 N 和 P 含量除在拔节期有差异外，其余各时期均无显著差异，高氮和中氮处理下土壤全氮含量无显著差异，但是显著高于低氮处理；土壤全碳含量随着生育期的推进差异逐渐减小。水肥耦合对土壤碳氮磷含量及化学计量学特征有互作效应。施氮量越低，拔节期的土壤 C 含量、N 含量和 N∶P 越低，成熟期的 P 含量越高；中、高氮水平对这些指标的影响差异不显著，随着施氮量的增加，土壤碳氮磷含量有下降的趋势。影响玉米 C∶N∶P 化学计量学特征的因素较多，不仅受植株、土壤碳氮磷含量及化学计量学特征的影响，还受到株高、根表面积、光合速率等因素的影响。

（6）在本试验条件下，以玉米高产、减排、节水、省肥为目标，推荐的最优水氮耦合模式为 W2N2，即土壤水分含量控制在田间持水量的 70%左右，施氮量为 270kg/hm^2。

3. 外源生长调节物质对玉米抗旱性的影响

（1）油菜素内酯（BR）对玉米抗旱性的影响。干旱胁迫严重制约了玉米生长发育、产量及其构成因素，同时降低了玉米叶片气体交换量和叶绿素含量，增强了细胞膜脂过氧化反应。外源性 BR 的应用缓解了干旱胁迫，使得玉米气体交换和光合色素大幅度提高，进而改善了干旱和水分充足条件下玉米的生长发育及产量。外源 BR 诱导了作物的抗旱性，通过增强抗氧化酶活性和降低脂质过氧化作用促进了作物的生长、产量和生理代谢，因而减轻了干旱胁迫对玉米造成的生理生化等方面的损伤。

（2）黄腐酸（FA）对玉米抗旱性的影响。干旱胁迫引起玉米叶片叶绿素分解加快和光合速率下降，从而导致玉米生长发育受阻和产量的降低。叶面喷施 FA，通过维持叶绿素含量和气体交换水平及提高抗氧化酶活性和脯氨酸含量来改善作物对干旱的适应性，从而促进了玉米的生长发育和产量的形成。同时，喷施 FA 也可提高水分充足条件下玉米对环境的适应性。

（3）甜菜碱（GB）对不同玉米品种抗旱性的影响。与无胁迫相比，两个品种玉米在干旱胁迫下净光合速率和叶绿素含量均持续下降，但‘DD-60’的下降率较‘ND-95’少。在外源施用 GB 条件下，‘DD-60’抗旱性比‘ND-95’明显。干旱胁迫下两个玉米品种的叶片相对含水量明显降低，但是可溶性蛋白质和游离脯氨酸含量升高。‘DD-60’的叶片相对含水量比‘ND-95’低，但‘DD-60’的可溶性蛋白质和游离脯氨酸含量高于‘ND-95’。随着干旱胁迫的延长，叶片膜脂过氧化反应增强，对干旱越敏感的品种受到膜脂过氧化反应的伤害越严重。GB 处理可有效缓解植物膜脂过氧化反应和电解质渗透，可使植株抗氧化物酶活性维持在较高水平。从不同品种看，‘DD-60’与‘ND-95’相比具有较强的抗旱性，其原因在于前者能够抵御膜脂过氧化反应且抗氧化物酶活性维持在较高水平。

参 考 文 献

[1] 李少昆，赵久然，董树亭，等. 中国玉米栽培研究进展与展望[J]. 中国农业科学，2017，50（11）：1941-1959.

[2] 张彪，陈洁，唐海涛，等. 西南区突破性高产玉米品种育种思考[J]. 玉米科学，2010，18（3）：68-70.

[3] 何永坤，唐余学，范莉，等. 近 50 年西南地区玉米干旱变化规律研究[J]. 西南大学学报（自然科学版），2016，38（1）：34-42.

[4] Anjum S A，Tanveer M，Ashraf U，et al. Effect of progressive drought stress on growth，leaf gas exchange，and antioxidant production in maize cultivars[J]. Environmental Science and Pollution Research，2016，23（17）：17132-17141.

[5] Anjum S A，Ashraf U，Tanveer M，et al. Drought induced changes in growth，osmolyte accumulation and antioxidant metabolism of three maize hybrids[J]. Frontiers in Plant Science，2017，8：69.

[6] 夏璐，赵蕊，王怡针，等. 干旱胁迫对夏玉米光合作用和叶绿素荧光特性的影响[J]. 华北农学报，2019，34（3）：102-110.

[7] 王秀波，上官周平. 干旱胁迫下氮素对不同基因型小麦根系活力和生长的调控[J]. 麦类作物学报，2017，37（6）：820-827.

[8] Clay D E，Engel R E，Long D，et al. Nitrogen and water stress interact to influence carbon-13 discrimination in wheat[J]. Soil Science Society of America Journal，2001，65（6）：1823-1828.

[9] 宋海星，李生秀. 水、氮供应和土壤空间所引起的根系生理特性变化[J]. 植物营养与肥料学报，2004，10（1）：6-11.

[10] 张赛. 不同耕作模式下“小麦/玉米/大豆”套作农田碳平衡特征研究[D]. 重庆：西南大学，2014.

[11] 张赛，王龙昌，黄召存，等. 保护性耕作下小麦田土壤呼吸及碳平衡研究[J]. 环境科学，2014，35（6）：2419-2425.

[12] 韩广轩，周广胜，许振柱，等. 玉米农田土壤呼吸作用的空间异质性及其根系呼吸作用的贡献[J]. 生态学报，2007，

27（12）：5254-5261.

[13] Zhang M，Zhai Z，Tian X，et al. Brassinolide alleviated the adverse effect of water deficits on photosynthesis and the antioxidant of soybean（*Glycine max* L.）[J]. Plant Growth Regulation，2008，56：257-264.

[14] Iqbal N，Ashraf M，Ashraf M Y. Influence of exogenous glycinebetaine on gas exchange and biomass production in sunflower（*Helianthus annuus* L.）under water limited conditions[J]. Journal of Agronomy and Crop Science，2009，195：420-426.

[15] Anjum S A，Farooq M，Wang L C，et al. Gas exchange and chlorophyll synthesis of maize cultivars are enhanced by exogenously-applied glycinebetaine under drought conditions[J]. Plant Soil Environment，2011，57：326-331.

[16] Anjum S A，Wang L C，Farooq M，et al. Brassinolide application improves the drought tolerance in maize through modulation of enzymatic antioxidants and leaf gas exchange[J]. Journal of Agronomy and Crop Science，2011，197（3）：177-185.

[17] Anjum S A，Wang L C，Farooq M，et al. Fulvic acid application improves the maize performance under well-watered and drought conditions[J]. Journal of Agronomy and Crop Science，2011，197（6）：409-417.

[18] Anjum S A，Saleem M F，Wang L，et al. Protective role of glycinebetaine in maize against drought-induced lipid peroxidation by enhancing capacity of antioxidative system[J]. Australian Journal of Crop Science，2012，6（4）：576-583.

第五章　西南地区辣椒节水抗旱生理生态机制研究

西南地区是我国重要的辣椒生产基地，同时又是高温伏旱等季节性干旱的多发区和重灾区。随着生态环境的变化和全球气候的趋势性变暖，我国西南地区季节性干旱灾害的发生频率和受灾面积明显增加，对种植业生产构成了严重威胁。辣椒则是遭受高温伏旱等季节性干旱危害最严重的作物之一。干旱已成为本区发展辣椒生产的主要限制因子，特别是对水分胁迫最敏感及需水量最大的辣椒开花至结果期造成的危害尤为严重。干旱对辣椒的影响不仅表现在农艺性状方面，还表现在生理生化指标方面[1-4]。因此，深入研究辣椒节水抗旱生理生态机制，筛选辣椒抗旱优良品种，探寻缓解辣椒干旱胁迫的有效调控措施，对于实现西南地区辣椒生产的高产、优质和高效目标具有重要的理论价值和生产指导意义。

第一节　辣椒对干旱胁迫的响应机制及其抗旱性鉴定

本节旨在揭示干旱胁迫对不同抗旱能力辣椒品种主要农艺性状和生理特性的影响，明确辣椒开花结果期对干旱胁迫的响应机制，进而探讨辣椒抗旱性鉴定指标并筛选抗旱优良品种，为辣椒抗旱品种鉴选和节水抗旱栽培提供科学指导[5, 6]。

试验在西南大学教学试验农场遮雨网室内进行，以前期筛选的‘农城椒2号’（抗旱性较强）和‘陕蔬2001’（抗旱性较弱）两个品种为供试材料。将辣椒种子播于塑料营养钵中，等幼苗长到四叶一心时移栽于遮雨网室中的塑料盆（盆高26cm，直径27cm）中，盆中所用基质为草炭与珍珠岩（1∶1）的混合物，先使用多菌灵和敌百虫灭菌杀虫，定植时每盆施三元复合肥20g。开花结果前期开始干旱胁迫处理，设置4个处理，分别为对照（CK）、轻度干旱（LD）、中度干旱（MD）和重度干旱（WD），其土壤相对含水量分别为80%、60%、40%和20%。每处理种植60盆，每盆定植2株。每天18：00采用称重补水法保证土壤含水量，每隔6d于9：00～10：00进行取样，共取样5次，用于测定各项生长指标和生理生化指标，并计算各指标的抗旱系数（各指标的相对值，抗旱系数=干旱胁迫下的测定值/对照下的测定值）。

一、干旱胁迫下辣椒不同品种生理指标的变化

（一）干旱胁迫对丙二醛含量的影响

逆境胁迫下，植物体内自由基的产生与清除的平衡被破坏，自由基的浓度上升，

其诱发的脂质过氧化作用增强，导致脂质过氧化作用终产物丙二醛（MDA）等积累。由图 5-1 可知，干旱胁迫下，辣椒叶片 MDA 含量逐渐增加。在没有胁迫处理时，两个品种的丙二醛含量都变化不大；当胁迫处理 6d 后，两品种的丙二醛含量出现下降趋势，其中‘陕蔬 2001’的 3 个干旱处理均比对照极显著下降，而‘农城椒 2 号’的轻度干旱处理与对照无显著差异，中度与重度干旱处理比对照极显著下降；当胁迫处理 12d 后，MDA 含量开始增加，随着干旱胁迫程度的加重，MDA 含量增加变多，两个品种的胁迫处理均高于对照，但此时两个品种的胁迫处理及其与对照之间并没有达到显著差异；胁迫处理 18d 后，MDA 含量继续增加，胁迫越严重的处理，其 MDA 含量越大，且两个品种的干旱处理均比对照极显著增加；当处理后期 MDA 的含量增加到最大值时，两个品种的干旱处理仍比对照极显著增加。MDA 含量与土壤相对含水量之间表现出密切相关的趋势，即干旱程度越严重、持续时间越长，MDA 含量越高，表明细胞膜的受伤程度与干旱胁迫程度有关。在同等胁迫条件下，‘陕蔬 2001’的 MDA 含量上升幅度略高于‘农城椒 2 号’。

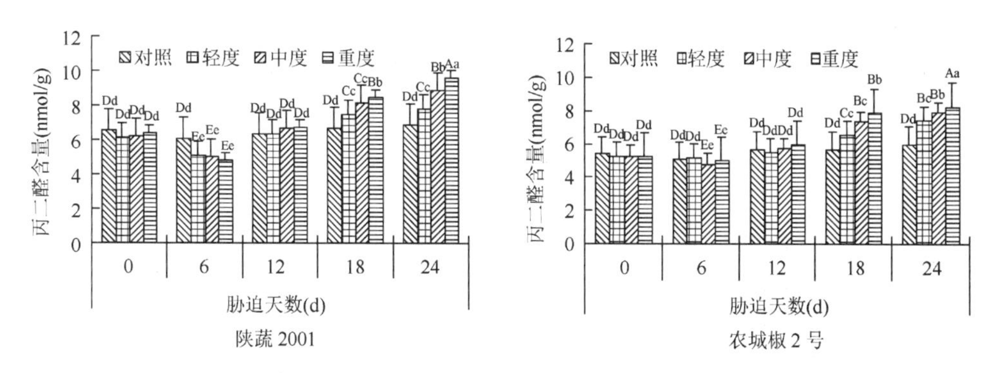

图 5-1　干旱胁迫下两个辣椒品种的丙二醛含量的变化趋势

不同大写字母表示差异达极显著水平（$P<0.01$），不同小写字母表示差异达显著水平（$P<0.05$）。下同

（二）干旱胁迫对抗氧化系统的影响

1. SOD 活性的变化

超氧化物歧化酶（SOD）是一种诱导酶，受底物的诱导，其作用是催化自由基的歧化反应，抑制生物膜的脂质过氧化作用。从图 5-2 可知，两个品种的 SOD 活性都是先升高后降低，相对来说，‘农城椒 2 号’的变化趋势更明显。当胁迫处理 6d 后，两个品种的 SOD 活性明显比对照的高，两个品种的轻度胁迫与重度胁迫之间都存在极显著差异；当处理到 12d 时，保护酶活性上升到最大值，其中重度胁迫值最大，与其他水分处理差异达极显著水平；当处理 18d 时，SOD 活性有所下降，但干旱处理还是高于对照，两个品种的 SOD 活性在轻度与重度胁迫下呈现极显著差异，但轻度与中度差异不显著；当处理 24d 后，SOD 活性继续下降，其中‘陕蔬 2001’不同水分处理之间无显著差异，而‘农城椒 2 号’的中度和重度胁迫处理极显著高于轻度胁迫和对照。两个品种之间对

比，‘农城椒 2 号’在干旱胁迫下 SOD 活性的增幅大于‘陕蔬 2001’。

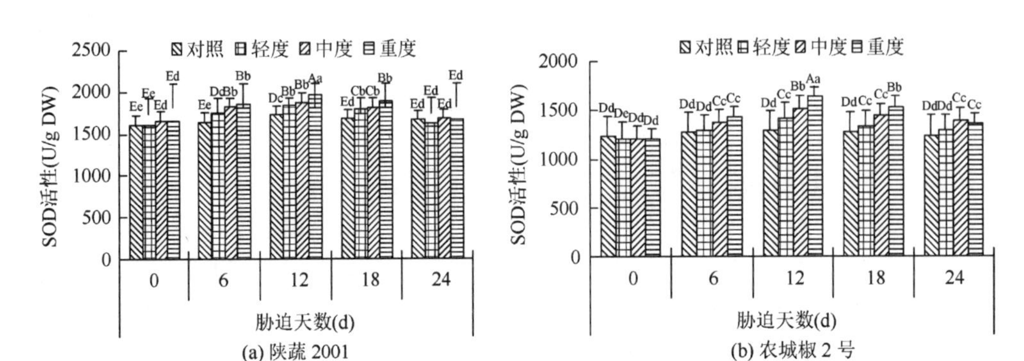

图 5-2 干旱胁迫下两个辣椒品种的 SOD 活性的变化趋势

2. POD 活性的变化

过氧化物酶（POD）对清除 H_2O_2 等起重要作用。从图 5-3 可知，干旱胁迫下两个品种的 POD 活性变化趋势都是先升高后降低。在整个干旱胁迫期间，两种试材 POD 活性都高于对照。当胁迫处理 6d 时，两个品种干旱处理下的 POD 活性均比对照有一定增加，其中‘陕蔬 2001’各水分处理之间未达到显著水平，‘农城椒 2 号’各干旱处理与对照之间的差异达极显著水平；当处理到 12d 时，保护酶活性继续上升，但‘陕蔬 2001’中度与重度胁迫差异水平不显著，‘农城椒 2 号’轻度与中度胁迫之间的差异不显著，其他处理之间均存在极显著差异；当处理到 18d 时，POD 活性上升到最大值，两个品种的 POD 活性在轻度与重度胁迫下呈现极显著差异，但‘陕蔬 2001’的重度与中度胁迫之间差异不显著；处理 24d 后，POD 活性有所降低，但干旱处理均显著高于对照。从不同品种的 POD 活性来看，‘农城椒 2 号’的增幅与‘陕蔬 2001’的大致相当。过氧化物酶有加速木质化、提早成熟的作用，重度胁迫处理的 POD 活性增加幅度大，因而会导致植株早熟。干旱胁迫导致辣椒过氧化物酶活性大幅度升高，会加速枝叶衰老，从而提高了辣椒对干旱胁迫的抵抗力，还可以防止干旱胁迫下活性氧积累造成的毒害作用。

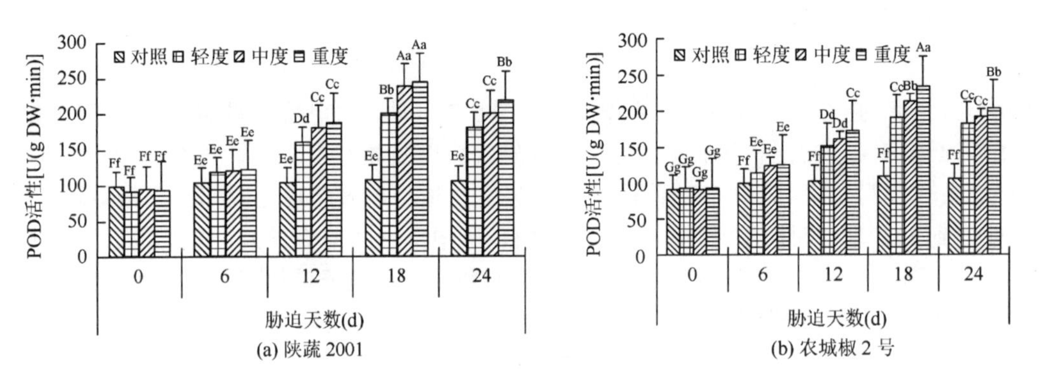

图 5-3 干旱胁迫下两个辣椒品种的 POD 活性的变化趋势

3. CAT 活性的变化

从图 5-4 可知，两种试材的过氧化氢酶（CAT）活性变化都表现为先升高后降低，最后干旱胁迫处理基本都低于对照，并且两个品种的 CAT 峰值都出现在胁迫处理 12d 左右。当胁迫处理 6d 时，两个品种干旱处理下的 CAT 活性均极显著高于对照，除‘农城椒 2 号’的中度与重度胁迫之间差异不显著外，其余各水分处理之间均有显著或极显著差异；当处理 12d 时，CAT 活性继续上升，重度胁迫处理的增幅最大，这时 CAT 的活性达到最大值；当处理 18d 时，CAT 活性会有所下降，但两个品种在干旱处理下的 CAT 活性还是基本高于对照，其中‘农城椒 2 号’的 CAT 活性在轻度与重度胁迫下呈现极显著差异；处理 24d 后，CAT 活性继续降低，且干旱处理基本上都低于对照，其机理还有待于进一步研究。

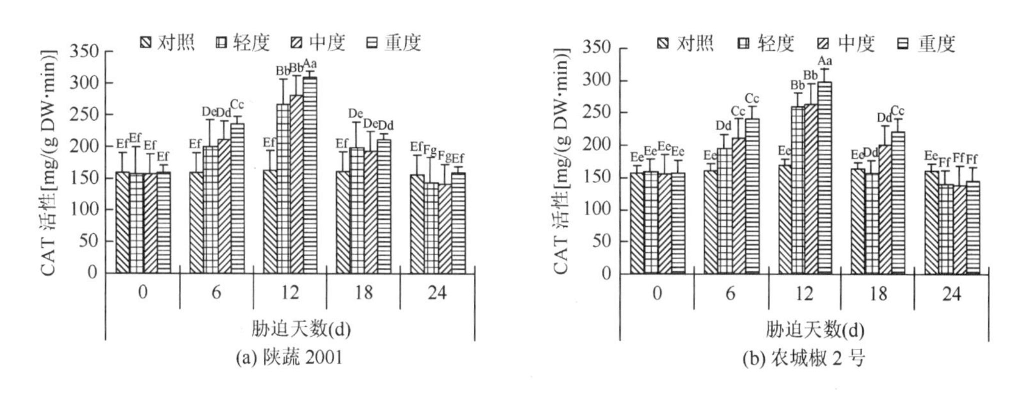

图 5-4　干旱胁迫下两个辣椒品种的 CAT 活性的变化趋势

（三）干旱胁迫对叶绿素含量的影响

由图 5-5 可知，两个品种的叶绿素含量基本都随着胁迫强度的加深而降低。在没有胁迫处理时，两个品种的叶绿素含量都比较高且变化不大；处理 6d 时，叶绿素含量已出现下降，且干旱处理的叶绿素含量均极显著低于对照；当处理 12d 后，叶绿素含量继续下降，且干旱处理的叶绿素含量与对照的差距明显增大；处理 18d 后，叶绿素含量进一步下降，其中‘陕蔬 2001’的叶绿素含量随胁迫程度的加重而明显下降，‘农城椒 2 号’的叶绿素含量在不同干旱处理间差异较小；处理 24d 后，两个品种的叶绿素含量降得更低，与对照的差距更加明显，且‘陕蔬 2001’的叶绿素含量明显低于‘农城椒 2 号’。在轻度干旱胁迫的初期，叶绿素含量与对照相比差距较小，表明轻度干旱胁迫初期对辣椒叶片光合潜力的影响较小，但后期与对照的差异是极为显著的；在严重干旱胁迫时，叶绿素含量较对照出现明显下降，且差异达到极显著水平，在处理后期重度胁迫与轻度干旱胁迫之间有极显著差异，表明重度胁迫后期辣椒叶片的光合潜力受到更加强烈的抑制。就两个品种而言，在同等胁迫条件下，‘陕蔬 2001’的叶绿素含量降低幅度大于‘农城椒2号’。

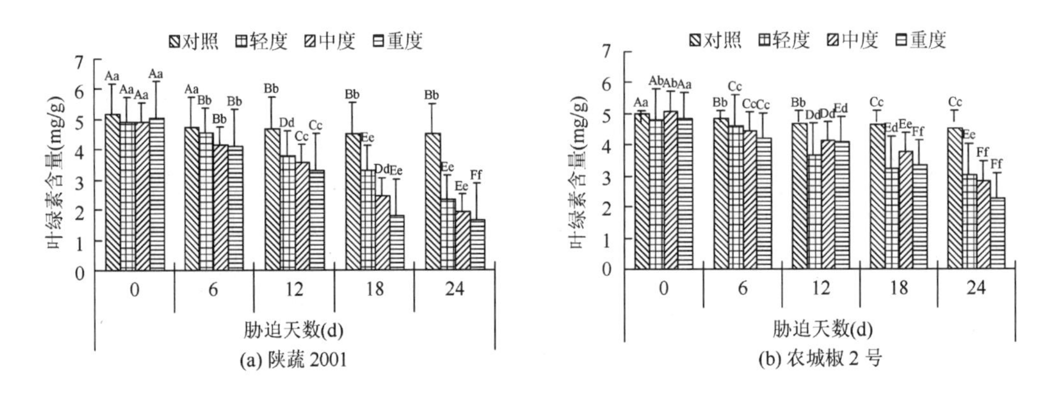

图5-5 干旱胁迫下两个辣椒品种的叶绿素含量的变化趋势

（四）干旱胁迫对脯氨酸含量的影响

脯氨酸被认为是一种细胞渗透物质、防脱水剂，许多植物能通过渗透调节作用来维持细胞一定的含水量和膨压，从而维持细胞的正常生理功能。由图5-6可知，没有胁迫处理时，辣椒叶片脯氨酸的含量很低且变化不大，当胁迫处理后两个品种的脯氨酸含量均呈明显的逐步增加趋势；在水分处理6d时，干旱胁迫处理的脯氨酸含量与对照差异已达到极显著或显著水平，但中度胁迫与重度胁迫之间差异不显著；处理12d时，叶片脯氨酸的含量急剧增加，特别是在重度水分胁迫下，脯氨酸含量增加得更明显，轻度胁迫与重度胁迫之间存在极显著差异，但轻度与中度胁迫之间差异不显著；处理18d时，脯氨酸的含量继续增加，不同处理间差距进一步增大；处理24d后，脯氨酸的含量达到最大，除中度胁迫与重度胁迫之间差异不显著外，其余处理之间均有极显著差异。总之，胁迫处理程度对脯氨酸含量的影响巨大，这是因为在干旱胁迫下脯氨酸是降低辣椒叶片渗透势、维持细胞膨压的重要渗透调节物质。就两个品种而言，在同等胁迫条件下，‘陕蔬2001’的脯氨酸含量增幅明显大于‘农城椒2号’。

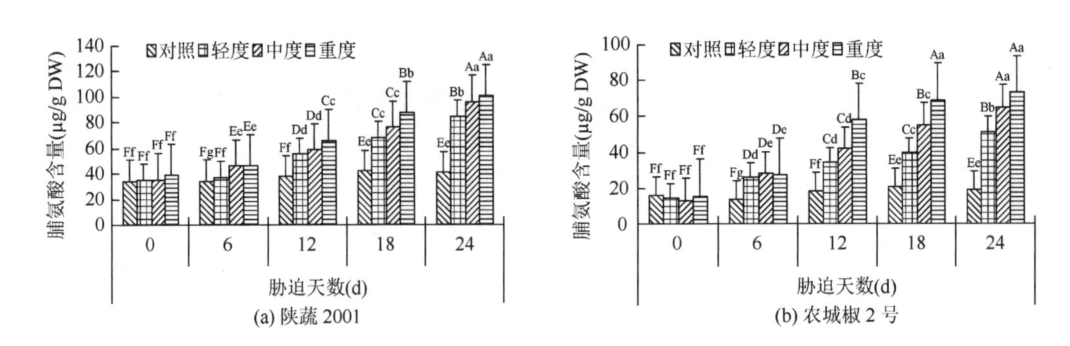

图5-6 干旱胁迫下两个辣椒品种的脯氨酸含量的变化趋势

二、干旱胁迫对辣椒生长和生理指标抗旱系数的影响

（一）对辣椒生长指标抗旱系数的影响

图 5-7 表明，随着干旱胁迫程度的加剧和干旱胁迫时间的延长，辣椒株高、分枝数、叶面积抗旱系数下降幅度均加大，干旱胁迫明显限制了辣椒植株的生长和产量的形成。在同一干旱胁迫程度、相同胁迫时间下，抗旱性差的‘陕蔬 2001’的株高、分枝数和叶面积的下降幅度均比抗旱性强的‘农城椒 2 号’大。差异显著性分析表明，在干旱胁迫的第 12 天、第 18 天、第 24 天，不同处理的株高、分枝数和叶面积抗旱系数都达到极显著差异。株高、分枝数和叶面积抗旱系数与干旱胁迫程度和干旱胁迫时间呈正相关。

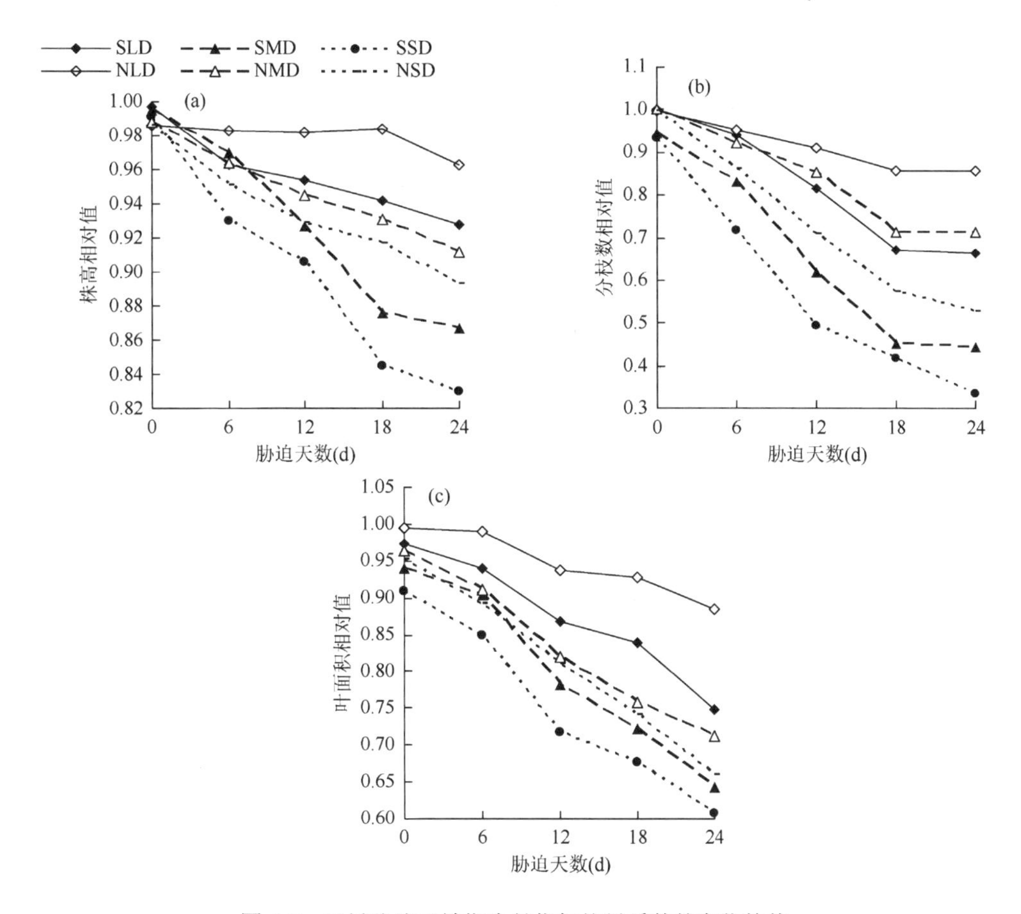

图 5-7 干旱胁迫下辣椒生长指标抗旱系数的变化趋势

SLD、SMD、SSD 分别表示‘陕蔬 2001’在轻度干旱（LD）、中度干旱（MD）和重度干旱（SD）胁迫下的抗旱系数；NLD、NMD、NSD 分别表示‘农城椒 2 号’在轻度干旱（LD）、中度干旱（MD）和重度干旱（SD）胁迫下的抗旱系数。下同

（二）对产量、叶片相对含水量和叶绿素含量抗旱系数的影响

图 5-8 表明，随着干旱胁迫时间的延长，辣椒单株产量、叶片相对含水量和叶绿素含量抗旱系数的下降幅度变大，同一材料重度干旱胁迫下的下降幅度最大，中度干旱胁迫下次之，轻度干旱胁迫下最小。在相同干旱胁迫程度和同一干旱胁迫时间下，辣椒单株产量、叶片相对含水量和叶绿素含量抗旱系数这三个指标都表现出抗旱性弱的‘陕蔬 2001’比抗旱性强的‘农城椒 2 号’下降幅度大。三个指标的下降幅度与干旱胁迫程度呈正相关，与材料的抗旱性呈负相关。

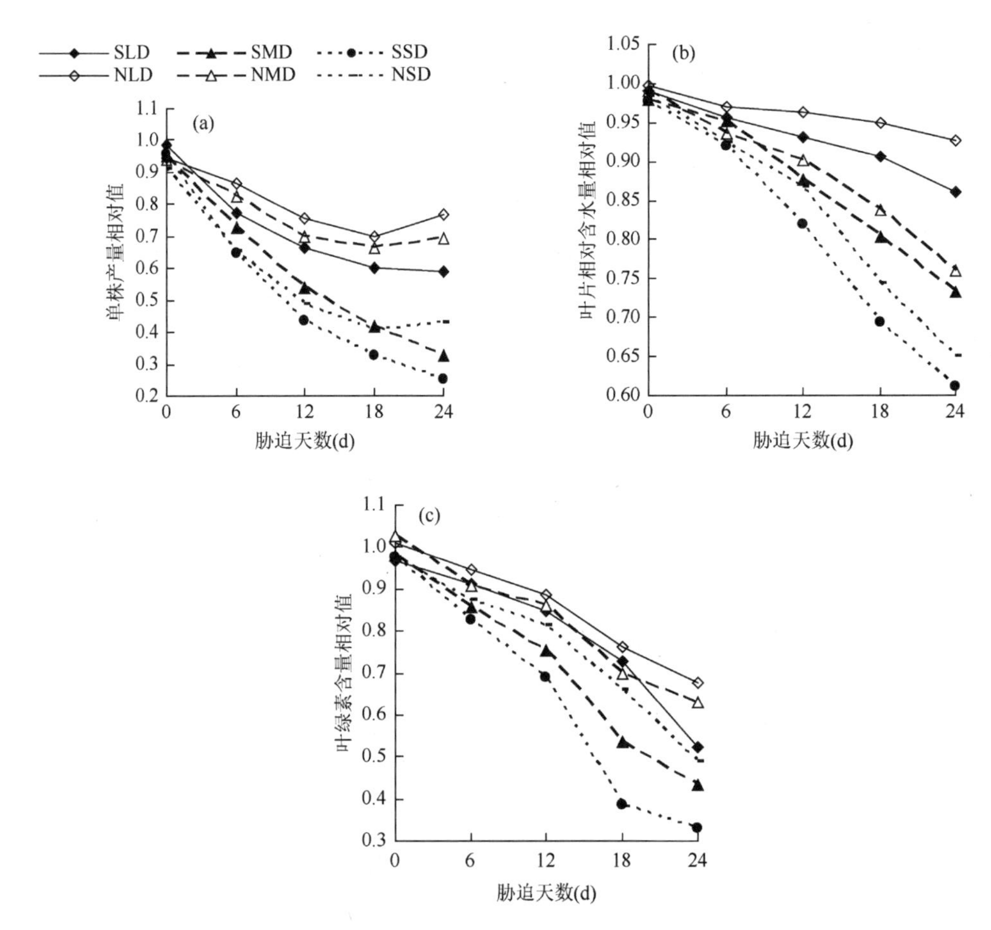

图 5-8　开花结果期辣椒产量、叶片相对含水量和叶绿素含量抗旱系数的变化趋势

（三）对辣椒叶片保护酶活性抗旱系数的影响

图 5-9 表明，SOD、POD 和 CAT 活性与胁迫强度、胁迫时间和材料抗旱性有关。在不同胁迫处理下，SOD 活性相对值表现为重度胁迫>中度胁迫>轻度胁迫；抗旱性弱

的材料 SOD 相对值保持在较低水平，在胁迫的第 6 天达到最大值，然后下降，而抗旱性强的材料 SOD 相对值在胁迫的第 12 天达到最大值。POD 活性相对值随干旱胁迫时间的延长而逐渐增大，第 18 天时达最大值，然后下降，且在干旱胁迫的第 12 天、第 18 天、第 24 天，其差异达极显著水平；POD 活性相对值的增加幅度与抗旱性成正比。CAT 活性相对值随干旱胁迫时间的延长而逐渐增大，第 12 天时达最大值，然后下降，且在干旱胁迫的第 6 天、第 18 天，其差异达显著水平，第 12 天差异达极显著水平；CAT 活性相对值的上升和下降幅度与材料的抗旱性呈负相关。

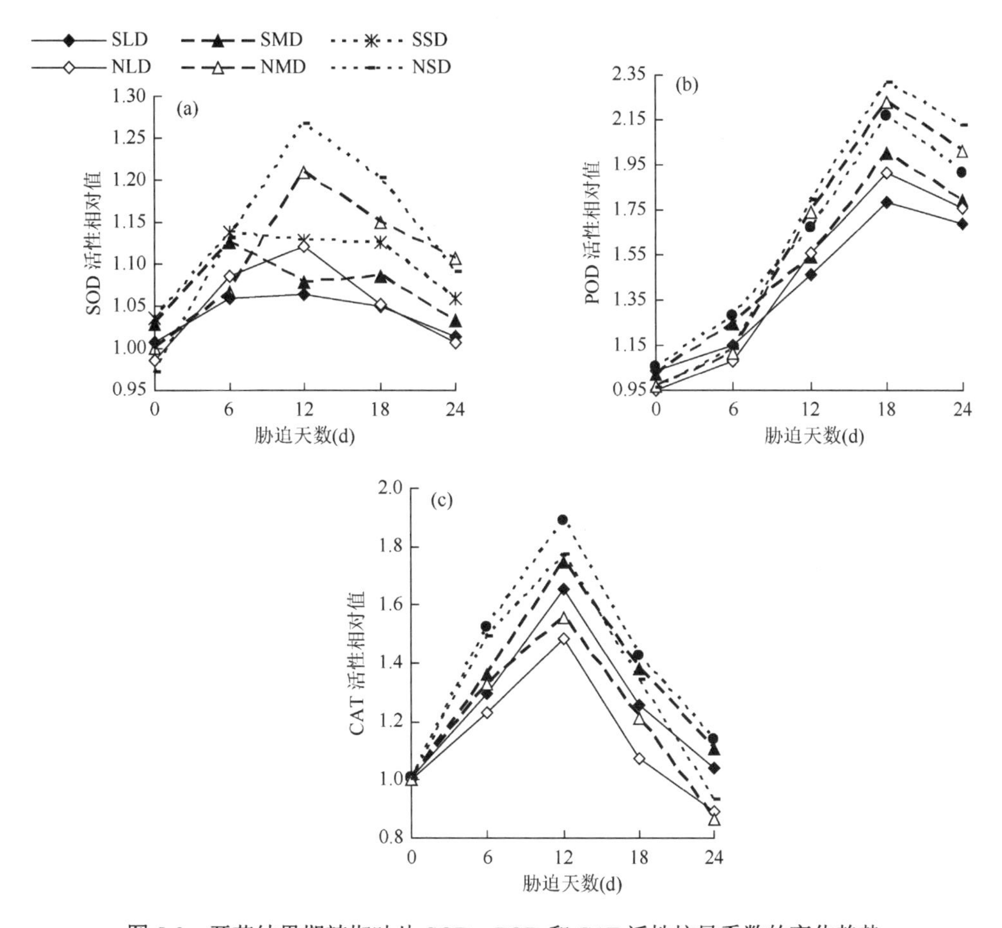

图 5-9 开花结果期辣椒叶片 SOD、POD 和 CAT 活性抗旱系数的变化趋势

(四) 对辣椒叶片渗透调节物质及丙二醛含量抗旱系数的影响

从图 5-10 可以看出，随着干旱胁迫时间的延长和干旱强度的增大，脯氨酸含量相对值增大，抗旱性强的材料比抗旱性弱的材料增加幅度大。可溶性蛋白质相对值的变化表现出先上升后下降，抗旱性强的材料增加幅度高于抗旱性弱的材料；抗旱性强的材料在干旱胁迫的第 18 天可溶性蛋白质相对值达最大然后下降，抗旱性弱的材料在干旱胁迫的第 12 天达最大再下降。可溶性糖含量的相对值在轻度和中度干旱胁迫下呈上

升趋势，在重度干旱胁迫下第 0～18 天呈上升趋势，第 18～24 天呈下降趋势；且抗旱性强的材料上升速度大于抗旱性弱的材料。

干旱胁迫下，辣椒叶片丙二醛的含量呈增加趋势，且总体表现出增加幅度与材料抗旱性呈负相关，与干旱胁迫程度和胁迫时间呈正相关。随着干旱胁迫时间的延长和干旱强度的增大，细胞膜透性相对值增大，抗旱性强的材料比抗旱性弱的材料增加幅度小。

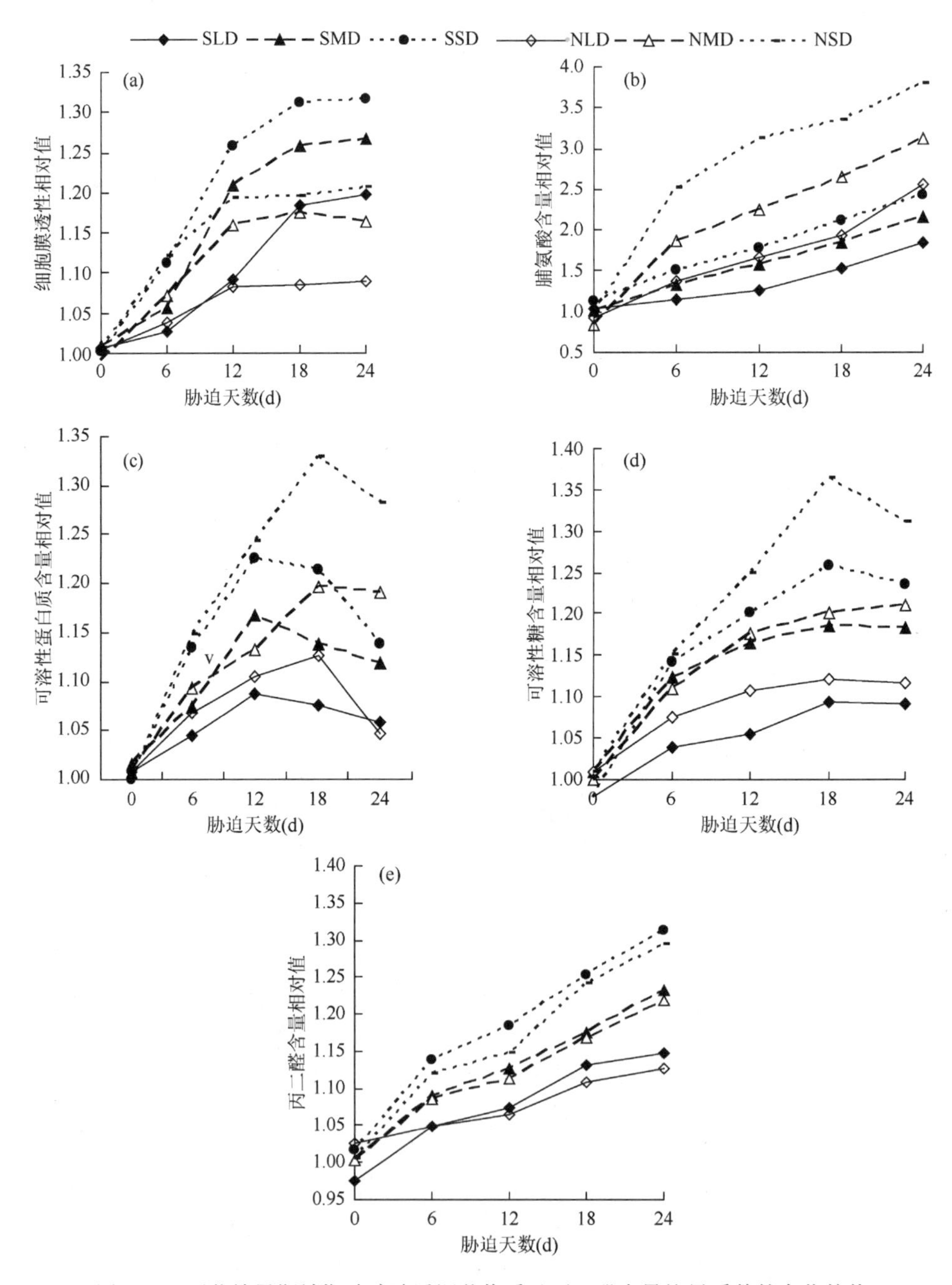

图 5-10　开花结果期辣椒叶片渗透调节物质及丙二醛含量抗旱系数的变化趋势

三、辣椒抗旱性鉴定指标筛选

(一) 各指标与产量相关性分析

选取干旱胁迫时间最长（24d）的各指标抗旱系数分析各指标与产量之间的相关性。相关分析表明（表 5-1），干旱胁迫下，产量与株高、分枝数和叶片叶绿素含量的抗旱系数呈极显著正相关，与叶面积、相对含水量的抗旱系数呈显著正相关；与细胞膜透性的抗旱系数呈极显著负相关，与 CAT 活性和可溶性蛋白质含量的抗旱系数呈显著负相关；与其他指标相关程度不显著。因此，干旱胁迫下，要提高辣椒产量，就必须通过育种途径或栽培管理措施，增加株高、分枝数、叶绿素含量、叶面积和相对含水量的抗旱系数，降低细胞膜透性、CAT 活性和可溶性蛋白质含量的抗旱系数。

表 5-1　干旱胁迫下辣椒产量与各指标抗旱系数的相关系数

指标	相关系数	指标	相关系数	指标	相关系数
产量	1	叶面积	0.891*	细胞膜透性	–0.957**
SOD 活性	–0.153	分枝数	0.990**	MDA 含量	–0.712
POD 活性	–0.212	脯氨酸含量	0.072	叶绿素含量	0.975**
CAT 活性	–0.824*	可溶性蛋白质含量	–0.863*	相对含水量	0.834*
株高	0.942**	可溶性糖含量	–0.524		

注：*表示显著相关；**表示极显著相关

(二) 辣椒抗旱指标的主成分分析

主成分分析是研究如何通过少数几个主成分来揭示多个变量间的内部结构的一种多元统计方法，即从原始变量中导出少数几个主成分，使它们尽可能多地保留原始变量的信息，且彼此间互不相关。

在此，以干旱胁迫时间最长（24d）的各指标抗旱系数为基础进行主成分分析，计算出各主成分的特征向量和贡献率，并根据各向量的绝对值将不同性状指标划分到不同的主成分之中。同一指标在各因子中的最大绝对值所在位置即其所属主成分。由表 5-2 可知，主成分分析特征值中两个主成分的累计贡献率达到 95.607%，因此可以用这两个主成分对辣椒抗旱性进行概括分析。

表 5-2　各指标主成分的特征向量及贡献率

指标	主成分 1	主成分 2
单株产量	0.3062#	0.1520
SOD 活性	–0.1597	0.3871#

续表

指标	主成分 1	主成分 2
POD 活性	−0.1685	0.4242#
CAT 活性	−0.2026	−0.3876#
株高	0.3170#	0.0975
叶面积	0.3154#	0.0144
分枝数	0.3154#	0.1312
脯氨酸含量	−0.0672	0.4757#
可溶性蛋白质含量	−0.2967#	−0.0698
可溶性糖含量	0.3203#	−0.2442
细胞膜透性	−0.2997#	−0.1911
丙二醛含量	−0.2849#	0.2153
叶绿素含量	0.2947#	0.2153
相对含水量	0.3193#	−0.1089
特征值	9.304	4.081
贡献率（%）	66.457	29.150
累计贡献率（%）	66.457	95.607

注：#表示某指标在各因子中的最大绝对值

可以看出，决定主成分 1 大小的主要是单株产量、株高、叶面积、分枝数、可溶性蛋白质含量、可溶性糖含量、细胞膜透性、叶片相对含水量、丙二醛含量、叶绿素含量，它们反映了原始数据信息量的 66.457%，这些指标主要与生长和渗透调节作用相关，因此可把第一主成分称为“生长和渗透调节因子”；主成分 2 主要包括 POD 活性、SOD 活性、CAT 活性、脯氨酸含量，它们反映了原始数据 29.150%的信息量，这些指标主要与清除脂质过氧化产物、抗衰老有关，可称为“抗氧化因子”。

因此，辣椒抗旱性评价指标体系可以以生长和渗透调节因子的抗旱系数为主要鉴选指标，以抗氧化因子的抗旱系数为次要鉴选指标。

第二节　外源生长调节物质对辣椒抗旱性的影响

近年来，利用外源物质提高作物的抗逆性成为研究热点之一，如利用甜菜碱（GB）与水杨酸（SA）可提高多种农作物的抗逆能力[7-9]。为此，采用盆栽试验，通过测定辣椒生长发育、光合性能、抗氧化酶活性、细胞清除活性氧能力、渗透调节能力和膜结构稳定性等多项指标，阐明外源甜菜碱、水杨酸对干旱胁迫下辣椒开花结果期生长和生理特性的影响，为提高辣椒抗旱能力，实现西南季节性干旱区辣椒高产、优质和高效生产提供理论依据。

以‘云椒 2 号’为供试材料，将种子播于塑料营养钵中（基质为草炭土∶蛭石=2∶1），幼苗长到四叶一心时移栽于温室中的塑料盆（直径 24cm，高 18cm）中，每盆装土壤 7.0kg，定植时每盆 2 株，施氮磷钾复合肥 10g。在开花结果前期（平均每株开花数 20 个）进行干旱处理。共设 6 个处理：中度干旱（MD），中度干旱+GB（MDgb），中度干旱+SA（MDsa），重度干旱（SD），重度干旱+GB（SDgb），重度干旱+SA（SDsa）。每处理 25 盆，其中中度干旱土壤含水量为 40%～50%，重度干旱为 20%～30%。干旱胁迫 3d 后，利用外源物质进行根灌和叶喷，根灌量 40ml/盆，叶喷至叶片湿润，其中甜菜碱为 100mmol/L 水溶液，水杨酸为 200mg/L 水溶液；中度干旱和重度干旱处理分别用去离子水根灌和叶喷。于干旱处理后第 6～7 天连续两天测定光合指标；第 8 天、第 16 天、第 24 天测定株高、叶面积等生长指标，并选取心叶外侧第 2～3 片功能叶取样，迅速装入冰盒中，用于测定各项生理生化指标[10, 11]。

一、外源生长调节物质对干旱胁迫下辣椒生长的影响

（一）对辣椒株高的影响

株高是反映作物生长状况的重要指标，也是物质积累的重要衡量标准。由图 5-11 可知，随着干旱胁迫的持续，外源 GB、SA 对辣椒的株高无明显影响，株高与土壤含水量密切相关，土壤含水量越高，植株越高。处理第 8 天，中度胁迫下 MD 和 MDsa 的株高显著高于 MDgb，重度胁迫下 SD 和 SDsa 的株高显著高于 SDgb。处理第 16 天，中度胁迫下的 3 个处理间无显著差异，重度胁迫下的 3 个处理间也无显著差异；但中度胁迫 3 个处理的株高显著高于重度胁迫的 3 个处理，MD、MDgb、MDsa 的株高分别比 SD、SDgb、SDsa 高出 5.2%、8.2%、5.6%。处理第 24 天，不同处理间的差异显著性与第 16 天表现出相同的规律，MD、MDgb、MDsa 的株高分别比 SD、SDgb、SDsa 高出 13.3%、12.1%、15.3%。

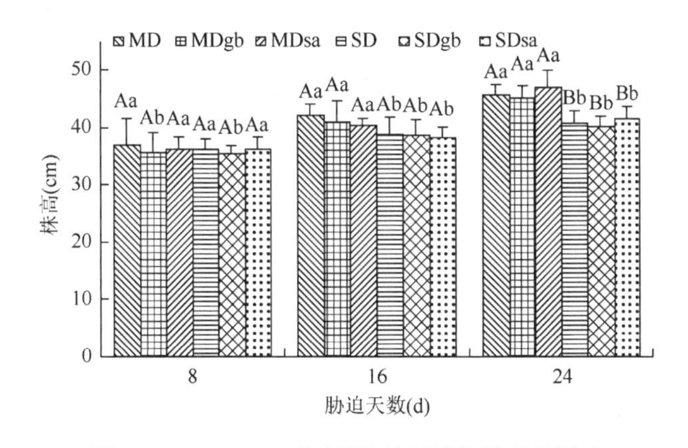

图 5-11　GB、SA 对干旱胁迫下辣椒株高的影响

不同大写字母表示差异达极显著水平（$P<0.01$），不同小写字母表示差异达显著水平（$P<0.05$）。下同

（二）对辣椒叶面积的影响

叶面积是衡量植物对胁迫适应性的重要指标，植物可以通过改变叶片的大小来适应胁

迫，同时叶面积与光合作用密切相关。由图 5-12 可知，GB、SA 处理对辣椒叶面积基本无明显影响，叶面积与土壤含水量密切相关，随着胁迫时间的持续，土壤含水量低的处理叶面积出现减小趋势。处理第 8 天，中度胁迫下的 3 个处理之间差异不显著；在重度胁迫下，SDgb 的叶面积显著高于 SD 和 SDsa。处理第 16 天，中度胁迫下的 3 个处理之间差异不显著；在重度胁迫下，SDgb 的叶面积显著低于 SD 和 SDsa；MD、MDgb、MDsa 的株高分别比 SD、SDgb、SDsa 高出 7.0%、8.3%、11.9%。处理第 24 天，中度胁迫和重度胁迫下的 3 个处理之间差异均不显著。

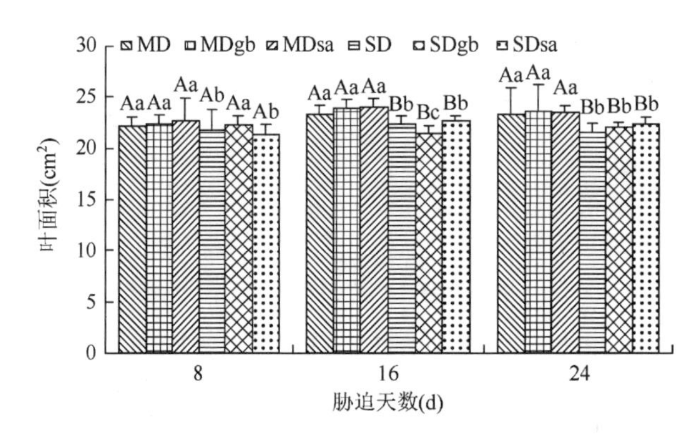

图 5-12　GB、SA 对干旱胁迫下辣椒叶面积的影响

二、外源生长调节物质对干旱胁迫下辣椒叶片相对含水量的影响

叶片相对含水量（RWC）是衡量植株体内水分状况的重要指标。当植株遭受干旱胁迫时，根系的吸水就会越来越困难，导致植物吸收、散失水分的平衡被破坏，引起植物体内生理代谢失调。图 5-13 表明，各处理的叶片 RWC 表现为：MDgb＞MDsa＞MD；SDgb＞SDsa＞SD。处理第 8 天，中度胁迫下，MDgb 比 MD、MDsa 处理分别高了 12.2%、11.8%，且差异达极显著水平；在重度胁迫下，3 个处理之间的差异不显著。处理第 16 天，中度

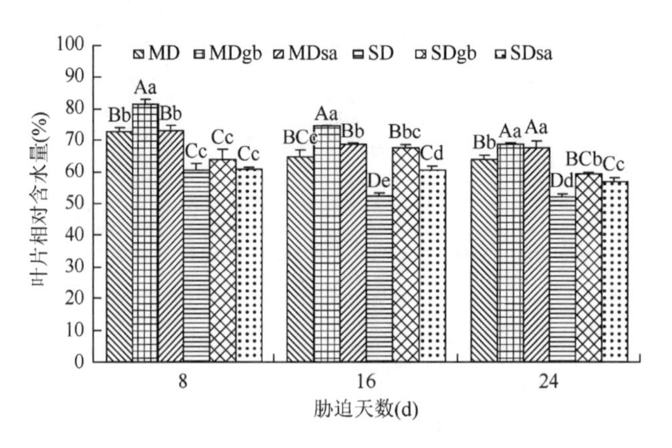

图 5-13　GB、SA 对干旱胁迫下辣椒叶片相对含水量的影响

胁迫下，3 个处理之间差异均达到极显著或显著水平，MDgb、MDsa 分别比 MD 高了 14.9%、6.0%；重度胁迫下，3 个处理之间差异均达到极显著水平，SDgb、SDsa 分别比 SD 高了 29.4%、16.1%。处理第 24 天，在中度胁迫下，MDgb、MDsa 分别比 MD 高了 7.9%、5.7%，且差异达极显著水平；SDgb、SDsa 分别比 SD 高了 14.3%、9.4%，且 SDgb、SDsa 与 SD 之间差异达极显著水平，SDgb 与 SDsa 之间差异达显著水平。总之，GB 和 SA 处理可增强干旱条件下辣椒叶片的保水能力，并且 GB 处理的保水效果好于 SA 处理。

三、外源生长调节物质对干旱胁迫下辣椒叶片光合特性的影响

（一）对光合日变化的影响

光合作用是绿色植物物质积累的一种重要方式，而净光合速率（Pn）能在一定程度上反映光合作用的水平。图 5-14 表明，在中度胁迫下，各处理的 Pn 日变化均出现 2 次高峰，第 1 次高峰均出现在 11：00，MDgb、MDsa 处理在 15：00 出现第 2 次高峰，MD 处理在 17：00 出现第 2 次高峰；MD、MDgb、MDsa 各处理的 Pn 平均值分别为 13.6μmol/(m^2·s)、15.7μmol/(m^2·s)、15.3μmol/(m^2·s)，MDgb、MDsa 处理比 MD 处理的 Pn 平均值分别高了 15.4%、12.5%。在重度胁迫下，SDgb 和 SDsa 处理的 Pn 日变化出现 2 次高峰，2 次峰值分别出现在 9：00、15：00，而 SD 处理的 Pn 日变化只在 9：00 出现 1 次高峰，随后一直减小；SD、SDgb、SDsa 各处理的 Pn 平均值分别为 9.2μmol/(m^2·s)、11.5μmol/(m^2·s)、10.6μmol/(m^2·s)，SDgb、SDsa 处理比 SD 处理的 Pn 平均值分别高了 25.0%、15.2%。由此可见，外源 GB、SA 可以有效增强辣椒的净光合速率，并且 GB 的增强效果好于 SA。

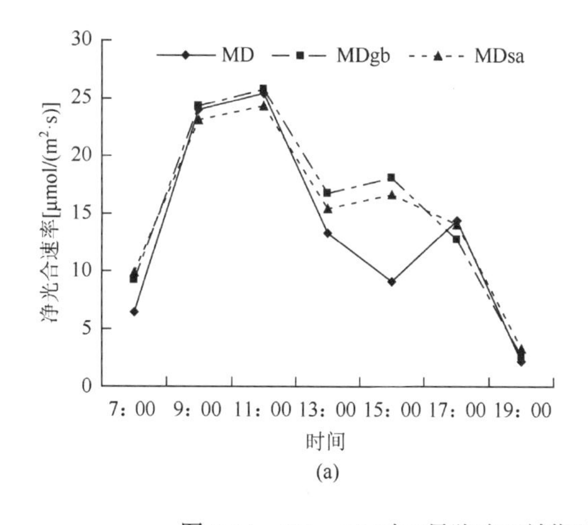

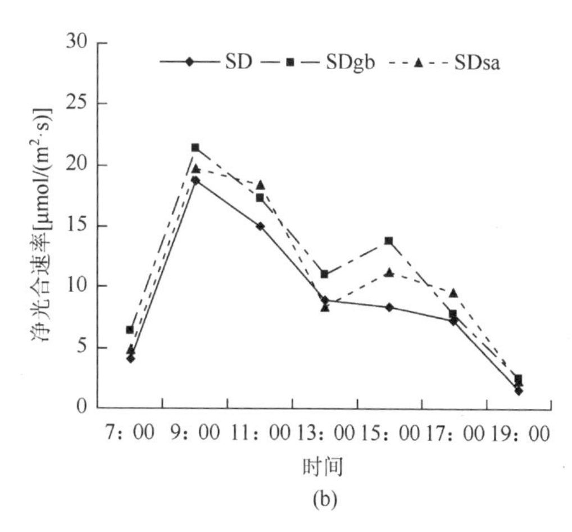

图 5-14　GB、SA 对干旱胁迫下辣椒叶片净光合速率（Pn）日变化的影响

（二）对气孔导度的影响

气孔是植物体内水分散失和与外气体交换的重要门户，气孔的开闭会影响植物的蒸腾、光合、呼吸等生理过程，而水分状况是直接影响气孔开张度的关键因素。图 5-15 表明，在中度胁迫下，在 7：00～17：00，MDgb、MDsa 处理的 Gs 高于 MD 处理；MD、MDgb、MDsa 各处理的 Gs 日平均值分别为 0.14mol/(m^2·s)、0.24mol/(m^2·s)、0.22mol/(m^2·s)，MDgb、MDsa 处理的 Gs 分别比 MD 处理的 Gs 平均值高了 71.4%、57.1%。在重度胁迫下，SDgb、SDsa 和 SD 处理的 Gs 在 7：00～9：00 呈现上升趋势，13：00 以后各处理的 Gs 逐渐减小；SD、SDgb、SDsa 各处理的 Gs 平均值分别为 0.10mol/(m^2·s)、0.13mol/(m^2·s)、0.11mol/(m^2·s)，SDgb、SDsa 处理分别比 SD 处理的 Gs 平均值高了 30.0%、10.0%。可见，外源 GB、SA 可以提高辣椒的叶片气孔导度，GB 处理的效果好于 SA 处理。

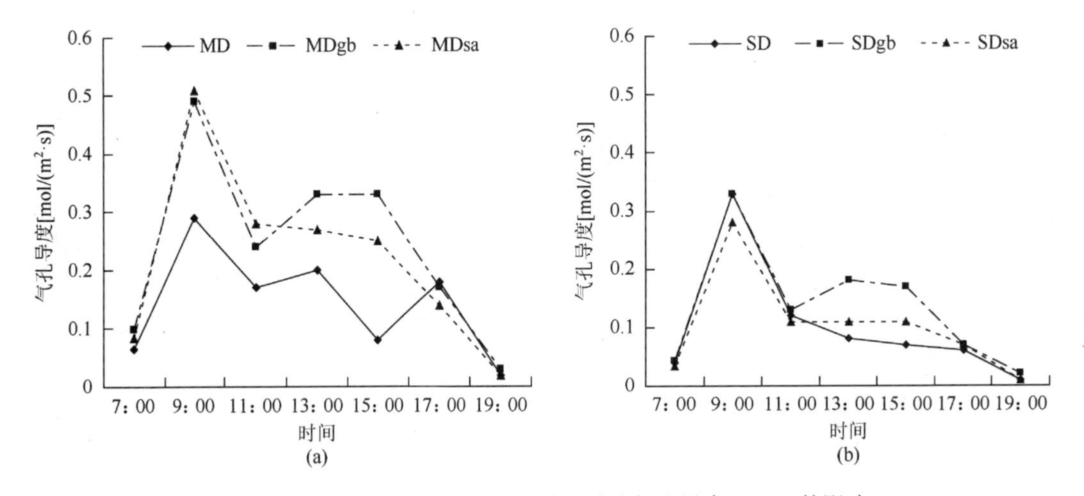

图 5-15 GB、SA 对干旱胁迫下辣椒叶片气孔导度（Gs）的影响

（三）对胞间 CO_2 浓度的影响

CO_2 作为光合作用的底物，其胞间浓度（Ci）在一定程度上可以间接地反映光合作用的强弱。图 5-16 表明，在中度胁迫下，MDgb 和 MD 处理的 Ci 在 9：00～19：00 呈现“降-升-降-升”的趋势，而 MDsa 处理的 Ci 呈现“降-升-降”的趋势；MD、MDgb、MDsa 各处理的 Ci 平均值分别为 206.7μmol/mol、255.8μmol/mol、241.4μmol/mol，MDgb、MDsa 处理分别比 MD 处理的 Ci 平均值高了 23.8%、16.8%。在重度胁迫下，SDgb、SDsa 和 SD 处理的 Ci 在 7：00～19：00 均呈现“升-降-升-降-升”的趋势，并且在 11：00 出现最小值；SD、SDgb、SDsa 各处理的 Ci 平均值分别为 183.6μmol/mol、190.8μmol/mol、179.9μmol/mol，SDgb 处理比 SD 处理的 Ci 平均值高了 3.9%。总之，在中度胁迫下，外源 GB、SA 处理可以维持较高的胞间 CO_2 浓度，并且 GB 效果优于 SA；而在重度

胁迫下，外源 GB 处理对胞间 CO_2 浓度有促进作用，SA 处理对胞间 CO_2 浓度的改善作用不明显。

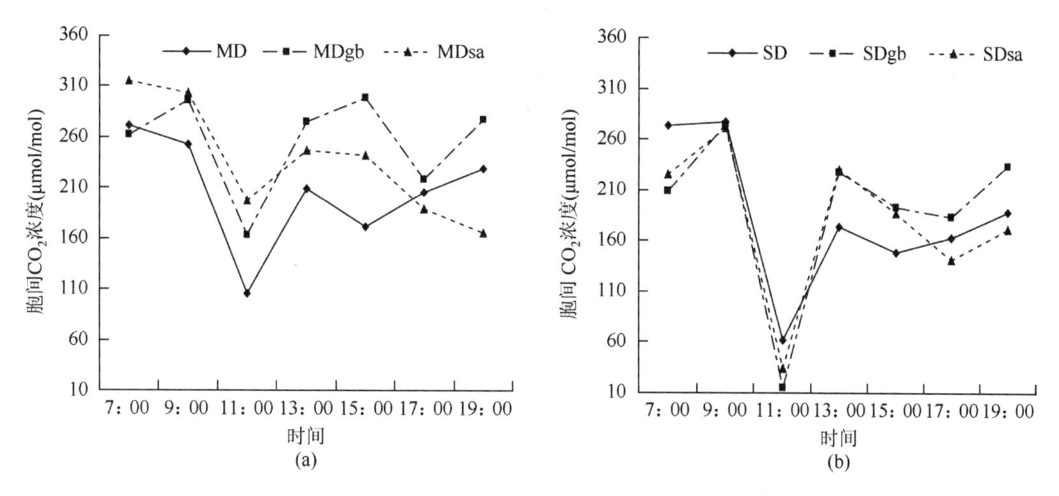

图 5-16　GB、SA 对干旱胁迫下辣椒叶片胞间 CO_2 浓度的影响

(四)对气孔限制值的影响

气孔限制值（Ls）可以反映植物叶片对大气 CO_2 的相对利用效率。图 5-17 表明，在干旱胁迫下，各处理的 Ls 在 9：00 出现最小值，在 11：00 出现 1 次高峰。在中度胁迫下，MD、MDgb、MDsa 各处理的 Ls 平均值分别为 56.49%、37.26%、42.92%，MDgb、MDsa 处理分别比 MD 处理的 Ls 平均值低了 34.0%、24.0%；在重度胁迫下，SD、SDgb、SDsa 各处理的 Ls 平均值分别为 58.62%、48.08%、55.12%，SDgb、SDsa 处理分别比 SD 处理的 Ls 平均值低了 18.0%、6.0%。这说明，外源 GB、SA 处理能显著降低辣椒叶片气孔限制值，减小大气中 CO_2 进入叶肉细胞的阻力，保证叶肉细胞中 CO_2 浓度，维持辣椒较高的光合速率，并且 GB 处理降低 Ls 的效果好于 SA 处理。

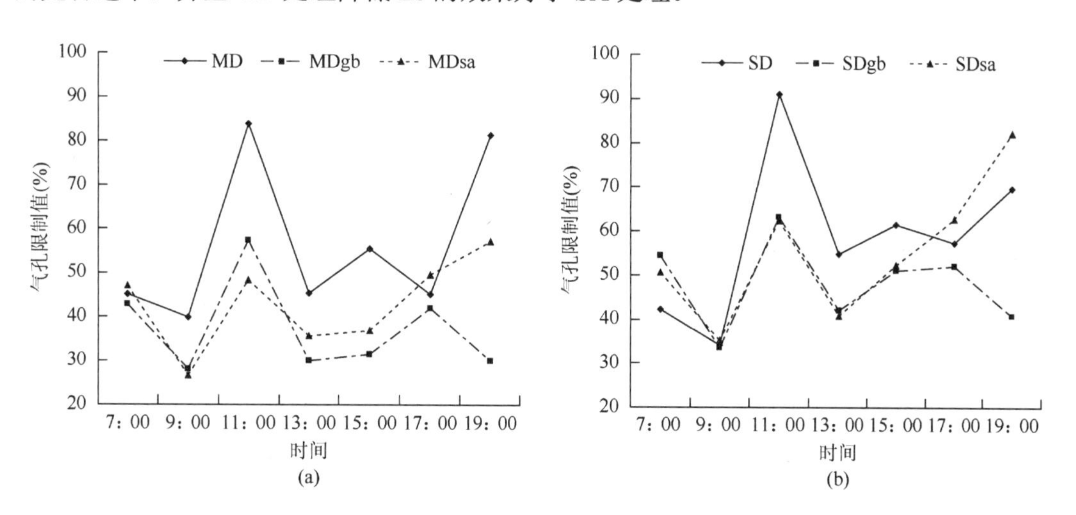

图 5-17　GB、SA 对干旱胁迫下辣椒叶片气孔限制值（Ls）的影响

（五）对蒸腾速率的影响

植物单位叶面积单位时间上所散失水分的量称为蒸腾速率（Tr）。图 5-18 表明，在中度胁迫下，在 7：00～19：00，MDsa、MDgb 处理的 Tr 呈现先升后降的趋势，在 11：00 达到最大值，这可能是此时环境温度、Gs 较高造成的；MD 处理的 Tr 趋势为“锯齿状”，在 13：00 出现最大值；MD、MDgb、MDsa 各处理的 Tr 平均值分别为 2.8mmol/(m^2·s)、4.6mmol/(m^2·s)、4.3mmol/(m^2·s)，MDgb、MDsa 处理分别比 MD 处理的 Tr 平均值高了 64.3%、53.6%。在重度干旱下，SDgb 处理的 Tr 呈现“双峰型”，2 次峰值依次出现在 9：00、13：00，SDsa 和 SD 处理出现先升后降的趋势，11：00 达到最大值；SD、SDgb、SDsa 各处理的 Tr 平均值分别为 2.4mmol/(m^2·s)、2.7mmol/(m^2·s)、2.5mmol/(m^2·s)，SDgb、SDsa 处理分别比 SD 处理的 Tr 平均值高了 12.5%、4.2%。这说明在干旱胁迫下，外源 GB、SA 处理能提高蒸腾速率，并且 GB 处理的提高效果好于 SA 处理。

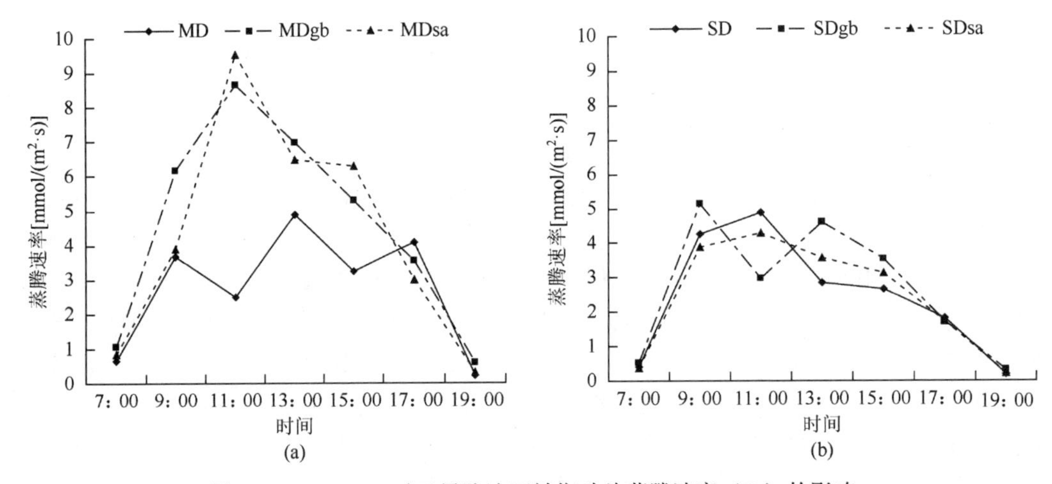

图 5-18　GB、SA 对干旱胁迫下辣椒叶片蒸腾速率（Tr）的影响

（六）对水分利用效率的影响

植物叶片水分利用效率（WUE）是一个复杂的综合性指标，可以反映植物光合作用与蒸腾作用之间的关系，作为植物生理活动过程中消耗水形成有机物质的基本效率，成为确定植物生长发育所需最佳水分供应的重要指标之一。水分利用效率越大，表明固定单位数量的 CO_2 所需水量越少，植物节水抗旱能力越强。水分利用效率可以由以下公式求得。

$$WUE=Pn/Tr$$

式中，WUE 为水分利用效率（μmol/mmol）；Pn 为净光合速率[μmol/(m^2·s)]；Tr 为蒸腾速率[mmol/(m^2·s)]。

图 5-19 表明，在干旱胁迫下，各处理的 WUE 趋势为“U”形。在中度胁迫下，MD、MDgb、MDsa 各处理的 WUE 平均值分别为 6.06μmol/mmol、5.53μmol/mmol、5.78μmol/mmol，MDgb、MDsa 处理分别比 MD 处理的 WUE 平均值低了 8.7%、4.6%；

在重度胁迫下，SD、SDgb、SDsa 各处理的 WUE 平均值分别为 6.68μmol/mmol、5.93μmol/mmol、6.11μmol/mmol，SDgb、SDsa 处理分别比 SD 处理的 WUE 平均值低了 11.2%、8.5%。这说明在干旱胁迫下，外源 GB、SA 处理降低了 WUE，这可能是 GB、SA 处理使叶片 Gs、Tr 较高造成的。

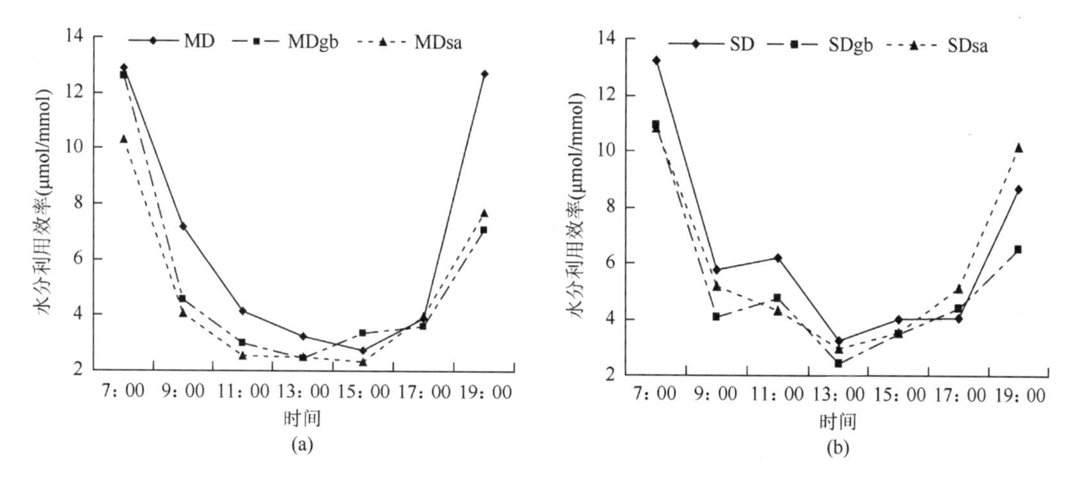

图 5-19　GB、SA 对干旱胁迫下辣椒叶片水分利用效率的影响

四、外源生长调节物质对干旱胁迫下辣椒叶片光合色素的影响

（一）对叶绿素 a 含量的影响

叶绿素是植物进行光合作用的重要色素，也是植物对胁迫反应的一项重要指标。叶绿素 a（Chla）呈现蓝绿色，具有将光能转化为化学能的作用。图 5-20 表明，外源 GB、SA 处理降低了 Chla 含量。处理第 8 天，在中度胁迫下，MDgb 的 Chla 含量比 MD 下降了 6.1%，且差异达极显著水平，但 MDsa 与 MD 之间差异不显著；在重度胁迫下，3 个处理之间的差异显著或极显著，SDgb、SDsa 的 Chla 含量分别比 SD 下降了 8.3%、15.6%。处理第 16 天，中度胁迫下，MDgb、MDsa 的 Chla 含量分别比 MD 下降了 3.2%、9.5%，但 3 个处理之间差异不显著；重度胁迫下，SDgb、SDsa 的 Chla 含量分别比 SD 下降了 8.3%、6.0%，且差

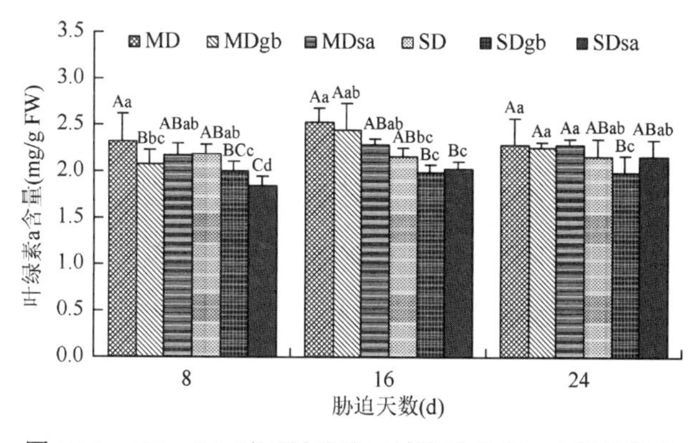

图 5-20　GB、SA 对干旱胁迫下辣椒叶绿素 a 含量的影响

异达显著水平。处理第 24 天，中度胁迫下，3 个处理之间无显著差异；重度胁迫下，SDgb 的 Chla 含量比 SD 下降了 8.3%，且差异达显著水平，但 SDsa 与 SD 之间无显著差异。

（二）对叶绿素 b 含量的影响

叶绿素 b（Chlb）呈现黄绿色，具有收集和传递光能的作用。图 5-21 表明，在干旱胁迫下，外源 GB、SA 处理对 Chlb 含量的影响表现为前期降低、中期升高、后期基本不变。处理第 8 天，在中度胁迫下，MDgb、MDsa 比 MD 处理的 Chlb 含量分别低了 16.1%、9.7%，其中 MDgb 与 MD 差异达极显著水平；在重度胁迫下，SDgb、SDsa 比 SD 处理的 Chlb 含量分别低了 10.7%、21.4%，其中 SDsa 与 SD 的差异达极显著水平。处理第 16 天，中度胁迫下，MDgb、MDsa 比 MD 处理的 Chlb 含量分别升高了 18.5%、12.0%，且差异达显著水平；重度胁迫下，SDgb、SDsa 比 SD 处理的 Chlb 含量分别升高了 9.4%、14.1%，且差异达极显著水平。处理第 24 天，中度胁迫下，3 个处理之间无显著差异；重度胁迫下，SDgb 比 SD 处理的 Chlb 含量低了 11.8%，且差异显著，而 SDsa 与 SD 之间无显著差异。

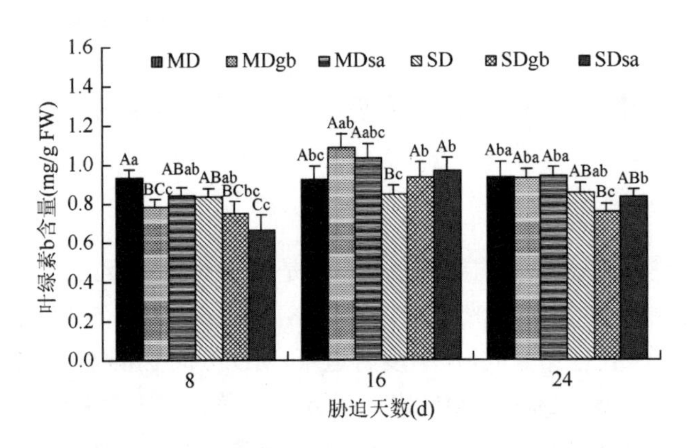

图 5-21 GB、SA 对干旱胁迫下辣椒叶绿素 b 含量的影响

（三）对叶绿素 a/b 的影响

干旱胁迫会引起叶绿素含量下降，尤其是阻止叶绿素 b 的累积，导致叶绿素 a/b（Chla/b）升高。图 5-22 表明，在干旱胁迫下，外源 GB、SA 处理对 Chla/b 的影响为前期升高、中期降低、后期基本不变。处理第 8 天，在中度胁迫下，MDgb、MDsa 的 Chla/b 均显著或极显著高于 MD，说明 GB、SA 处理抑制了 Chlb 的积累；在重度胁迫下，SDgb、SDsa 的 Chla/b 同样显著高于 SD。处理第 16 天，中度胁迫下，MDgb、MDsa 的 Chla/b 均显著低于 MD，这是因为随着胁迫时间的持续，GB、SA 处理促进了 Chlb 的积累；重度胁迫下，SDgb、SDsa 的 Chla/b 低于 SD，但差异不显著，说明胁迫在一定程度上抑制了 Chlb 的积累。处理第 24 天，在中度和重度胁迫下，3 个处理的 Chla/b 之间均无显著差异，说明随着胁迫时间的持续，GB、SA 处理促进 Chlb 积累的作用已变弱。

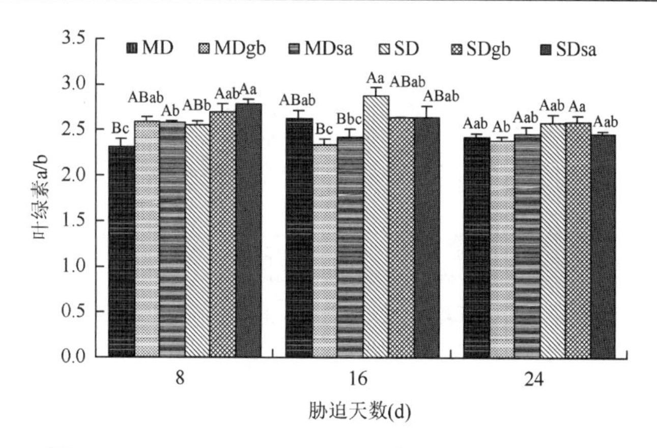

图 5-22　GB、SA 对干旱胁迫下辣椒叶绿素 a/b 的影响

（四）对总叶绿素含量的影响

叶绿素含量的多少直接影响植物的光合作用，叶绿素含量的变化幅度可作为植株对水分胁迫敏感性的判断指标。图 5-23 表明，在干旱胁迫下，外源 GB、SA 处理对总叶绿素含量的影响表现为前期降低、中后期基本不变。处理第 8 天，在中度胁迫下，MDgb、MDsa 比 MD 处理总叶绿素含量分别降低了 12.3%、7.7%，其中 MDgb 与 MD 之间差异极显著，MDsa 与 MD 之间差异显著；在重度胁迫下，SDgb、SDsa 比 SD 处理总叶绿素含量分别降低了 9.0%、16.7%，分别达到显著和极显著水平。处理第 16 天，在中度胁迫和重度胁迫下，3 个处理之间差异均不明显。处理第 24 天，中度胁迫下，3 个处理之间无显著差异；重度胁迫下，SDgb 比 SD 处理总叶绿素含量低了 9.0%，且 SDgb 处理与 SD、SDsa 处理之间差异达显著水平。

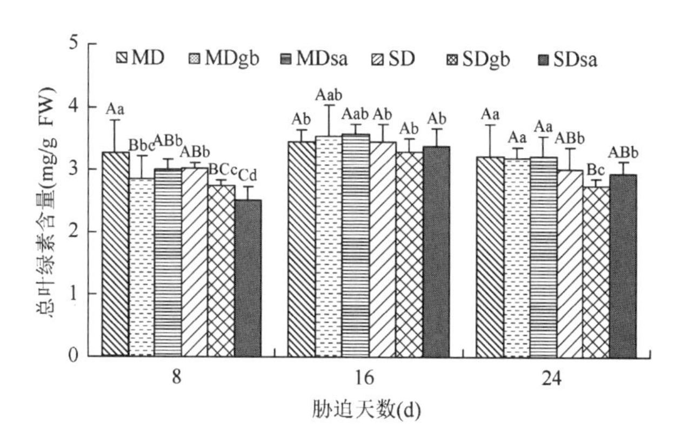

图 5-23　GB、SA 对干旱胁迫下辣椒总叶绿素含量的影响

（五）对类胡萝卜素含量的影响

类胡萝卜素（Car）不仅具有传递和收集光能的作用，还能够保护植物叶绿素免受多

余光照的伤害。图 5-24 表明，在干旱胁迫下，外源 GB、SA 处理对 Car 含量的影响表现为前期降低、中期升高、后期基本不变。处理第 8 天，在中度胁迫下，MDgb、MDsa 处理比 MD 处理的 Car 含量分别低 11.4%、11.3%，且差异显著；SDgb、SDsa 处理比 SD 处理的 Car 含量分别低 11.0%、20.8%，且差异极显著。处理第 16 天，中度胁迫下，MDgb、MDsa 处理比 MD 处理的 Car 含量分别升高了 22.1%、20.2%，且差异极显著；重度胁迫下，SDgb、SDsa 处理比 SD 处理的 Car 含量分别升高了 6.9%、14.8%，且差异极显著。处理第 24 天，在中度胁迫下，MDgb、MDsa 处理比 MD 处理的 Car 含量分别低 3.0%、4.4%，且 MDsa 处理与 MD 处理差异显著，而 MDgb 处理与 MD 处理差异不显著；重度胁迫下，各处理之间无显著差异。

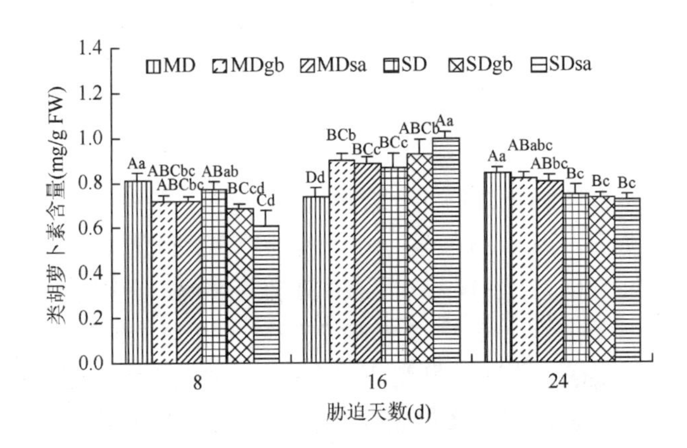

图 5-24　GB、SA 对干旱胁迫下辣椒类胡萝卜素含量的影响

五、外源生长调节物质对干旱胁迫下辣椒叶片渗透调节物质的影响

（一）对脯氨酸含量的影响

脯氨酸作为一种细胞调节物质、防脱水剂，在遭受逆境时，许多植物通过积累脯氨酸来维持细胞一定的含水量和膨压，从而维持细胞的正常生理功能。由图 5-25 可知，处理第 8 天，MDgb 和 MDsa 处理的脯氨酸含量较 MD 分别增加了 25.3%、76.3%，并且差异达极显著水平；SDgb 和 SDsa 处理的脯氨酸含量较 SD 有所增长。处理第 16 天，MDgb 处理的脯氨酸含量较 MD 增加了 100.9%且差异达极显著水平，MDsa 处理的脯氨酸含量较 MD 减少了 64.1%且差异达显著水平；SDgb 和 SDsa 处理的脯氨酸含量较 SD 分别增加了 149.0%、76.5%，并且差异达极显著水平。处理第 24 天，MDgb 处理的脯氨酸含量较 MD 增加了 78.4%且差异达极显著水平；MDsa 处理的脯氨酸含量较 MD 减少了 38.0%，但差异不显著；SDgb 和 SDsa 处理的脯氨酸含量较 SD 分别增加了 114.5%、74.2%，并且差异达极显著水平。这说明喷施 GB 可促进干旱胁迫下辣椒脯氨酸的积累，喷施 SA 可促进重度胁迫下辣椒脯氨酸的积累；但在中度胁迫下，喷施 SA 可引起中期、后期辣椒叶片脯氨酸含量降低。

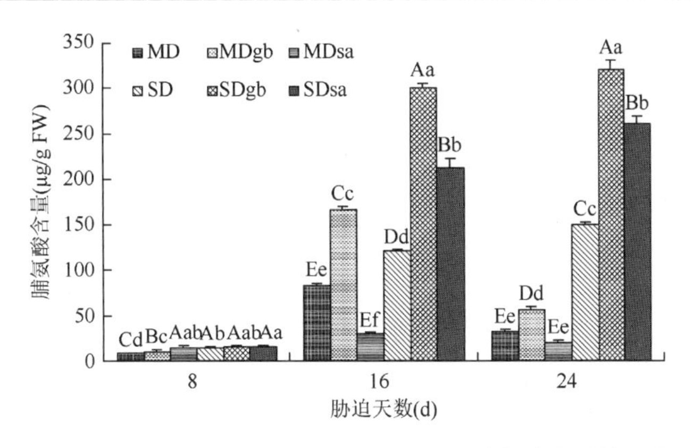

图 5-25　GB、SA 对干旱胁迫下辣椒叶片脯氨酸含量的影响

（二）对可溶性糖含量的影响

可溶性糖是干旱胁迫诱导的小分子溶质之一，其种类主要包括葡萄糖、海藻糖、蔗糖等。这些可溶性糖类参与渗透调节，维持细胞一定的渗透压，并在维持植物蛋白质稳定方面起到重要作用。由图 5-26 可知，处理第 8 天，在相同干旱胁迫水平下，MDsa 可溶性糖含量高于 MD 处理，MDgb 处理最少；SDsa 处理最高，其次为 SD 处理，SDgb 处理含量最少。处理第 16 天，MDgb 和 MDsa 处理的可溶性糖含量较 MD 差异不大，SDgb 和 SDsa 处理的可溶性糖含量较 SD 有增长，且差异达极显著水平。处理第 24 天，MDgb 和 MDsa 处理的可溶性糖含量较 MD 分别增加了 8.81%、14.38%，并且差异达极显著水平；SDgb 和 SDsa 处理的可溶性糖含量较 SD 分别增加了 28.62%、22.97%，并且差异达极显著水平。这说明喷施 GB、SA 后，随着干旱胁迫的持续，辣椒叶片可溶性糖含量显著增加。

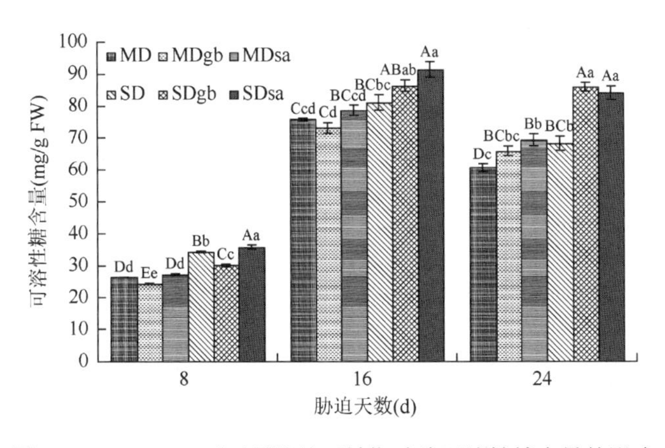

图 5-26　GB、SA 对干旱胁迫下辣椒叶片可溶性糖含量的影响

（三）对可溶性蛋白质含量的影响

蛋白质是植物体内重要的营养物质、渗透调节物质和保护性物质，酶均属于蛋白质。

由图 5-27 可知，MDsa 处理的可溶性蛋白质含量较 MD 在第 8 天、第 16 天、第 24 天分别减少了 5.81%、7.66%、7.3%；SDsa 处理的可溶性蛋白质含量较 SD 在第 8 天、第 16 天、第 24 天分别减少了 25.21%、7.95%、4.21%。SDgb 处理的可溶性蛋白质含量较 SD 在第 24 天减少了 38.6%且差异达极显著水平。这说明外源 SA 处理使干旱胁迫下辣椒叶片可溶性蛋白质含量下降，外源 GB 处理使重度胁迫后期辣椒叶片可溶性蛋白质含量下降。

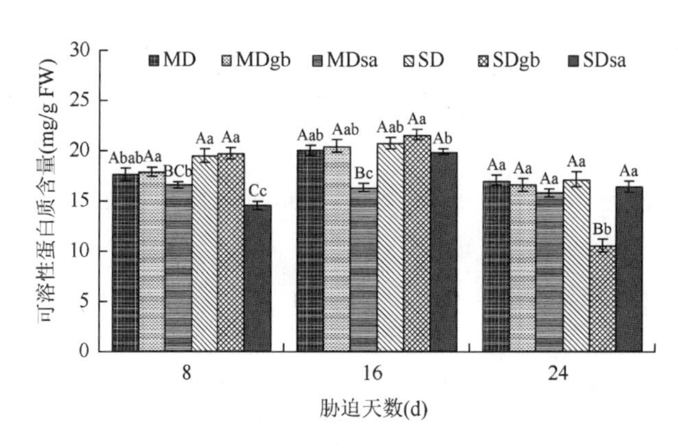

图 5-27　GB、SA 对干旱胁迫下辣椒叶片可溶性蛋白质含量的影响

六、外源生长调节物质对干旱胁迫下辣椒叶片细胞膜伤害指标的影响

（一）对丙二醛含量的影响

丙二醛（MDA）是植物细胞膜脂过氧化作用的主要产物之一，逆境胁迫能引起 MDA 的积累，会严重地损伤细胞的生物膜，通常将它作为植物细胞膜脂过氧化程度的一个标志。由图 5-28 可以看出，在干旱胁迫下，外源 GB、SA 处理能有效降低 MDA 含量。处理第 8 天，中度胁迫下，MDgb 与 MD 差异达显著水平，MDsa 与 MD 之间差异不显著；重度胁迫下，SDgb 与 SD 相比 MDA 含量下降了 20.95%且差异达极显著水平，SDsa 与 SD 相比 MDA 含量下降了 7.14%且差异达显著水平。处理第 16 天，中度胁迫下，MDgb 与 MD 相比 MDA 含量降低了 6.43%且差异达显著水平，MDsa 与 MD 相比 MDA 含量降低了 24.71%且差异达极显

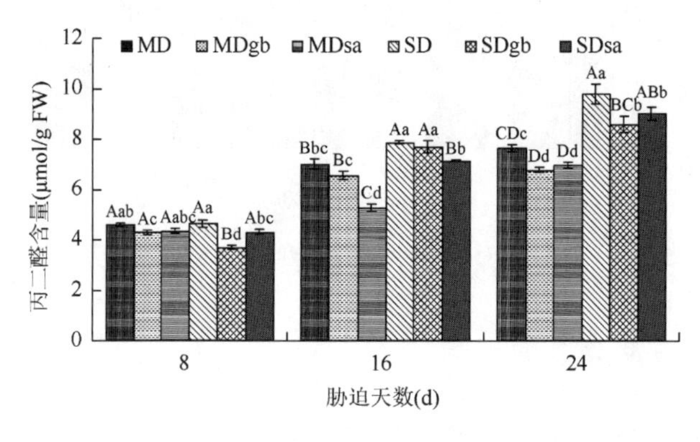

图 5-28　GB、SA 对干旱胁迫下辣椒叶片丙二醛含量的影响

著水平；重度胁迫下，SDsa 与 SD 相比 MDA 含量下降了 9.17%且差异达极显著水平，但 SDgb 与 SD 之间无显著差异。处理第 24 天，在中度胁迫下，MDgb、MDsa 与 MD 相比，MDA 含量分别下降了 14.04%、8.92%，且差异显著；在重度胁迫下，SDgb 与 SD 相比 MDA 含量下降了 12.43%且差异极显著，SDsa 与 SD 相比 MDA 含量下降了 8.17%且差异显著。可见，在干旱胁迫下，GB、SA 能降低 MDA 的含量，减轻干旱对辣椒植株的伤害。

（二）对细胞膜透性的影响

当植物遭受逆境胁迫时，容易造成细胞膜破裂，胞质的胞液外渗。相对电导率是反映植物膜系统状况的一个重要生理生化指标，在受到逆境或者其他损伤的情况下，相对电导率会增大。由图 5-29 可以看出，随着干旱胁迫的延长，各处理辣椒叶片的相对电导率呈上升趋势；在相同土壤含水量下，GB、SA 与干旱处理相比均能降低辣椒叶片的相对电导率。处理第 8 天，在中度胁迫下，MDgb 比 MD 处理相对电导率下降了 11.9%且差异极显著，但 MDsa 与 MD 之间无显著差异；在重度胁迫下，SDgb、SDsa 与 SD 相比相对电导率分别下降了 9.8%、15.7%且差异极显著，并且 SA 处理的效果好于 GB 处理。处理第 16 天，在中度胁迫下，各处理之间无显著差异；在重度胁迫下，SDgb、SDsa 与 SD 相比相对电导率分别下降了 13.1%、9.8%且差异达极显著水平，说明随着胁迫时间的延长，GB 处理的效果变得好于 SA。处理第 24 天，在中度胁迫下，相对电导率为：MD＞MDgb＞MDsa，其中 MD 与 MDsa 之间差异达到显著水平；在重度胁迫下，SDgb、SDsa 与 SD 相比相对电导率分别下降了 15.1%、11.1%且差异极显著。

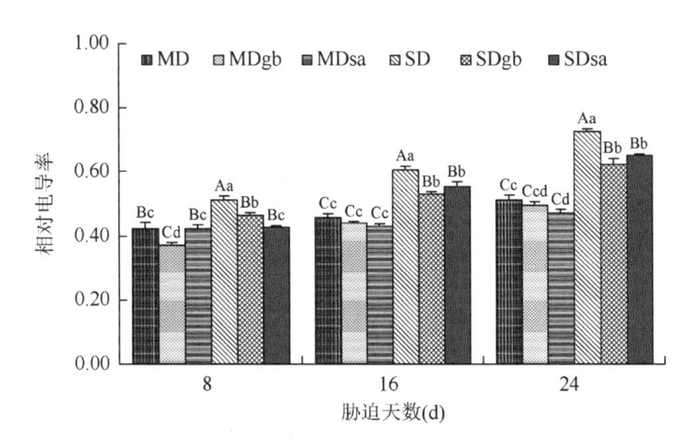

图 5-29　GB、SA 对干旱胁迫下辣椒叶片相对电导率的影响

七、外源生长调节物质对干旱胁迫下辣椒叶片保护酶的影响

（一）对过氧化物酶活性的影响

过氧化物酶（POD）能通过氧化相应基质，清除低浓度的 H_2O_2，SOD 和 POD 的共同作

用能使辣椒体内产生超氧阴离子的速度和酶促清除系统达到平衡，从而降低逆境胁迫对细胞造成的伤害，达到保护植株的目的。过氧化物酶可作为评价抗旱性的生理指标之一。由图 5-30 可知，处理第 8 天，MDsa 处理的 POD 活性较 MDgb、MD 分别高 27.8%、29.4%且差异极显著；SDsa 处理的 POD 活性较 SDgb、SD 分别高 26.0%、35.7%且差异极显著。处理第 16 天，在相同干旱胁迫水平下，施用 GB、SA 的 POD 活性均高于未施用组。处理第 24 天，SDgb 处理的 POD 活性较 SDsa、SD 分别高了 31.7%、38.9%且差异极显著。这说明在干旱胁迫下，施用 GB、SA 可在一定程度上缓解干旱胁迫对辣椒的损害，提高其耐旱性。

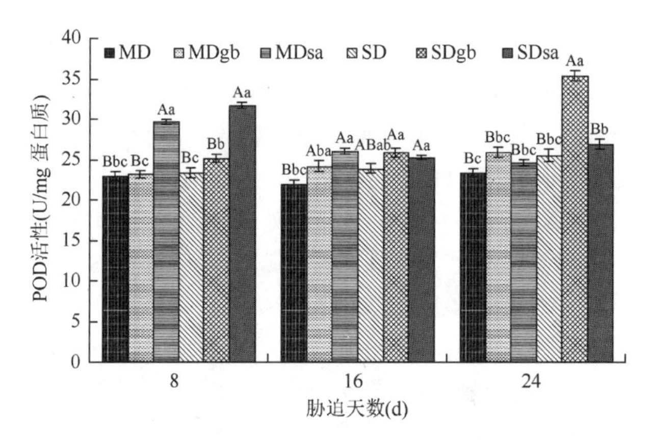

图 5-30　GB、SA 对干旱胁迫下辣椒叶片 POD 活性的影响

（二）对超氧化物歧化酶活性的影响

超氧化物歧化酶（SOD）作为植物内源活性氧清除剂，其活性大小可以用来判断植物的抗逆性大小。其在高等植物体内防御活性氧对细胞膜系统的伤害，清除超氧化物自由基，达到保护植株的目的。由图 5-31 可知，处理第 8 天，MDsa 处理的 SOD 活性较 MD 高 16.5%且差异极显著，SDsa 处理的 SOD 活性较 SD 增加 16.8%。处理第 16 天，MDsa 处理的 SOD 活性较 MD 增加 35.9%且差异极显著。处理第 24 天，MDsa 和 MDgb 处理的 SOD 活性较 MD 分别增加 25.2%、17.4%且差异极显著；SDgb 处理的 SOD 活性较 SD 增加 16.6%且差

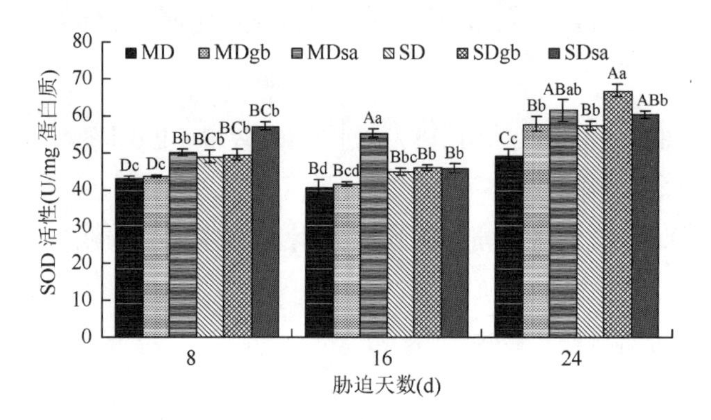

图 5-31　GB、SA 对干旱胁迫下辣椒叶片 SOD 活性的影响

异极显著。这说明在干旱胁迫下，喷施外源 GB、SA 可在一定程度上提高辣椒的 SOD 活性，从而提高其抗旱性。

（三）对过氧化氢酶活性的影响

过氧化氢酶（CAT）作为保护酶之一，普遍存在于植物的所有组织中，其底物为过氧化氢，它能将过氧化氢分解为对植物无害的 H_2O 和 O_2，减少过氧化氢对生物膜系统的伤害，因而其活性与植物的抗逆能力有一定的关系。图 5-32 表明，处理第 8 天，MDgb 处理的 CAT 活性较 MD 高 44.9%且差异极显著，MDsa 处理的 CAT 活性较 MD 高 18.9%但差异不显著，SDgb 和 SDsa 处理的 CAT 活性较 SD 分别高 29.6%、21.1%且差异极显著。处理第 16 天，MDgb 处理的 CAT 活性较 MD 高 11.8%且差异极显著，MDsa 处理的 CAT 活性较 MD 低 7.4%且差异显著，SDgb 和 SDsa 处理的 CAT 活性较 SD 分别高 10.1%、6.7%且差异极显著。处理第 24 天，在中度胁迫下各处理之间无显著差异，但在重度胁迫下 SDgb 和 SDsa 处理的 CAT 活性极显著低于 SD。显然，随着干旱胁迫的持续，GB、SA 处理对辣椒 CAT 活性的影响在第 24 天已明显减弱。

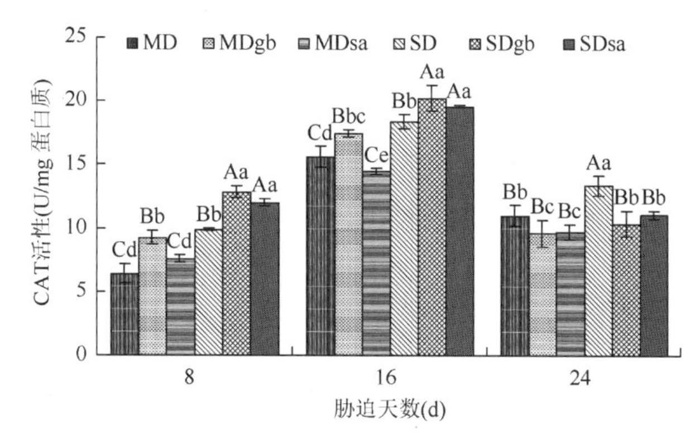

图 5-32　GB、SA 对干旱胁迫下辣椒叶片 CAT 活性的影响

八、外源生长调节物质提高辣椒抗旱性的效果评价

（一）GB 和 SA 处理对辣椒抗旱性影响的综合评价

分别以外源物质处理不同干旱强度的辣椒所测得的 19 个生长和生理指标为依据，采用模糊隶属函数法分析这两种外源物质对辣椒抗旱性的影响，其结果见表 5-3。

表 5-3　GB 和 SA 处理对辣椒抗旱性影响的综合评价

指标	处理		
	H_2O	GB	SA
株高	0.4892	0.4762	0.5239
叶面积	0.4984	0.4780	0.4947
叶片相对含水量	0.5302	0.5257	0.5166

续表

指标	处理		
	H_2O	GB	SA
净光合速率	0.4654	0.5020	0.5225
胞间 CO_2 浓度	0.5654	0.7611	0.5683
蒸腾速率	0.5100	0.4966	0.4946
气孔导度	0.3717	0.4145	0.3793
总叶绿素含量	0.5581	0.5258	0.5488
叶绿素 a 含量	0.5177	0.5191	0.4894
叶绿素 b 含量	0.5316	0.5286	0.4644
类胡萝卜素含量	0.4657	0.5391	0.5456
可溶性蛋白质含量	0.4538	0.4463	0.4355
可溶性糖含量	0.4471	0.5268	0.4806
脯氨酸含量	0.4398	0.5868	0.5055
丙二醛含量	0.5157	0.5658	0.5710
细胞膜透性	0.4355	0.4763	0.4971
SOD 活性	0.4772	0.4811	0.4828
POD 活性	0.4772	0.5504	0.5200
CAT 活性	0.4739	0.4969	0.4414
综合评价值	0.4855	0.5209	0.4991
排序	3	1	2

可以看出，在 3 种处理中，GB 水溶液对提高辣椒抗旱性的效果最好，SA 水溶液处理次之，蒸馏水处理的效果最差，这说明外源 GB、SA 可以有效提高辣椒的抗旱性。

（二）各指标与光合速率的相关性分析

选取各处理的光合相关因子分析它们与净光合速率之间的相关性（表 5-4）。相关分析表明，中度干旱胁迫下，各处理的净光合速率（Pn）与气孔导度（Gs）呈显著正相关，并且施用外源 GB、SA 处理的 Pn 与蒸腾速率（Tr）呈极显著正相关；重度干旱胁迫下，干旱处理的 Pn 与 Gs、Tr 呈极显著正相关，外源 GB、SA 处理的 Pn 与 Gs、Tr 呈显著正相关；Pn 与其他指标的相关程度不显著。因此，干旱胁迫下，外源 GB、SA 处理通过增大气孔导度、改善蒸腾速率来提高叶片的净光合速率。

表 5-4　不同干旱胁迫下 Pn 与光合相关因子的相关系数

处理	气孔导度	胞间 CO_2 浓度	蒸腾速率	水分利用效率	气孔限制值	温度
MD	0.848*	−0.446	0.537	−0.533	−0.054	0.391
MDgb	0.819*	−0.280	0.921**	−0.588	0.280	0.580
MDsa	0.861*	−0.260	0.798**	−0.700	−0.634	0.539
SD	0.896**	−0.090	0.940**	−0.419	−0.068	0.309
SDgb	0.860*	−0.199	0.840*	−0.500	−0.077	0.465
SDsa	0.839*	−0.190	0.867*	−0.626	−0.494	0.469

注：*表示相关系数达显著水平（$P<0.05$）；**表示相关系数达极显著水平（$P<0.01$）

本章小结

1. 干旱胁迫对辣椒开花结果期生理特性的影响

（1）干旱胁迫下，辣椒质膜相对透性增大、丙二醛含量增加，叶绿素含量下降，保护酶（SOD、POD 和 CAT）活性先增大后减少，脯氨酸含量急剧上升。

（2）干旱胁迫下，不同品种表现出明显差异：‘农城椒 2 号’总体上保持着相对较高的叶绿素含量、脯氨酸含量及保护酶（SOD、POD 和 CAT）活性水平，相对较低的质膜透性；而‘陕蔬 2001’的叶绿素含量、脯氨酸含量及保护酶（SOD、POD 和 CAT）活性水平相对较低，质膜透性相对较高。‘农城椒 2 号’抗干旱胁迫的能力高于‘陕蔬 2001’。

（3）水分胁迫下，在 MDA 含量、SOD 活性、POD 活性、CAT 活性、叶绿素含量及脯氨酸含量等指标方面，不同胁迫处理之间是否有差异及差异显著性与处理的天数和品种有很大关系。

2. 干旱胁迫对辣椒开花结果期生长和生理指标抗旱系数的影响

（1）随干旱胁迫时间的延长，辣椒的株高、分枝数、叶面积、单位产量、叶绿素含量和叶片相对含水量的抗旱系数呈下降趋势，下降速率与干旱胁迫程度呈正相关，与品种的抗旱性强弱呈负相关；脯氨酸、丙二醛含量和细胞膜透性的抗旱系数随干旱胁迫时间的延长呈上升趋势；POD、SOD、CAT 活性和可溶性蛋白质含量的抗旱系数随着干旱胁迫时间的延长先升高后下降，抗旱性强的材料增加幅度低于抗旱性弱的材料；可溶性糖含量的抗旱系数在轻度和中度干旱胁迫下呈上升趋势，在重度干旱胁迫下呈上升-下降趋势，且抗旱性强的材料上升速度大于抗旱性弱的材料。

（2）相关分析表明，在干旱胁迫下，产量与株高、分枝数、叶片叶绿素含量、叶面积、叶片相对含水量的抗旱系数呈显著正相关；与细胞膜透性、CAT 活性和可溶性蛋白质含量的抗旱系数呈显著负相关。

3. 辣椒抗旱性鉴定指标筛选

主成分分析表明，主成分 1 主要包括单株产量、株高、叶面积、分枝数、可溶性蛋白质含量、可溶性糖含量、细胞膜透性、叶片相对含水量、MDA 含量、叶绿素含量，可概括为“生长和渗透调节因子”，可将其作为辣椒抗旱性鉴定的主要指标；主成分 2 主要包括叶片 POD、SOD、CAT 活性和脯氨酸含量，可概括为“抗氧化因子”，可将其作为辣椒抗旱性鉴定的次要指标。较强的生长势和渗透调节能力及抗氧化能力是辣椒抗干旱的主要原因。

4. 外源 GB、SA 对干旱胁迫下辣椒形态特征及生理特性的影响

（1）在干旱胁迫下，GB、SA 处理对辣椒株高、叶面积的影响不明显，但可提高叶片相对含水量，提高效果为：GB＞SA。

（2）GB、SA 处理能提高辣椒叶片的蒸腾速率，增大气孔导度，增加胞间 CO_2 浓度，降低气孔限制值，改善光合性能，缓解气孔因素和非气孔因素的限制作用，从而提高辣椒叶片的净光合速率，提高效果为：GB＞SA；但由于 GB、SA 处理使叶片气孔导度、蒸腾速率增加，从而造成叶片水分利用效率降低。

（3）GB、SA 处理能促进干旱胁迫下辣椒叶片的可溶性糖、游离脯氨酸的积累，SA 处理的可溶性糖含量高于 GB 处理，而 GB 处理的脯氨酸含量高于 SA 处理。但是，SA 处理对中度干旱胁迫中期、后期叶片脯氨酸的累积表现为抑制作用。此外，SA 处理在干旱胁迫期间和 GB 处理在重度胁迫后期的可溶性蛋白质含量呈降低趋势。

（4）GB、SA 处理使干旱胁迫下辣椒叶片具有相对较小的电导率和相对较低的 MDA 含量，这表明 GB、SA 能够稳定干旱胁迫下辣椒叶片的细胞膜，减轻干旱胁迫对细胞造成的伤害。

（5）GB、SA 处理能在一定程度上提高干旱胁迫下辣椒叶片的 POD、SOD、CAT 等抗氧化酶的活性，并且两者存在差异，表现为：干旱初期 SA 处理的 POD 活性高于 GB 处理，而干旱后期为 GB 处理高于 SA 处理；在中度胁迫下及重度胁迫前期，SA 处理的 SOD 活性比 GB 处理高，而重度胁迫后期 GB 处理的 SOD 活性高于 SA 处理；在胁迫前期，GB、SA 处理能提高 CAT 的活性，随着胁迫的持续，其作用逐渐降低。

（6）在干旱胁迫初期，GB、SA 处理降低了辣椒的叶绿素 a 含量、叶绿素 b 含量、叶绿素 a/b、总叶绿素含量和类胡萝卜素含量；胁迫中期，GB、SA 处理的叶绿素 b 和类胡萝卜素含量升高，叶绿素 a 含量和叶绿素 a/b 降低，总叶绿素含量与干旱处理持平；胁迫后期，GB、SA 处理的叶绿素 a 含量、叶绿素 b 含量、叶绿素 a/b、总叶绿素含量、类胡萝卜素含量与干旱处理持平。

（7）采用模糊隶属函数法的综合评价结果表明，GB、SA 处理均能提高辣椒的抗旱性，且 GB 处理的综合效果优于 SA 处理。

参 考 文 献

[1] Okunlola G O，Olatunji O A，Akinwale R O，et al. Physiological response of the three most cultivated pepper species（*Capsicum* spp.）in Africa to drought stress imposed at three stages of growth and development[J]. Scientia Horticulturae，2017，224：198-205.

[2] Sahitya U L，Krishna M S R，Suneetha P. Integrated approaches to study the drought tolerance mechanism in hot pepper（*Capsicum annuum* L.）[J]. Physiology and Molecular Biology of Plants，2019，25（3）：637-647.

[3] Mardani S，Tabatabaei S H，Pessarakli M，et al. Physiological responses of pepper plant（*Capsicum annuum* L.）to drought stress[J]. Journal of Plant Nutrition，2017，40（10）：1453-1464.

[4] Anjum S A，Farooq M，Xie X，et al. Antioxidant defense system and proline accumulation enables hot pepper to perform better under drought[J]. Scientia Horticulturae，2012，140：66-73.

[5] 谢小玉，马仲炼，白鹏，等. 辣椒开花结果期对干旱胁迫的形态与生理响应[J]. 生态学报，2014，34（13）：3797-3805.

[6] 刘晓建，谢小玉，薛兰兰. 辣椒开花结果期对干旱胁迫响应机制的研究[J]. 西北农业学报，2009，18（5）：246-249.

[7] Wang N，Cao F，Richmond M E A，et al. Foliar application of betaine improves water-deficit stress tolerance in barley（*Hordeum vulgare* L.）[J]. Plant Growth Regulation，2019，89（1）：109-118.

[8] 许高平，刘秀峰，袁文娅，等. 水杨酸和甜菜碱浸种对低温干旱胁迫下玉米苗期生长的影响[J]. 玉米科学，2018，26（6）：50-56.

[9] 谭龙涛，喻春明，陈平，等. 外源水杨酸对干旱胁迫及复水下苎麻生理特性和产量的影响[J]. 核农学报，2016，30（2）：388-395.

[10] 马仲炼，周航飞，谢小玉. 外源水杨酸（SA）与甜菜碱（GB）对干旱胁迫下辣椒开花结果期光合特性的影响[J]. 北方园艺，2019，（11）：18-23.

[11] 马仲炼，周航飞，冉春艳，等. 甜菜碱和水杨酸对干旱胁迫下辣椒开花结果期生理特性的影响[J]. 三峡生态环境监测，2019，4（2）：57-63.

第六章　西南地区旱作农田保护性耕作的效应及模式研究

随着生态环境的不断恶化，水土流失的日趋严重，保护性耕作作为持续农业生产的一种重要手段越来越受到重视。保护性耕作是指通过采用少耕、免耕、地表微地形改造技术及地表覆盖、合理种植等综合配套措施，从而减少农田土壤侵蚀，保护农田生态环境，并获得生态效益、经济效益及社会效益协调发展的可持续农业技术。其核心技术包括少耕、免耕、缓坡地等高耕作、沟垄耕作、残茬覆盖耕作、秸秆覆盖等农田土壤表面耕作技术及其配套的专用机具等，配套技术包括绿色覆盖种植、作物轮作、带状种植、多作种植、合理密植、沙化草地恢复及农田防护林建设等[1]。

在国外，保护性耕作技术被认为是一场土地革命，它能够稳定土壤结构，减少水蚀、风蚀和养分流失，保护土壤以减少地面水分蒸发和径流，充分利用宝贵的水资源，减少劳动力、机械设备、能源和物质的投入，提高劳动生产率。再者，保护性耕作技术还有利于改善农田生态环境，减缓生态环境恶化的趋势。20 世纪 30 年代北美大陆遭遇了前所未有的"黑风暴"，1943 年美国农民 Faulkner 用圆盘耙表土作业结合作物残茬覆盖措施进行了耕作改革实践，其影响引起了人们对传统耕作措施的反思与质疑，同时也揭开了世界各地开展保护性耕作研究的序幕。20 世纪 70 年代初，Phillips 等在多年实践研究的基础上，出版了 *No-tillage Farming* 一书，这标志着以免耕为核心的保护性农业已进入一个全新时期。随着农业机械及多种化学除草剂的发展，以免耕法为代表的保护性耕作方法在美国、加拿大及澳大利亚等发达国家得到大面积研究、示范和推广[2]。

自 20 世纪 60 年代以来，我国科研工作者开展了大量关于保护性耕作的研究、探索工作，但主要集中在北方干旱、半干旱地区，其研究对象通常以一年一熟制或一年两熟制作物为主，其目的也多以减少风蚀、水蚀或在缺水条件下保证作物不减产为主，形成了一系列适合这些区域的保护性耕作模式。在我国西南丘陵地区，旱作农田普遍采用小麦/玉米/甘薯、马铃薯/玉米/甘薯、小麦/玉米/大豆等"旱三熟"种植模式，但针对这种特殊的"旱三熟"种植模式尚没有形成成熟的保护性耕作技术模式。本章针对西南紫色土丘陵区气候、土壤、种植制度等特点，以小麦/玉米/甘薯（2007～2008 生产年度）和马铃薯/玉米/甘薯（2008～2009 生产年度）两种典型"旱三熟"种植模式为研究对象，探讨传统平作（CK）、垄作（R）、平作+秸秆覆盖（TS）、垄作+秸秆覆盖（RS）、平作+秸秆覆盖+腐熟剂（TSD）、垄作+秸秆覆盖+腐熟剂（RSD）6 种不同耕作措施对农田养分动态变化、土壤水分变化规律、农田生态环境及作物生产力和经济效益的影响，旨在阐明垄作、秸秆覆盖等保水保土耕作技术的生理生态效应、农田水肥效应及其增产机理，进而建立与本区农业资源和种植制度相适应的旱作农田保护性耕作优化技术模式[3]。

第一节　保护性耕作模式对农田土壤养分的影响

一、不同耕作模式对耕层土壤理化性状的影响

传统的耕作法是用机械方法来改变土壤的构造状况，而少耕、免耕则主要利用植物根系的穿插和土壤生物的活动创造土壤结构和改变土壤孔隙。长期的秸秆覆盖极大地改善了土壤结构，增加了地表的糙度，增强了土壤通气透水的能力，提高了农田水分利用效率，从而增强其抗旱能力。吴婕和朱钟麟的研究表明，与裸地相比，秸秆覆盖使土壤容重降低了 1.86%～3.73%，土壤总孔隙度增加了 2.88%～5.76%[4]。免耕使得土壤各级水稳性团聚体增加，降低了土壤容重，有利于土壤水分与土壤空气的相互消长平衡，增大了土壤对环境水、热变化的缓冲能力，为植物生长、微生物生命活动创造了良好的环境。秸秆覆盖免耕还田和地膜覆盖对土壤容重、孔隙度、土壤微团聚体都有不同程度的改善作用，因为覆盖抑制了地表水分蒸发，特别是无效的蒸发，防止表土层的板结，保持土壤良好的通透性，固液气三相比更趋于合理，从而改善了肥力条件，为土壤良好结构的形成奠定了基础[5]。除此之外，有研究表明，少、免耕能增加大于 0.25mm 水稳性团聚体的含量，提高大于 0.05mm 微团聚体的含量，有效地降低了大、中孔隙含量，增大了微小孔隙，使容气度降低，土壤容重减小[6]。

试验发现，秸秆还田覆盖在农田地上部分，其木质部及蛋白质复合体较难分解而残留在土壤中，形成土壤有机质，从而显著增加了土壤有机质含量（表 6-1）。与平作相比，垄作+秸秆覆盖+腐熟剂、平作+秸秆覆盖+腐熟剂、垄作+秸秆覆盖、平作+秸秆覆盖、垄作处理有机质提高率分别为 28.27%、21.30%、16.54%、19.16%、3.44%，其中有秸秆覆盖的处理都达到显著水平。随着有机质含量的增加，土壤团聚体数量增多，通透性改善，垄作+秸秆覆盖+腐熟剂、平作+秸秆覆盖+腐熟剂、垄作+秸秆覆盖、平作+秸秆覆盖容重分别下降了 2.81%、2.48%、3.31%、2.23%，而垄作处理并没有影响土壤容重。在土壤的 pH、全磷、速效钾、速效磷 4 个指标中，各种保护性耕作模式之间无显著性差异；垄作+秸秆覆盖+腐熟剂、平作+秸秆覆盖+腐熟剂、垄作+秸秆覆盖、平作+秸秆覆盖处理与对照平作相比，显著增加了土壤中全钾、碱解氮的含量，而垄作处理与对照平作无显著差异，这说明是秸秆覆盖处理提高了这两个指标的含量，垄作对此影响不大。

表 6-1　不同处理的土壤理化性状

处理	pH	有机质含量（g/kg）	容重（g/cm³）	全氮含量（g/kg）	全磷含量（g/kg）	全钾含量（g/kg）	碱解氮含量（mg/kg）	速效磷含量（mg/kg）	速效钾含量（mg/kg）
CK	6.41	34.03c	1.21b	1.93c	1.46	31.76c	38.01b	17.74	190.70
R	6.40	35.20c	1.21b	1.93c	1.45	33.28bc	38.07b	17.54	187.99
TS	6.58	40.55ab	1.183a	1.97a	1.48	35.85ab	40.06a	19.34	204.27
RS	6.61	39.66b	1.17a	1.97a	1.47	35.99ab	40.08a	19.48	212.56

续表

处理	pH	有机质含量（g/kg）	容重（g/cm³）	全氮含量（g/kg）	全磷含量（g/kg）	全钾含量（g/kg）	碱解氮含量（mg/kg）	速效磷含量（mg/kg）	速效钾含量（mg/kg）
TSD	6.54	41.28ab	1.18a	2.01a	1.46	35.21ab	39.08ab	18.83	217.40
RSD	6.57	43.65a	1.176a	2.01a	1.45	36.79a	39.40a	19.96	213.58

注：（1）处理代码：CK 为平作，R 为垄作，TS 为平作+秸秆覆盖，RS 为垄作+秸秆覆盖，TSD 为平作+秸秆覆盖+腐熟剂，RSD 为垄作+秸秆覆盖+腐熟剂；（2）同一列不同小写字母表示差异显著（$P<0.05$），未标注字母表示无显著差异。下同

二、不同耕作模式下耕层土壤碱解氮、速效磷、速效钾含量的变化

土壤碱解氮、速效磷、速效钾是可以被植物直接迅速利用，或经过简单转化而直接利用的氮、磷、钾，常将它们作为土壤氮、磷、钾素有效性的指标。其中，碱解氮含量的高低，取决于有机质含量的高低和质量的好坏及放入氮素化肥数量的多少。有机质含量丰富，熟化程度高，碱解氮含量也高，反之则含量低。碱解氮在土壤中的含量不够稳定，易受土壤水热条件和生物活动的影响而发生变化，但它能反映近期土壤的氮素供应能力。速效磷是土壤有效磷储库中对作物最为有效的部分，也是评价土壤供磷水平的重要指标。不同的土壤类型、生态区、种植模式、施肥方式、耕作模式等都会对土壤中的碱解氮、速效磷、速效钾产生影响，并且随着时间的推移，土壤中的速效氮、磷、钾含量也存在不同程度的动态变化，了解其变化规律可以在整个作物生长期内采取相应的管理措施。

在西南地区“麦/玉/薯”种植模式下，整个作物生长期内，垄作措施对 0～20cm 土层土壤碱解氮、速效磷无明显影响，但在 7 月甘薯处于分枝期快速生长的时候，甘薯需钾量增大，速效钾含量会比平作略降低。秸秆覆盖措施使耕层土壤碱解氮、速效磷、速效钾含量都有所提高。腐熟剂能够强烈分解纤维素、半纤维素，它是由木质素的嗜热细菌、耐热细菌、真菌、放线菌和生物酶组成的。在适宜条件下能迅速将秸秆堆料中的碳、氮、磷、钾、硫等分解矿化，形成简单有机物，从而进一步分解为作物可吸收的营养成分。秸秆覆盖加上施用腐熟剂可增加耕层土壤碱解氮、速效钾含量，并且碱解氮含量在作物生长前期释放作用强烈，后期含量比不施用腐熟剂的含量低，甘薯生长后期忌多氮肥，有利于甘薯薯块膨大。

表 6-2 列出的是在两年连续“旱三熟”种植条件下，5 种不同保护性耕作模式对 0～20cm 土层土壤碱解氮含量的动态变化。可以看出，平作+秸秆覆盖、垄作+秸秆覆盖、平作+秸秆覆盖+腐熟剂、垄作+秸秆覆盖+腐熟剂处理在整个试验期内土壤碱解氮含量与对照平作相比，差异均达到显著水平，而垄作处理与对照无显著差异；同时在整个试验阶段内平作+秸秆覆盖和垄作+秸秆覆盖、平作+秸秆覆盖+腐熟剂和垄作+秸秆覆盖+腐熟剂之间的变化趋势一致且无显著性差异。这说明秸秆覆盖措施有利于提高土壤碱解氮含量，而垄作措施对此并无影响。在 2008 年 3～5 月和 2009 年 3～5 月土壤碱解氮的含量趋势为：秸秆覆盖+腐熟剂＞秸秆覆盖＞不覆盖，而在 2008 年 10 月和 2009 年 10 月，土壤碱解氮的含量排列顺序均为：垄作+秸秆覆盖＞平作+秸秆覆盖＞垄作+秸秆覆盖+腐熟剂＞平作+秸秆覆盖+腐熟剂＞垄作＞平作。这说明 3～5 月腐熟剂加快秸秆分解，提高碱解氮含量，

而经过高温多雨的夏季，碱解氮流失严重，且由于腐熟剂作用，后期秸秆减少，因此 10 月垄作+秸秆覆盖和平作+秸秆覆盖处理的土壤碱解氮的含量高于垄作+秸秆覆盖+腐熟剂处理和平作+秸秆覆盖+腐熟剂处理。

表 6-2 不同处理 0～20cm 土层土壤碱解氮含量（mg/kg）的动态变化

处理	2007-11	2008-03	2008-05	2008-07	2008-10	2009-03	2009-05	2009-07	2009-10
CK	38.23	37.89c	37.86c	39.11b	37.66b	38.09b	39.98b	37.49b	38.01b
R	38.23	38.21bc	38.39c	39.03b	37.71b	38.62b	40.27b	37.54b	38.04b
TS	38.23	39.54abc	41.92b	41.91a	39.74a	43.48a	43.13ab	39.57a	40.06a
RS	38.23	40.11ab	42.10ab	42.24a	39.76a	43.00a	43.02ab	39.59a	40.08a
TSD	38.23	41.17a	43.48a	43.98a	38.69ab	45.04a	44.74a	39.19a	39.08ab
RSD	38.23	41.45a	43.28a	43.17a	38.71ab	44.84a	43.87a	39.04a	39.40a

表 6-3 列出的是不同处理 0～20cm 土层土壤速效磷含量的动态变化。可以看出，土壤速效磷含量变化具有一定的规律性：3 月基本处于全年最高值，5 月下旬玉米进入雌穗伸长期和雄穗进入小花分化期，生殖生长对速效磷的需求大，因此基本降至最低点，7～10 月速效磷含量逐渐减少。经过两年连续试验，与对照平作相比，垄作+秸秆覆盖+腐熟剂、平作+秸秆覆盖+腐熟剂、垄作+秸秆覆盖、平作+秸秆覆盖处理速效钾含量分别提高了 12.51%、6.14%、9.75%、9.01%。而垄作处理比对照减少了 1.13%。

表 6-3 不同处理 0～20cm 土层土壤速效磷含量（mg/kg）的动态变化

处理	2007-11	2008-03	2008-05	2008-07	2008-10	2009-03	2009-05	2009-07	2009-10
CK	18.34	23.39	15.63	19.83	17.97	19.51	17.14	19.59	17.74
R	18.34	21.09	16.13	19.96	17.80	21.21	18.20	19.72	17.54
TS	18.34	20.05	17.26	21.59	19.60	20.17	18.67	21.35	19.34
RS	18.34	19.72	17.35	19.93	19.69	19.84	18.76	19.35	19.47
TSD	18.34	20.36	16.41	20.58	19.08	22.15	17.82	20.34	18.83
RSD	18.34	21.57	17.48	21.41	20.16	22.02	18.89	21.18	19.96

表 6-4 列出的是不同处理 0～20cm 土层土壤速效钾含量的动态变化。可以看出，不同处理下土壤速效钾含量随着月份、作物生育期的波动较大，3 月小麦处于抽穗期，玉米处于苗期，对钾的吸收量很大，因此速效钾含量最低；5 月小麦收获后还田，经过分解，将秸秆钾素释放出来，因此速效钾含量有所提高，而且加了腐熟剂处理（垄作+秸秆覆盖+腐熟剂、平作+秸秆覆盖+腐熟剂）效果更为明显；7 月甘薯处于分枝期，需钾量增大，所以速效钾含量略为降低；10 月由于玉米秸秆的分解作用，土壤速效钾含量保持相对高的含量。经过两年连续试验，与对照平作相比，垄作+秸秆覆盖+腐熟剂、平作+秸秆覆盖+腐熟剂、垄作+秸秆覆盖、平作+秸秆覆盖处理速效钾含量分别提高了 12.00%、14.00%、

11.64%、7.12%。而垄作处理比对照减少了1.42%，这是由于起垄使覆土深厚，土层松软，有利于块根（块茎）发育，同时改善了中后期田间通风透光条件，减轻了荫蔽，提高了光合效率，增大了昼夜温差，促进了薯类的生长，消耗了更多的速效钾。

表 6-4　不同处理 0～20cm 土层土壤速效钾含量（mg/kg）的动态变化

处理	2007-11	2008-03	2008-05	2008-07	2008-10	2009-03	2009-05	2009-07	2009-10
CK	170.13	166.16	188.39	165.43d	188.26	165.94b	190.12	181.89	190.70
R	170.13	170.95	180.87	172.12cd	185.54	165.77b	184.08	180.85	187.99
TS	170.13	175.47	203.15	173.94bcd	201.17	170.29ab	206.36	200.13	204.28
RS	170.13	180.99	213.11	180.96abc	209.12	175.81a	216.32	213.42	212.56
TSD	170.13	176.60	220.88	186.00ab	214.55	174.75ab	223.09	214.19	217.40
RSD	170.13	178.80	213.13	189.90a	211.14	173.62ab	216.34	210.78	213.58

三、不同耕作模式下耕层土壤全氮、全磷、全钾含量的变化

土壤全氮是指土壤中各种形态氮素含量的总和，包括有机态氮和无机态氮，但不包括土壤空气中的分子态氮。土壤全氮含量随土壤深度的增加而急剧降低。土壤全氮含量处于动态变化之中，它的消长取决于氮素积累和消耗的相对多寡，特别是取决于土壤有机质的生物积累和水解作用。对于自然土壤来说，达到稳定水平时，其全氮含量的平衡值是气候、地形或地貌、植被和生物、母质及成土年龄或时间的函数。对于耕种土壤来说，除前述因素外，还取决于利用方式、轮作制度、施肥制度及耕作和灌溉制度等。其中，不同的保护性耕作模式对土壤全氮的影响也存在差异。

从表 6-5 可以看出，经过两年连续保护性耕作试验，与对照平作相比，垄作+秸秆覆盖+腐熟剂、平作+秸秆覆盖+腐熟剂、垄作+秸秆覆盖、平作+秸秆覆盖、垄作处理的 0～20cm 土层土壤全氮含量分别提高了 3.68%、5.79%、1.58%、5.79%、2.11%，差异均达到显著水平。在整个试验期内，土壤全氮含量变化均为：垄作＞平作，平作+秸秆覆盖＞垄作+秸秆覆盖，平作+秸秆覆盖+腐熟剂＞垄作+秸秆覆盖+腐熟剂，秸秆覆盖处理的全氮含量都大于无秸秆覆盖处理，但秸秆覆盖处理与秸秆覆盖+腐熟剂处理并无差异。

表 6-5　不同处理 0～20cm 土层土壤全氮含量（g/kg）的动态变化

处理	2007-11	2008-03	2008-05	2008-07	2008-10	2009-03	2009-05	2009-07	2009-10
CK	1.68	1.68c	1.74	1.70b	1.61b	1.68	1.71b	1.69	1.90a
R	1.68	1.73bc	1.75	1.72ab	1.62b	1.70	1.75ab	1.70	1.94ab
TS	1.68	1.82a	1.79	1.76ab	1.72a	1.73	1.82a	1.74	2.01a
RS	1.68	1.70c	1.79	1.75ab	1.71a	1.72	1.74b	1.73	1.93a
TSD	1.68	1.79ab	1.78	1.76a	1.70a	1.75	1.82a	1.74	2.01a
RSD	1.68	1.75abc	1.77	1.75ab	1.69a	1.72	1.78ab	1.73	1.97ab

土壤全磷指的是土壤全磷量，即磷的总贮量，包括有机磷和无机磷两大类。土壤中的磷素大部分是以迟效性状态存在，因此土壤全磷含量并不能作为土壤磷素供应的指标，全磷含量高时并不意味着磷素供应充足，而全磷含量低于某一水平时，却可能意味着磷素供应不足。

由表 6-6 可以看出，保护性耕作对三熟制农田 0～20cm 土层土壤全磷含量未产生明显的影响，不同处理之间无显著性差异。这是由于磷肥的特点是化学固定性强，在土壤中的移动性弱，当季作物利用率低，尤其在干旱年份甚至更低，并且秸秆中含磷量不大。因此在农业生产中应注意在作物生殖生长期增施磷肥。

表 6-6　不同处理 0～20cm 土层土壤全磷含量（g/kg）的动态变化

处理	2007-11	2008-03	2008-05	2008-07	2008-10	2009-03	2009-05	2009-07	2009-10
CK	1.46	1.49	1.50	1.51	1.45	1.47	1.47	1.43	1.46
R	1.46	1.48	1.48	1.50	1.43	1.45	1.46	1.41	1.45
TS	1.46	1.50	1.50	1.51	1.46	1.47	1.47	1.42	1.48
RS	1.46	1.49	1.50	1.54	1.45	1.47	1.50	1.45	1.47
TSD	1.46	1.50	1.50	1.50	1.44	1.47	1.48	1.41	1.46
RSD	1.46	1.46	1.48	1.51	1.43	1.43	1.47	1.44	1.45

土壤全钾是指土壤中含有的全部钾，是水溶性钾、交换性钾、非交换性钾和结构态钾的总和。钾在植物生长发育过程中，参与 60 种以上酶系统的活化、光合作用、同化产物的运输、碳水化合物的代谢和蛋白质的合成等过程。其在农作物产量形成、高产、优质和增强抗逆性方面起着重要的作用，提高土壤钾素肥力，维持农田钾的平衡，尤其是避免钾的过度耗竭，是培育土壤肥力的重要目标之一。而在不同的保护性耕作模式下，随着作物的生长发育，全钾含量的变化也存在一定差异。

从表 6-7 可以看出，经过两年试验后，与对照平作相比，垄作+秸秆覆盖+腐熟剂、平作+秸秆覆盖+腐熟剂、垄作+秸秆覆盖、平作+秸秆覆盖处理的 0～20cm 土层土壤全钾含量分别提高了 15.81%、10.86%、13.29%、12.88%，差异均达到显著水平。这是由于垄作+秸秆覆盖+腐熟剂、平作+秸秆覆盖+腐熟剂、垄作+秸秆覆盖、平作+秸秆覆盖通过秸秆还田补充了土壤全钾含量。两个年度 10 月的耕层土壤全钾含量基本处于全年最低水平，这是由于甘薯整个生育期吸收了大量的钾肥。

表 6-7　不同处理 0～20cm 土层土壤全钾含量（g/kg）的动态变化

处理	2007-11	2008-03	2008-05	2008-07	2008-10	2009-03	2009-05	2009-07	2009-10
CK	34.54	36.58	32.99cd	32.58	29.41	35.25	31.79cd	34.70c	31.76c
R	34.54	36.68	29.41d	33.77	30.60	35.35	28.21d	35.89bc	33.28bc
TS	34.54	37.63	35.56bc	36.33	33.16	36.30	34.36bc	38.45ab	35.85ab

续表

处理	2007-11	2008-03	2008-05	2008-07	2008-10	2009-03	2009-05	2009-07	2009-10
RS	34.54	37.42	37.71abc	36.80	33.64	36.09	36.51abc	38.93ab	35.98ab
TSD	34.54	40.04	40.81a	36.36	33.19	38.71	39.61a	38.48ab	35.21ab
RSD	34.54	39.25	40.18ab	37.60	34.43	37.92	38.98ab	39.72a	36.78a

四、不同耕作模式下耕层土壤有机质含量的变化

土壤有机质泛指土壤中来源于生命的物质。土壤有机质是土壤固相部分的重要组分，是植物营养的主要来源之一，能促进植物的生长发育，改善土壤的物理性质，促进微生物和土壤生物的活动，促进土壤中营养元素的分解，提高土壤的保肥性和缓冲性。它与土壤的结构性、通气性、渗透性、吸附性和缓冲性有密切的关系，通常在其他条件相同或相近的情况下，在一定含量范围内，有机质的含量与土壤肥力水平呈正相关。

从表 6-8 可以看出，经过两年试验后，与对照平作相比，垄作+秸秆覆盖+腐熟剂、平作+秸秆覆盖+腐熟剂、垄作+秸秆覆盖、平作+秸秆覆盖处理的 0～20cm 土层土壤有机质含量分别提高了 28.27%、21.30%、16.54%、19.19%，差异均达到显著水平，而垄作处理与对照差异不显著。每年有机质的变化趋势均为一致，随着时间的推移，土壤有机质含量逐步提高，且垄作+秸秆覆盖+腐熟剂、平作+秸秆覆盖+腐熟剂处理比垄作+秸秆覆盖、平作+秸秆覆盖处理的效果要好。

表 6-8　不同处理 0～20cm 土层土壤有机质含量（g/kg）的动态变化

处理	2007-11	2008-03	2008-05	2008-07	2008-10	2009-03	2009-05	2009-07	2009-10
CK	28.00	30.26b	30.19	32.79d	34.01c	31.56b	30.67	31.90b	34.03c
R	28.00	30.34b	31.09	34.15cd	35.24c	32.92b	31.87	33.30b	35.20c
TS	28.00	34.31ab	32.08	39.21ab	40.74ab	37.98a	32.87	38.32a	40.55ab
RS	28.00	34.99ab	35.59	37.85bc	39.70b	36.62a	36.04	38.29a	39.66b
TSD	28.00	35.77ab	35.48	39.11ab	40.98ab	38.21a	35.66	39.57a	41.28ab
RSD	28.00	37.04a	40.20	42.14a	44.02a	39.91a	40.68	41.25a	43.65a

五、不同耕作模式下耕层土壤 pH 的变化

土壤酸碱性是土壤溶液的重要性质，也是影响土壤肥力的另一个重要因素。土壤的酸碱性会严重影响农作物的生长和发育，不同的作物对土壤酸碱性的适应能力不同。除此之外，土壤酸碱性与农作物养分的有效性也密切相关，土壤中有机态养分要经过微生物参与活动，才能使之转化为速效态养分供农作物直接吸收，而参与有机质分解的微生物大多数在接近中性的环境下生长发育。因此，土壤养分的有效性一般以接近中性反应时为最大。

从表 6-9 可以看出，在整个试验期内，pH 变化趋势较为一致，都是垄作+秸秆覆盖+腐熟剂、平作+秸秆覆盖+腐熟剂、垄作+秸秆覆盖、平作+秸秆覆盖要高于对照，而垄作处理与对照差异不明显，垄作与腐熟剂措施对 pH 的影响不大。经过两年试验后，与对照平作相比，垄作+秸秆覆盖+腐熟剂、平作+秸秆覆盖+腐熟剂、垄作+秸秆覆盖、平作+秸秆覆盖处理的 0～20cm 土层土壤有机质含量分别提高了 2.50%、2.03%、3.12%、2.65%。土壤酸碱度不仅直接影响作物的生长，而且与土壤有机质的合成与分解，氮、磷元素的转化和释放，微量元素的有效性等都有密切关系。西南紫色土属于酸性土壤，pH 的提高表明保护性耕作措施有利于改善耕层土壤理化特性，提高供肥能力。

表 6-9 不同处理 0～20cm 土层土壤 pH 的动态变化

处理	2007-11	2008-03	2008-05	2008-07	2008-10	2009-03	2009-05	2009-07	2009-10
CK	6.47	6.20	6.23	6.23	6.23	6.18	6.36	6.15	6.41
R	6.47	6.22	6.17	6.18	6.22	6.21	6.31	6.11	6.40
TS	6.47	6.40	6.29	6.25	6.40	6.39	6.42	6.19	6.58
RS	6.47	6.41	6.32	6.26	6.43	6.43	6.45	6.23	6.61
TSD	6.47	6.34	6.28	6.29	6.36	6.35	6.41	6.22	6.54
RSD	6.47	6.35	6.28	6.28	6.39	6.33	6.42	6.22	6.57

第二节 保护性耕作模式对农田生态环境的影响

农田水土流失已经成为制约我国干旱、半干旱及季节性干旱山区农业发展的主要问题，自然灾害及人类耕作方式不当对农田环境产生的危害也正在进一步加剧。为改善农田生态环境，提高旱区农业的实际生产效益，旱区农田保护性耕作技术逐渐得到政府部门和群众的重视并成为现代耕作学研究的热点之一。保护性耕作措施在改善农田作物生长环境方面的作用包括：有效提高农田水分利用效率，有效保持水土，大幅度地减少水土流失，控制农田土壤沙化，减少地表径流量，降低农田地表土壤养分和水分的流失，有效提高土壤生物和微生物的数量与活性，增加土壤肥力，改善土壤结构，调节地表温度，减少地表蒸发等。

一、不同耕作模式下耕层土壤蚯蚓数量与生物量的变化

不同的保护性耕作模式对土壤温度、土壤水分、土壤墒情、土壤生物及其他农田生态因子都具有不同程度的影响。例如，秸秆覆盖会影响太阳辐射的吸收转化和土壤热量传导，因而对不同深度、不同观察时刻的土壤温度均有明显的调节作用。本试验中，保护性耕作措施显著降低了 7 月 5cm 与 10cm 土层在 14：00 时的温度，缓解了高温伏旱气候对玉米生长后期造成的伤害。同时对蚯蚓数量与生物量具有显著促进作用，这是由于秸秆覆盖与

垄作措施能够改善土壤理化性质，秸秆腐化后又为蚯蚓提供了丰富的营养，而蚯蚓不仅能促进植物枯枝落叶的降解、有机物的分解和矿化，而且有耕作土壤、改良土壤团粒结构、提高土壤透气、排水和深层排水的能力，增加土壤中的钙、磷等速效养分含量，还可以促进土壤硝化细菌的活动，有“土壤生物反应器”之称，是土壤生态系统中最重要的生物因子之一，因此秸秆覆盖与蚯蚓能形成互作关系，相互促进、改善农田土壤环境。

蚯蚓可以改良土壤，蚯蚓的数量可以作为判断土壤质地好坏的一个重要指标。从图 6-1、图 6-2 可以看出，有秸秆覆盖的处理垄作+秸秆覆盖+腐熟剂、平作+秸秆覆盖+腐熟剂、垄作+秸秆覆盖、平作+秸秆覆盖无论从蚯蚓数量还是从生物量上均比无秸秆覆盖 CK 与垄作高。但是从总体上看，垄作+秸秆覆盖与平作+秸秆覆盖的效果要比垄作+秸秆覆盖+腐熟剂与平作+秸秆覆盖+腐熟剂好，可能是受到秸秆腐熟剂的影响，它能将秸秆快速分解，使覆盖量与覆盖度降低，影响了蚯蚓的生长与繁殖。通过 10 个月（2008 年 10 月至 2009 年 7 月）的调查，农田的蚯蚓数量和生物量与温度变化相关，5、6 月出现高峰值，这与农田生态系统主要受温度影响的结论一致。

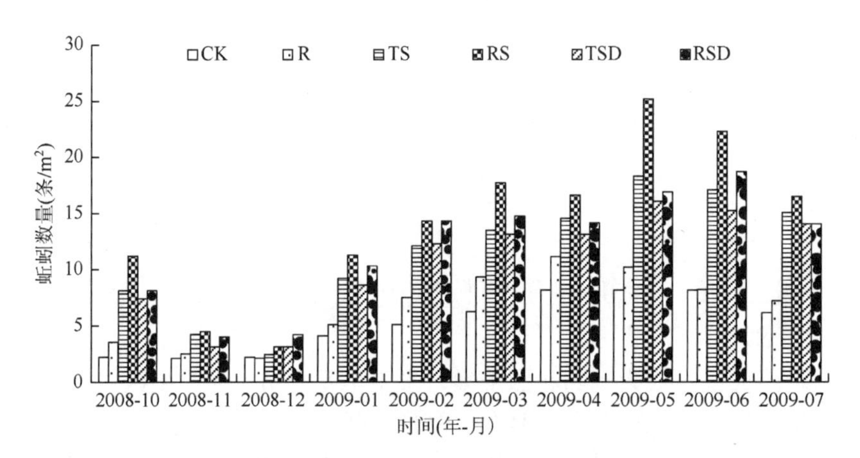

图 6-1 不同处理蚯蚓种群数量动态变化

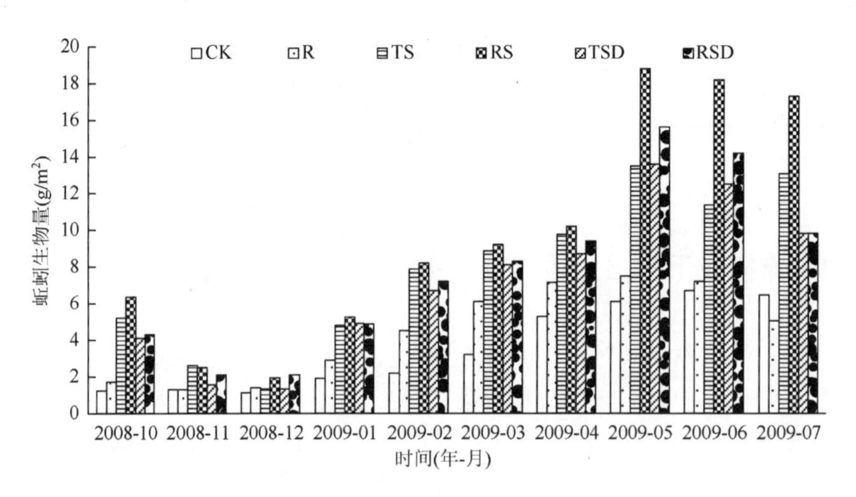

图 6-2 不同处理蚯蚓生物量动态变化

二、不同耕作模式下农田杂草的变化

在保护性耕作生产实践中，抑制杂草始终处于耕作技术的核心地位。而秸秆覆盖处理在其遮阴作用、养分竞争、生物他感作用、机械阻力、减少温度波动及生态占位的作用下，能够抑制与延缓杂草种子的发芽，降低杂草的生物量与平均株高，缓解杂草与作物竞争水分、养分和光照的矛盾。本试验中，秸秆覆盖抑制杂草效应与对照相比达到极显著水平，其中秸秆覆盖处理抑制杂草的作用明显强于秸秆覆盖+腐熟剂处理，这是因为腐熟剂加快了秸秆腐化，降低了其覆盖度，减少了机械阻力，影响了抑制杂草的效果。

杂草与农作物争夺水分、养分、光照和空间，而实施保护性耕作过程中这个问题更为突出。本试验田由于常年种植农作物，杂草生长和发生情况与周边地区一致，杂草种类单一，具有地区代表性。通过 2009 年 1 月、3 月、5 月的杂草调查，从表 6-10 可以看出，5 种不同处理对杂草具有不同的抑制效果，控制效果从高到低的顺序为：垄作+秸秆覆盖＞平作+秸秆覆盖＞平作+秸秆覆盖+腐熟剂＞垄作+秸秆覆盖+腐熟剂＞平作（CK）＞垄作，其中秸秆覆盖相对于无秸秆覆盖处理无论从杂草高度、密度还是生物量上都具有极显著的效果，而起垄与平作两种措施没有出现显著差异。另外，垄作+秸秆覆盖、平作+秸秆覆盖的效果要好于平作+秸秆覆盖+腐熟剂、垄作+秸秆覆盖+腐熟剂处理，原因是受到秸秆腐熟剂的影响，它能将秸秆快速分解，使覆盖量与覆盖度降低，为杂草腾出了更多的生长空间。

表 6-10 不同处理的杂草控制效应及 LSD 多重比较

处理	高度（cm）	密度（株/m^2）	生物量（g/m^2）
CK	33.00Aa	654.33Aa	223.00Aa
R	32.66Aa	674.66Aa	234.00Aa
TS	16.00Bb	182.00Bb	67.66Bb
RS	17.00Bb	203.33Bb	66.33Bb
TSD	19.66ABb	240.66Bb	95.66Bb
RSD	21.00ABb	260.00Bb	101.33Bb

注：同一列不同小写字母表示差异显著（$P<0.05$），不同大写字母表示差异极显著（$P<0.01$）

三、不同耕作模式对耕层土壤温度的影响

保护性耕作具有调节土壤温度的良好效应，农田秸秆覆盖会对光辐射吸收转化和热量传导产生影响。当外界温度很高时，秸秆覆盖层大量吸收短波辐射，降低热量交换速率，使一部分热量储存于秸秆内，起到降低土壤温度的作用；当外界温度很低时，即长波辐射大于短波辐射时，秸秆覆盖层又可以释放长波辐射起到保温作用，因此平抑了地温的变化幅度。在晴天和阴天 8：00～20：00 测定了不同处理的地表，以及地下 5cm、10cm、15cm

和 20cm 的地温，发现无论是晴天还是阴天，在不同覆盖条件下地温均随着土层深度的增加而降低。

保护性耕作对土壤温度的影响是多方面的，许多学者从秸秆覆盖量和秸秆覆盖方位等角度出发进行研究，得到的结论比较一致。保护性耕作造成土壤温度的“降温效应”和“增温效应”这个结论得到广泛的认同，冬季保护性耕作麦田的土壤温度较其他耕法高，而春季则地温降低，同时温度回升慢，土壤“降温效应”和“增温效应”对作物的生长有比较有利的方面。冬季的“增温效应”有减轻小麦冻害、降低死苗率、保证小麦安全越冬及促进小麦根系发育的作用；小麦生育后期耕层土壤的“降温效应”，有利于防御干热风对小麦的危害，也有利于后茬作物（夏玉米）苗期的生长发育。同时在春季有调节麦田地温的滞后作用，可抗御“倒春寒”不利气候对小麦的危害，促进小麦个体和群体的协调发育。土壤“降温效应”和“增温效应”对作物的生长也会有一些不利的方面，冬小麦春季返青后的“降温效应”对冬小麦返青和春季分蘖不利，随着小麦叶面积的增大，4～5 月覆盖与对照之间的温差逐渐变小。

本试验连续两年选择 7 月 5～14 日作为土温的考察阶段，每天测量 3 次，分别是 8：00、14：00、20：00。从表 6-11 可以看出，在土层 5cm、10cm 处，各处理与对照相比总体上表现出显著的降温效果，有部分时间段出现增温，而在 15cm、20cm 两个土层因处理的不同变化不大。在 5cm 土层中，8：00 时最大降温幅度达到 0.7℃；14：00 时最大降温幅度达到 2.4℃；20：00 时最大降温幅度为 0.52℃。在 10cm 土层中，8：00 时最大降温幅度达到 0.88℃；14：00 时最大降温幅度达到 1.46℃；20：00 时出现增温最大幅度为 0.43℃。其中最为明显的降温出现在 14：00 时的 5cm 与 10cm 土层。

表 6-11　2008 年及 2009 年 7 月不同处理不同土层温度（℃）的变化

土层（cm）	处理	2008 年			2009 年		
		8：00	14：00	20：00	8：00	14：00	20：00
5	CK	28.59a	33.10a	28.12a	28.46a	32.64a	27.67a
	R	28.59a	33.12a	28.25a	28.46a	32.60a	27.78a
	TS	27.92c	31.53bc	27.68b	27.82bc	31.00bc	27.22b
	RS	27.91c	31.76b	27.86ab	27.76c	31.27b	27.42ab
	TSD	28.19b	30.73d	27.60b	28.06b	30.24d	27.16b
	RSD	27.99bc	31.30c	27.68b	27.86bc	30.83c	27.21b
10	CK	27.59a	31.15a	27.18	27.44a	30.66a	26.70b
	R	27.51a	31.12a	27.18	27.38a	30.59a	26.71b
	TS	26.97b	30.12b	27.34	26.84b	29.60b	26.85ab
	RS	26.97b	29.89bc	27.28	26.84b	29.39b	26.80ab
	TSD	26.71c	29.69c	27.53	26.56c	29.21b	27.01ab
	RSD	26.89bc	29.93bc	27.58	26.76bc	29.46b	27.13a
15	CK	27.01a	29.56a	27.00b	26.87	29.12a	26.51
	R	27.12a	29.53a	27.15ab	26.97	29.02ab	26.69
	TS	26.94b	29.29ab	27.19ab	26.79	28.84ab	26.72
	RS	26.90bc	29.39ab	27.38ab	26.77	28.93ab	26.91
	TSD	26.98c	29.46a	27.28ab	26.85	28.92ab	26.81
	RSD	27.07bc	29.10b	27.44a	26.95	28.64b	26.99

续表

土层（cm）	处理	2008 年			2009 年		
		8：00	14：00	20：00	8：00	14：00	20：00
20	CK	26.88ab	29.39	26.98	26.68	28.89	26.51
	R	26.76b	29.23	26.87	26.58	28.77	26.43
	TS	26.86ab	29.40	26.98	26.69	28.94	26.52
	RS	26.96a	29.58	27.09	26.78	29.13	26.61
	TSD	26.78ab	29.49	27.19	26.63	28.98	26.73
	RSD	26.96a	29.34	27.08	26.79	28.89	26.61

第三节　保护性耕作模式对农田土壤水分的影响

水分是制约西南丘陵区农业生产的一个重要因素，各种保护性耕作措施，特别是地表覆盖措施，能直接影响降水的入渗和表层土壤水分蒸发，从而影响土壤水分的再分布过程。因此，研究不同保护性耕作措施下农田土壤水分的变化规律，对于提高作物水分利用效率，进而提高农业生产力有着十分重要的意义。保护性耕作加秸秆覆盖不仅可以稳定地温，同时土壤耕作可以改变表层土壤水力学性质，而秸秆覆盖在抑制土壤水分蒸发的同时减少了土壤板结，从而提高了水分入渗，增加了土壤持水量和入渗量，提高了土壤含水量，增加了水分贮存量，所以免耕和秸秆覆盖具有较好的保水效果。在干旱年份，保护性耕作使农田保持较高的土壤含水量，可避免作物由干旱而导致的大量减产。研究表明，免耕可增加土壤含水量，提高土壤水分的有效性，特别是表层区域水分的有效性[7]。可见，保护性耕作对于土壤含水量、土壤水分利用效率等都有增加作用，应研究相应的技术措施，从而更好地利用与增强保护性耕作这一有利方面。

一、不同耕作模式下 0～80cm 土层土壤贮水量的变化

秸秆覆盖保护耕作法具有保水、保墒、改土和增产的效果，主要体现在它改变了农田生态小气候和传统耕作作物的“土壤-作物-大气”三者循环系统，进而影响作物的生长发育。秸秆覆盖提高土壤水分的具体原理是能在土表层形成较小的水循环系统，这能使由土壤热传导作用蒸发上来的水分在秸秆下表面凝结成水滴又返回土壤，使地表 20cm 土层在长期无降水补给时仍能维持较高的含水量。垄作调节土壤水分主要体现在横坡起垄，在减少降水径流的同时也提供充分的缓冲时间让天然降水渗入深层土壤。但垄作增加了地表面积，使蒸发量增大，从而使 0～80cm 土壤含水量减少。因此说垄作对水分的作用比较复杂，虽然不及秸秆覆盖明显地提高了土壤贮水量，但其调节能力更强，特别是针对薯类作物，它改善了土壤通气性，增加了土体与大气的交界面，昼夜温差大，有利于田间降湿排水，有利于薯类作物的淀粉积累与薯块膨大。

保护性耕作措施对土壤水分的影响较大，但其影响程度与当年的降水量及分配密切相关。随着降水量的增加，不同处理间土壤贮水量差异增大。整个试验阶段，与平作（CK）

相比，垄作、平作+秸秆覆盖、垄作+秸秆覆盖、平作+秸秆覆盖+腐熟剂、垄作+秸秆覆盖+腐熟剂各处理土壤贮水量均有所增加（图 6-3）。在 2008 年“小麦/玉米/甘薯”试验阶段，与平作（CK）相比，垄作、平作+秸秆覆盖、垄作+秸秆覆盖、平作+秸秆覆盖+腐熟剂、垄作+秸秆覆盖+腐熟剂各处理土壤贮水量分别增加了 2.29～12.34mm、2.96～29.52mm、2.96～53.17mm、4.25～45.75mm 和 4.25～67.28mm。在 2009 年“马铃薯/玉米/甘薯”试验阶段，与平作（CK）相比，垄作、平作+秸秆覆盖、垄作+秸秆覆盖、平作+秸秆覆盖+腐熟剂、垄作+秸秆覆盖+腐熟剂各处理土壤贮水量分别增加了 1.17～12.34mm、4.32～28.53mm、3.91～49.22mm、5.27～43.72mm 和 4.82～62.32mm。

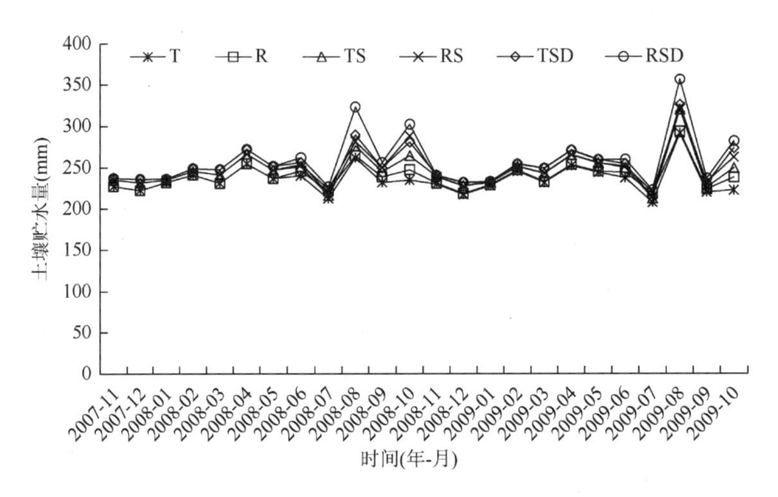

图 6-3 不同处理 0～80cm 土层土壤贮水量的动态变化

二、不同耕作模式下 0～80cm 土层土壤水分的垂直变化

不同保护性耕作对三熟制作物各生育期土壤含水量的影响不同，农田土壤水分垂直变化随降水量变化及不同土壤耕作措施而表现出一定的变化。表 6-12 是实施不同保护性耕作措施后小麦、玉米、甘薯不同生育期 0～80cm 土层土壤平均含水量的变化情况。在小麦、玉米、甘薯三种作物不同生育时期，由于作物长势不同，不同耕作措施的土壤含水量也表现出不同的变化趋势。

由表 6-12 可知，在小麦播种期，对照处理中 4 个土壤层次的含水量相近，处理平作+秸秆覆盖中 20～40cm 土层土壤含水量有明显增加，为 8.77%，其原因是秸秆覆盖起到保持地温的作用，使下层土壤水分往上层运输，并且秸秆覆盖在作物生长前期最能抑制蒸发，保持土壤水分。小麦分蘖期，秸秆覆盖使小麦营养生长旺盛，充分利用土壤水分，60～80cm 土层含水量减少了 3.41%，而平作+秸秆覆盖+腐熟剂处理不同土壤层次含水量的变化不大。

在 0～20cm 土层，垄作+秸秆覆盖+腐熟剂处理比平作（CK）的含水量增加了 6.99%，达到最大变化幅度；而 40～60cm 土层中，垄作处理的含水量只比平作（CK）增加了 0.86%。由此可以看出，0～40cm 土层土壤水分受降水、气温、蒸散、土壤耕作、覆盖等因素及部分作物根系的影响明显，土壤含水量在 21.45%～30.78%变化剧烈。尤其是表层土壤（0～20cm），由于蒸发、作物蒸腾强烈，通常具有较低的含水量。40～60cm 土层是作物根系及深层根系的主要分布层，可调节上下土层水分的变化，是土壤水分消耗与蓄积的源和库，土壤水分变化主要受作物的影响，变幅相对较小。60～80cm 土层基本不受作物和气象因素的影响，相对比较稳定。

表 6-12　“小麦/玉米/甘薯”三熟体系不同生育时期各处理土壤含水量（%）的变化情况

生育期	土层[①]（cm）	处理		
		CK	TS	TSD
小麦播种期（2007-11）	0～20	24.74	24.68	25.31
	20～40	24.17	26.29	24.51
	40～60	24.75	22.93	24.58
	60～80	25.23	24.90	25.40
小麦分蘖期（2008-01）	0～20	26.30	25.63	26.20
	20～40	24.64	24.97	25.59
	40～60	25.76	25.15	26.98
	60～80	26.95	26.03	26.93
小麦拔节期（2008-02）	0～20	24.90	25.76	26.64
	20～40	24.80	25.31	24.70
	40～60	27.16	25.75	25.33
	60～80	25.51	27.12	26.64
小麦抽穗期（玉米移栽期）（2008-03）	0～20	22.81	23.53	21.80
	20～40	22.76	21.45	21.89
	40～60	22.55	22.05	22.60
	60～80	25.00	24.98	24.12
小麦成熟期（玉米拔节期）（2008-05）	0～20	29.00	28.64	30.78
	20～40	28.61	28.00	27.49
	40～60	28.93	29.18	28.15
	60～80	30.06	29.23	29.17

注：①数据范围包括下限，不包括上限。下同

第四节　保护性耕作模式对作物生长发育与生理特性的影响

一、不同耕作模式对作物地上部生长发育的影响

（一）不同耕作模式对小麦生长后期株高的影响

株高是作物形态学调查的最基本指标之一，它与作物产量密切相关。在一定范围内随着株高的增加，产量也相应增加；但是超出一定范围，随着株高的增加，产量反而下降，这是由于叶面积系数已经达到最佳值后，和产量两者关系出现拐点，并且株型过高，

易于倒伏，也会降低产量。作物的株高不仅与作物本身品种有关，还与作物种植密度、田间管理措施、不同的耕作模式有关。其中，不同的保护性耕作模式对作物株高有不同的影响。

作物株高与产量密切有关，将株高控制在适宜的范围内，合理调整株型结构，有利于增加作物的光能利用率，提高作物的产量。由图 6-4 可知，平作+秸秆覆盖、平作+秸秆覆盖+腐熟剂处理之间差异不大，随着小麦生长时间的延续，它们与平作的差异变大。这是秸秆覆盖下小麦抗倒伏能力提高的主要原因。

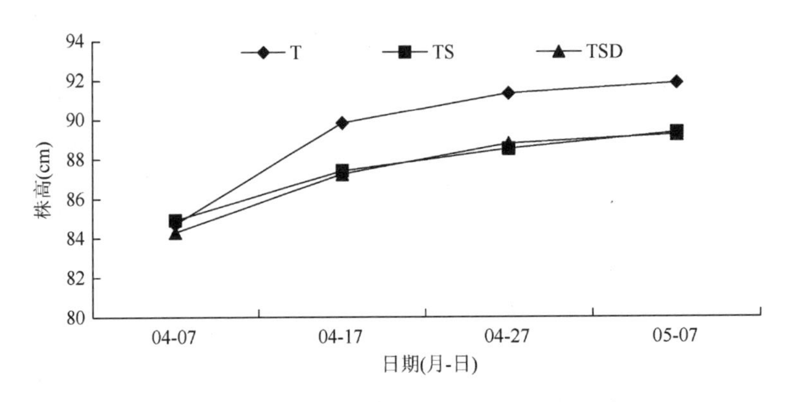

图 6-4　不同秸秆覆盖处理对小麦株高的影响

（二）不同耕作模式对小麦灌浆期干物质分配指数的影响

小麦干物质积累和分配与经济产量有密切关系。小麦抽穗前通过光合作用合成的有机物质大部分应用于植物营养体的建成，形成营养器官，开花后积累的干物质绝大部分供给籽粒。秸秆覆盖和施用腐熟剂能在一定程度上控制株高，但减少幅度很小。小麦抽穗前期干物质主要分配在植株上，穗干重占整个植株干重的比例不足 30%。随着生长时间的延续，干物质积累明显增加，穗干重所占的比例也相应增加；与灌浆前期相比，灌浆后期干物质积累迅速提高，并且不同的保护性耕作措施下小麦植株干物质积累和穗干重增加情况也不一致；灌浆后期到成熟，小麦植株干物质积累没有明显变化，而穗干重继续增加。

由表 6-13 可以看出，小麦灌浆至成熟期，干物质积累明显增加，并且与处理平作相比，平作+秸秆覆盖、平作+秸秆覆盖+腐熟剂使增加幅度变大。灌浆中期（4 月 17～27 日）是小麦生物产量形成的关键时期，干物质积累迅速提高，在平作、平作+秸秆覆盖和平作+秸秆覆盖+腐熟剂处理下，小麦植株干物质积累分别比灌浆前期增加了 15.87%、16.22%和 26.11%，穗干重增加了 67.57%、78.58%和 99.85%。这表明秸秆覆盖提高了土壤肥力，有利于小麦干物质的积累，同时施用腐熟剂这种效果更加明显。灌浆后期到成熟期（4 月 27 日至 5 月 12 日），小麦植株干物质积累没有明显变化，而穗干重继续增加。整个灌浆至成熟过程（4 月 17 日至 5 月 12 日）中，分配指数呈上升趋势，平作+秸秆覆盖、平作+秸秆覆盖+腐熟剂处理比平作分别增加了 138.46%和 142.31%，说明秸秆覆盖和同时施用腐熟剂有利于茎秆中贮藏的干物质向籽粒转移。

表 6-13　不同秸秆覆盖处理对灌浆期小麦干物质分配指数的影响

日期（年-月-日）	处理	植株干重（kg/hm^2）	穗干重（kg/hm^2）	分配指数
2008-04-17	CK	9 838.2	2 519.4	0.26
	TS	10 788.2	3 097.0	0.29
	TSD	11 316.4	3 351.6	0.30
2008-04-27	CK	11 400.0	4 221.8	0.37
	TS	11 434.2	4 499.2	0.39
	TSD	12 407.0	5 035.0	0.41
2008-05-07	CK	11 042.8	5 578.4	0.51
	TS	12 448.8	6 596.8	0.53
	TSD	11 612.8	6 414.4	0.55
2008-05-12	CK	11 053.3	6 708.3	0.61
	TS	12 616.6	7 850.0	0.62
	TSD	11 325.0	7 166.6	0.63

二、不同耕作模式对作物根系发育的影响

土壤水、气、温度、化学性状等因素的综合作用会影响出苗和根系生长，而土壤容重、团聚体、孔隙分布等土壤物理性状会影响土壤水分、土壤通气、土壤温度及土壤的机械阻力，最终通过物理和化学作用影响到作物的生长和产量。一般认为，保护性耕作会提高表层土壤含水量，有利于作物生长。免耕不仅能够增加作物根系集中分布区的土壤水分，提高土壤水分的有效性，还能提高叶面积指数，对作物的生长发育具有积极的意义，尤其是免耕土壤含水量较高，与其他耕作方式相比，更有利于作物苗期的生长。免耕的根系分布浅，但是免耕土壤具备有效的连续性孔隙，有利于根系的生长和侧根的发生，并保持了较强的根系活力，所以并不影响作物的产量。但也有研究发现，免耕由于土壤较高的机械阻力和土壤通气不良情况，会影响作物根系的生长而限制了作物对水分和养分的充分吸收，导致小麦等作物苗期生长弱，最终导致减产。

根系是植物吸收、转化和储藏营养物质的重要器官，其生长的好坏直接影响到地上部产量和植物的水土保持能力。根系大小及在土壤中的分布与作物对矿质元素和水分的吸收能力密切相关。根系形态特征（包括根长、半径、侧根数量、密度及根毛长度等因子）在决定养分和水分吸收效率方面具有重要性，同时根冠比是衡量地下部与地上部是否协调的一个重要指标，而根系活力是一种较客观地反映根系生命活动的生理指标。在育苗移栽过程中，适当增加根冠比与根系活力，有利于幼苗根系从土壤中吸收水分、矿物质等营养物质，更好地度过缓苗期。本试验表明，秸秆覆盖和秸秆覆盖+腐熟剂处理与传统耕作相比显著增加了玉米苗期的根长、根表面积，增大了其根冠比，促进了根系发育，有利于根系从土壤中吸收更多的水分和养分供生长发育所需。

（一）不同耕作模式对玉米苗期根系形态的影响

由表 6-14 可知，2008 年度不同处理对玉米苗期除直径 0.5～1.0mm 根长以外的其他指标都有不同程度的促进作用。与平作相比，平作+秸秆覆盖处理根表面积及 1.0～1.5mm、1.5～2.0mm、2.0～2.5mm 直径内的根长分别增加了 17.19%、16.43%、88.43%、53.04%，其中 1.5～2.0mm 直径内的根长差异达极显著水平；平作+秸秆覆盖+腐熟剂处理根表面积及 1.0～1.5mm、1.5～2.0mm、2.0～2.5mm 直径内的根长分别增加了 28.74%、16.43%、88.43%、103.24%，其中根表面积差异达显著水平，1.5～2.0mm、2.0～2.5mm 直径内的根长差异达极显著水平。平作+秸秆覆盖、平作+秸秆覆盖+腐熟剂处理下的根平均直径较 CK 高，两处理对 0.5～1.5mm 直径根长的影响差异不大。

2009 年度不同处理对玉米苗期根系相关指标都有不同程度的促进作用。与平作相比，平作+秸秆覆盖处理根表面积、总根长和 0.5～1.0mm 直径内的根长分别增加了 23.92%、27.35%和 29.77%且差异显著，平作+秸秆覆盖+腐熟剂处理根表面积、总根长和 1.0～1.5mm 直径内的根长分别增加了 22.82%、22.01%和 14.75%且差异显著。且平作+秸秆覆盖、平作+秸秆覆盖+腐熟剂处理下直径 1.0～2.5mm 内的根长都较平作高，与 2008 年的结果一致。

连续两年的大田试验表明：不同秸秆覆盖的保护性措施对玉米苗期根系形态具有重要影响。总体上各个指标都有一定程度的提高，其中根表面积在两年比较试验中都有显著性提高。2008 年秸秆覆盖处理与平作间 1.5～2.5mm 直径内的根长差异达极显著水平，2009 年 0.5～1.5mm 直径内的根长差异达显著水平。

表 6-14　不同秸秆覆盖处理对玉米苗期根系形态的影响

年份	处理	平均直径（mm）	总根长（cm）	根表面积（cm^2）	直径 0.5～1.0mm 根长（cm）	直径 1.0～1.5mm 根长（cm）	直径 1.5～2.0mm 根长（cm）	直径 2.0～2.5mm 根长（cm）
2008	CK	0.793	167.55	39.67b	52.11	26.66	7.52B	2.47B
	TS	0.848	181.13	46.49ab	52.57	31.04	14.17A	3.78B
	TSD	0.855	182.27	51.07a	52.57	31.04	14.17A	5.02A
2009	CK	0.774	344.51b	82.60b	85.16b	49.96b	23.13	6.40
	TS	0.752	438.75a	102.36a	110.51a	52.21b	26.54	9.77
	TSD	0.768	420.32a	101.45a	100.95ab	57.33a	26.13	9.98

（二）不同耕作模式对玉米苗期根系活力的影响

在我国西南地区，为充分利用土地与光能，其中“小麦/玉米/甘薯”“小麦/玉米/大豆”和“马铃薯/玉米/甘薯”三熟制是玉米常见的种植模式，而育苗移栽玉米则是抢播、保丰收的重要农艺措施。但是，玉米移栽时初生根及部分次生根被切断，移栽后应该尽量促进新根多发，增加对养分的吸收转运能力，经过移栽后缓苗期的蹲苗作用，使植株茎秆粗壮。

秸秆覆盖对玉米苗期根系生长发育、根系活力等各项指标具有显著的促进作用，且配合施用腐熟剂效果更好。

由表 6-15 可知，2008 年、2009 年两年试验中，不同秸秆覆盖处理玉米苗期根系活力均高于对照。2008 年平作+秸秆覆盖、平作+秸秆覆盖+腐熟剂处理的氯化三苯基四氮唑（TTC）还原量比平作（CK）分别提高了 19.12%、27.46%，差异达极显著水平。2009 年平作+秸秆覆盖、平作+秸秆覆盖+腐熟剂处理 TTC 还原量比平作（CK）分别提高了 17.86%、25.83%，差异达极显著水平。且两年中玉米苗期根系活力由高到低依次为平作+秸秆覆盖+腐熟剂处理＞平作+秸秆覆盖处理＞平作处理，表明秸秆覆盖耕作措施提高了玉米苗期的根系活力，配合施用秸秆腐熟剂，其根系活力更高。植物根系活力增强可提高其吸收水分、养分的能力，有利于植物的生长发育。

表 6-15　不同秸秆覆盖处理对玉米苗期根系活力的影响

处理	TTC 还原量[U TTC/(g FW·h)]	
	2008 年	2009 年
CK	183.78C	193.73C
TS	218.92B	228.33B
TSD	234.25A	243.78A

（三）不同耕作模式对玉米苗期根冠比和根系生物量的影响

秸秆腐熟剂由能够强烈分解纤维素、半纤维素、木质素的嗜热细菌、耐热细菌、真菌、放线菌和生物酶组成。其在适宜条件下能迅速将秸秆堆料中的碳、氮、磷、钾、硫等分解矿化，形成简单有机物，从而进一步分解为作物可吸收的营养成分。不同的保护性耕作措施对根冠比与根系生物量指标的影响不同，但是进行秸秆覆盖时混合施用腐熟剂对作物根系生长具有明显的增效作用。

由表 6-16 可知，在 2008 年、2009 年两年的大田试验中，与平作（CK）相比，平作+秸秆覆盖、平作+秸秆覆盖+腐熟剂处理玉米苗期根冠比和根系生物量均有显著提高。与平作相比，平作+秸秆覆盖、平作+秸秆覆盖+腐熟剂处理的根冠比，2008 年分别提高了 36.72%、37.50%，2009 年分别提高了 31.54%、33.08%，且差异均达显著水平，但平作+秸秆覆盖、平作+秸秆覆盖+腐熟剂处理之间无显著性差异。与平作相比，平作+秸秆覆盖、平作+秸秆覆盖+腐熟剂处理的根系生物量，2008 年分别提高了 62.53%、69.42%，2009 年分别提高了 65.69%、77.37%，差异均达极显著水平，但平作+秸秆覆盖、平作+秸秆覆盖+腐熟剂处理之间也没有显著性差异。综合来看：在两年试验中，玉米苗期的根系生物量和根冠比由高到低依次为平作+秸秆覆盖+腐熟剂＞平作+秸秆覆盖＞平作，表明秸秆覆盖耕作措施提高了玉米苗期的根系生物量和根冠比，施用秸秆腐熟剂效果更好；秸秆覆盖措施促进根系发育和营养物质向地下部的运输，从而有利于玉米移栽后度过缓苗期。

表 6-16 不同秸秆覆盖处理对玉米苗期根冠比和根系生物量的影响

处理	2008 年		2009 年	
	根冠比	根系生物量（g）	根冠比	根系生物量（g）
CK	0.128b	0.726B	0.130b	1.370B
TS	0.175a	1.180A	0.171a	2.270A
TSD	0.176a	1.230A	0.173a	2.430A

三、不同耕作模式对作物光合生理指标的影响

作物光合生理是作物栽培研究的重点之一，而作物生育后期是产量形成的关键期。保护性耕作对作物光合性状也有一定的影响，如免耕、深松耕能提高叶片光合作用能力。研究表明，在小麦生育后期，秸秆覆盖和施用腐熟剂能使旗叶和倒数第二叶片功能叶的叶面积增加，从而使小麦叶面积指数升高。同时平作+秸秆覆盖、平作+秸秆覆盖+腐熟剂处理能有效提高土壤肥力，使小麦各器官叶绿素含量增加，使净光合速率提高。

由表 6-17 可以看出，不同处理对小麦叶面积指数和旗叶净光合速率的影响不同。与平作处理相比，平作+秸秆覆盖、平作+秸秆覆盖+腐熟剂对旗叶和倒数第二叶片功能叶的叶面积作用明显，增加了 13.13%～28.68%。平作+秸秆覆盖+腐熟剂处理的旗叶叶面积比平作+秸秆覆盖处理增加了 11.46%，叶面积指数也提高了 15.52%。平作+秸秆覆盖、平作+秸秆覆盖+腐熟剂处理的净光合速率比平作分别提高了 2.90%和 5.74%，究其原因，主要与土壤肥力变化有明显关系。秸秆中含有大量的纤维素、蛋白质等有机质和矿物质元素，腐熟剂能快速启动发酵过程，能有效提高土壤肥力，从而增加光合速率。

表 6-17 不同秸秆覆盖处理对小麦叶面积、叶面积指数和净光合速率的影响

处理	叶面积（旗叶）（cm^2）	叶面积（倒二叶）（cm^2）	叶面积指数	净光合速率 [$\mu mol/(m^2 \cdot s)$]
CK	50.62	56.13	3.35	15.85
TS	58.44	63.50	3.67	16.31
TSD	65.14	70.21	3.87	16.76

第五节 保护性耕作模式对粮食产量和生产效益的影响

一、不同耕作模式对粮食产量和水分利用效率的影响

保护性耕作最显著的作用是水土保持，特别是在干旱和半干旱地区，保护性耕作可以很好地保蓄水分而有很大的增产潜力。保护性耕作创造了良好的田间环境，延长雨水入渗时间，促进降水入渗，并减少了蒸发而增加了水分贮存量。长期的保护性耕作措施能有效

提高作物水分利用效率和降水利用效率。通过秸秆覆盖减少太阳对土壤的直接照射，降低土壤表层的温度，而且覆盖在土壤表面的秸秆又可以阻挡水汽的上升，因此免耕条件下的土壤水分蒸发大大减少，可有效提高农田土壤的水分利用效率。

关于保护性耕作对作物产量的影响，国内外许多学者进行了大量研究，但是得到的结果各异。Lal 等[8]虽然极力推崇保护性耕作的生态价值，也没有回避以少免耕和秸秆还田为主要措施的保护性耕作技术会有排水不畅、土壤板结及土壤低温等原因造成的作物减产的问题。周兴祥等[9]经过对保护性耕作在华北一年两熟区适应性进行研究得出，保护性耕作体系可以提高小麦和玉米的产量，其中小麦产量平均提高 7.2%，玉米提高 11.9%。杜兵等[10]在山西省临汾市的研究表明，免耕深松增加播前耙地作业后，休闲期蓄水效果和水分利用效率分别提高了 1.7%和 7.2%，产量则略有提高。康红等[11]在黄土高原地区经过 5 年的定位试验研究得出，采用免耕覆盖措施的初期小麦产量明显低于常规耕作，几年后二者产量逐渐趋于相当。余泳昌等[12]在河南省西平县的试验研究表明，免耕秸秆覆盖机械化种植模式可促进作物生长发育，有利于土壤蓄水保墒，提高了水分利用效率和玉米产量。贾树龙等[13]在河北低平原的壤质潮土上的研究表明：保护性耕作处理前 3 年对作物产量没有影响，之后小麦产量显著降低（最大降幅达到 31.83%），连续免耕对玉米产量并没有明显影响，深耕并不增加作物产量，秸秆覆盖影响小麦生长。因此，从产量的角度来说，保护性耕作在不同的地区还需进行更深入的研究，分析在不同的生态类型条件下应用何种保护性耕作技术体系来实现较为理想的产量。谢瑞芝等[14]的研究还发现了一个有趣的现象，无论什么区域，无论任何作物种类，秸秆处理和少耕、免耕结合的综合型保护性耕作模式的减产概率都很小，是稳产性能较高的保护性耕作模式。

由表 6-18 得出，各处理的两年系统平均产量排列顺序为：垄作+秸秆覆盖+腐熟剂＞垄作+秸秆覆盖＞平作+秸秆覆盖+腐熟剂＞平作+秸秆覆盖＞垄作＞平作（CK）。其中，垄作、垄作+秸秆覆盖、平作+秸秆覆盖+腐熟剂、垄作+秸秆覆盖+腐熟剂 4 个处理均能增加薯类产量，其中 2008 年甘薯产量分别比 CK 增加了 6.4%、9.4%、10.1%、10.2%，2009 年分别增加了 18.0%、31.7%、8.4%、30.5%，2009 年马铃薯产量分别比 CK 增加了 17.0%、33.9%、5.8%、33.3%；2008 年平作+秸秆覆盖、平作+秸秆覆盖+腐熟剂的小麦产量分别比 CK 增加了 6.6%和 8.1%，2008 年玉米产量分别比 CK 增加了 8.8%和 9.9%，2009 年玉米产量分别增加了 9.8%和 12.5%，且均达到显著水平。从两年系统平均产量看，垄作、平作+秸秆覆盖、垄作+秸秆覆盖、平作+秸秆覆盖+腐熟剂、垄作+秸秆覆盖+腐熟剂 5 个处理分别比平作（CK）增产了 649.6kg/hm^2、980.9kg/hm^2、1925.5kg/hm^2、1386.6kg/hm^{2}和 2080.1kg/hm^2，增产率分别为 4.7%、7.1%、13.9%、10.0%和 15.1%。可见，保护性耕作措施为作物生长创造了一个良好的土壤环境，一方面改善了土壤水分状况，另一方面秸秆中大量的纤维素、蛋白质等有机质和矿物质元素能提高土壤肥力，达到稳产、高产的效果，腐熟剂能快速启动发酵过程，大幅度缩短秸秆腐熟时间，更有利于作物生长和增产。

在整个试验期内，各保护性耕作处理的耗水量比 CK 均有减少的趋势，且水分利用效率均有显著提高，说明秸秆覆盖、垄作措施对于保持土壤水分、防御季节性干旱和促进作物高效用水具有明显的效果。各处理两年的系统平均水分利用效率排序也是：垄作+秸秆覆盖+腐熟剂＞垄作+秸秆覆盖＞平作+秸秆覆盖+腐熟剂＞平作+秸秆覆盖＞垄作＞平作

（CK）。因此，从“旱三熟”的粮食总产量与水分利用效率角度看，以垄作+秸秆覆盖+腐熟剂、垄作+秸秆覆盖、平作+秸秆覆盖+腐熟剂 3 个处理的效果最好。

表 6-18 保护性耕作对“旱三熟”体系产量及水分利用效率的影响

年度	处理	粮食产量（kg/hm^2）				年度降水量（mm）	年度耗水量（mm）	水分利用效率[$kg/(hm^2·mm)$]
		第 1 茬	第 2 茬	第 3 茬	合计			
2007～2008	CK	2 416.2b	7 417.3c	4 191.4e	14 024.9c	952.0	944.5	14.85c
	R	2 416.2b	7 417.3c	4 459.3d	14 292.8b	952.0	932.2	15.33c
	TS	2 574.5a	8 070.5b	4 508.6c	15 153.6ab	952.0	922.7	16.42b
	RS	2 574.5a	8 070.5b	4 583.3b	15 228.3a	952.0	899.1	16.94a
	TSD	2 611.4a	8 154.8a	4 616.3a	15 382.5a	952.0	908.6	16.93a
	RSD	2 611.4a	8 154.8a	4 620.1a	15 386.3a	952.0	887.1	17.34a
2008～2009	CK	1 695.7d	7 754.5b	4 139.9c	13 590.1d	1 202.6	1 207.6	11.25d
	R	1 983.2b	7 754.5b	4 883.6b	14 621.3c	1 202.6	1 196.4	12.22c
	TS	1 695.7d	8 513.1ab	4 214.3c	14 423.1c	1 202.6	1 188.2	12.14c
	RS	2 270.8a	8 513.1ab	5 453.8a	16 237.7a	1 202.6	1 167.0	13.91a
	TSD	1 794.8c	8 723.8a	4 487.0c	15 005.6b	1 202.6	1 174.7	12.77b
	RSD	2 260.9a	8 723.8a	5 404.2a	16 388.9a	1 202.6	1 155.7	14.18a
两年平均	CK				13 807.5d	1 077.3	1 076.0	12.83d
	R				14 457.1c	1 077.3	1 064.3	13.58c
	TS				14 788.4c	1 077.3	1 055.5	14.01bc
	RS				15 733.0a	1 077.3	1 033.1	15.23a
	TSD				15 194.1b	1 077.3	1 041.7	14.59b
	RSD				15 887.6a	1 077.3	1 021.4	15.55a

注：2007～2008 年度第 1 茬、第 2 茬、第 3 茬作物分别指小麦、玉米、甘薯，2008～2009 年度第 1 茬、第 2 茬、第 3 茬作物分别指马铃薯、玉米、甘薯。甘薯、马铃薯产量按块根、块茎鲜重乘以 1/5 折算成粮食产量

二、不同耕作模式的经济效益分析

耕作模式的优劣，不仅不能仅看产量和水分利用效率的高低，还要对经济效益做出综合评价，这也是符合循环经济的基本原则。在经济效益方面，保护性耕作有利于提高经济效益，一是免去了拉运秸秆、沤肥、运肥、耕耙和中耕除草等作业，减少生产成本；二是可以减少机械、农机具等的投资；三是节约能量和劳动力投入。此外，保护性耕作还具有良好的生态效益和社会效益。可见，从三大效益的角度来说保护性耕作产生的综合效应是较为理想的。

在两年连续定点保护性耕作试验中，综合考虑起垄、覆盖秸秆一定的人工费用和施用腐熟剂耗费，各经济效益指标表现出不同的变化趋势。由表 6-19 可以看出，与对照相比，各保护性耕作处理的产出、纯收入均显著提高。其中，总产值提高了 4.41%～17.40%，纯收入提高了 3.63%～18.14%，二者排列顺序均为：垄作+秸秆覆盖＞垄作+秸秆覆盖+腐熟剂＞平作+秸秆覆盖+腐熟剂＞垄作＞平作+秸秆覆盖＞平作（CK）。但不同保护性耕作措

施下的产投比则有升有降，其中平作+秸秆覆盖、平作+秸秆覆盖+腐熟剂、垄作+秸秆覆盖+腐熟剂处理较平作（CK）有所下降，而垄作、垄作+秸秆覆盖处理较平作（CK）有所上升，但不同处理的产投比差异不显著。可以看出，垄作+秸秆覆盖处理在产出、纯收入、产投比方面均最高，垄作+秸秆覆盖+腐熟剂次之。

表 6-19　不同处理经济效益分析

处理	投入（元/hm^2）				总产值（元/hm^2）	纯收入（元/hm^2）	产投比
	种子/种苗	化肥/腐熟剂	人工折价	合计			
CK	1 100	3 600	4 800	9 500	70 695.2d	61 190.2d	7.44a
R	1 100	3 600	5 100	9 800	75 200.7bc	65 395.7bc	7.67a
TS	1 100	3 600	5 700	10 400	73 813.9c	63 408.9c	7.09a
RS	1 100	3 600	6 000	10 700	82 995.5a	72 290.5a	7.75a
TSD	1 100	4 017	6 000	11 117	77 293.7b	66 171.7b	6.95a
RSD	1 100	4 017	6 300	11 417	82 976.2a	71 554.2a	7.26a

注：投入产出计算均以试验期间市场价为准。其中：2007～2008 年度和 2008～2009 年度种子/种苗投入分别为 465 元/hm^2 和 540 元/hm^2；各处理的过磷酸钙、尿素用量分别为 1500kg/hm^2 和 600kg/hm^2，TSD、RSD 的腐熟剂用量均为 139kg/hm^2，过磷酸钙、尿素、熟腐剂单价分别为 1.0 元/kg、3.5 元/kg 和 3.0 元/kg；T、R、TS、RS、TSD 和 RSD 的人工投入量分别为 160d/hm^2、170d/hm^2、190d/hm^2、200d/hm^2、200d/hm^2 和 210d/hm^2，人工费单价为 30 元/d；小麦、玉米、甘薯（鲜重）、马铃薯（鲜重）的单价分别为 1.2 元/kg、1.8 元/kg、0.6 元/kg 和 1.8 元/kg

本 章 小 结

本章以西南地区旱作农田“小麦/玉米/甘薯”和“马铃薯/玉米/甘薯”两种典型“旱三熟”种植模式为研究对象，探讨不同保护性耕作措施对农田养分动态变化、土壤水分变化规律、农田生态环境及作物生产力和经济效益的影响。主要研究结果如下。

（1）在土壤养分方面，5 种保护性耕作模式均改善了土壤养分的供应状况。垄作+秸秆覆盖+腐熟剂、平作+秸秆覆盖+腐熟剂、垄作+秸秆覆盖、平作+秸秆覆盖模式较平作（CK）有机质分别提高了 28.27%、21.30%、16.54%、19.19%，容重分别下降了 3.33%、3.00%、4.00%、2.67%，显著增加了全钾、全氮、碱解氮在土壤中的含量。而垄作模式除了提高有机质含量，其他指标与传统对照无显著差异。而不同的保护性耕作模式下，农田耕层土壤养分含量的动态变化复杂，与单一的秸秆覆盖处理不尽相同。

（2）在农田生态环境方面，有秸秆覆盖的处理（垄作+秸秆覆盖+腐熟剂、平作+秸秆覆盖+腐熟剂、垄作+秸秆覆盖、平作+秸秆覆盖）无论在蚯蚓数量还是在生物量上均比无秸秆覆盖的平作（CK）和垄作处理高，但是总体上看，垄作+秸秆覆盖与平作+秸秆覆盖的效果要比垄作+秸秆覆盖+腐熟剂与平作+秸秆覆盖+腐熟剂好。同时，垄作+秸秆覆盖+腐熟剂、平作+秸秆覆盖+腐熟剂、垄作+秸秆覆盖、平作+秸秆覆盖模式显著降低了 7 月 5cm 与 10cm 土层在 14：00 时的温度，缓解了高温对玉米生长后期造成的伤害。而相比传统耕作，垄作措施对此影响不大。在杂草控制方面，秸秆覆盖相对于无秸秆覆盖处理无论在杂草高度和密度上，还是在生物量上都具有极显著的效果，而起垄与平作两种措施没有出现显著差异，不同处理的杂草控制效果从高到低的顺序为：垄作+秸秆覆盖＞平作+

秸秆覆盖＞平作+秸秆覆盖+腐熟剂＞垄作+秸秆覆盖+腐熟剂＞平作（CK）＞垄作。

（3）在土壤贮水量方面，5 种保护性耕作模式均提高了 0～80cm 土层土壤贮水量。不同月份不同处理增幅为 4.82～62.32mm，其中以垄作+秸秆覆盖+腐熟剂、垄作+秸秆覆盖和平作+秸秆覆盖+腐熟剂处理的效果最好。在土壤水分的垂直动态变化方面，0～40cm 土层土壤含水量变化剧烈，介于 21.45%～30.78%；40～60cm 土层变幅相对较小；60～80cm 土层相对比较稳定。

（4）在作物生理响应方面，与平作（CK）相比，平作+秸秆覆盖、平作+秸秆覆盖+腐熟剂处理对小麦成熟期旗叶和倒二叶的叶面积作用明显，增加了 13.13%～28.68%；平作+秸秆覆盖+腐熟剂处理的旗叶叶面积比平作+秸秆覆盖增加了 11.46%，叶面积指数也提高了 15.52%。平作+秸秆覆盖、平作+秸秆覆盖+腐熟剂处理的净光合速率分别比平作（CK）提高了 2.90%和 5.74%。整个灌浆至成熟过程中，分配指数呈上升趋势，平作+秸秆覆盖、平作+秸秆覆盖+腐熟剂处理分别比平作（CK）增加了 138.46%和 142.31%。在玉米苗期，与平作（CK）相比，平作+秸秆覆盖、平作+秸秆覆盖+腐熟剂处理增加了玉米苗期的根长、根表面积，显著增加了直径 1.0～2.5mm 内的根长。保护性耕作措施还显著提高了玉米苗期根系活力、根冠比和根系生物量，不同处理的排序为：平作+秸秆覆盖+腐熟剂＞平作+秸秆覆盖＞平作。

（5）在粮食产量和水分利用效率方面，各处理的两年系统平均粮食产量和水分利用效率排列顺序均为：垄作+秸秆覆盖+腐熟剂＞垄作+秸秆覆盖＞平作+秸秆覆盖+腐熟剂＞平作+秸秆覆盖＞垄作＞平作（CK）。垄作、平作+秸秆覆盖、垄作+秸秆覆盖、平作+秸秆覆盖+腐熟剂、垄作+秸秆覆盖+腐熟剂 5 个处理分别比平作（CK）增产 649.6kg/hm^2、980.9kg/hm^2、1925.5kg/hm^2、1386.6kg/hm^2 和 2080.1kg/hm^2，增产率分别为 4.7%、7.1%、13.9%、10.0%和 15.1%。各保护性耕作处理的耗水量比平作（CK）均有减少的趋势，且水分利用效率均有显著提高。对“旱三熟”系统增产和提高水分利用效率效果最好的处理为：垄作+秸秆覆盖+腐熟剂、垄作+秸秆覆盖、平作+秸秆覆盖+腐熟剂。

（6）在经济效益比较分析方面，与平作（CK）相比，各保护性耕作处理的产出、纯收入均显著提高，其中，总产值提高了 4.41%～17.40%，纯收入提高了 3.63%～18.14%，二者排列顺序均为：垄作+秸秆覆盖＞垄作+秸秆覆盖+腐熟剂＞平作+秸秆覆盖+腐熟剂＞垄作＞平作+秸秆覆盖＞平作（CK）。不同保护性耕作措施下的产投比则有升有降，但不同处理的产投比差异不显著。在产出、纯收入、产投比方面，以垄作+秸秆覆盖处理表现最优，垄作+秸秆覆盖+腐熟剂处理次之。

综上所述，在“旱三熟”种植制度下，各保护性耕作处理对土壤养分和土壤水分都具有良好的调节作用，能够调节土温，减少高温对作物的伤害，控制农田杂草，促进蚯蚓的生长与繁殖，使农田生态环境处于良好的自我动态调节状态，显著增加了作物产量与经济效益，提高了水分利用效率。其中，以垄作+秸秆覆盖+腐熟剂、垄作+秸秆覆盖的综合效果最好，值得在西南“旱三熟”种植区大力推广。

参 考 文 献

[1] 张海林，高旺盛，陈阜，等. 保护性耕作研究现状、发展趋势及对策[J]. 中国农业大学学报，2005，10（1）：16-20.

[2] 张燕卿，张玉龙. 旱区保护性耕作技术研究进展与应用前景[J]. 干旱地区农业研究，2009，27（1）：119-121.

[3] 王龙昌，邹聪明，张云兰，等. 西南旱三熟地区不同保护性耕作措施对农田土壤生态效应及生产效益的影响[J]. 作物学报，2013，39（10）：1880-1890.

[4] 吴婕，朱钟麟. 秸秆覆盖还田对土壤理化性质及作物产量的影响[J]. 西南农业学报，2006，19（2）：192-195.

[5] 王秋菊，张敬涛，盖志佳，等. 长期免耕秸秆覆盖对寒地草甸土土壤物理性质的影响[J]. 应用生态学报，2018，29（9）：2943-2948.

[6] 郭天雷，史东梅，卢阳，等. 几种保护措施对紫色丘陵区坡耕地土壤团聚体结构及有机碳的影响[J]. 水土保持学报，2017，31（2）：197-203.

[7] 谢瑞芝，李少昆，李小君，等. 中国保护性耕作研究分析——保护性耕作与作物生产[J]. 中国农业科学，2007，40（9）：1914-1924.

[8] Lal R，Griffin M，Apt　J，et al. Ecology：Managing soil carbon[J]. Science，2004，304（16）：393.

[9] 周兴祥，高焕文，刘晓峰. 华北平原一年两熟保护性耕作体系试验研究[J]. 农业工程学报，2001，17（6）：81-84.

[10] 杜兵，李问盈，邓健，等. 保护性耕作表土作业的田间试验研究[J]. 中国农业大学学报，2000，5（4）：65-67.

[11] 康红，朱保安，洪利辉，等. 免耕覆盖对旱地土壤肥力和小麦产量的影响[J]. 陕西农业科学，2001，（9）：1-3.

[12] 余泳昌，刘晓文，李明枝，等. 夏玉米免耕秸秆覆盖机械化栽培技术的研究[J]. 河南农业大学学报，2002，36（4）：309-312.

[13] 贾树龙，孟春香，任图生，等. 耕作及残茬管理对作物产量及土壤性状的影响[J]. 河北农业科学，2004，8（4）：37-42.

[14] 谢瑞芝，李少昆，金亚征，等. 中国保护性耕作试验研究的产量效应分析[J]. 中国农业科学，2008，41（2）：397-404.

第七章　西南地区农业资源与环境要素数据库的设计与应用

农业资源的高效利用和优化配置，是建立在透彻理解历史、及时掌握现状和准确预测未来基础之上的。自1949年以来，我国进行过多次资源环境调查，积累了大量的土地资源、水资源、气候资源、生物资源等数据资料。近年来，随着农业信息技术的发展，大批的农业资源数据库出现了。这些整合后的农业资源数据库，不仅能为农业区划与决策部门整合、存储区域农业资源的海量数据，提供简便、快捷的数据统计与查询功能，强化部门之间的信息交流与共享，更能多层次、动态描述农业资源的时空分布特征，直观、快速、全面地体现区域农业资源状况，促进农业资源的深入调查、保护、开发、利用与科学管理，对农业综合开发、农业结构调整和农业生产管理等具有重要的现实意义[1, 2]。

建立一个功能齐全、方便快捷、界面友好的农业资源要素数据库可为西南季节性干旱区农业资源的动态描述、开发利用、优化配置、评价与规划等提供数据支持和决策依据，进而实现区域农业资源科学管理、高效利用的目标[3]。因此，开展西南季节性干旱区农业资源与环境要素数据库研究，将为国家和地方政府部门、农业管理和推广部门、科研机构和高等院校科技人员提供农业资源数据的采集与处理、查询与输出、统计与分析、管理与维护等数据交流共享服务，为西南地区农业资源开发利用、农业结构调整、生态环境保护和改善的战略决策与宏观研究提供翔实可靠的数据资料，为农业生产发展和农业资源管理提供科学的手段和依据[4]。

第一节　系统开发工具的选取

为解决“用什么工具做系统”的问题，根据拟开发应用系统功能的针对性，同时兼顾应用程序的适用性，以可靠、科学的专业知识为依据，选取 Microsoft SQL Server 2005 数据库和 C#编程语言作为开发工具，辅以 ADO.NET、.NET 等关键技术，建立并得到理想的、易查询的数据库系统。

一、数据库管理系统的选取

数据库管理系统从最初的 FoxPro、Visual Foxpro，到今天的 Oracle、Sybase、Informix、PostgreSQL、Microsoft SQL Server 和 IBM DB2 等高性能的关系数据库管理系统，其种类不断增多，发展不断加快。这些数据库管理系统各有自己的特点，在各行各业均被广泛应用[5]。

通过比较目前流行的数据库开发、管理软件，结合西南季节性干旱区农业资源环境要素数据的海量性和数据安全的特征，采用技术相对成熟的 Microsoft SQL Server 2005 作为数据库管理系统。Microsoft SQL Server 是由一系列相互协作的组件构成的关系数据库管理系统，能满足最大的 Web 站点和企业数据处理系统存储和分析数据的需要，它提供了在服务器系统上运行的服务器软件和在客户端运行的客户端软件。其中，服务器负责创建和维护表、索引等数据对象，确保数据的完整性和安全性，能够在出现各种错误时恢复数据；客户端负责将数据从服务器检索出来后，生成拷贝以便在本地保留，也可进行操作。Microsoft SQL Server 与 Windows 9X 和 Windows NT 集成，允许集中管理服务器，提供企业级的收据复制，提供并行的体系结构，支持超大型数据库，其结构可以适应模块化增长、自动化配置、维护大规模服务器程序开发的要求[6]。

Microsoft SQL Server 2005 建立在 Microsoft SQL Server 2000 的强大功能基础之上，是微软公司具有里程碑意义的企业级数据库产品。主要特点如下。

（1）物理数据和逻辑数据的独立性。物理数据的独立性意味着数据不依赖于其在数据库中存放的物理结构，当对存储的数据进行修改时并不会影响到应用程序。逻辑数据的独立性意味着可以单独对数据库的逻辑结构进行修改，而不会影响到数据库的应用程序。

（2）集数据管理与智能分析于一体。提供了一个完整的数据管理和分析解决方案，使其在商业智能应用、企业级支持、管理开发效率等方面得到了显著增强，以满足不同规模用户的需求，是极具前瞻性的新一代数据管理分析平台。

（3）集成性。Microsoft SQL Server 2005 数据库管理系统具有可伸缩性、安全性、可扩展性、支持多语言开发等特点，可在多个平台、应用程序和设备之间共享数据，更易于连接内部和外部系统。它通过提供一个集成的管理控制平台来管理和监视数据库及其各项服务，从而大大简化管理的复杂度，降低了开发和支持数据库应用程序的复杂性，让设计者专心于用户数据库的创建，实现了信息技术（IT）生产力的最大化。

（4）查询优化。一个查询可以有很多种不同但是等效的方法来执行。查询优化器会生成多个查询执行规划或是特定的步骤来执行一个查询，随后它会为每个规划都赋一个权值并选择其中权值最小的规划，这也称为系统查询优化。除了使用权值估计来选择最佳解答，查询优化器还可以使用试探规则。

（5）备份和恢复。在实际工作中，系统可能会遇到各种各样的故障，为了确保数据的安全性，2005 版本提供了数据备份和恢复功能。备份分为“备份数据库”和“备份事务日志”两种方式，备份的目的就是恢复被破坏的数据库。一旦数据库遭到攻击、破坏，就用备份数据来恢复到破坏前的状态。

（6）安全性和身份认证。安全性是指在数据库中的数据必须避免任何形式的未经许可的用户或是误用的危害。Microsoft SQL Server 2005 具有完善的安全机制，它的安全性机制包括 Microsoft SQL Server 2005 客户机的安全、网络传输的安全、Microsoft SQL Server 2005 服务器的安全、数据库的安全及数据对象的安全 5 个安全层次[7]。

除此之外，Microsoft SQL Server 2005 还提供了一款免费、易用的图形管理工具——Microsoft SQL Server Management Studio Express（SSMSE），将之与 Microsoft Visual Studio 2005

集成在一起，可以轻松开发功能丰富、存储安全、可快速部署的数据驱动应用程序。SSMSE 还可以管理任何版本的 SQL Server 创建数据库引擎实例，也可管理具有高级服务的 SQL Server 2005 Express Edition。

二、系统设计语言的选取

通过比较目前主流的系统设计语言，本系统采用相对简单、技术相对成熟、面向对象编程的 C#语言作为系统设计语言。

C#语言是微软公司在 2000 年 7 月发布的一种简单、安全、类型安全和面向对象的程序设计语言，是专门为.NET 的应用而开发的语言。它吸收了 C++、Visual Basic、Delphi、Java 等语言的优点，包括了当今最新的程序设计技术的功能和精华，是第一个组件导向（component-oriented）的程序语言，和 C++与 Java 一样都是面向对象（object-oriented）的程序设计语言[8]。

C#语言满足了开发人员要求语言像 Visual Basic 那样易于编写、阅读和维护的要求，同时保持了 C++的功能和灵活性。C#语言没有指针，同时具有类型无关性、垃圾回收、简化类型声明、版本和可扩展性支持等，它是完全面向对象的程序设计语言。C#语言继承了 C 语言的语法风格，同时又继承了 C++的面向对象特性，类似于 Java，但比其更优秀。不同的是，C#语言的对象模型已经面向互联网进行了重新设计，使用的是.NET 框架的类库。C#语言不再提供对指针类型的支持，使得程序不能随便访问内存地址空间；不再支持多重继承，避免了以往类层次结构中由于多重继承带来的可怕后果，从而可以让代码从整体上更稳定、更高效[9]。C#语言既适用于 Windows 应用程序和 COM+的开发，也非常适用于 Web 服务的开发。

C#语言语法的表现力强且简单易学，只有不到 90 个关键字，其大括号语法使任何熟悉 C、C++或 Java 的人都可以立即上手。了解上述任何一种语言的开发人员通常在很短的时间内就可以开始使用 C#语言高效地工作。C#语言语法简化了 C++的诸多复杂性，同时提供了很多强大的功能，如可为空的值类型、枚举、委托、匿名方法和直接内存访问，这些都是 Java 所不具备的。C#语言还支持泛型方法和类型，从而提供了更出色的类型安全和性能。C#还提供了迭代器，允许集合类的实现者定义自定义的迭代行为，简化了客户端代码对它的使用。

C#语言的精华在于面向对象。面向对象是一种编程思想，核心就是站在事物本身的角度思考问题。C++、C#、Delphi、Java 都是专门为面向对象设计的语言。但 C#语言吸取了很多语言的优点，在面向对象上更加纯粹。

三、其他关键技术

（一）.NET 技术

微软公司主推的.NET 技术已经越来越受到重视，并且运用的范围也越来越广，.NET

Framework 是一种新的计算平台，它简化了在高度式分布互联网环境中的应用程序开发，提供了一个一致的面向对象的编程环境，而无论对象代码是在本地存储和执行，还是在本地执行，或是在互联网上分布，或者是在远程执行；提供了一个将软件部署和版本控制冲突最小化的代码执行环境，可提高代码执行安全性的代码执行环境，以及可消除脚本环境或解释环境的性能问题的代码执行环境；使开发人员的经验在面对类型大不相同的应用程序时保持一致，按照工业标准生成所有通信，以确保基于.NET Framework 的代码可与任何其他代码集成。

.NET Framework 具有两个主要组件：公共语言运行库和.NET Framework 类库[10]。公共语言运行库是.NET Framework 的基础。可以将运行库看作一个在执行时管理代码的代理，它提供内存管理、线程管理和远程处理等核心服务，并且还强制实施严格的类型安全，以及可提高安全性和可靠性的其他形式的代码准确性。事实上，代码管理的概念是运行库的基本原则。以运行库为目标的代码称为托管代码，而不以运行库为目标的代码称为非托管代码。.NET Framework 的另一个主要组件是类库，它是一个综合性的面向对象的可重用类型集合，人们可以使用它开发多种应用程序。ASP.NET 支持多种语言，包括 C#语言、Visual Basic 和 Javascript。由 C 和 C++衍生出来的 C#语言作为一种面向对象的通用程序设计语言，是微软公司专门为其新生的.NET 应用开发系统框架研究开发的，具有强大的数据库操作功能。

（二）UML 统一建模语言

UML（unified modeling language）是用来对软件密集系统进行可视化建模的一种语言。它用模型来描述系统的结构或静态特征，UML 为公共的、稳定的、表达能力很强的面向对象开发方法提供了基础。类图（class diagram）用来表示系统中类与类之间的关系，它是系统静态结构的描述。类与类之间的关联、依赖、聚合、组合及泛化关系都体现在类图的内部结构之中，通过类的属性（attribute）和关系（relationship）反映出来[11]。

要素类之间、属性表之间、要素类与属性表之间的关系由关系类定义。要素类的图面表现方式由图元样式确定，图元是可选的实体。数据图元、要素、属性及关系类数据之间的关系由 UML 类图表示。

（三）ADO.NET 技术

ADO.NET 的名称起源于 ADO（activex data objects），是一组用于和数据源进行交互的面向对象类库。通常情况下其数据源是数据库，也能是 Excel 表格、文本文件或者 XML 文件。在数据库分层结构中，数据访问层是通过 ADO.NET 操纵数据为事务逻辑层提供数据服务的，如返回数据检索结果、存储数据操作结果。

传统的应用程序是通过先建立到数据库的链接，并在程序的整个运行过程中维护链接的方式来设计的。ADO.NET 提供 3 种方式与数据库相连：通过 ODBC 相连、通过 OLEDB

相连和直接与 Microsoft SQL Server 相连。3 种方式的效率由低到高，独立性由高到低。对于相连数据库的数据处理，也有两种方式，一种是通过 Dataset 来隔离异构的数据源，另一种是以流方式从数据源读取（data reader 方式）。除此之外，ADO.NET 采取断开链接方式的数据结构。当浏览器向 Web 服务器请求网页时，服务器处理这个请求并将所请求的网页发送给浏览器，然后连接被断开，直到浏览器发出下一个请求。

ADO.NET 引入了数据集（dataset）。内存中一个数据集是提供数据关系图的高速缓冲区。数据集并不需要知道数据的来源，它们可以由程序或通过从数据库中调入数据而被生成。不论数据从何处获取，数据集都是通过使用同样的程序模板而被操作，并且使用相同的潜在数据缓冲区[12]。

第二节　数据库系统的概念设计

数据库最重要的就是按照功能需求分析来进行设计，不仅是为了方便管理，也是为了本身性能得以体现。为解决“做一个怎么样的系统”的问题，首先是对潜在用户做出预测，再根据此得出需求分析，详细阐述数据库系统的结构体系设计，采用客户机和服务器模式，将系统进行分解，最后结合西南季节性干旱区的特点，确立数据库分类编码，建立数据字典。

一、数据库系统建设原则

有效地进行数据管理是西南季节性干旱区农业资源与环境要素数据库系统的主要目标。对现有的涉及农业、资源、环境、生态等方面的数据资源分门别类地进行整理，使其保存在专门的数据库文件中，可以实现数据资源的共享，并实现在线数据处理功能。通过数据库系统的人机对话界面，用户可以方便、及时地对所需的原始数据进行实时处理、查询检索、打印输出，从中得到自己所需的信息。

农业资源涉及的数据种类繁多、信息量大，对它们进行有效处理需要一个成熟的数据库管理系统[13]，这也是本数据库设计的目标之一。为使数据库建成以后能够持续稳定地运行和发挥作用，数据库的设计应遵循以下原则。

（1）实用性原则。针对不同用户对农业资源的多层次需要，数据库以实用为指导思想和出发点，做好建库前的需求分析，首先满足基本应用的需要，成为用户可以依托的有力工具。

（2）可扩展性原则。在数据库结构和系统功能设计方面应留有余地，要充分考虑数据库的可扩展性，预留各种接口，保证数据传递得快速、准确，以满足系统建设的连续性和长远发展。

（3）规范化和标准化原则。为了保证系统具有可移植性及信息共享，入库的数据、采用的数据库表结构方案和代码方案必须标准化、规范化，技术规定遵从前面章节提到的有关规定，未提及的按相关专业部门的规定执行。

（4）安全性和可靠性原则。数据库的安全性已经成为现代数据库系统的主要评测指标，防止不合法的使用、数据的泄露、非法更改和破坏是数据库系统要解决的重要问题。

（5）相对稳定性原则。以各要素最稳定的特征和属性为基础，能在较长时间里不发生重大变更。

（6）开放性原则。数据库采用符合标准的数据模型和数据格式，使更多的应用系统或相关数据库能够集成和使用数据库的数据。

（7）简便性原则。结构合理，功能齐全，界面简单友好，操作灵活简便，能满足不同层次用户的需要。

二、数据库系统用户预测和需求分析

用户分析解决的主要问题是希望系统“做什么”，是使系统开发达到合理、优化的重要工作阶段，这一阶段工作的深入与否直接影响到未来系统的质量和经济性，是数据库系统开发成败的关键。系统分析的主要内容是通过对应用对象的估计，分析其主要特征，完成系统的需求分析，分析系统应具有的功能，明确系统的数据流程等。

农业资源数据库系统的应用需求是多方面的，西南季节性干旱区农业资源和环境要素数据库系统应能进行农业资源数据的更新，提供西南旱区农业资源数据的共享服务并建立交换服务平台，为农业生产和规划决策提供科学的手段和依据。基于此，该系统的用户初步拟定为国家级决策机构、西南地区省级及各地市级政府部门、信息中心、农业资源区划办公室和研究机构及其各相关领域的科研机构与相关高校。

如果按系统的涉众来分，本系统的涉众主要有产品用户、服务器用户、农业领域的专家、系统管理员、系统需求分析人员和系统开发人员，不同的用户对系统的责任和需要都不一样（表 7-1）。

表 7-1　系统的涉众摘要

涉众分类	涉众说明	涉众责任	备注
产品用户	使用系统客户端的人	登录系统，检索数据，升级，申请专家评估	
服务器用户	使用系统服务器端的人	开启服务器，关闭服务器，增、删、查、改数据	
农业领域专家	为用户提供专家意见的人	提供专家意见	系统自动发送到用户邮箱
系统管理员	维护数据库、服务器的人	负责系统的安装、升级、维护、运行监控与管理，维护系统、数据库、系统日志	
系统需求分析人员		获取需求，分析需求，确认需求	
系统开发人员		部署开发并测试系统	

数据库系统主要用于管理现有的西南地区农业资源与生态环境的数据和成果，它应满足下列需求。

（1）数据的采集和处理：数据的采集提供自动采集和人工录入两种方式。对能通过接口自动采集的数据，将通过一定的预处理（格式检查或质量控制）加工成规定的格式入库；对不能自动联机取得的、未信息化的资料，将提供一个窗口界面，以人工方式录入，并转化成数据库所需统一格式存入数据库。通过对数据的采集及处理，完成数据库的更新。

（2）数据的查询和输出：根据用户的需求，对某一个数据表格（库）按照横向（字段）和纵向（记录）两个方向任意检索所需要的数据，同时将检索的内容以文件（库）形式保存，并提供屏幕显示和打印输出两种方式，以实现对系统数据资料的共享。

（3）数据的管理和维护：为保证数据库系统安全平稳运行，提供数据恢复、数据备份、数据归档、数据更新追加等数据管理功能。为了保证系统数据的完整性和一致性，数据自动更新追加时，通过创建各种代码、规则、缺省值等，保证数码的完整性和资料的一致性。还可创建触发器，当对表内部、表之间数据进行修改时，自动激活触发器以检查数据的完整性。

系统的总体需求是，在计算机网络、数据库和先进开发平台上，利用现有的软件，配置一定的硬件，开发一个具有开放体系结构的、易扩充的、易维护的，同时具有易用性、易移植性和具有良好人机交互界面的系统，以满足西南地区农业现代化的要求。

三、数据库系统的结构体系

（一）客户机和服务器结构

当前数据库系统最常用的结构体系有两种，即 Browser/Server（B/S）结构和 Client/Server（C/S）结构。B/S 结构中，客户只需要网络浏览器，即可以在服务器上进行计算、查询、搜索、分析等操作，这种结构具有广泛的实用性，其所有功能均在后台实现，不涉及客户端，所以整个系统的维护、管理和升级都非常方便，特别适合于查询地点分散、用户不确定的情况。C/S 结构中，客户需要安装专用的客户端软件，才能充分发挥客户端的处理能力。其优点是响应速度快。但这种结构只适用于局域网，客户端的安装、维护和升级成本都非常高[14]。

C/S 体系结构的数据库应用由两部分组成，即客户应用程序和数据库服务器程序。二者可分别称为前台程序与后台程序。运行数据库服务器程序的机器，也称为应用服务器。一旦服务器程序被启动，就随时等待响应客户程序发来的请求，客户应用程序运行在用户自己的电脑上，对应于数据库服务器，可称为客户电脑。当需要对数据库中的数据进行任何操作时，客户程序就自动地寻找服务器程序，并向其发出请求，服务器程序根据预定的规则做出应答，返回结果。因为农业数据库的数据量大，运算、获取、统计烦琐，所以运用 C/S 体系结构可以有效地减轻应用服务器运行数据的负荷[15]。

在数据库应用中，数据的储存管理功能是由服务器程序和客户应用程序分别独立进行的。前台应用可以违反一些规则，如“访问者的权限和编号可以重复”“必须有客户才能建立订单”等，并且通常把那些不同的运行数据在服务器程序中不集中实现。所有这些，对于工作在前台程序上的最终用户，是“透明”的，他们无须过问背后的过程，就可以完成自己的一切工作。在客户服务器架构的应用中，麻烦的事情都交给了服务器和网络。在 C/S 体系下，数据库不能真正成为公共、专业化的仓库，它受到独立的专门管理。所以西南季节性干旱区农业资源环境要素数据库系统中的重要数据，应用 C/S 体系结构更有利于保证其安全性。

综合考虑后，系统采用 C/S 结构，即客户机和服务器结构，运行模式如图 7-1 所示。它是软件系统体系结构，通过它可以充分利用两端硬件环境的优势，将任务合理分配到 Client 端（以下称客户端）和 Server 端（以下称服务器端）来实现，以降低系统通信成本。

系统用例的参与者有普通用户、服务器用户、农业专家。

用例有：登录、打印、发送结果至邮箱、服务器配置、开启服务器、专家评估、专题搜索、查看帮助、查看软件信息、连接数据库配置、输出 Excel 表、申请专家评估、数据导入、数据定位检索、数据分类检索、数据修改、数据显示、停止服务器、显示 Excel 表中数据、显示数据库数据、在线升级等。系统服务器端和客户端用例如图 7-2、图 7-3 所示。

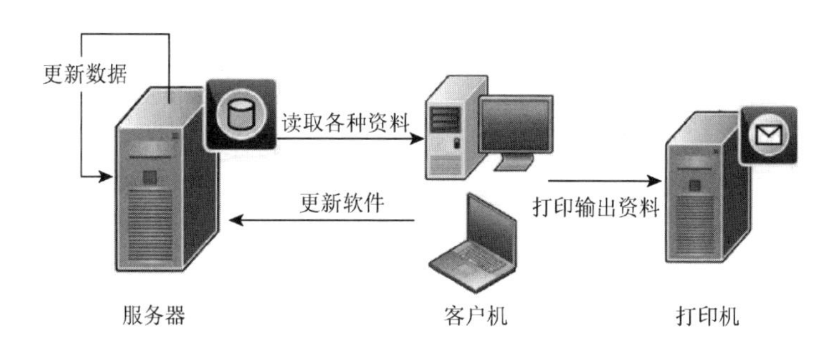

图 7-1　系统运行模式示意图

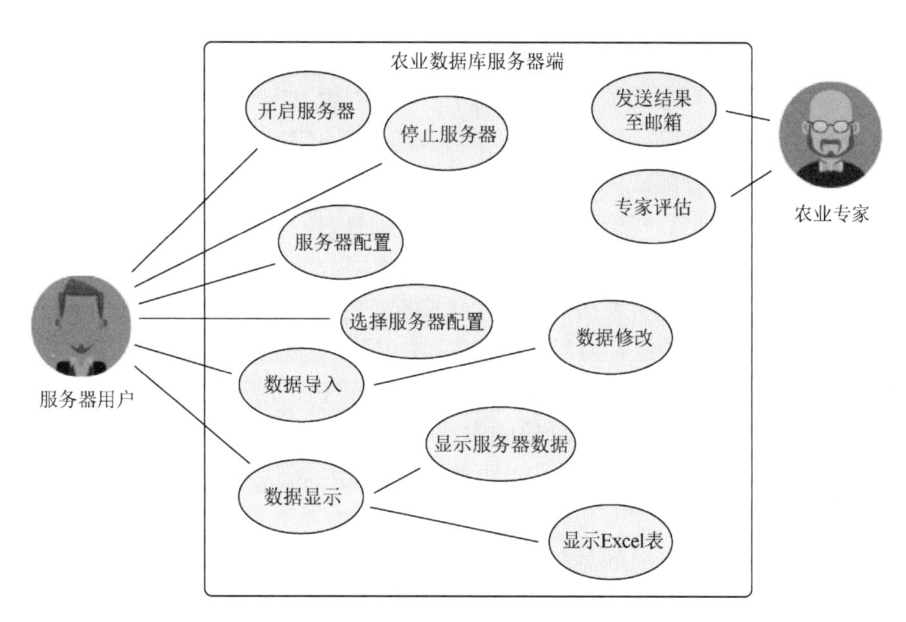

图 7-2　系统服务器端用例图

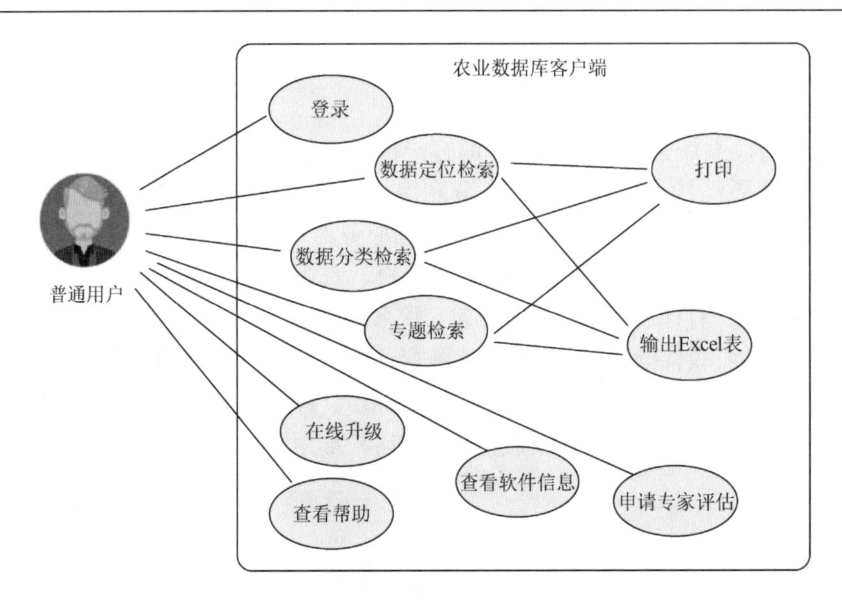

图 7-3 系统客户端用例图

（二）分层架构模式

使用分层架构可以使开发人员只需关注整个架构中的其中某一层，就可以很容易地用新的实现来代替原有层次的实现。如果需要对某层进行修改，只需修改对应层，其他层不会受影响，也可以降低层与层之间的依赖，从而使整个系统有利于标准化，有利于各层逻辑的复用。概括来说，分层架构可以分散关注、松散耦合、逻辑复用、标准定义[16]。

对于服务器端和客户端的软件设计，采用分层架构模式，即三层架构模式。

所谓分层架构模式就是，若要构建一个与业务逻辑紧密相关的解决方案，通常会采用分层的方式将应用逻辑分解成为不同的层与子系统。每一层中的组件均保持内聚性，并处于一个特定的抽象层次上。每一层均与它下面的各层保持松散耦合。

分层架构模式体现了“职责分离”的思想，对相应的职责进行分组，有助于提高系统的可理解性和可维护性。分层表达的是一个“横向”的概念，合理的分层意味着依赖关系的解构。具有强依赖关系的组件应尽量分布在同一层中，以保证层的高内聚。如果一个组件跨越多个层，就会带来依赖关系的分散，既不利于维护，也不利于系统的部署。层与层之间通常以稳定的接口进行调用。低层的实现对于高层的调用者而言，是一个“黑盒”，其实现是可替换的。在分层架构模式中，通常应避免高层模块跨层调用更低一层的功能模块，因为这会带来不必要的层间依赖关系。

系统的分层模式将系统分解为独立的三层，自下而上分别为：数据访问层（data access layer，DAL）、业务逻辑层（business logic layer，BLL）、表现层（user show layer，USL），如图 7-4 所示。

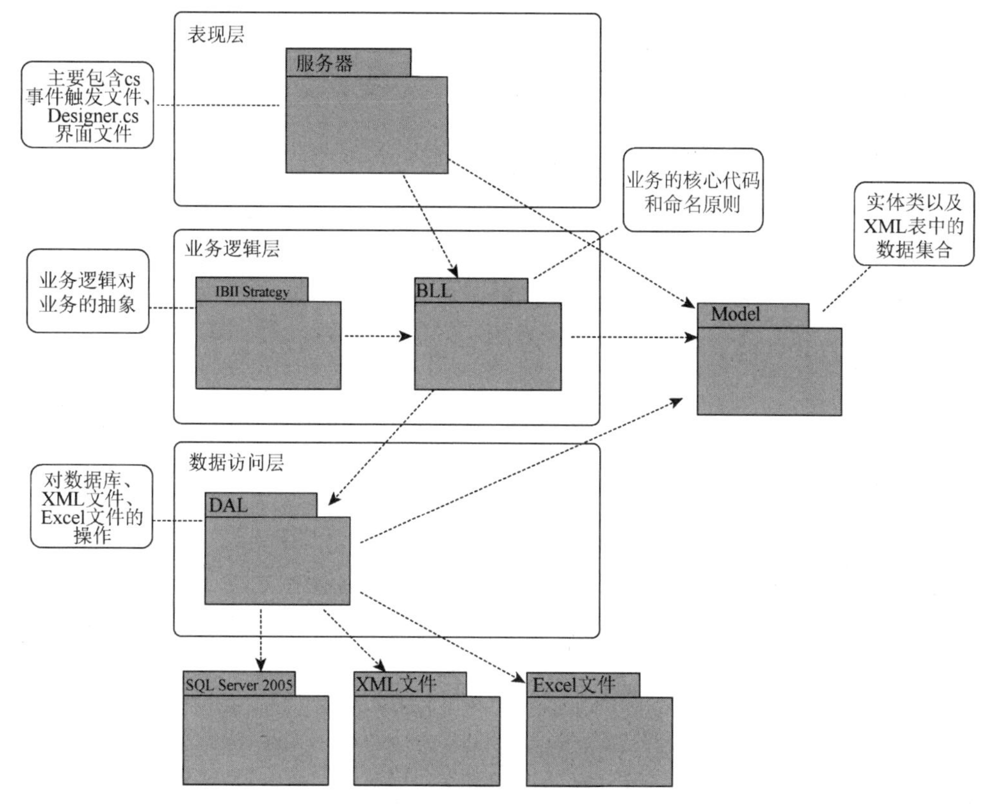

图 7-4　系统分层架构模式

cs 是 C#语言源代码文件，是后台代码文件，也可以称为“类”；IBII 为业务逻辑层接口类库，为以后面对不同数据库提供扩展，对业务逻辑层的方法进行约束

（1）数据访问层：也称为数据持久层，主要负责数据库 Microsoft SQL Server 2005、XML 文件、Excel 文件的访问。简单地说，就是实现对数据表、数据文件的 create（创建）、read（读取）、update（更新）、delete（删除）操作，即通常所谓的 CRUD 操作。在这里，对数据库文件和 Excel 文件，我们采用 ADO.NET 技术进行操作，对 XML 文件则用.Net Framework 2.0 封装的 XML 操作技术进行操作。直接建立与数据表相对的对象 Model 实体类，封装数据访问的逻辑。

（2）业务逻辑层：也称为领域层，包含整个系统的核心代码，它与这个系统的业务（领域）逻辑有关。其中 IBII Strategy 是 BLL 的功能接口，所有 BLL 中的类实现 IBII Strategy 接口中的业务逻辑功能。在业务逻辑层中，是不允许直接访问数据库的，通过数据访问层来完成对数据的访问，并通过实体类来操作数据。

（3）表现层：表现层是系统的用户接口（user interface）部分，负责使用中与整个系统的交互。在这一层中，理想的状态下不包括系统的任何业务逻辑。表现层中的逻辑代码，仅与界面元素有关。调用业务逻辑层来完成业务功能，并且引用 Model 实体类来完成数据操作。

在图 7-4 中，Model 即实体类。为了不使软件过于臃肿，更好地引入面向对象设计思想，实现关系到对象的映射，系统放弃了使用专门的 ORM 框架或工具完成关系到对象的映射，而采取专门定义一个 Model 包来封装所有对应数据的实体类。

四、数据库系统的功能结构和命名规则

（一）功能结构

将系统划分子系统可达到功能细化的作用，西南季节性干旱区农业资源环境要素数据库系统的功能结构可以划分为对数据库数据增删查改子系统、数据统计子系统、TeeChart 绘图子系统、服务器/客户端发送文件子系统、打印子系统、Excel 操作子系统、Xml 操作子系统、加密子系统、验证数据子系统等。

（二）命名规则

在表现层里，每个界面一个类，每个类分别在两个文件中实现，利用 C#的部分类功能，实现功能的文件命名为 XXX.cs，实现界面的文件命名为 XXX.Designer.cs。

在业务逻辑层里，功能文件命名为 XXXManagement.cs，接口文件命名为 IXXXManagement.cs。

在数据访问层，什么类型的数据就命名为数据类型 DAO.cs。

变量名命名，名字不能用保留字和关键字，使用实意英文命名。

方法的名字的第一个单词应以小写字母作为开头，后面的单词则用大写字母开头，如 sendMessge。

数据库中具体数据库以 agricultureDatabase 加地区拼音为数据库名称，其中首字母大写。例如，重庆数据库为 agricultureDatabase Chongqing。

基于此，为了使系统获得更好的安全性、扩展性和更高的执行效能，整个系统以异步线程、Xml、TeeChart 第三方插件技术为基础，采用基于 Client/Server 模式，使用微软的 Visual Studio 2008 为开发平台，C#为编程语言，Microsoft SQL Server 2005 为数据库管理系统，开发包含有数据库管理系统、服务器端和客户端三部分的数据库系统。

五、数据的选取及数据字典的建立

（一）数据的选取

考虑到本系统涵盖了西南地区的农业资源和环境要素的内容，量大面广，本着数据共享的宗旨，数据选择的原则如下：①选取的数据指标符合国家统计法规的相关规定；②依据用户需求分析，选择具有共享价值和示范效应的、可完成的共享数据指标；③除便于公众接受外，应具备一定的科研学术价值，具有直观、明确的定义；④数据指标的名称和量纲符合国家有关农业资源、生态环境标准化的相关规定；⑤以国家和科研机构发布的数据为依据，结合遥感资料和文献资料，对其进行矫正。

按行政区划分为重庆、四川、贵州、云南、广西五大部分。本系统涉及农业生产、农

业资源、生态环境三大功能模块（图 7-5）。农业生产类指标可以划分为种植业、养殖业、农业投入、农业科技四大类；农业资源分为气候资源、土壤资源、水资源、生物资源、土地资源五大类；生态环境类指标一般划分为大气环境、水环境、工业污染、自然灾害、生态保护五大类。

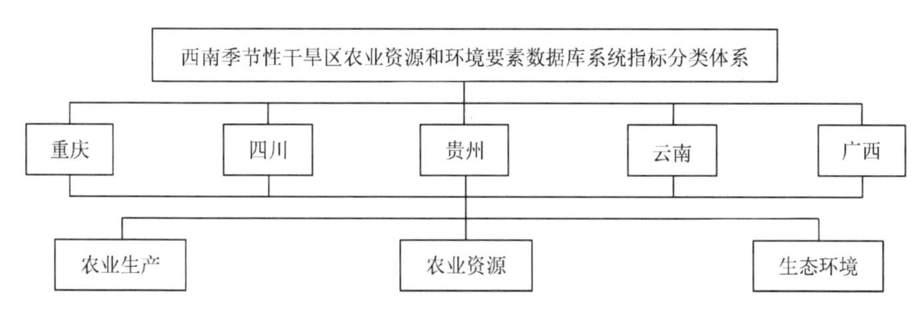

图 7-5　系统指标分类体系

本系统数据主要储存在数据库、XML 文件、Excel 文件这三个类型的文件里。根据行政区划，对西南五省（自治区、直辖市）每个地区设立一个数据库，分别为“agricultureDatabase Chongqing”“agricultureDatabase Sichuan”“agricultureDatabase Guangxi”“agricultureDatabase Guizhou”和“agricultureDatabase Yunnan”，每个数据库中的表结构相同。

如图 7-6 所示，本系统共分 3 个识别码，对应 3 个一级代码：A1-农业生产，B2-农业资源，C3-生态环境。一级代码后依次为二级代码（1，2，3……）和三级代码（01，02，03……）。例如，总耕地面积这项指标，是农业生产子数据库（识别码、一级代码为 A1）下的种植业（二级代码为 1）下的第一个指标，对应的三级代码为 01，即其最终的代码为 A1101。详细编码见数据字典。

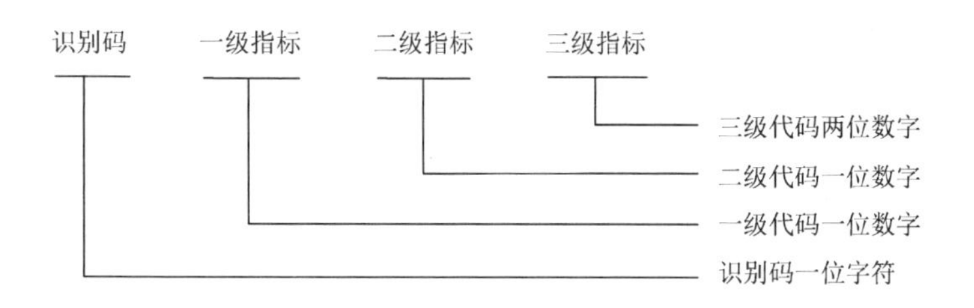

图 7-6　编码规则图

（二）数据字典的建立

数据字典是数据库的详细说明，是系统中各类数据描述的集合，是进行详细的数据收集和数据分析所获得的最主要成果[17]。数据字典相当于一个指南，存储有关数据的来源、说明、与其他数据的关系、用途和格式等信息，是便于不同人员、不同部门在利用数据库时，了解数据项的来源、数据项的其他相关信息及数据之间的关系的一种手段，从而为开发人员及未来的数据库的管理人员提供依据。它为数据库提供了路线图，而不是原始数据，所以在数据库设计之初就要建立，在数据库设计过程中占有很重要的地位。

数据字典是实现数据库的安全性、完整性、一致性和可扩充性的重要手段之一。编制一套内容翔实、条目完备的数据字典，可为数据库规范化设计和实施数据管理系统铺平道路。数据库投入使用后，在实践工作中应该被不断地扩展和补充，从而保证数据库中数据的使用和流通，来达到数据共享的目的。

本数据库系统的数据字典见表 7-2～表 7-15。

表 7-2　种植业数据表（表名：A11）

字段名称	数据类型	长度	精度	是否为空	表示含义（单位）
A1101	float	8	15	YES	总耕地面积（hm^2）
A1102	float	8	15	YES	水田面积（hm^2）
A1103	float	8	15	YES	旱地面积（hm^2）
A1104	float	8	15	YES	有效灌溉面积（hm^2）
A1105	float	8	15	YES	农作物总播种面积（hm^2）
A1106	float	8	15	YES	粮食作物总播种面积（hm^2）
A1107	float	8	15	YES	粮食作物单产（kg/hm^2）
A1108	float	8	15	YES	粮食作物总产（t）
A1109	float	8	15	YES	旱地粮食作物播种面积（hm^2）
A1110	float	8	15	YES	旱地粮食作物单产（kg/hm^2）
A1111	float	8	15	YES	旱地粮食作物总产（t）
A1112	float	8	15	YES	经济作物播种面积（hm^2）
A1113	float	8	15	YES	经济作物单产（kg/hm^2）
A1114	float	8	15	YES	经济作物总产（t）
A1115	float	8	15	YES	其他作物播种面积（hm^2）
A1116	float	8	15	YES	其他作物单产（kg/hm^2）
A1117	float	8	15	YES	其他作物总产（t）
A1118	float	8	15	YES	林果业总产（t）
year	int	4	10	YES	年份（年）
area	int	4	10	YES	各市、县地区名称

表 7-3　养殖业数据表（表名：A12）

字段名称	数据类型	长度	精度	是否为空	表示含义（单位）
A1201	float	8	15	YES	猪、牛、羊出栏量（万头，万只）
A1202	float	8	15	YES	肉类产量（t）
A1203	float	8	15	YES	禽蛋奶产量（t）

续表

字段名称	数据类型	长度	精度	是否为空	表示含义（单位）
A1204	float	8	15	YES	蚕茧产品产量（t）
A1205	float	8	15	YES	大牲畜年末存栏量（万头）
A1206	float	8	15	YES	水产品养殖面积（hm^2）
A1207	float	8	15	YES	水产量总量（t）
A1208	float	8	15	YES	捕捞水产品总量（t）
A1209	float	8	15	YES	养殖水产品总量（t）
year	int	4	10	YES	年份（年）
area	int	4	10	YES	各市、县地区名称

表 7-4　农业投入数据表（表名：A13）

字段名称	数据类型	长度	精度	是否为空	表示含义（单位）
A1301	float	8	15	YES	有机肥投放量（kg/hm^2）
A1302	float	8	15	YES	氮肥投放量（kg/hm^2）
A1303	float	8	15	YES	磷肥投放量（kg/hm^2）
A1304	float	8	15	YES	钾肥投放量（kg/hm^2）
A1305	float	8	15	YES	其他肥料投放量（kg/hm^2）
A1306	float	8	15	YES	农业设备动力（万 kW·h）
A1307	float	8	15	YES	农业用电量（万 kW·h）
A1308	float	8	15	YES	农业耗油量（t）
A1309	float	8	15	YES	农药投放量（t）
A1310	float	8	15	YES	种子播种量（t）
A1311	float	8	15	YES	农膜使用量（t）
A1312	float	8	15	YES	劳动力（万人）
A1313	float	8	15	YES	额定劳动工日（天）
A1314	float	8	15	YES	平均受教育年限（a）
A1315	float	8	15	YES	单位面积用工量（工日/hm^2）
A1316	float	8	15	YES	劳均可负担耕地（hm^2/人）
A1317	float	8	15	YES	劳动力需求量（人/hm^2）
year	int	4	10	YES	年份（年）
area	int	4	10	YES	各市、县地区名称

表 7-5　农业科技数据表（表名：A14）

字段名称	数据类型	长度	精度	是否为空	表示含义（单位）
A1401	float	8	15	YES	农业技术成果数（项）
A1402	float	8	15	YES	单产增量缩值系数

续表

字段名称	数据类型	长度	精度	是否为空	表示含义（单位）
A1403	float	8	15	YES	农业服务机构数（个）
A1404	float	8	15	YES	农业科技人员数（人）
A1405	float	8	15	YES	电视普及率（%）
year	int	4	10	YES	年份（年）
area	int	4	10	YES	各市、县地区名称

表 7-6　气候资源数据表（表名：B21）

字段名称	数据类型	长度	精度	是否为空	表示含义（单位）
B2101	float	8	15	YES	日照时数（h）
B2102	float	8	15	YES	太阳总辐射[J/(cm^2·a)]
B2103	float	8	15	YES	光合有效辐射[J/(cm^2·a)]
B2104	float	8	15	YES	无霜期（d）
B2105	float	8	15	YES	积温（℃）
B2106	float	8	15	YES	年平均温度（℃）
B2107	float	8	15	YES	最热月平均温度（℃）
B2108	float	8	15	YES	最冷月平均温度（℃）
B2109	float	8	15	YES	极端最高温、最低温（℃）
B2110	float	8	15	YES	生产年度降水量（mm）
B2111	float	8	15	YES	降水变率（%）
B2112	float	8	15	YES	降水季节分配（%）
B2113	float	8	15	YES	有效降水量（mm）
B2114	float	8	15	YES	降水保证率（%）
B2115	float	8	15	YES	蒸发力（mm/d）
B2116	float	8	15	YES	总蒸发量（mm/d）
year	int	4	10	YES	年份（年）
area	int	4	10	YES	各市、县地区名称

表 7-7　土壤资源数据表（表名：B22）

字段名称	数据类型	长度	精度	是否为空	表示含义（单位）
B2201	float	8	15	YES	土壤构型层厚度（cm）
B2202	float	8	15	YES	土壤孔隙度（%）
B2203	float	8	15	YES	土壤酸碱度（pH）
B2204	float	8	15	YES	土壤有机质含量（%）
B2205	float	8	15	YES	土壤速效氮含量（g/kg）

续表

字段名称	数据类型	长度	精度	是否为空	表示含义（单位）
B2206	float	8	15	YES	土壤速效磷含量（g/kg）
B2207	float	8	15	YES	土壤速效钾含量（g/kg）
B2208	float	8	15	YES	土壤含水量（%）
B2209	float	8	15	YES	土壤饱和含水量（%）
year	int	4	10	YES	年份（年）
area	int	4	10	YES	各市、县地区名称

表 7-8　水资源数据表（表名：B23）

字段名称	数据类型	长度	精度	是否为空	表示含义（单位）
B2301	float	8	15	YES	水资源总量（万 m^3）
B2302	float	8	15	YES	灌溉定额（m^3）
B2303	float	8	15	YES	作物实际耗水量（m^3）
B2304	float	8	15	YES	作物理论耗水量（m^3）
B2305	float	8	15	YES	河川径流量（m^3/a）
B2306	float	8	15	YES	河川径流年际变化率（%）
B2307	float	8	15	YES	径流模数（m^3/a）
B2308	float	8	15	YES	地下水资源补给量（万 m^3）
B2309	float	8	15	YES	地下水资源存储量（万 m^3）
B2310	float	8	15	YES	地下水矿化度（g/L）
B2311	float	8	15	YES	地下水总硬度（g/L）
year	int	4	10	YES	年份（年）
area	int	4	10	YES	各市、县地区名称

表 7-9　生物资源数据表（表名：B24）

字段名称	数据类型	长度	精度	是否为空	表示含义（单位）
B2401	float	8	15	YES	生物物种数（种）
B2402	float	8	15	YES	顶级群落物种数（种）
B2403	float	8	15	YES	特有物种数（种）
B2404	float	8	15	YES	濒危物种数（种）
B2405	float	8	15	YES	生物密度（头/hm^2）
B2406	float	8	15	YES	植物优势度
B2407	float	8	15	YES	农作物品种数（种）
B2408	float	8	15	YES	繁殖系数
B2409	float	8	15	YES	畜禽品种数（种）

续表

字段名称	数据类型	长度	精度	是否为空	表示含义（单位）
B2410	float	8	15	YES	牲畜折算系数
year	int	4	10	YES	年份（年）
area	int	4	10	YES	各市、县地区名称

表 7-10　土地资源数据表（表名：B25）

字段名称	数据类型	长度	精度	是否为空	表示含义（单位）
B2501	float	8	15	YES	土地总面积（hm^2）
B2502	float	8	15	YES	垦殖系数（%）
B2503	float	8	15	YES	森林面积（hm^2）
B2504	float	8	15	YES	森林蓄积量（m^3）
B2505	float	8	15	YES	森林生产量[$m^3/(hm^2 \cdot a)$]
B2506	float	8	15	YES	森林采伐量（m^3/a）
B2507	float	8	15	YES	草场面积（m^2）
B2508	float	8	15	YES	草场载畜力（头/hm^2）
B2509	float	8	15	YES	水域面积（m^2）
year	int	4	10	YES	年份（年）
area	int	4	10	YES	各市、县地区名称

表 7-11　大气环境数据表（表名：C31）

字段名称	数据类型	长度	精度	是否为空	表示含义（单位）
C3101	float	8	15	YES	主要城市空气总体质量
C3102	float	8	15	YES	主要城市空气总悬浮颗粒物含量（mg/m^3）
C3103	float	8	15	YES	主要城市空气二氧化硫含量（mg/L）
C3104	float	8	15	YES	主要城市空气氮氧化物含量（mg/L）
C3105	float	8	15	YES	全年空气质量优良天数比率（%）
year	int	4	10	YES	年份（年）
area	int	4	10	YES	各市、县地区名称

表 7-12　水环境数据表（表名：C32）

字段名称	数据类型	长度	精度	是否为空	表示含义（单位）
C3201	float	8	15	YES	主要河流、湖泊水体总体质量
C3202	float	8	15	YES	水体溶氧量（mg/L）

续表

字段名称	数据类型	长度	精度	是否为空	表示含义（单位）
C3203	float	8	15	YES	水体生化需氧量（mg/L）
C3204	float	8	15	YES	水体油类含量（mg/L）
C3205	float	8	15	YES	水质现状
year	int	4	10	YES	年份（年）
area	int	4	10	YES	各市、县地区名称

表 7-13　工业污染数据表（表名：C33）

字段名称	数据类型	长度	精度	是否为空	表示含义（单位）
C3301	float	8	15	YES	工业废气排放及处理情况
C3302	float	8	15	YES	工业废水排放及处理情况
C3303	float	8	15	YES	工业固体废弃物排放及处理情况
year	int	4	10	YES	年份（年）
area	int	4	10	YES	各市、县地区名称

表 7-14　自然灾害数据表（表名：C34）

字段名称	数据类型	长度	精度	是否为空	表示含义（单位）
C3401	float	8	15	YES	灾害发生总次数（次）
C3402	float	8	15	YES	灾害持续时间（d）
C3403	float	8	15	YES	灾害受灾总面积（km^2）
C3404	float	8	15	YES	旱灾发生总次数（次）
C3405	float	8	15	YES	旱灾持续时间（d）
C3406	float	8	15	YES	旱灾受灾总面积（km^2）
C3407	float	8	15	YES	洪涝灾害发生总次数（次）
C3408	float	8	15	YES	洪涝灾害持续时间（d）
C3409	float	8	15	YES	洪涝灾害受灾总面积（km^2）
C3410	float	8	15	YES	冻灾发生总次数（次）
C3411	float	8	15	YES	冻灾持续时间（d）
C3412	float	8	15	YES	冻灾受灾总面积（km^2）
year	int	4	10	YES	年份（年）
area	int	4	10	YES	各市、县地区名称

表 7-15 生态保护数据表（表名：C35）

字段名称	数据类型	长度	精度	是否为空	表示含义（单位）
C3501	float	8	15	YES	水土流失面积（km^2）
C3502	float	8	15	YES	水土流失治理面积（km^2）
C3503	float	8	15	YES	水土流失强度[$t/(km^2 \cdot a)$]
C3504	float	8	15	YES	森林覆盖率（%）
C3505	float	8	15	YES	自然保护区数目（个）
C3506	float	8	15	YES	自然保护区面积（km^2）
year	int	4	10	YES	年份（年）
area	int	4	10	YES	各市、县地区名称

第三节 数据库系统的详细设计及实现

概念设计阶段以比较抽象概括的方式提出问题，详细设计阶段的任务就是提出解决问题的方法，即在总体设计的基础上进一步确定如何实现目标系统。详细设计是软件开发时期的第三个阶段，也是软件设计的第二步，其任务就是把解法具体化，解决“怎么做系统”的问题。在软件工程、系统工程理论和方法的指导下，给出各个模块的详细过程性描述，从而在编码阶段可以把这个描述直接翻译成用编程语言书写的程序，主要包括数据库、实体类层、数据访层、业务逻辑层的设计，其中数据库的设计包括数据库表的建立、数据库安全设计，业务逻辑层的设计包括服务器端和客户端的设计；以异步线程、XML 技术、TeeChart 第三方插件技术为基础，在 Visual Studio 2008 开发平台下以 C#为编程语言得到实现。

一、数据库的设计及实现

数据库设计是应用系统开发的一个重要环节，数据库结构的好坏将直接对应用系统的效率及实现结果产生重要影响。在数据库设计的开始阶段应尽量全面考虑用户的各种需求，优化数据库的结构及数据处理流程。

（一）总体设计

在 Microsoft SQL Server 2005 中总共建立 5 个数据库，即 agricultureDatabase Chongqing（重庆地区数据库）、agricultureDatabase Sichuan（四川地区数据库）、agricultureDatabase Yunnan（云南地区数据库）、agricultureDatabase Guizhou（贵州地区数据库）和

agricultureDatabase Guangxi（广西地区数据库）。每个数据库包括该省（自治区、直辖市）管辖的各市、地区、自治县，如图7-7所示。

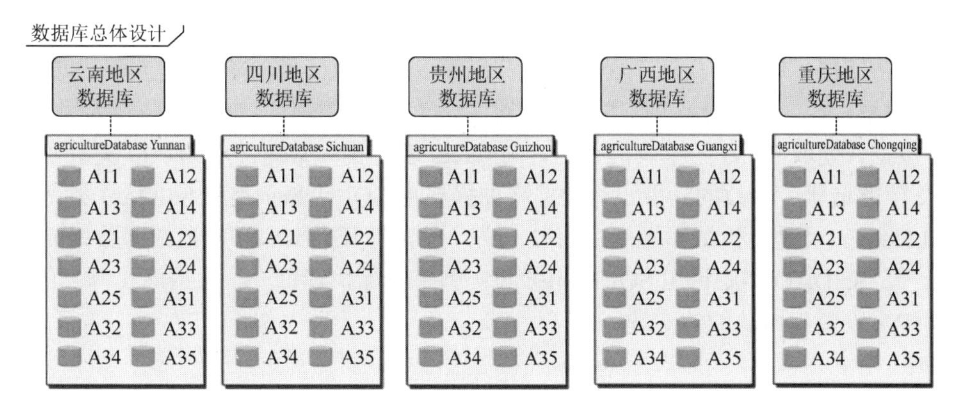

图7-7　数据库总体设计图

每个数据库的使用权限只授予agricultureadmin用户，每个数据库包含14个表。这14个表依照数据字典进行设计。

（二）安全设计

数据库安全是指保护数据库以防止非法用户的越权使用、更改、窃取或破坏数据。根据要求分类，数据库系统的安全要求可以归纳为以下3个方面。

（1）保密性。数据库的保密性是一种防止数据库中的数据泄露或未授权获取的机制，可以通过对用户进行访问授权来实现，即使对同一组数据的不同用户也可以被授予不同的存取权限。同时还能够对用户的访问操作行为进行跟踪和审计。

（2）完整性。数据库的完整性包括物理完整性和逻辑完整性。物理完整性是指保证数据库的数据不受物理故障（如突然断电、硬件故障等）的影响，并有可能在灾难性毁坏时重建和恢复数据库；逻辑完整性是指对数据库逻辑结构的保护，包括数据的语义完整性和操作完整性。前者是指数据存取在逻辑上满足完整性约束，后者主要是指在并发事务中保证数据的一致性。

（3）可用性。数据库的可用性是指需要保证运行效率和良好的人机交互，同时授权用户对数据库的正常操作不应被数据库拒绝。

本系统主要搭载在Microsoft SQL Server 2005开发平台上，因此就遵从了Microsoft SQL Server的数据库安全机制。

二、实体类层的设计及实现

在实体类（Model）中，为每一张数据库中的表、每一个XML文件设计一个类，类中只包含这些表和文件的字段、构造函数和属性。

三、数据访问层的设计及实现

数据访问层（DAL）由 4 个类组成，分别是 ExcelDAO 类、XmlDAO 类、SQLHelper 类和 SqlDAO 类。ExcelDAO 类主要完成对 Excel 文件的操作，其功能分别为读取 Excel 表所有数据，读取 Excel 某个表的数据，向 Excel 表中插入数据。XmlDAO 类主要完成对 XML 文件的增删、查改的功能。对数据库的操作由 SQLHelper 类和 SqlDAO 类完成。其中 SQLHelper 类是对数据库操作的抽象定义，包含打开数据库和对数据库数据的存储过程的执行。SqlDAO 类则调用 SQLHelper 的实例来实际执行每一个数据库实例类的增删、查改操作，以备查错功能的实现。

四、业务逻辑层的设计及实现

在服务器端和客户端的业务逻辑层（BLL）的技术路线可分别用图 7-8、图 7-9 表示。

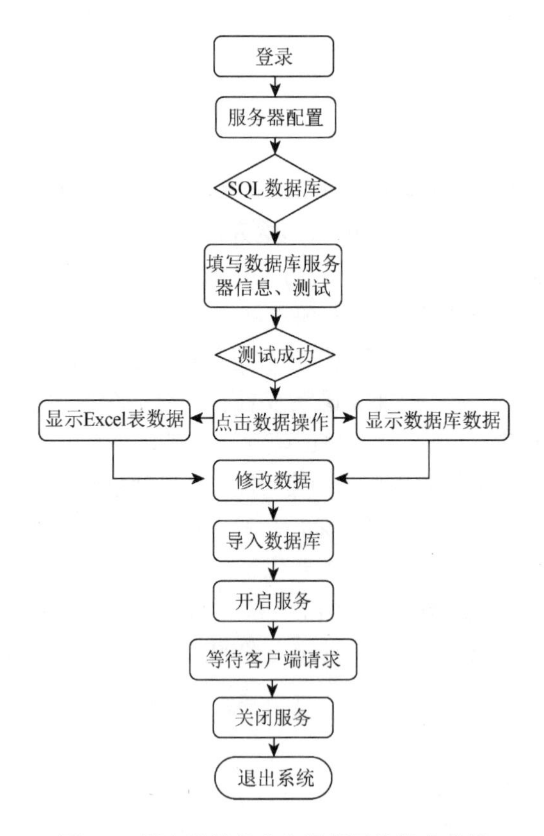

图 7-8　服务器端的业务逻辑层的技术路线

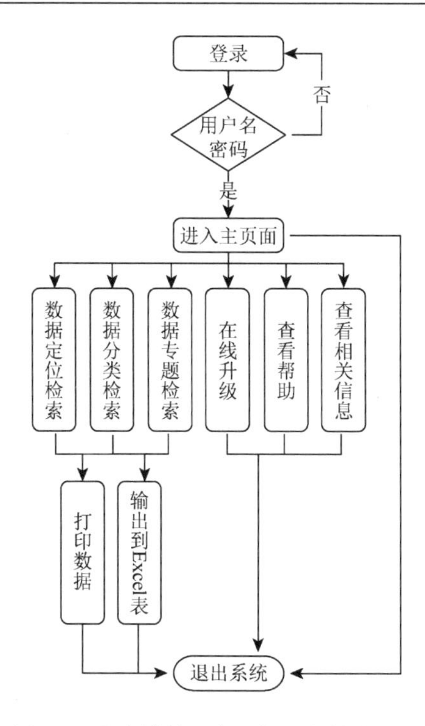

图 7-9　客户端的业务逻辑层的技术路线

五、数据流的设计及实现

如前文所述，本系统的分层模式是将系统分解为独立的 3 层，自下而上分别为数据访问层（DAL）、业务逻辑层（BLL）、表现层（USL）。DAL 通过 ADO.NET 技术调用 Microsoft SQL Server 2005 中的所需数据至 Model，具体是使用 DAL 文件夹里的 SQLHelper.cs 文件中的一个方法，接着再通过 Socket 技术、IO（Input/Output）技术和 String 流技术实现文件传输，通过 TeeChart 第三方插件技术实现图表显示。

综上所述，数据的传输流程是：Microsoft SQL Server 2005→服务器端 DAL 中的 SqlDAO.cs→Model→服务器端 DAL 中的 XmlDAO.cs→XML→客户端的 DAL→BLL→界面（USL），以 TeeChart 图表的方式表现出来。

第四节　数据库系统的应用

将系统的功能分为数据编辑、数据更新、数据检索等模块，对每个功能模块的各项子功能进行设计，并利用相应的编程语言和技术开发了相应的界面，对系统的布局和功能做了进一步的阐述和注释。经测试，本系统界面友好，操作性强，在各操作环境下都运转良好。

一、数据库系统的安装和环境条件

由于本系统采用了.NET Framework 技术、Microsoft SQL Server 技术，因此需要的软件安装包括 Microsoft SQL Server 2005、西南季节性干旱区农业资源环境要素数据库系统的客户端和服务器端。使用软件的大多数用户可能从未使用过类似的数据库系统，但是 Windows 友好的用户界面和本系统良好的安全性设置，可以使用户在软件使用手册的指导和帮助下很快掌握系统的使用方法，并无操作失误而引起的系统出错的顾虑。在开发过程中，利用 Windows 平台控件，以增强用户界面友好性，考虑到用户需求的实际情况，在操作界面、查询界面等部分添加解释或提示，帮助用户尽快掌握本系统的使用方法。

经测试，本系统在 Windows XP、WindowsVista、Windows 7、Windows 8、Windows 10 各版下，都运行良好。

二、数据库系统的登录界面

（一）数据库系统服务器端登录界面

系统静态界面对应有一个代码，文件名为 XXXX Designer.cs，静态页面上的功能也对应有一个代码，文件名为 XXXX.cs，功能代码的作用是双击后调用后面的静态界面代码，以及执行业务需求功能和用例功能，包括开启服务器、停止服务器、服务器配置、连接服务器配置、数据导入、数据修改、数据显示（包括显示数据库数据和显示 Excel 表中的数据）等功能。点击“开启服务”，服务器端将进入工作状态，箭头将显示为绿色。如要求服务器端停止工作状态，只需点击“停止服务”，箭头将变为红色。本数据库系统服务器端登录界面和服务器设置界面分别见图 7-10 和图 7-11。

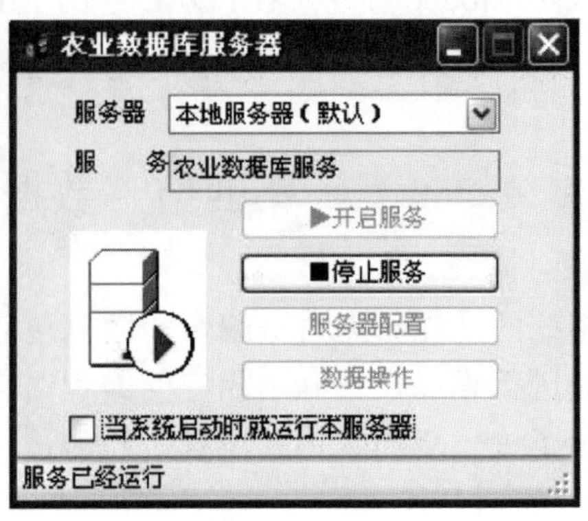

图 7-10　本数据库系统服务器端登录界面

图 7-11　服务器设置界面

（二）数据库系统客户端登录界面

打开“农业数据库客户端”，进入友好的欢迎界面（图 7-12）。

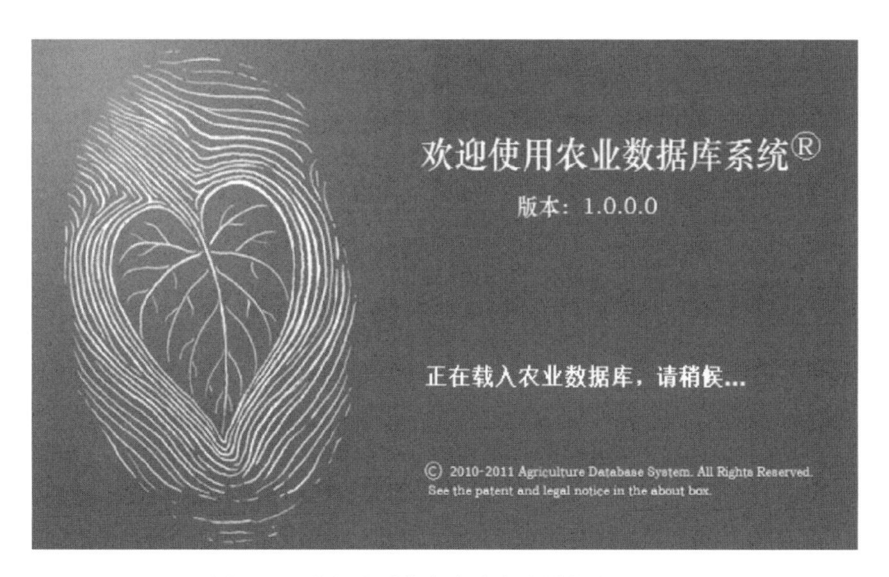

图 7-12　数据库系统客户端启动缓存欢迎界面

随后系统进入客户端的登录界面，为了本数据库的安全，保护措施是使用用户标识，当用户登录数据库时需填写授权的用户名和密码，如图 7-13 所示。

图 7-13　数据库客户端登录界面

经系统验证才可以进入数据库系统。否则，会提示弹出对话框，提示“用户名，密码错误”（图 7-14）。

图 7-14　数据库客户端提示“用户名，密码错误”对话框

如果账号和密码通过验证，系统则进入数据库的欢迎界面。系统欢迎界面对数据进行了总体介绍，使数据库使用者对数据库的构成有总体的了解（图 7-15）。

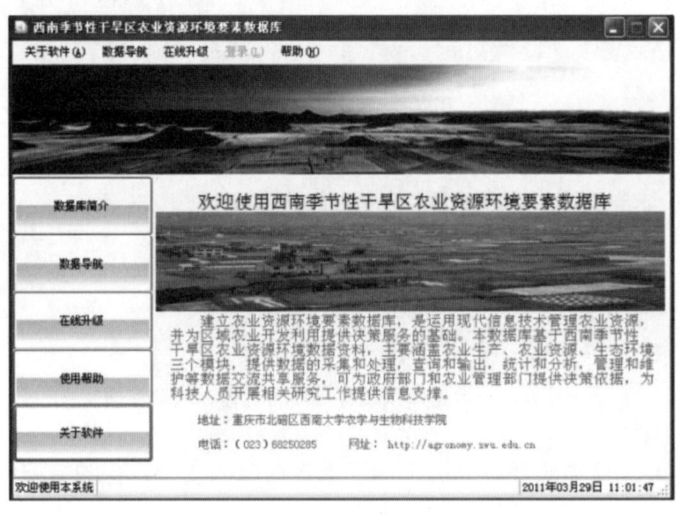

图 7-15　数据库客户端登录成功后欢迎界面

欢迎界面中的左侧提供了系统所有的功能索引，包括数据库简介、数据导航、在线升级、使用帮助和关于软件五大部分。

“数据库简介”功能，顾名思义，就是对整个数据库系统的一个大致的描述，另外还有系统开发者联系方式，使用户对系统有初步的了解。

“使用帮助”就是对“数据库简介”功能的深化，其主要是为了让用户对系统有更深入的了解，包括系统的使用手册、注意事项、操作指南等。点击界面的“使用帮助”按钮，就会跳转至以 Office word 文档方式保存的一段文字界面。

“数据导航”功能是整个系统的核心功能，提供了数据分类检索、专题搜索和数据定位检索三个功能模块（图 7-16）。该部分内容会在下文作详细介绍。

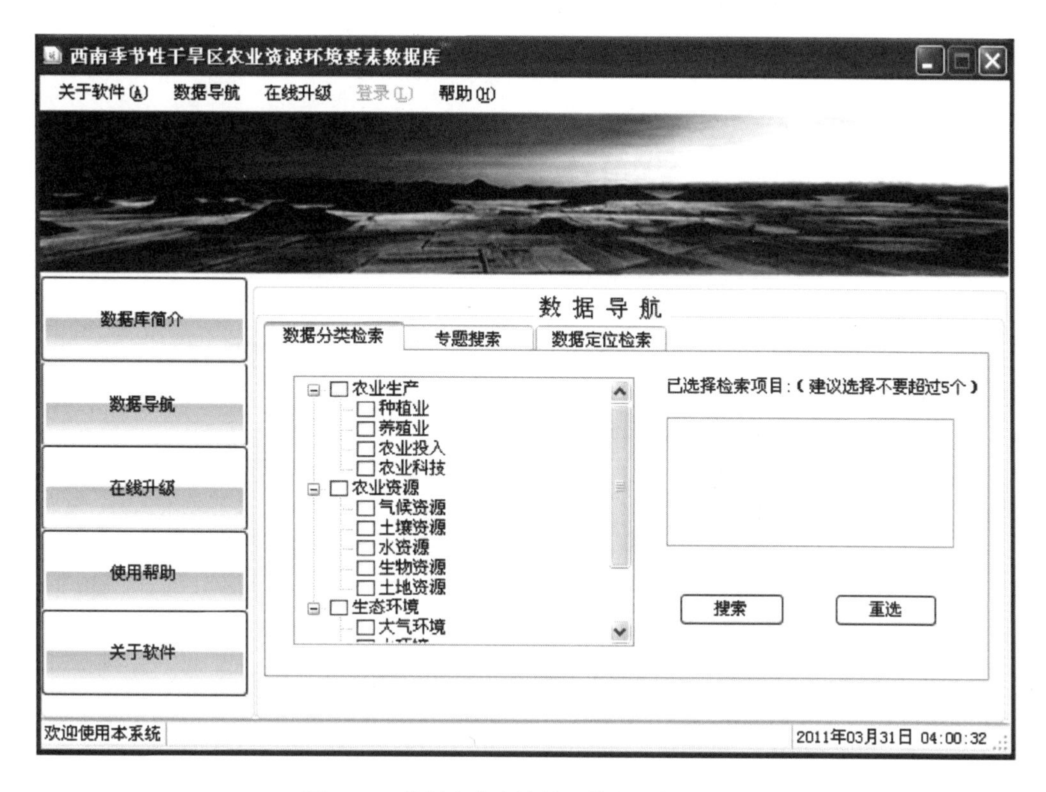

图 7-16　数据库客户端的“数据导航”页面

数据库系统中为了保持数据的现时性必须保持数据的更新。如上文所述，本系统通过人工录入和系统自动录入两种方式实现数据的编辑与更新，但此过程都是在系统的服务器端完成的，所以用户点击客户端的“在线升级”按钮，系统将自动搜索服务器端中是否有数据的更新。如果无，系统则提示“已经是最新版，无须更新”；如果有，则自动完成更新（图 7-17）。

点击页面左侧“关于软件”，系统会弹出一个对话框，其中包含有软件名称、版本、所需的软硬件要求等信息以供用户查阅（图 7-18）。

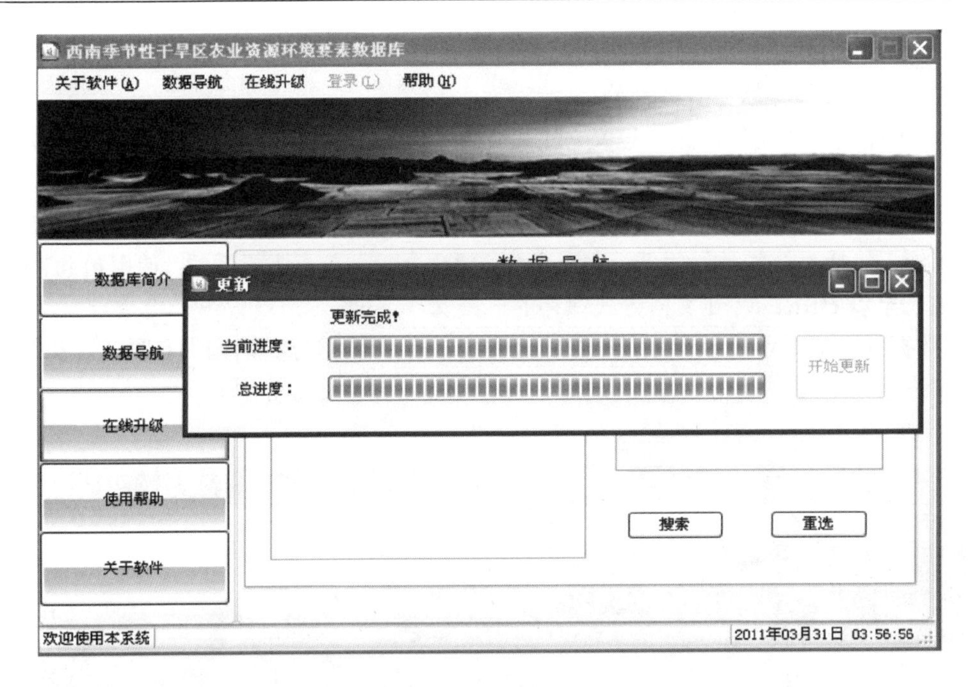

图 7-17 数据库客户端的“在线升级”页面

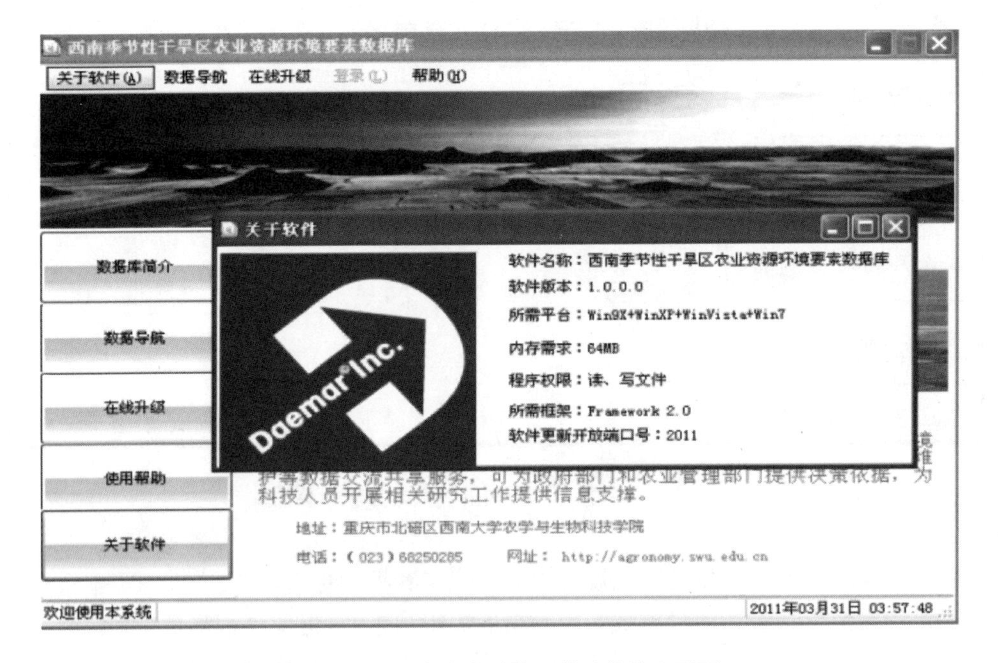

图 7-18 数据库客户端的“关于软件”页面

三、数据库系统的编辑更新功能

数据库系统的编辑更新功能包括添加、修改、查询检索、删除 4 个功能模块。

（1）添加功能。该功能是数据库录入系统的一个重要功能。数据库的作用主要是存储信息，将数据按照正确的方式和既定的规范导进数据库是一个首要的先决条件。如果所需数据满足用户的要求，数据录入功能模块则将数据录入指定的表中，完成对数据的添加。

（2）修改功能。数据库中的数据为了时刻满足用户的要求，必须进行实时的更新、修改。通过录入界面获得数据库中已有数据并对其修改之后，首先判断修改之后的数据是否满足要求，再通过修改功能模块将该数据修改后保存到数据库中。

（3）查询检索功能。本功能的主要目的是让数据操作人员可以方便地查看数据库中的数据，并按照一定的条件将数据显示到软件界面中。查询检索分为分类检索、专题搜索和定位检索。

（4）删除功能。本功能是将数据表中的某一条数据删除掉，当点击删除键后会弹出提示“是否删除该数据”的对话框，保证数据不会被误删除，当用户确定之后，调用删除功能。

完成整个编辑更新步骤的过程是：①模块将该数据删除，显示 Excel 表中的数据。②导出数据库中数据，导入数据库，随即去空白行，去空白列。当更改地区和更改指标时，导入按钮变灰。③更新，导入数据库，生成实例，取出数据库中的表。

四、数据库系统的检索功能

检索功能主要需要系统能够按照结构化查询语句（SQL）方式，采用事件驱动，由用户执行特定的控件按钮项，自动完成其功能。还应根据用户的需求，对某一个数据表格（库）按照横向（字段）和纵向（记录）两个方向任意检索所需要的数据，同时将检索的内容以文件（库）形式保存，并提供屏幕显示或打印输出两种方式。

在本系统中，用户可以通过数据分类检索、专题搜索和定位检索来访问保存在数据库中的数据。

出于软件工程考虑，对于每个模块的检索功能都应该加以抽象，形成通用查询功能模块。通用查询功能模块通过用户的输入条件，确定 SQL 语句，送入数据库中，执行查询操作，将查询结果返回到数据列表中，并可以对查询的结果进行成图显示或导出到 Excel 文件。

用户可以根据各专题提供的条件框输入查询条件，程序会根据用户输入的条件，判断是否符合查询要求，如果不符合，会提示用户重新输入；否则，程序会根据用户输入的条件进行 SQL 语句的拼接，select 子句由用户要查询的项控制，from 子句由用户要查询的表控制，其余的条件会拼接到 where 句中。

（一）数据分类检索

数据分类检索，就是对数据字典中的指标系统进行查询，用户只需要勾选所需的指标，系统就会自动显示出该指标的数值，还可以通过曲线图的方式呈现出来，给用户更直观的感受（图 7-19）。

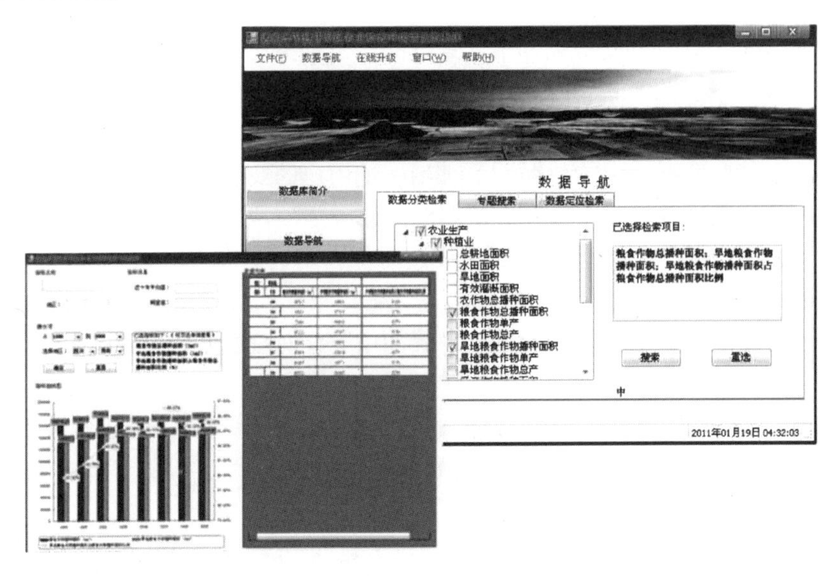

图 7-19 数据分类检索

（二）专题搜索

专题搜索主要完成指定地区、指定数据的查询，用户可勾选目标地区，手动输入需要的数据指标，系统即可自动完成搜索，并以报表的形式输出，用户可选择屏幕观看记录，也可选择打印输出（图 7-20）。

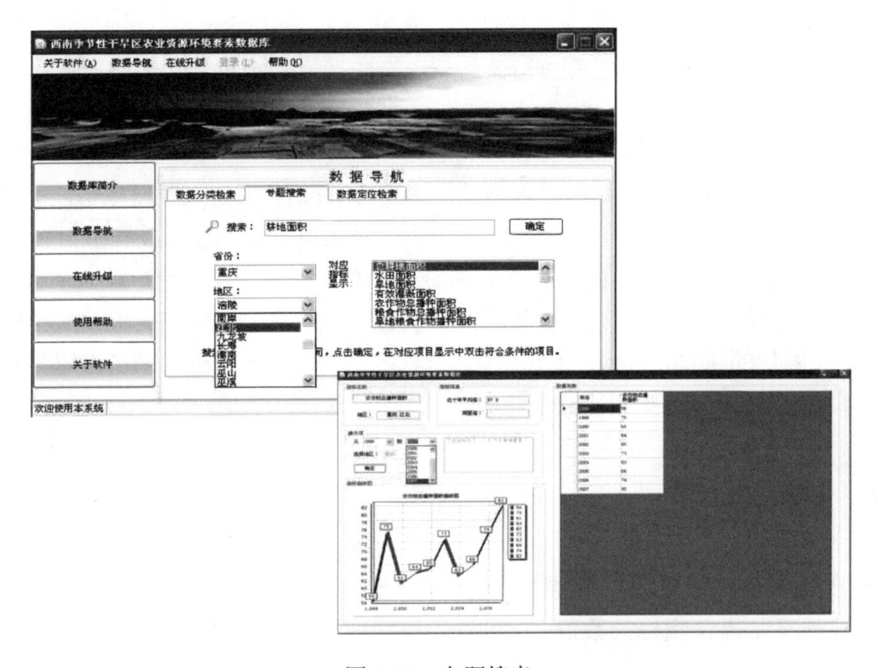

图 7-20 专题搜索

（三）数据定位检索

在数据定位检索中，用户可以对 3 个以上的地级市的同一个指标进行比较。只需要在复选框中选择目标地区，再勾选出相应的指标，数据将自动生成报表和曲线图。在同一个界面，用户还可方便地调整选取的地区和指标以便实现进一步的查询和比较。

例如，要比较重庆江津、四川成都、贵州贵阳、广西南宁、云南昆明的“粮食作物总播种面积”这个指标，只需要在复选框中选取相应城市和指标，点击“确定”按钮，系统即可自动完成搜索，并以报表的形式输出，用户可选择屏幕观看记录，也可选择打印输出(图 7-21)。

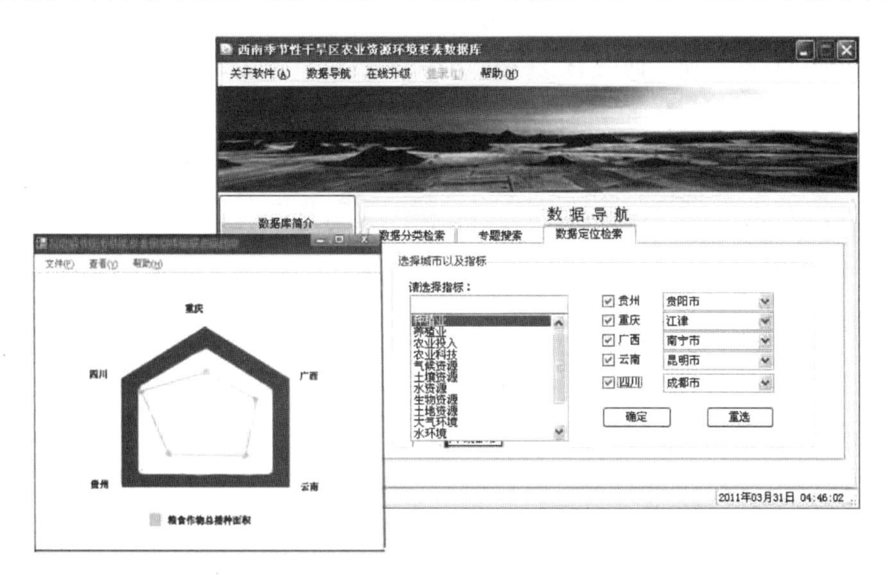

图 7-21　数据定位检索

五、数据库系统的打印输出功能

系统提供屏幕显示或打印输出两种方式。如用户需要将数据打印输出，只需要点击界面中的“打印”按钮即可完成。

本 章 小 结

农业资源是人类生存和发展的重要自然资源，随着全球人口的增长及经济的迅猛发展，人类可利用的资源量越来越少，对资源的需求量却在不断加大，在资源不断减少、环境不断恶化的今天，如何实现农业资源和环境要素的优化配置已引起各国专家的高度重视。作为一种特殊的资源，农业资源在整个社会系统中有其特有的生存规律，尊重、掌握农业资源的特点，才能更好地利用它。

本章在总结和继承前人对农业资源和环境要素数据库系统的研究成果及先进经验的基础

上，围绕用什么工具做系统、做一个什么样的系统、怎么做系统三个命题，以异步线程、XML、TeeChart 第三方插件技术为基础，基于 Client/Server 模式，利用微软的 Visual Studio 2008 作为开发平台，C#为编程语言，Microsoft SQL Server 2005 为数据库管理系统，设计并实现了包含有数据库管理系统、服务器端和客户端三部分的西南季节性干旱区农业资源和环境要素数据库系统。该系统实现了多个数据库操作模块，包括用户登录模块、数据编辑更新模块、数据检索模块、数据打印输出模块，其中数据编辑更新模块包括了数据的添加、修改、查询检索、删除子模块，数据检索模块包括了数据分类检索、专题搜索和定位检索子模块。其有一套简单、易用的用户操作界面，既直观又方便、实用。对于整个数据库的安全性做了较为完善的设计工作，从客观上最大可能地保证了西南季节性干旱区农业资源环境要素数据库的数据安全及整个系统的完整和稳定。经过检验数据库及动态调用试验测试，结果令人满意。

虽然成功设计和实现了西南季节性干旱区农业资源和环境要素数据库系统，但在数据的存储、数据库平台的组织管理及相关软件的应用上依然存在进一步改进和发展的空间，系统也有待于进一步的改进和完善。近期目标是软件的升级，实现不同尺度区域间比较搜索的功能扩展，进一步优化、美化页面设计和充实数据库中的数据。远期目标是实现基于 Web 的 B/S 版的数据库，实现数据库技术与地理信息系统（GIS）的结合，以及与相关模型库、方法库的结合，开发可为特定区域提供智能辅助决策的决策支持系统（DSS），直至实现农业自动智能控制系统的目标。

参 考 文 献

[1] 胡杰，戴声佩，李茂芬. 华南热区农业气候资源时空数据库构建与集成分析[J]. 热带农业科学，2019，39（6）：103-110.

[2] Sato T，Ima A，Murakami T，et al. Geo-agricultural database as a platform for mechanism design[J]. Journal of Agricultural & Food Information，2013，14（4）：334-347.

[3] 张颖，贺潇，冯建国，等. 北京市农业资源管理信息系统建设的问题及对策研究[J]. 中国农业资源与区划，2017，38（5）：57-65.

[4] 王龙昌，张臻，赵虎，等. 西南季节性干旱区农业资源环境要素数据库设计与开发[J]. 西南大学学报（自然科学版），2013，35（7）：1-8.

[5] 陶星星，吴亚辉，付魏魏，等. 水稻育种信息数据管理系统的设计与开发[J]. 中国种业，2019，（6）：4-7.

[6] 张晓燕. 基于 ASP 的农村劳动力资源管理系统的设计与实现[D]. 无锡：江南大学，2009.

[7] Cai L，Yang X H，Dong J X. Building a highly available and intrusion tolerant Database Security and Protection System（DSPS）[J]. Journal of Zhejiang University-Science A（Applied Physics & Engineering），2003，4（3）：287-293.

[8] Jason Price. 精通 Oracle Database 12c SQL & PL/SQL 编程 [M]. 3 版. 卢涛译. 北京：清华大学出版社，2014.

[9] 谭桂华，魏亮. VISUAL C#高级编程范例[M]. 北京：清华大学出版社，2004.

[10] 张跃廷，顾彦玲. ASP.NET 从入门到精通[M]. 北京：清华大学出版社，2008.

[11] 张明波，刘建蓓，郭腾峰，等. 基于 Geodatabase 的“数字公路”基础信息平台数据库研究[J]. 公路，2006，（4）：207-211.

[12] 冷冰. 微生物菌种资源数据库管理系统平台设计和开发[D]. 北京：首都师范大学，2007.

[13] Arvanitis L G，Ramachandran B，Brackett D P，et al. Multiresource inventories incorporating GIS，GPS and database management systems：a conceptual model[J]. Computers and Electronics in Agriculture，2000，28（2）：89-100.

[14] 何彬方，杨太明，王海军，等. 省级农业气象数据库及管理系统的设计与实现[J]. 中国农学通报，2009，25（24）：520-524.

[15] 余瑞林，王新生，朱超平，等. 湖北省农业资源数据库系统体系架构[J]. 地理空间信息，2008，6（1）：53-55.

[16] Martin Fowler. 企业应用架构模式[M]. 王怀民，周斌译. 北京：机械工业出版社，2010.

[17] 张月平，张炳宁，田有国，等. 县域耕地资源管理信息系统开发与应用[J]. 土壤通报，2013，44（6）：1308-1313.

第八章　西南地区旱作农田节水型农作制度的构建

随着资源的不断消耗，农业资源供需矛盾不断被激化，资源节约型农作制度是我国农业发展的必然选择[1]。本章针对我国西南地区旱作农田水土资源耦合性差、工程型缺水突出、季节性干旱严重等现状，从水资源特点及光温、耕地、肥料等其他农业资源的配合度特征出发，通过统计资料数据与调查数据，在分析西南地区资源利用现状的基础上，研究了该区旱作农田节水型农作制度发展的潜力和制约因素，探讨了节水型农作制度的发展途径，并提出了适合该区发展的主导模式。

第一节　西南地区农业资源特点与农作制度演变特征

一、西南地区农业资源特点

（一）光温资源特点

1. 光温资源丰富，光热有效性高

西南地区纬度较低，南部接近北回归线，绝大部分地区处于北中亚热带气候的纬度内，加之北有秦岭、大巴山两道屏障阻挡寒潮侵袭，热量条件较好，年均温一般在15℃左右，≥0℃积温为4600～6200℃，≥10℃积温为4000～5500℃，多数为4500～5000℃。其中，云南高原年均温为14～18℃，≥10℃积温为4200～5000℃；贵州高原年均温为14～16℃，≥10℃积温为4000～5000℃；川西南高原年均温为11～14℃，≥10℃积温为2500～5000℃；秦巴山地年均温为10～14℃，≥10℃积温为3500～5000℃；渝鄂湘黔山地丘陵年均温为16～16.5℃，≥10℃积温为5000～5300℃。四川盆地、金沙江河谷、南盘江红水河河谷等地势低的河谷区，为反垂直带气候，具有南亚热带气候特征，年均温为19～21℃，≥10℃积温在6000～7000℃甚至以上。地势较高的地区，如凉山州、甘孜州等高海拔地区，已是寒温带气候。

西南地区光热有效性高，除川西高原牧区外，其他大部分地区冬季相对温暖，春季较早，日均气温≥10℃，持续时间长，农作物无停止生长期，一年四季农作不断。例如，云南高原与川西南高原日照较强，年总辐射量为28～33kJ/cm^2，年日照时数为1800～2600h；贵州高原为全国低日照中心区之一，年总辐射量为19～24kJ/cm^2，年日照时数为1000～1400h。与同纬度的长江中下游区相比，冬季平均温度要高1～4℃；冬作物生长期的气温高于长江中下游区，夏收作物早熟15～25d。

2. 地区间光温条件差异显著，气象灾害种类多

西南地区地形、地貌复杂多样，因而光温条件差异显著。云南高原、贵州高原、川西南高原、秦巴山地、渝鄂湘黔山地丘陵等地区适于水稻、玉米、薯类、小麦、油菜、蚕豆等多种作物生长，实行一年二熟制或“旱三熟”制。四川盆地、金沙江河谷、南盘江红水河河谷等地区可种植双季稻、甘蔗、香蕉；地势较高的地区，如凉山州、甘孜州等，只能种喜凉作物，如马铃薯、荞麦、燕麦、青稞等，多为一年一熟制。另外，由于该区地处东部季风区与青藏高原高寒区两大自然区的过渡带，天气多变，加上区域间气候差异大，气象灾害种类较多，且出现频率高，但基本不可能出现全局性的毁灭性灾害。

（二）水资源特点

1. 水资源蕴藏量丰富

西南地区是我国水资源最为富集的区域，区内含长江、黄河、珠江、桂南沿海诸河、红河、澜沧江、怒江和独龙江八大水系，常年水资源总量约 8268.7 亿 m^3。其中，长江水系最大，水资源总量为 4295.4 亿 m^3，占西南地区总量的 51.95%；其次是珠江水系，水资源总量为 2119.54 亿 m^3，占西南地区总量的 25.63%；澜沧江、红河、怒江、独龙江、桂南沿海诸河、黄河流域的水资源总量依次为 517.6 亿 m^3、483.6 亿 m^3、280.0 亿 m^3、263.0 亿 m^3、262.0 亿 m^3 和 47.6 亿 m^3，分别占西南地区总量的 6.26%、5.85%、3.39%、3.18%、3.17%和 0.58%[2, 3]。2017 年该区水资源总量为 8765.3 亿 m^3，人均水资源量 3516.8m^3，降水量 15 592.6 亿 m^3，是全国平均水平的 1.5 倍；地均水资源 36.2 万 m^3/hm^2，相当于全国平均水平的 2.5 倍。

2. 水资源时空分布不均，季节性干旱严重

虽然西南地区水资源总量较为丰富，但其时空分布严重不均。由于西南地区与太平洋、印度洋的距离大致相等，兼受两洋气流的影响，年降水较多，大部分地区平均年降水量在 1100mm 左右。在高原的边缘及山地的迎风面降水较多，形成多雨中心。云南西北的贡山降水量达到 1300～1600mm，云南罗平达到 1700mm，贵州的织金—兴义一线为 1400～1670mm，都匀—丹寨一带为 1400～1500mm。云南西部地区的河谷区与地形闭塞区少雨，宾川—元谋一线的年降水量仅 500～600mm，峨山—新平为 700～800mm。贵州威宁、赫章、毕节的年降水量为 850～950mm。年降水量能满足一年二熟制的需要，但降水的季节分布不均，使农业受旱灾的威胁很大，成为导致年际间农作物总产量丰歉的主导因素。云南高原与川西南高原由于受西风南支气流及西南季风的交替影响，干湿季交替明显，冬春干旱的季节长。从 10 月下旬至次年 5 月下旬为旱季，降水量仅为年降水量的 15%，故形成冬作物以小麦、蚕豆为主的作物布局，喜湿的油菜种植面积较少；5 月下旬至 10 月中旬为雨季，有利于秋收作物稳产丰收。贵州高原全年湿润，年平均降水天数达 160～220d。尤以冬季小雨日多，湿度大，对油菜生长有利，不利于小麦的生长。夏秋降水多，对秋收

作物有利，但伏旱比较严重，造成秋收作物产量不稳定。渝鄂湘黔山地丘陵区春雨多，小麦拔节至抽穗期降水量为200～300mm，抽穗期多雨，造成小麦赤霉病严重，故冬作物以油菜为主；而夏季伏旱严重，秋收作物一般采用早中熟品种以避开伏旱的威胁。

3. 水资源人均占有量与利用率均较低，工程型缺水十分严重

综合考虑西南地区的水资源蕴藏与分布特点，可以看出，由于水资源分布的难利用性及其较低的开发利用率，该区实际用水量仅为资源蕴藏量的 10%，人均和地均水资源的实际利用量均低于全国平均水平，不足世界人均淡水资源占有量的 40%。

自 1978 年以来，西南地区有效灌溉面积有所增加（图 8-1），2017 年的有效灌溉面积和除涝面积占总耕地面积的比例分别为 33.9%和 3.1%，但仍然远低于全国平均水平（50.3%和 17.7%），有效灌溉率较低[4]。位于都江堰灌区的四川中部和北部等属于大中型灌区，受干旱灾害相对较轻，而云南、贵州西南部和广西西部等农业灌溉面积比例更低，历年来干旱灾害最为严重。

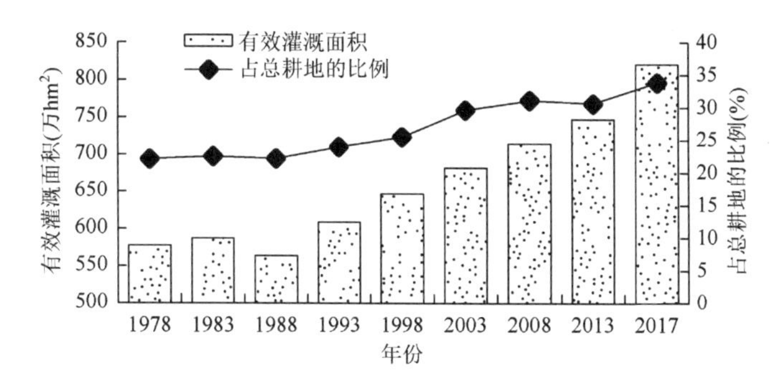

图 8-1　1978～2017 年西南地区有效灌溉面积和占总耕地面积的比例

由于该区地形错综复杂，山地、丘陵所占比例很高，四川、重庆、云南、贵州和广西的山地丘陵占土地面积的比例分别达 94.7%、97.6%、94.0%、97.0%和 92.5%，造成田高水低，水资源开发利用难度大，水利工程建设基础相当薄弱，骨干工程偏少，水资源供需矛盾突出。例如，四川省蓄引提水能力仅占水资源总量的 10%，人均库容仅为 107m^3，不到全国人均水平的 1/4；大中型水库只有 110 座，仅占水库总数的 1.6%，比全国平均水平低 2.4%。另外，灌溉设施年久失修，病态水库、水渠较多，不少工程老化失修，渠道渗漏严重，工程型缺水更加严峻。与此同时，部分地区的农作制度、灌溉方式等不合理，造成水资源浪费严重，水资源利用效率低下，在一定程度上加剧了水资源“相对短缺”的矛盾。

（三）耕地资源特点

1. 耕地资源压力较大，人增地减矛盾突出

西南地区人多地少，耕地资源尤其是人均耕地资源较少一直是制约该区农业和经济发

展的重要因素。从统计数据来看，全区 2017 年耕地面积 2421.4 万 hm^2，总人口 24 643 万，人均耕地 0.098hm^2，与全国人均水平（0.097hm^2）基本持平，是世界人均水平（0.223hm^2）的 43.95%。近年来，随着城市化进程的推进及退耕还林还草战略的实施，该区耕地面积从 1978 年的 2604.4 万 hm^2 减少到 2017 年的 2421.4 万 hm^2，以年均 4.69 万 hm^2 的速度递减（图 8-2）。尤其是 1997～2003 年，该区耕地面积迅速减少。随着生态退耕、农业结构调整和建设占用耕地的增加，水土流失、土地沙漠化等现象的加剧，部分耕地失去耕作能力，使得 7 年内常用耕地面积减少 126.45 万 hm^2，年均减少 18.06 万 hm^2，比同期全国递减速度 0.77%高出近 6 倍[4]。

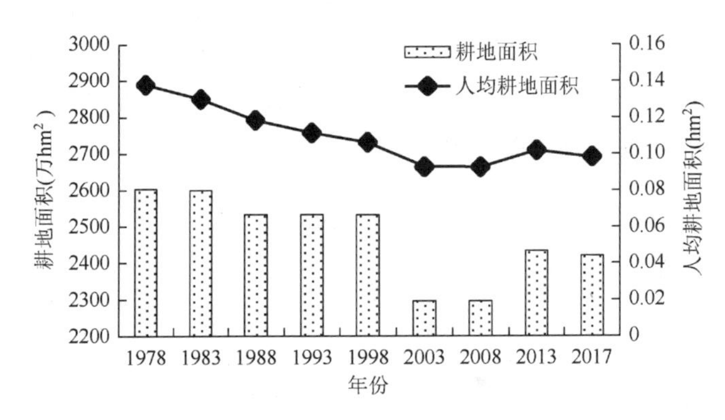

图 8-2　1978～2017 年西南地区耕地面积和人均耕地面积的变化

耕地压力指数是最小人均耕地面积与实际人均耕地面积之比，计算公式为

$$K=S_{\min}/S$$

$$S_{\min}=(\beta\cdot G_{\mathrm{r}})/(P\cdot q\cdot k)$$

式中，K 为耕地压力指数；S 为实际人均耕地面积；$S_{\min}$ 为最小人均耕地面积，即一定区域范围内为保障粮食需求的最小人均耕地面积；G_{r} 为人均粮食需求量；β 为粮食自给率；P 为粮食单产；q 为粮食播种面积占总播种面积的比例；k 为复种指数。

从 2004 年粮食生产水平下的西南地区 4 个省（自治区）耕地压力指数来看（表 8-1），各省（自治区）耕地压力指数均大于 1，耕地压力较大。其中，压力最大的是四川，耕地压力指数在全国处于较高水平；贵州和广西的耕地压力指数均在 1.5 以上，云南也超过了 1.3[5]。这充分表明，西南地区耕地压力处于高压力水平，耕地资源紧缺。

表 8-1　2004 年西南地区耕地压力指数

地区	人均粮食需求量（kg）	粮食自给率（%）	粮食单产（kg/hm²）	粮食占农作物播种面积的比例（%）	复种指数（%）	最小人均耕地面积（hm²）	人均耕地面积（hm²）	耕地压力指数
四川	420	100	4730	0.7013	104.2	0.1215	0.0702	1.7317
贵州	420	100	3785	0.6469	94.7	0.1811	0.1156	1.5664
云南	420	100	3630	0.7060	90.9	0.1803	0.1386	1.3007
广西	420	103	3983	0.5514	142.9	0.1378	0.0881	1.5640

2. 耕地补充潜力不大，后备资源面临枯竭

西南地区后备耕地资源极其匮乏，尽管该区有大面积的林地和荒草地，但坡度较大，水土流失严重，加之退耕还林还草政策的推行，宜农耕地后备资源紧缺。2002 年区内共有耕地后备资源 34.26 万 hm^2，占全国总量（734.39 万 hm^2）的 4.67%[6]。从各省（自治区、直辖市）来看，云南省有耕地后备资源 12.58 万 hm^2，占全国的 1.71%；四川省有耕地后备资源 12.51 万 hm^2，占全国的 1.70%；重庆市有耕地后备资源 6.75 万 hm^2，占全国的 0.92%；广西有耕地后备资源 1.92 万 hm^2，占全国的 0.26%；贵州省仅有耕地后备资源 0.50 万 hm^2，占全国的 0.07%[7]。这些耕地后备资源多分布于人口稀少、气候恶劣、土壤和交通条件差的山地、高原和滩涂地带，开发难度大，投资高，利用较为困难。

3. 水土流失严重，耕地质量下降

西南地区是我国水土流失面积最大的地区。据有关统计，全区水土流失面积约 51.4 万 km^2，占全国国土面积的 37.4%，占全国水土流失面积的 28.4%。其中，四川省水土流失面积为 15.7 万 km^2，占全省总土地面积的 32.3%，土壤侵蚀量每年近 8 亿 t，其中坡耕地的流失量约占 30%（约 2.3 亿 t），相当于 100 万 hm^2 耕地被冲刷掉 2cm 厚的表土层，造成土坡养分的大量流失，按土壤含有机质 1.5%、全氮 0.1%、全磷 0.05%、全钾 1.9%计算，坡耕地每年共流失有机质 345 万 t、全氮 23 万 t、全磷 11.5 万 t、全钾 437 万 t；重庆市水土流失面积为 4.9 万 km^2，每年土壤流失量 1.98 亿 t，60%以上来自陡坡耕地，其中中等强度以上水土流失面积主要分布在 25°以上的陡坡地；贵州省黄壤旱地耕作层土壤有机质含量 1.41%，速效磷含量 5.2mg/kg，速效钾含量 110.4mg/kg，而侵蚀后黄壤底土土壤有机质含量为 0.85%，速效磷为痕量，速效钾含量 75.6mg/kg，土壤肥力急剧下降[7]。严重的水土流失不但导致土壤侵蚀、耕地质量下降，还会造成江河、塘、库、堰的泥沙淤塞和水体污染。

（四）肥料资源特点

1. 化肥施用量逐年提高，结构逐渐均衡

从图 8-3 可以看出，改革开放后西南地区化肥施用量逐年迅速增加，其中以氮肥用量最多，其次是复合肥、磷肥和钾肥。1980 年全区化肥施用量（折纯）为 166.52 万 t，2017 年增加到了 928.9 万 t，近 40 年内增加了 4.6 倍，年均增加 20.60 万 t。每公顷耕地平均施用化肥（折纯）从 1980 年的 119.09kg 增加到 2017 年的 383.62kg，年均增加 3.21%。单位面积耕地化肥施用量虽低于全国平均水平（434.41kg/hm^2），但已远高于发达国家水平，且化肥利用率不高，氮肥单季利用率为 30%～40%，与发达国家差距明显。2017 年，西南地区氮肥、磷肥、钾肥和复合肥单位耕地施用量分别比 1980 年增加了 120.05kg、43.09kg、46.00kg 和 110.37kg，分别增长了 266.90%、283.02%、2023.86% 和 7544.63%；氮肥和磷肥占施肥总量的比例分别降低了 27.37%和 8.63%，而钾肥和复

合肥的比例则增加了 9.02%和 26.83%。氮肥、磷肥的施用量增加缓慢，基本趋于稳定，钾肥、复合肥的施用量仍呈明显上升势头，这说明政府及农民已经重视了化肥的均衡使用。

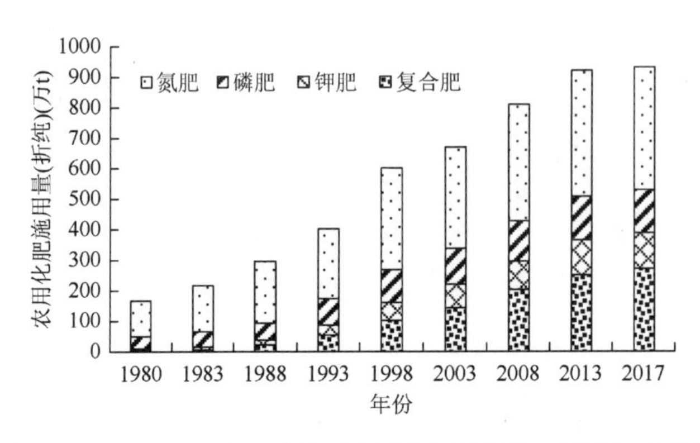

图 8-3 1980～2017 年西南地区农用化肥施用量（折纯）的变化

2. 有机肥资源丰富，但利用率较低

西南地区有机肥资源丰富、种类繁多，品种主要有堆沤肥（厩肥、堆肥、沤肥和沼气肥）、人畜禽粪尿、秸秆类（稻草、玉米秆、小麦秆、蚕豆秆、烤烟秆）、绿肥、土杂肥（草木灰、火灰土、老墙土、河塘泥、屠宰场废物）、饼肥（菜籽饼、橡胶籽饼、桐油籽饼、茶籽饼）、腐殖酸类（草煤、褐煤、风化煤）等。其中，堆沤肥、人畜禽粪尿和秸秆利用率为 50%～60%，而其他有机肥资源利用率不足 5%，有机肥资源得不到充分利用。

秸秆资源的利用方式多为直接还田、过腹还田和直接焚烧。例如，贵州省玉米秸秆通过过腹还田量约 81%，直接燃烧量约 10%，还有 9%左右的玉米秸秆资源以其他方式利用或未被利用。近年来，随着种植业结构的调整，包括紫云英、紫花苜蓿、黑麦草、苕子等绿肥品种在该区得以推广发展，充分利用荒山荒地种植，利用自然水面或水田放养，利用空茬地进行间种、套种、混种、插种，大大降低了施肥成本，使农田均衡增产，在中低产田改良方面发挥着重要作用，同时也促进了当地畜牧业的发展（表 8-2）[8]。因此，今后应该适当控制化肥用量、增加有机肥施用量，进一步促进绿肥种植，实现土壤养分的均衡供应与可持续利用。

表 8-2 2008 年西南地区绿肥种植面积及用途

省（自治区、直辖市）	播种面积（万 hm^2）	绿肥总量（万 t）	压青还田量（万 t）	用于饲料量（万 t）	经济绿肥（万 t）	其他用途（万 t）
四川	8.5	256.2	57.8	146.2	18.2	34.0
重庆	14.3	215.2	145.9	69.3	0.0	0.0
贵州	46.1	1004.3	703.8	271.0	29.5	0.0

续表

省（自治区、直辖市）	播种面积（万 hm^2）	绿肥总量（万 t）	压青还田量（万 t）	用于饲料量（万 t）	经济绿肥（万 t）	其他用途（万 t）
云南	35.9	690.6	303.7	333.7	22.3	30.9
广西	25.2	501.1	364.4	33.6	90.7	12.3
西南地区	130.0	2667.4	1575.6	853.8	160.7	77.2

二、西南地区农作制度演变特征

（一）农业生产“高产-高效-高耗”趋向明显

西南地区是我国重要的粮食生产地区之一，高产一直是农业生产追求的主要目标，不但追求总产的提高，更追求单产的提高。近年来，该区农业生产水平得以持续提升，农作物产量也不断提高。2017 年，该区粮食作物以水稻（32.1%）、玉米（30.8%）为主，两者占播种面积的六成以上，其次是薯类（19.3%）、豆类（8.88%）和小麦（8.07%）等作物；经济作物主要是油菜，其次是烟草、甘蔗、棉花、苎麻、桑和柑橘等，其中油菜、柑橘、蚕茧产量居全国第一位，云南和贵州是全国优质烤烟产地。图 8-4 是 1978～2017 年西南地区主要农作物总产变化情况，可以看出，粮食作物总产量增减交替，整体上呈增加趋势，烟草和油菜产量也不断增加，高产化趋势明显。西南地区的单产水平，尤其是经济作物单产水平，也有了一定幅度的提高。图 8-5 为 1978～2017 年西南地区主要农作物单产变化情况。从总体上来看，西南地区粮食单产呈波动上升趋势。其变化趋势大致可分为两个阶段：1978～1998 年为逐渐增加阶段，其间粮食连年丰收，粮食单产大幅度上升，1998 年比 1978 年粮食单产增加了 1.54 倍，年均增加 2.48%。1999～2017 年为粮食单产波动阶段，粮食单产提升空间遭遇瓶颈，只靠目前的自然资源投入很难提高粮食单产，必须依靠技术投入。而经济作物单产受市场价格导向的影响较大。从经济作物单产变化趋势看，油料作物单产逐年增加，1978～2017 年，年均增加 3.11%；烟草单产整体上也呈增加趋势，其变化情况可以分为三个阶段：1978～1985 年年均增加 9.37%；1986～1993 年年均减少 1.93%；1994～2017 年年均增加 1.27%。

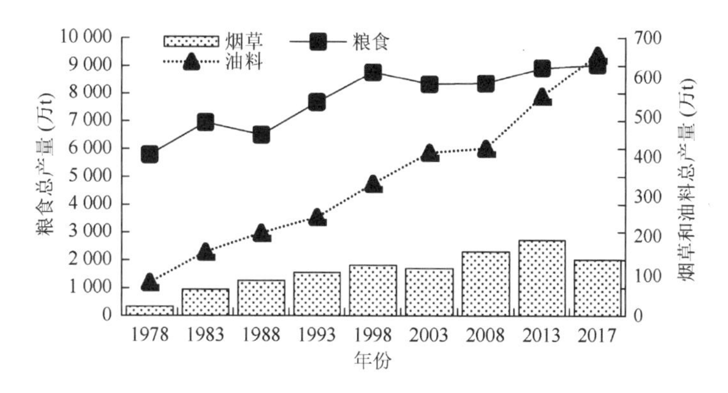

图 8-4 1978～2017 年西南地区主要农作物总产变化情况

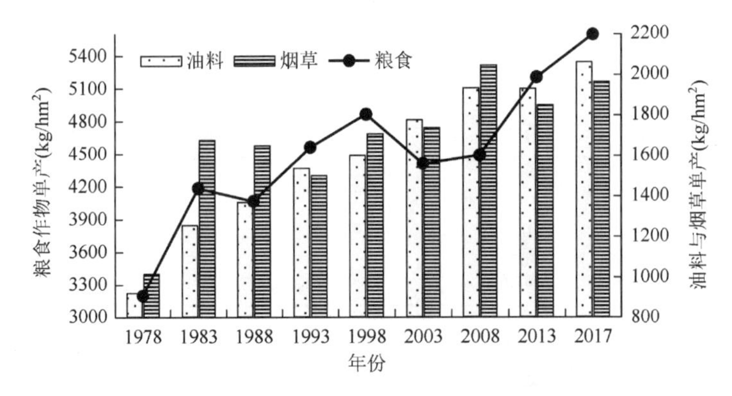

图 8-5 1978～2017 年西南地区主要农作物单产变化情况

西南地区的农业总体效益也持续增加。从图 8-6 可以看出，1978～2017 年，西南地区农业生产总值快速增长。其变化趋势可以分为两个阶段：1978～1998 年为逐渐增加阶段，农业总产值从 1978 年的 280.47 亿元增加到 1998 年的 3772.31 亿元，年均增加 13.88%；1999～2017 年为波动增加阶段，其间由于受到自然灾害和国家宏观政策的影响，2006 年农业总产值明显出现低谷，2007 年开始又迅猛增长，2017 年农业总产值高达 20 843.5 亿元，年均增加 9.41%。

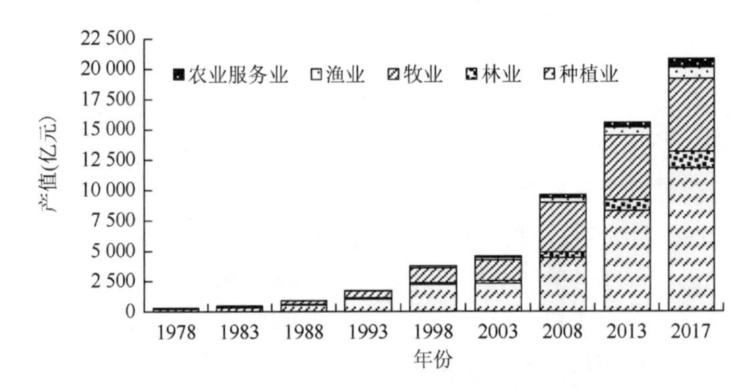

图 8-6 1978～2017 年西南地区农林牧渔业总产值及构成情况

西南地区农民收入也在向追求“高效益”方向转变。从图 8-7 可以看出，1990 年以来，西南地区农民人均年纯收入呈较快增长势头。1990～2005 年，国家政策开始逐步从“计划型”向“市场型”过渡，城市发展吸引了大批农村劳动力进城务工，大量资金流入农村，农民人均年纯收入由 482.45 元增加到 2405.11 元，年均增长 11.30%；2006～2017 年，针对日益突出的“三农”问题，国家出台了免除农业税、加大农业补贴力度、实施新农村建设和乡村振兴战略等一系列支农惠农政策，西南地区农业和农村经济发展活力进一步提升，农民年纯收入迅猛上升，达到 10 984.32 元，年均增加 13.49%。在收入增加的同时，西南地区农民收入来源也持续丰富，从单纯依靠家庭经营性收入转向工资性收入与家庭经营性收入并重，农村家庭经营性年纯收入占人均年纯收入的比例由 1990 年的 89.3%下降到 2017 年的 42.1%，下降了 47.2 个百分点。近十余年来，转移性纯收入所占比例逐渐提高。

在农业持续实现“高效”的同时，城乡居民收入差距也呈现先升后降的趋势，20 世纪 90 年代初期，该区城镇居民的人均年可支配收入是农村居民年纯收入的 3.06 倍，到 2017 年这一比例下降到 2.79 倍。因此，应进一步加强对农村的扶持力度，真正落实“以工促农、城市反哺农业”的政策，从而缩小城乡差距。

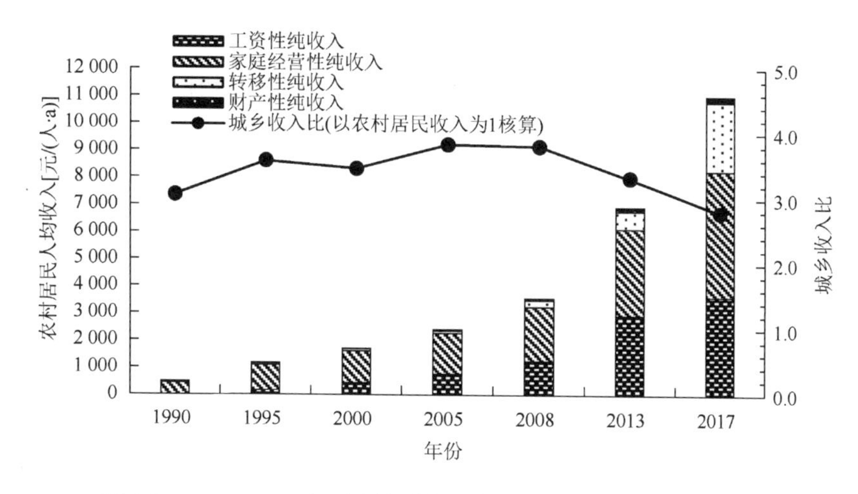

图 8-7 1990～2017 年西南地区农民人均收入与来源结构变化情况

在西南地区农业生产实现“高产、高效”的同时，伴随着“高耗”，即农业生产资源成本持续提高。依据不同年份生产 1t 粮食所需的耕地、机械、电力、化肥、农药、农膜、水等资源作资源成本图（图 8-8）。其中，水资源以 1999 年消耗量为 100%，农膜、农药以 1991 年消耗量为 100%，化肥以 1980 年消耗量为 100%，其余以 1978 年消耗量为 100%。可以看出，该区农业生产资源成本越来越高，2017 年农业生产成本是 2003 年的 1.77 倍。尽管随着粮食产量水平的提高，耕地成本与有效灌溉面积成本略有下降，但与 1978 年的水平相比，下降极少；与此同时，水资源、化肥资源、农药、农膜和其他资源消耗却是大

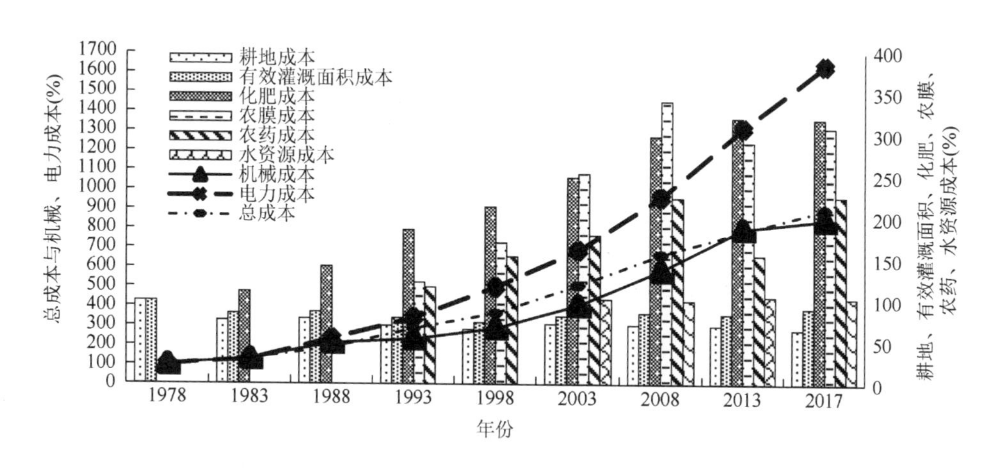

图 8-8 1978～2017 年西南地区农业生产资源成本年际变化

幅增加，这增加了农业生产的环境压力。更值得一提的是，虽然农机与电力成本增长很快，却依然存在较大的供应缺口，其中农用运输车、排灌机械总体上持续增加，且占农业机械动力的比例都较大，而小型拖拉机近年来保持稳定而区内农业机械动力表现不一，其中地块较大、利于机械化作业的地区机械动力所占比例较大，而不便于机械化作业的地区机械动力所占比例较小。加之该区作物品种较多，品种差异较大，成熟度及成熟期不一，导致该区大面积机收较难。其中，水田机插不足3%，机收30%左右，机耕40%左右（主要是微耕机）；翻地还是以人力、畜力为主，水田牛耕较多，旱地耕种主要靠人力（部分地区可用牛耕），这进一步加大了农业生产成本。

（二）农业结构由“以农为主”向“农牧结合，多元发展”方向演变

西南地区是我国传统的粮食产区，从图8-9可以看出，西南地区农作物播种面积波动增加。其变化情况可分为5个阶段：①1978～1985年略有下降。其间乡镇企业发展迅速，吸引了大批农村劳动力，工农比较效益的差异大，出现耕地抛荒现象，致使农作物总播种面积减少，8年内减少了178.84万hm^2，年均减少22.36万hm^2。②1986～2000年，市场对农产品需求增加，农村政策稳定，农民生产积极性高，农作物播种面积增加较快，农作物总播种面积逐年增加，由1986年的2356.44万hm^2增加到2000年的2994.12万hm^2，年均增加45.55万hm^2。③2001～2007年，随着城镇差距加大，农业效益明显低于其他产业效益，农民进城务工成为农民增加收入的重要途径，弃耕现象严重，农作物总播种面积又迅速下降。2003年减少到了2888.98万hm^2，年均减少35.05万hm^2。“以农（种植业）为主”的农业结构开始动摇。2006年重庆地区、四川东部地区等地发生百年不遇的高温干旱灾害，部分地方绝产，旱灾面积占成灾面积的59.97%，对农作物总播种面积的影响很大，多数农作物歉收或绝产，农民丧失了积极性，大批农民工涌入城市，出国“打洋工”的热潮也席卷而来，这些因素致使2007年农作物总播种面积迅速下降，一年内减少了223.28万hm^2。“以农为主”的农业结构进一步动摇。④2008～2013年，政府鼓励农业生产，农民自主调整农作物种植结构，加大比较效益高的农作物种植面积，使农作物总播种面积又开始增加。2013年增加到了3187.35万hm^2，5年内增加了284.83万hm^2。⑤2013年之后，农业结构调整，农业进入多元发展阶段，农作物播种面积稳定下降。

从农业产值构成情况看（图8-6），种植业产值不断增加，近年来，其在农业总产值中的比例基本稳定在50%以上。畜牧业产值增长迅猛，其在农业总产值中的比例在2008年与种植业持平，“农牧并重”的农业结构已经初步形成。2008年之后，林业、渔业、农业服务业也开始发展，农业发展进入多元化阶段。

目前，农业与牧业依然是西南地区的两项支柱产业，牧业得到了持续稳定的发展，尤其是20世纪90年代畜牧业实行畜产品一体化改革，执行“稳定养猪生产，优化畜牧业内部结构，提高产品质量、生产水平和经济效益；大力发展小家畜禽；积极突破草食牲畜发展”的生产方针，促进了牧业的迅速扩张。其中，猪、牛的饲养数量居全国首位，山羊居第三位，特别是规模化养猪业比例逐渐增大，大牲畜的产量也稳步提高，使区域肉类、奶类、禽蛋类等产品需求得以保障。从表8-3可以看出，2017年，西南地区肉类总产量（以猪肉

为主）达到 1880.30 万 t，禽蛋产量达 258.00 万 t，水产品产量达 611.6 万 t，牛奶产量达 145.90 万 t。西南地区有些区县畜牧业产值已经占据农业总产值的 50%以上，以规模化养猪业为主。随着北方奶企业在该区建立奶源基地，本土奶业的发展，以及本土黑山羊、肉兔等草食动物的发展，草食畜牧业也开始在该区得到长足发展。

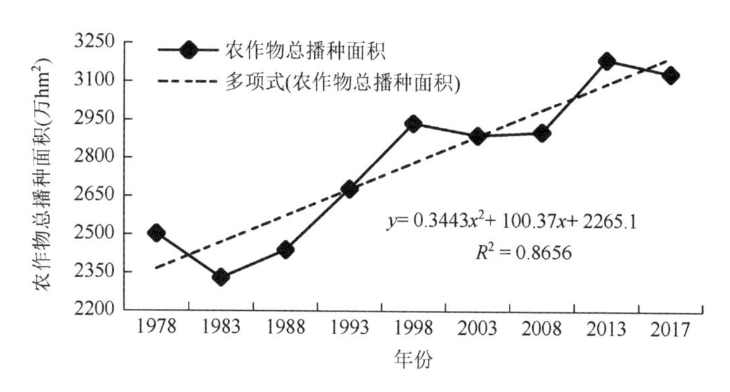

图 8-9　1978～2017 年西南地区农作物总播种面积变化情况

表 8-3　1980～2017 年西南地区动物产品产量变化情况

年份	蚕茧（万 t）	牛奶（万 t）	禽蛋（万 t）	水产品（万 t）	肉猪出栏（万头）	猪年末存栏（万头）	大牲畜年末存栏（万只）	牛年末存栏（万头）	肉类总产量（万 t）	猪肉产量（万 t）
1980	9.49	15.19	—	18.67	4 575.78	8 230.82	2 487.85	2 275.06	283.10	270.12
1985	11.39	27.37	45.10	36.45	6 427.22	10 006.55	2 986.71	2 713.81	470.54	444.96
1990	15.42	35.79	63.01	62.57	8 644.02	11 433.44	3 383.18	3 065.13	657.28	614.71
1995	20.96	39.72	106.53	156.99	11 772.85	13 101.42	3 698.21	3 331.22	1 029.68	862.57
2000	15.46	50.44	161.51	309.76	14 267.00	14 300.73	3 882.67	3 498.86	1 301.98	1 037.16
2003	22.26	83.47	209.45	391.89	15 656.60	14 126.47	3 927.41	3 525.03	1 481.85	1 186.90
2008	38.29	130.38	232.39	397.51	15 527.87	13 455.67	3 168.46	2 742.21	1 569.68	1 149.45
2013	48.31	146.95	247.68	549.23	18 031.20	13 290.63	3 104.07	2 734.35	1 877.40	1 366.81
2017	49.70	145.90	258.00	611.60	17 305.60	12 488.00	2 770.00	2 591.60	1 880.30	1 337.50

资料来源：西南地区各省（自治区、直辖市）统计年鉴（1981～2018 年）

（三）种植业结构由“以粮为主”向“粮经并重，追求效益”方向演变

西南地区种植业结构经历了由“以粮为主”向“粮经并重，追求效益”演变的过程。从图 8-10 可以看出，1978 年以来，西南地区粮食生产一直占较大比例，但呈现逐年下降趋势，粮食播种面积占农作物总播种面积的比例已由 1978 年的 83.82%下降至 2017 年的 58.71%，“以粮为主”的种植业结构进一步动摇。与此同时，西南地区经济作物和饲料作物播种面积则不断增加（表 8-4）。经济作物播种面积从 1980 年的 579.88 万 hm^2 增加到

2017 年的 1700.21 万 hm^2；饲料作物播种面积也从 1980 年的 46.62 万 hm^2 增加到 2017 年的 57.88 万 hm^2。从粮-经-饲比例变化情况来看，1980 年粮-经-饲种植比例为 74∶24∶2，粮食作物播种面积比例明显较大，而经济作物，特别是饲料作物的播种比例偏小。近年来种植结构已经得到优化，2017 年西南地区粮-经-饲作物比例为 59∶54∶2，“粮经并重，追求效益”的种植业结构初步形成。

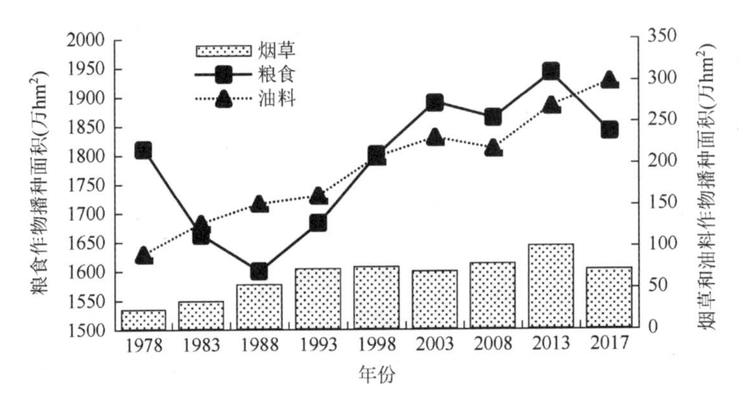

图 8-10　1978～2017 年西南地区主要农作物播种面积变化情况

表 8-4　1980～2017 年西南地区粮-经-饲作物结构变化情况

指标	年份								
	1980	1985	1990	1995	2000	2005	2008	2013	2017
农作物播种面积（万 hm^2）	2369.50	2324.07	2570.10	2773.68	2994.12	3006.34	2902.52	3187.35	3133.47
粮食作物	1743.00	1561.39	1679.04	1722.52	2067.12	1968.18	1863.49	1941.76	1839.78
经济作物	579.88	712.26	830.02	978.03	842.63	949.06	977.38	949.14	1700.21
饲料作物	46.62	50.42	61.04	73.13	84.37	89.10	61.65	62.51	57.88
农作物播种面积比例（%）	100	100	100	100	100	100	100	100	100
粮食作物	73.56	67.18	65.33	62.10	69.04	65.47	64.20	60.92	58.71
经济作物	24.47	30.65	32.30	35.26	28.14	31.57	33.67	29.78	54.26
饲料作物	1.97	2.17	2.38	2.64	2.82	2.96	2.12	1.96	1.85

资料来源：西南地区各省（自治区、直辖市）统计年鉴（1981～2018 年）

（四）种植模式向多样化方向演变

西南地区农作物种类繁多，种植制度模式复杂多样，立体农业明显，水田和旱地种植模式也各有不同（表 8-5）。该区种植制度经历了两熟制到三熟制乃至多熟制的转变，中间经历了 20 世纪 70 年代推广双季稻的不成功，旱地间作向套作的转变，主要作物从水稻、玉米、小麦、油菜、甘薯、棉花发展到今天的多种多样。而以养猪业为代表的耗粮型畜牧业飞速发展，致使该区特别是拥有“天府之国”称誉的四川省不得不大量调入饲料粮。

表 8-5　四川省农作物种植制度情况（2006 年）

类型	水田种植制度			类型	旱地种植制度		
	种植模式	种植面积（万 hm^2）	比例（%）		种植模式	种植面积（万 hm^2）	比例（%）
一年一熟	冬水田-中稻	17.05	4.4	一年一熟	冬闲田-玉米	5.87	1.5
	冬水田-中稻-再生稻	13.13	3.4		冬闲田-麦类	4.74	1.2
	冬坑田-中稻	2.21	0.6		冬闲田-马铃薯	4.05	1.0
	其他模式	1.64	0.4		其他模式	5.08	1.3
一年二熟	小麦-中稻	23.31	6.0	一年二熟	小麦-玉米	9.85	2.5
	油菜-中稻	26.77	6.9		小麦-甘薯	2.85	0.7
	绿肥（饲草）-中稻	6.37	1.6		小麦-花生	3.02	0.8
	蔬菜-中稻	13.53	3.5		油菜-玉米	5.86	1.5
	其他模式	12.69	3.3		其他模式	23.33	6.0
一年三熟	油菜-早中稻-秋菜	22.51	5.8	一年三熟	小麦/玉米/大豆	10.50	0.2
	小麦-早中稻-秋菜	9.51	2.4		小麦/玉米/甘薯	19.28	4.9
	小麦-早中稻-秋甘薯	5.92	1.5		小麦/花生/甘薯	5.49	1.4
	小麦（油菜）-早中稻-秋大豆	1.87	0.5		马铃薯/玉米/甘薯	6.81	1.7
	小麦（油菜）-早中稻-秋马铃薯	3.89	1.0		小麦/玉米/马铃薯	3.01	0.8
	其他模式	47.78	12.2		马铃薯/玉米/夏大豆	1.41	0.4
					其他模式	25.67	6.6
				一年四熟	小麦/春玉米/夏（秋）玉米/甘薯	7.26	1.9
					小麦/玉米/冬大豆/甘薯	5.00	1.3
					其他模式	42.13	10.8

该区稻田农作制度中，新中国成立初期的两熟制大春作物为高秆水稻，小春作物主要是绿肥、油菜和小麦，之后绿肥比例下降，小麦比例逐渐提高，开始重视小春作物。20 世纪 70 年代开始发展双季稻，小春作物主要是小麦和油菜，兼有部分绿肥，此时“肥-稻-稻”“油-稻-稻”“麦-稻-稻”等三熟模式得到大力推广，结果出现了光热资源限制而导致产量不能保证的现象。20 世纪 70 年代中期之后，逐渐放弃双季稻，发展一季中稻加小麦或油菜的模式。绿肥面积迅速减少，秋甘薯、菜用蚕豆、秋马铃薯开始作为中稻后茬作物种植。到 90 年代中后期，中稻加一季小春作物的模式成为主导模式，小麦、油菜和蔬菜等为主要小春作物。而近年来，由于农村劳动力大量外出，以及粮食生产相对经济效益低下等问题，丘陵缺水地区出现大量水改旱，以及冬闲田。同时，由于冬水田维护不力，跑水漏水严重，冬水田作用大大削弱。另外，由于稻草还田免耕技术及畜牧业的发展，稻草还田免耕覆盖种植马铃薯、“中稻-多花黑麦草”等模式表现出显著的经济效益和生态效益，受到农民的广泛认可。

玉米、小麦、甘薯是西南地区传统的旱地作物。其中“小麦/玉米/甘薯”模式在20世纪80年代得到大力推广，在旱地两熟制转向三熟制的过程中发挥着重要作用，这个时期的三熟制模式曾占到57%（其中小麦/玉米/甘薯模式占80%），二熟制占25%。同时，为增加土壤肥力，避免三熟制高产造成的土壤肥力低下问题，在小麦、玉米、甘薯预留行种植蚕豆。然而2000年以来，随着“小麦/玉米/大豆”新模式的推广，“小麦/玉米/甘薯”模式呈现下降趋势。重庆地区“小麦/玉米/甘薯”种植比例小于30%，而“蚕豆/玉米/甘薯”种植比例逐渐升高。小春种植蚕豆等作物不费工、少用肥，而小麦投工投肥大，经济效益却不高，因此，农民开始应用油菜、蚕豆等作物来替代小麦，导致小麦面积逐年下降。此外，在“油菜/玉米/甘薯”模式中，油菜对玉米前期生长有抑制作用而受到一定限制；而大豆的抗旱、省工、保水、培肥能力高于甘薯，作为主要的蛋白质食物和饲料作物，“小麦/玉米/大豆”模式近年来得到较快发展，逐渐取代了原有的“小麦/玉米/甘薯”模式。

然而，在实际生产中，还是有大部分农民两不放弃，实行“小麦/玉米/（甘薯‖大豆）”模式。为解决农村劳动力不足的问题，有关人员开始研究甘薯的简化栽培技术，利用冬季闲时作垄，免耕栽插。此外，随着该区草食畜牧业（如奶牛业、山羊业等）的发展，以及黑麦草、紫花苜蓿、牛鞭草等牧草适生新品种的培育成功，青贮青饲玉米、饲草高粱、紫花苜蓿、牛鞭草逐渐纳入西南地区的旱地农作制度中，并开始占据了重要位置。同时，城郊蔬菜、花卉苗木等由于城镇建设需要及其显著的区域效益优势，近年来发展迅猛，为该区农作制度模式增添了新的元素。

第二节　西南地区节水型农作制度发展潜力与制约因素

一、节水型农作制度发展潜力

（一）水资源可利用潜力

西南地区水资源总量丰富，但多年平均水资源利用率仅为10.12%，与全国平均水平（20%）相比，还有很大的开发利用空间。按多年平均水资源利用情况估算，当水资源利用率达到全国平均水平时，还有近800亿 m^3 水资源可以开发利用，这相当于该区平水年一年内的水资源总量，可见水资源可开发利用量的潜力较大。从目前实际用水情况看，农业用水比例常年占60%左右，其中有效灌溉率不足35%（表8-6），因而本区在发展节水农业方面具有很大的潜力。

表8-6　1999～2017年西南地区农业用水与耗水情况

年份	农业用水情况				灌溉情况		
	总用水量（亿 m^3）	农业用水量（亿 m^3）	农业用水比例（%）	耕地面积（万 hm^2）	有效灌溉面积（万 hm^2）	有效灌溉率（%）	地均灌溉量（m^3/hm^2）
1999	777.35	521.56	67.09	2512.10	654.44	26.05	7969.56
2000	788.63	537.53	68.16	2475.37	665.20	26.87	8080.73

续表

年份	农业用水情况				灌溉情况		
	总用水量（亿 m^3）	农业用水量（亿 m^3）	农业用水比例（%）	耕地面积（万 hm^2）	有效灌溉面积（万 hm^2）	有效灌溉率（%）	地均灌溉量（m^3/hm^2）
2003	791.30	509.60	64.40	2296.24	680.93	29.65	7483.88
2007	849.80	500.40	58.88	2293.79	695.26	30.31	7197.31
2013	876.25	524.28	59.83	2434.66	746.53	30.66	7022.89
2017	890.80	549.10	61.64	2421.43	820.25	33.87	6694.30

数据来源：西南地区各省（自治区、直辖市）水资源公报（2000～2018 年）

（二）灌渠输配系统节水潜力

西南地区属于典型的“工程型缺水”，农田供水受投资限制，管理粗放，灌渠输配系统浪费严重。以四川省为例[9]，目前灌溉水渠系利用率约为 53.37%，接近一半的灌溉水在输配过程中被损失掉。以 2005 年农业用水为基础，在大、中、小三个不同灌区规模下，全省可节约水量为 9.95 亿～32.20 亿 m^3，节约水量可新增有效灌溉面积 20.55 万～66.44 万 hm^2，有效灌溉率可在 64.21%的基础上提高 5%～17%（表 8-7）。此外，通过渠道防渗技术能最有效地减少渠道渗漏损失，提高渠系水利用系数和农业水利用率，如采取浆砌石防渗、混凝土护面防渗、膜料防渗和暗管防渗 4 种不同的防渗技术，四川省灌渠输配系统可减少水的渗漏损失 29.94 亿～53.46 亿 m^3，可新增有效灌溉面积 61.79 万～110.32 万 hm^2（表 8-8）。由此可见，灌渠输配系统节水潜力十分巨大，提高渠系水利用系数，可以有效减少水的渗漏损失，大大提高水的利用效率。

表 8-7　2005 年四川省不同节水目标下的渠系节水潜力

地区	现状		节水潜力					
			大型灌区		中型灌区		小型灌区	
	农业用水量（亿 m^3）	渠系水利用系数（%）	目标（%）	节水量（亿 m^3）	目标（%）	节水量（亿 m^3）	目标（%）	节水量（亿 m^3）
东中部	112.52	52.98	59.42	9.87	66.00	18.39	75.27	29.10
西部	15.19	55.00	56.34	0.08	65.00	1.57	75.00	3.15
全省	128.43	53.37	58.83	9.95	66.00	19.96	75.22	32.20

表 8-8　四川省不同渠系防渗技术的节水潜力

防渗技术	减少渗漏损失（%）	减少渗漏量（亿 m^3）	可新增有效灌溉面积（万 hm^2）
浆砌石防渗	50～60	29.94～35.93	61.79～74.15
混凝土护面防渗	60～70	35.93～41.92	74.15～86.51
膜料防渗	70～80	41.92～47.91	86.51～98.87
暗管防渗	95.00	53.46	110.32

（三）田间灌溉节水潜力

目前，西南地区田间灌溉以全面灌溉为主，如畦灌、沟灌、淹灌、漫灌等，而喷灌、微喷灌、滴灌、涌泉灌、渗灌、膜上灌等节水灌溉技术应用面积较少。通过采用不同的节水灌溉技术，可以有效提高水的利用效率，节水潜力十分巨大。以四川省为例[9]，从 2005 年农业用水现状来看，以农业用水 128.43 亿 m^3、灌溉用水占农业用水比例 95.60%和渠系水利用系数 53.37%为现状参数，通过对田间不同灌溉技术的节水潜力进行计算表明，如果采用节水灌溉技术，可节约用水量 19.66 亿～49.15 亿 m^3，节约的水量可以新增有效灌溉面积 40.57 万～101.42 万 hm^2，提高有效灌溉率 10%～28%（表 8-9）。而该区其他省份灌溉用水有效利用系数较低，如贵州和云南，灌溉有效系数仅为 30.9%～42.1%，田间灌溉节水潜力巨大。

表 8-9 四川省田间不同灌溉技术节水潜力

灌溉技术	节水效果（%）	节水量（亿 m^3）	可新增有效灌溉面积（万 hm^2）
细流沟灌、膜上灌技术	46～60	26.21～39.32	54.09～81.13
喷灌技术	30～50	19.66～32.77	40.57～67.61
微灌技术	45～75	29.49～49.15	60.85～101.42

二、节水型农作制度发展的制约因素

（一）农业生态环境脆弱

西南地区自然条件的特点可以概括为“三多一少”，即降水多、山坡地多、石灰岩地多、人均耕地少。同时，滥垦、乱伐、粗放经营的耕作方式使该区农业生态环境及支持系统非常脆弱，水土流失较为严重。主要体现在：人口超载，人均耕地面积较少，人地矛盾突出；多高山峡谷，少平坝，旱地坡耕地比例较大，土壤保水保土能力较差，水土流失严重。

长期以来对土地资源过度垦殖造成了森林植被被破坏、陡坡种植普遍，使水土流失进一步加剧，农田土层变薄，土壤贫瘠，导致植被和土壤对小气候的调节功能被削弱，生态环境逐步恶化。滇、黔等石质山区降水量大，滑坡、泥石流等自然灾害频繁，不少地区因土地“石漠化”出现生产能力退化导致贫困。据调查显示，西南 5 省（自治区、直辖市）的水土流失面积约 51.4 万 km^2，占全国水土流失总面积（174 万 km^2）的 29.54%；另据观测，长江上游水土流失面积 35.2 万 km^2，每年土壤侵蚀量达 16 亿 t，年均土壤侵蚀量相当于每年超过 33.3 万 hm^2 耕地丧失耕作层，严重影响了该区农业可持续发展[10]。

（二）水资源开发难度大，工程型缺水严重，季节性干旱多发

西南地区虽然水系发达，人均水资源和地均水资源相对较丰富，但由于地形错综复杂，山地、丘陵比例很高，造成田高水低，水资源开发利用难度大，水利工程建设基础相当薄弱，水资源供需矛盾突出。由于缺乏控制性水利工程，西南地区水旱灾害频繁，使农业生产经常遭受重大损失。该区季节性干旱较为严重，主要干旱类型有冬旱、春旱、夏旱、伏旱、秋旱，以及冬春连旱、春夏连旱、夏秋连旱等两季连旱甚至三季连旱。从季节性干旱的类型和发生区域看，云南大部、川西高原和川西南山地、四川盆地西部和中部、贵州西部和广西大部地区为春旱频发区；四川盆地的中部、西北部及贵州东部地区为夏旱频发区；四川东部、重庆大部和贵州的毕节—平坝—罗甸以东地区为伏旱频发区；广西北部和中西南部地区为秋、冬旱频发区。

季节性干旱已经严重影响西南地区农业生产的发展，历年干旱所造成的农业损失占各种农业灾害总损失量的50%～70%。例如，2006年川渝地区发生的百年一遇的高温伏旱，干旱持续时间长达60～80d，最高气温达44.5℃，其中重庆市的40个县区均为干旱受灾区，四川省遭受干旱的县区有123个。高温伏旱导致1800万人口出现饮水困难；农作物受旱面积320万hm^2，绝收面积73.3万hm^2，粮食减产500万t，直接经济损失达150亿元[10]。然而，由于受全球环境变化的影响，近年来西南季节性干旱区的气候干暖化趋势十分明显，季节性干旱灾害发生的频率和强度呈规律性加剧态势，水资源短缺和农业干旱成为该区农业发展的主要制约因素。

（三）农业投入严重不足，基础设施薄弱，水利条件亟须改善

西南地区地力状况复杂，国民经济相对欠发达，这使得该区对农业的投入严重不足。目前，该区投资来源有限，主要为国家投资、政府的税收优惠及有限的扶贫投入。由于种植业效益低下，广大地区农民的收入普遍不高，只能勉强满足日常生活所需，有些地方的农民甚至连基本生活都无法保障，对农业生产的投入就无从谈起。基础设施是发展农业的基本保障，是保证粮食稳产、高产的前提。然而，该区耕地跑水、跑土、跑肥的“三跑”现象极为严重，耕地质量下降，加之肥料的不合理利用，限制了作物产量的提高；同时，“靠天吃饭”在大部分地区依旧存在，农业生产还处于较为落后的传统耕作方式。

另外，西南地区农业基础条件薄弱，基础设施滞后，干旱季节大部分地区无法灌溉，频繁的季节性干旱加剧了对农业生产的威胁，因此，水利条件亟须改善。从各省（自治区、直辖市）有效灌溉面积情况来看，2008年四川有效灌溉面积占耕地面积的42.1%，重庆其次，有效灌溉面积占29.5%；贵州有效灌溉面积最小，仅为20.5%，也就是说，贵州接近80%的耕地都是靠天吃饭。如何加大农业基础设施建设，增加农业生产投入，是实现该区农业从传统耕作方式向现代农业转变的关键。

（四）种植模式多样，高新节水技术采用率低

由于西南地区水热资源和作物品种丰富，气候多样，因而种植模式也复杂多样。据初步调查统计，该区种植模式有 200 余种，旱地模式尤为繁多。水田以水稻作物为主，旱地以玉米、小麦等作物为主，复种指数较高，有些地区甚至能达到一年四熟。加之西南地区地块普遍较小，机械化水平较低。例如，重庆市 50%以上的耕地坡度＞15°，旱地均块面积不到 667m^2，耕作制度复杂，多套作，农业机械利用较难，同时难以以农户为单位集中进行规模化管理。更重要的是，由于该区自然生态环境恶劣，农业生产条件差，农民收入少，生活贫困，农业劳动力文化素质低，对新技术难以消化吸收，从而增加了新技术推广应用的成本，而农户经济承受能力弱，没有能力承担新技术的风险，因此许多农民不能接受新技术、新观念，在科技示范推广活动中缺乏主动性、积极性，农业科技成果转化率低，直接导致该区农业生产长期停留在以粗放耕作为主的传统农业阶段，经济比较效益低。农业物能投入（农机、农电、耕地灌溉等）总体水平较低，农业生产的科技含量偏低。许多高新节水技术在该地区都没有得到推广，利用率低下。

（五）农户务农积极性下降，土地撂荒现象严重

近年来，农业生产资料价格与劳动力成本不断上涨，尽管政府实施农业补贴政策，科技投入力度也不断加大，但农业收益依然相对低，甚至出现亏损现象，这导致农户种地积极性下降。以四川盆地丘陵区主要作物收益状况为例[11]，眉山市仁寿县每公顷良种补贴水稻 225 元，玉米 150 元，小麦 150 元，油菜 150 元，甘薯、大豆无补贴，各项农业补贴总计 1800 元/hm^2。种粮纯收益（不计劳动力成本）4500 元/hm^2，若以平均劳动力成本为 12 000 元/hm^2 计算，种粮反倒亏损 7500 元/hm^2（表 8-10）。

表 8-10　四川盆地丘陵区主要农作物收益状况

种类	播种时间	收获时间	单产（kg/hm^2）	单价（元/kg）	成本（元/hm^2）	
					非劳力成本	劳力成本
水稻	4～5 月	8～10 月	4 500～9 000	1.7～2.2	2 250～3 750	4 500～6 000
玉米	3～4 月	8～9 月	4 500～6 750	1.4～1.6	1 500～2 250	1 500～2 250
小麦	10 月	4～5 月	2 250～4 500	1.6～2.0	1 500～2 250	1 500～2 250
油菜	9～10 月	4～5 月	1 500～3 750	4.5～6.0	1 500～2 250	3 000～3 750
蚕豆	10 月中下旬	4 月	1 500～2 250	1.3～1.5	750～10 500	1 500～2 250
大豆	5～6 月（套作）	9～10 月	2 250～3 750	3.2～3.6	1 500～2 250	1 500～2 250
大麦	9 月	4 月	2 250～3 000	1.5～1.7	1 500～2 250	1 500～2 250
柑橘	—	11 月	22 500～45 000	0.8～1.2	7 500～10 500	1 000～1 500
甘薯	5～6 月（套作）	10～11 月	15 000～22 500	0.5～0.6	1 500～2 250	3 750～4 500
花生	3～4 月	8～9 月	1 500～3 750	4.0～5.0	1 500～3 000	3 000～4 500

续表

种类	播种时间	收获时间	单产（kg/hm^2）	单价（元/kg）	成本（元/hm^2）	
					非劳力成本	劳力成本
马铃薯	9月	3～4月	22 500～45 000	0.6～1.0	1 500～3 000	4 500～6 000
豌豆	9月	4月	1 500～3 000	3.0～3.4	750～1 500	1 500～2 250
烟草	4月底	9月中下旬	1 800～2 175	13.8～14.0	6 000～7 500	7 500～9 000
芝麻	5月	9月	600～675	10.0～11.6	750～1 500	1 500～2 250

此外，西南地区阴雨天较多，作物收后晾晒不方便，部分作物霉烂变质，市场价格较低；加之机械化程度较低，劳动生产率低，基础设施薄弱，交通不便，自然灾害频繁，农业抗灾害能力较弱，投入多，收益少甚至颗粒无收。因此，很大比例的农户农业生产积极性偏低，农户宁愿异地生财也不愿就地从事农业活动。在农村青壮年都外出打工的情况下，“种田不如打工”的观念深入农民心中，两者收益成了强烈的反差，农村仅有“留守儿童”和“留守老人”，耕地对劳动力的吸引力逐渐下降，而家中仅剩的劳动力也只是以自给自足为目的，土地撂荒现象愈来愈严重。由于目前土地流转机制尚未形成，不愿种地的转不出去，愿种地的包不进来，形成了“有地无人种”和“有人无地种”并存的局面，转出与转入的脱节，也是造成撂荒的另一重要原因。

第三节　西南地区旱地节水型农作制度发展途径

一、以多熟种植为特色的高效节水种植模式

西南地区热量资源相对比较优越，≥10℃年积温可达5000～8000℃，无霜期为300～365d，可一年2～3熟。其中四川盆地和重庆市是西南的热量高值区，有利于发展多熟种植。目前该区耕地复种指数约为252.2%，从水热资源利用角度看，仍有36.1%的潜力，其中云南最大，广西次之，四川、重庆和贵州又次之，潜力分别为45.2%、44.0%、42.0%、40.4%和25.0%。在充分利用土地资源的前提下，要发挥该区光、温、水同步协调的农业资源优势，发展高效多熟种植模式，提高复种指数，达到实现该区光、温、水资源高效利用的目的，节水高效，提高耕地单位面积产出。

从具体种植模式来看，旱三熟和两熟制是该区的主要发展模式。其中，以“小麦/玉米/甘薯”为代表的旱作三熟制，目前在四川盆地、云贵高原和重庆等地得到广泛应用。尽管该模式劳动强度大，效益相对较低，但旱季对土地覆盖度较高，在保水、保土、保肥方面具有明显的优势，还有较高的抗旱能力，其对农户养猪业发展也至关重要。另外，随着能源危机的凸显，甘薯作为生物质能源作物，对发展能源产业日益重要。近年来，四川旱作丘陵带“小麦/玉米/大豆”新三熟模式发展较快。该模式提倡轻型简化栽培，省工省时，在改良培肥土壤方面优势明显，在四川资阳、遂宁、内江、眉山等地推广面积已超过0.67万hm^2，特别是在2006年，在遭遇严重干旱的情况下，该模式套作冬大豆喜

获丰收，说明其具有良好的抗旱减灾效应[12]。

此外，该区根据海拔和热量差异，还可因地制宜发展“马铃薯/玉米/大豆”“油菜-玉米”“小麦/花生/蔬菜”“蔬菜/玉米/大豆”“豌豆（蚕豆）/玉米/大豆”“豌豆（蚕豆）/玉米/甘薯”“小麦-玉米”等多种类型的两熟或三熟种植模式，提高农业资源利用效率。

二、以保土保水为重点的保护性耕作技术

西南地区农业生态环境较脆弱，水土流失严重。尤其占耕地面积一半以上的旱作坡耕地，土层浅薄、保土保水能力差，已成为该区农业生产发展的重要制约因素。因此，应推行保护性耕作措施，控制农田土壤、水分和养分的流失，这成为节水型农业的重要发展方向。

农田覆盖技术是该类型模式中的佼佼者。地膜覆盖和秸秆覆盖可改善农田小气候，不仅具有明显的防止蒸发、减少径流、保墒蓄水、保持水土的功能，还有保土培肥、调节地温、有效抑制杂草等多种作用。例如，“小麦/玉米/甘薯”三熟制，利用小麦秸秆对玉米苗期进行覆盖，利用玉米秸秆在甘薯封垄后进行全田覆盖，成本低、技术简单、效果佳、农户接受度高。由周年覆盖技术研究结果发现，“小麦-水稻-秋菜”模式和“马铃薯/油菜-水稻”模式采用周年免耕、作物秸秆全部还田技术后，每年平均节水 2600m^3/hm^2 以上，可增加经济效益 15 000～21 000 元/hm^2，实现了节水、高产、高效。在季节性干旱严重的丘陵地区稻田进行小麦秸秆覆盖后，可节水 30.4%，增产 5.88%，灌溉水的水分生产率提高 1.24kg/m^3，水分生产率提高 0.52kg/m^3，全程节本增效 1129.7 元/hm^2[13]。

另外，在本区推行横坡耕作、地膜覆盖、秸秆覆盖、垄作、植物篱护边等技术，均具有良好的保土保水效果。例如，在横坡垄作耕作的基础上，采用格网式垄作法、“目”字形垄作法和聚土免耕垄作法等耕作技术，均可拦截降水使其就地入渗，变地表径流为地下径流，以提高土壤的含水量。格网式垄作、横坡垄作覆盖均可比横坡垄作每年分别减少地表径流 61%和 50%，保土保水效果十分显著。

三、以水资源高效利用为重点的节水灌溉与集雨补灌技术

西南地区受复杂的地形、地貌所限，农业水资源利用投资大、效益低，因此，灌溉农田尤其是山区旱地应积极发展节水灌溉。旱地灌溉应以软管浇灌和微型自压喷、滴灌为主，具体灌溉方式应根据地形、地貌和作物种类进行选择。多年生经济作物可利用自然地势落差，以滴灌为主；蔬菜和常规旱地作物可利用自然地势落差，结合小型加压设备，进行喷灌。经济条件比较差的地区可采用软管浇灌，以解决季节性干旱。

此外，大力发展旱坡地集雨补灌工程，是开源节流、提高区域降水资源化程度、实现降水时空调配、增强旱地农业抵御自然灾害能力的有效途径。例如，贵州自 1986 年开始发展“三小”（小水窖、小水池、小山塘）微型水利工程，2010 年累计已经建设微型水利工程 77.6 万个，年可供水量达 8200 万 m^3，解决了 13.46 万 hm^2 的旱地补灌用水问题。实践证明，“三小”工程具有投资少、就地取材、技术简单、管理方便等特点。通过实行集

雨工程与坡改梯、水土保持、人畜饮水、节灌工程的结合，为贵州发展旱坡地农业生产提供了保障，为节水农作制度发展提供借鉴依据。

四、以农业资源合理开发为重点的立体农业技术

西南地区土地立体性特征显著，具有农林牧业立体布局、综合发展的优势。例如，重庆市涪陵区为紫色土丘陵坡地，该区农业资源开发利用以坡地水保型立体生态农业模式为主，配合坡地旱田和坡地“三田”（坑田、条田、垄槽田）的水土保持型立体种植模式。具体做法是：山顶或高坡带设为保护层，林木和草本覆盖，主要防止水土流失；中层为半开发保护层，因地营造各种针阔叶混交用材林或部分经果林，合理布局以增加经济收入；山脚为综合开发利用层，以农为主，种植粮、油、茶、桑、果、菜、药、绿肥等，同时以农户为单位养殖猪、牛、羊、鸡、鹅等畜禽，形成果-草-畜水土保持型立体农业模式。实现上层山顶发展生态防护林，中层山腰发展名特优新经济林或速生林，下层山脚、沟谷发展粮食生产的合理布局，形成“山顶戴绿帽子、山腰系金带子、山下建粮囤子”的可持续的农林复合生态经济系统，既发挥了复合系统的生态、经济功能，又提高了农民的收入，是山区农业发展的较佳选择。

此外，可利用海拔不同而造成的温度等农业环境条件的差异，发展垂直梯度立体蔬菜农业生产，在高海拔区可以推迟春季蔬菜上市的时间，增加夏季蔬菜花色品种，提早秋菜上市时间，从而实现蔬菜的均衡供应。

五、以物质良性循环和多级利用为核心的循环农业技术

以秸秆还田为重点，开展以物质良性循环和多级利用为核心的循环农业技术，实现较少废弃物的生产和提高资源利用效率。秸秆还田是农田生态系统物质与能量转化和平衡中重要的一环，它可提高土壤有机质含量，促进土壤和作物间对养分的供需平衡，改善土壤团粒结构和理化性状，还是补充速效钾与培肥地力、提高粮食产量的重要途径。通过秸秆还田，还可起到保墒、调节田间温湿度和抑制杂草的作用，是发展可持续农业的有效措施。研究表明，在丘陵区进行麦秸、油秸全量还田，分别比对照增产 4.84%和 6.20%；土壤孔隙度比对照增加 1.10%～1.80%，土壤容重比对照下降 0.03～0.05g/cm^3，土壤有机质含量增加 0.14～0.24g/kg，同时也有助于土壤速效氮、磷、钾的积累[14]。

此外，可通过生物堆肥技术和过腹还田技术，实现秸秆资源的间接还田，或与畜牧业结合，发展“猪-沼-果”“猪-沼-菜”等生态工程模式，将畜禽养殖、沼气生产和果菜（花卉）种植有机结合，实现产气积肥同步、种植养殖并举，不仅可为农户和畜禽养殖户提供能源，而且可为种植业提供大量的优质肥料，促进物质的良性循环和多级利用，达到改善农村生态环境和提高农业系统生产力的目的。

目前，西南地区每年约可产出稻草 4975.64 万 t、玉米秸秆 3237.68 万 t、小麦秸秆 751.99 万 t、甘蔗残茬 2681.53 万 t，若将 80%以上的作物秸秆直接或间接还田，将大大有利于农田土壤养分保持平衡，得到满意的增产效果，还可有效保护森林植被。

六、以提高农作物抗旱性能为重点的化学抗旱保水技术

抗旱保墒措施主要表现在土壤耕作、休闲、轮作、培肥、覆盖栽培、种植耐旱作物及工程措施（如修筑梯田、坝地）等方面。化学抗旱保水技术是指利用抗蒸腾剂、吸水剂、地面蒸发抑制剂等化学物质，通过调控叶面气孔开张度以降低蒸腾强度，促进根系生长发育以增强作物吸水能力，增强土壤保墒蓄水性能以扩大土壤水库容量，抑制地表蒸发以减少水分消耗等各种方式，达到节水抗旱、增产增效的目的。

化学抗旱保水技术在抗旱保苗和调整土壤物理结构方面的作用较为突出，是发展旱作节水农业、提高降水利用效率、提高单产的关键技术之一。通过保水技术，增产效果多在10%以上。我们于2009～2010年在重庆江津、云阳等地采用旱露植保3号、旱立停、旱地龙开展了抗旱化学制剂示范田调查，结果显示可使旱地马铃薯、玉米、甘薯增产12.1%～18.1%，净收益增加10.8%～16.0%，产投比达到（8～14）∶1。另外，利用聚乙烯醇树脂等高分子有机聚合物产品可有效提高土壤的保水能力。化学抗旱保水技术使用简便、使用时期灵活，因此，针对西南地区季节性干旱的波动性和变异性，可根据不同年份、不同干旱发生时期、不同干旱等级和不同作物的生长发育特性，灵活安排使用，在农业生产中实现抗旱保墒节水增效的目标。

第四节　西南地区旱地节水型农作制度主导模式

一、旱地三熟三作或三熟四作种植模式

（一）中带三熟三作种植模式

“小麦/玉米（花生）/甘薯”三熟三作种植模式是针对丘陵旱地“小麦连作夏玉米”两熟制中夏玉米经常遭遇7～8月“卡脖子”高温伏旱而导致产量不高不稳，以及丘陵旱地光、热、水、土资源利用较差的问题，改净作复种为中带间套种植，改夏玉米为春玉米，改“小麦-玉米”“玉米-甘薯”“小麦-花生”等两熟模式为“小麦/玉米/甘薯”“小麦/花生/甘薯”等三熟三作模式，并注重冬季预留行的用养结合。中带三熟三作模式的具体做法是：采用5～6尺（折合1.67～2.00m）开厢，按“双二五”“双三〇”“三五二五”分为甲、乙两个种植带；秋季开始，甲带种植5～6行小麦，小麦收后在芒种前后栽插两行甘薯；乙带增种绿肥，在玉米最佳移栽期前收割绿肥抢墒移栽两行玉米苗，或播种春花生，玉米收后有条件的地区可增种一季绿肥或秋菜；在乙带点播下茬小麦，甘薯收获后甲带作为预留行增种绿肥，从而实现分带轮作。该模式的出发点是提高玉米、稳定小麦和甘薯、增种饲料绿肥，并以定型带植为基础、养地培肥为前提，达到三熟三高产的目的。

（二）宽带三熟四作新型种植模式

宽带三熟四作新型种植模式是在旱地三熟三作基础上发展起来的，以调整开厢宽度为基础，以解决旱地冬秋季资源利用、粮经饲协调发展、养地培肥等重大问题为目标，以“小麦/春玉米||夏玉米/甘薯”“小麦/玉米/甘薯||大豆”“小麦||牧草/马铃薯/花生”等三熟四作为主体的新模式。该模式可根据自然生态和社会条件、种植习惯等进行灵活配置，在旱地三熟制的基础上，通过间作增加一季粮食、饲料、牧草、蔬菜等作物。据四川农业大学试验示范结果显示，新模式比原来的“小麦/玉米/甘薯”三熟每公顷增粮2250～3000kg，增幅15.9%，年光能利用率提高0.8～1.0个百分点。由于该模式增种一季作物，能量产投比和经济效益显著提高，其中宽带“小麦/春玉米/甘薯//秋豆”和“小麦/春玉米//夏玉米/甘薯”产投比分别为2.06∶1和2.24∶1，比传统模式提高了38.26%和50.34%，单位面积耕地纯收益显著提高[11]。

该模式的具体做法是：改窄带距（3.5尺，折合1.17m）、中带距（5～6尺，折合1.67～2.00m）为宽带距（10～12尺，折合3.33～4.00m），即以10～12尺（折合3.33～4.00m）为一个复合带，每带对半开厢分成甲、乙两带，即“双五〇”“双六〇”种植；秋后甲带种小麦，乙带种马铃薯、短季饲草、大麦等短季作物，春季乙带收获后栽4行春玉米或同时种冬大豆，春玉米收后可种秋大豆、秋马铃薯等，夏季甲带小麦收后栽甘薯和夏玉米或者花生等经济作物，下一年度甲乙两带相互轮作种植。同时，该模式能有效地缓解间套作物之间共生矛盾，使小麦建立在玉米苗期的边际优势，玉米建立在甘薯前期的边际优势，通过宽带把玉米苗期、甘薯前期的边际劣势缓解，推动空行利用进程，使预留空行利用的时间和空间更广阔，还便于田间操作、管理，为旱地田间耕作向机械化、现代化发展提供了条件。

二、集水农业模式

西南地区因受复杂的地形、地貌、地势所限，农业水资源的利用投资大、效益低。该区应积极推广以软管浇灌、微型自压喷、滴灌为主的节水灌溉方式，并大力发展旱坡地集雨补灌工程。尤其要结合降水集蓄技术和节灌技术二者的长处，集水农业工程解决区域降水少、时空分布不均和易引起干旱、洪涝灾害等问题，集蓄的水以节灌技术充分用于生活、生产，节水高效。例如，近年来，在西南山地丘陵区推广应用了一套以引水为主的灌溉系统，当地人形象地称之为“长藤结瓜”，其优越性在于：广辟水源，提高水资源利用效率。该系统在平时将渠道的余水或非用水季节的水充满库塘，一旦渠首水源不足时，就能及时利用塘库水灌溉。塘库由渠道充水，多次运用，具有较强的复蓄能力，大大提高了地表水的利用率；增强了抗旱能力，提高了灌溉效益，缓解了渠首引水不足而造成供水紧张的矛盾。

三、保护性耕作模式

鉴于西南地区水资源状况和季节性干旱的特点，农业生产中除应运用工程措施加强水资源开发利用、运用生物措施提高农作物抗旱能力等手段外，保护性耕作是一项重要的节水耕作技术。笔者课题组在重庆紫色土丘陵区针对“小麦/玉米/甘薯”“马铃薯/玉米/甘薯”“小麦/玉米/大豆”等“旱三熟”种植模式，开展了持续多年的保护性耕作试验研究，结果表明采用“垄作+秸秆覆盖”“秸秆覆盖+腐熟剂”“垄作+秸秆覆盖+腐熟剂”处理，全年粮食产量分别比对照提高了 1925.5kg/hm^2、1386.6kg/hm^2、2080.1kg/hm^2，增产率分别为 13.9%、10.0%、15.1%，水分利用效率由对照的 12.83kg/(hm^2·mm)分别提高到 15.23kg/(hm^2·mm)、14.59kg/(hm^2·mm)、15.55kg/(hm^2·mm)。这说明以秸秆覆盖和垄作为主体的保护性耕作措施有助于西南地区旱地农作物增产与水分利用效率的提高。

四、现代节水灌溉模式

现代节水灌溉模式是将先进的节灌设施、设备组装配套以满足作物生长对水的需要，从而充分发挥作物的生产潜力和耕地的综合生产能力，达到优质、高产、高效的目的。喷灌、滴灌、微喷灌技术等是现代农业节灌技术模式中应用最广的高效节水技术，目前在城郊农业节水技术中发挥着重要作用。

喷灌可控制水量，水分利用效率可达 60%～85%，比地表重力灌溉节水 30%～50%；且不需开沟打畦，一般可节省劳力一半以上。另外，喷灌不需在田的周围和田内修沟，减少渠系占地，可提高土地利用率 7%～10%。喷灌技术的适应性广，增产幅度大，不易造成土壤板结，并能改善土壤的水、肥、气、热及微生物状况，对田间小气候也有一定的调节作用。此外，喷灌还能冲洗植株茎叶上面的尘土，提高作物的光合生产率。一般粮食能增产 10%～30%，经济作物增产 20%～30%，蔬菜增产 30%以上。

根据西南地区地貌特点，主要采用固定式喷灌系统和半移动式喷灌系统。固定式喷灌系统适用于地势平坦、耕地相对集中连片、种植经济作物和果树为主的坡耕地，首部枢纽工程、输水管道及喷杆固定，用快装接头与支架上的喷头连接，喷洒半径为 10～15m，每小时可喷水 1～3m^3，平均每公顷投资 15 000～22 500 元，节水省工效果十分显著。半移动式喷灌系统适用于相对分散的坡耕地和大田作物，具有体积小，喷洒高度、角度和半径可调，重量轻，安装拆卸方便等优点，可按需要配置不同喷洒半径的喷头，每台设备成本 5000～10 000 元，控灌面积可达 150～225hm^2，平均投资 7500～10 500 元/hm^2。

五、草田轮作模式

各种绿肥作物均含较多的有机质及多种大量营养元素和微量营养元素，施用后可为后茬作物提供多种有效养分，是优质的有机肥源。特别是豆科绿肥，可充分利用生物固氮机制增加土壤氮素含量，加速、扩大农业生态系统中的氮素循环。研究资料表明，每公顷农田种植豆科绿肥可固氮 90～150kg，节约氮素 200～300kg。另外，豆科绿肥作物强大的根系能吸收深层土壤中的养分，当绿肥翻压入土后，大部分养分保留在了耕层中，增加了耕层的土壤养分，可起到固氮节肥、培肥地力的作用。例如，每还田 1000kg 的光叶紫花苕鲜草，可为土壤提供 N 5kg、P_2O_5 1.3kg、K_2O 4.2kg。

绿肥作物可以在荒山荒地种植，或利用空茬地进行间种、混种、套种、插种。可以就地种植，原地施用，有利于改良低产田，使农田均衡增产。绿肥一般适应性强，生长迅速，如夏季绿肥柽麻，每公顷可产鲜草 15 000～22 500kg；紫云英、苕子等冬季绿肥，每公顷可产鲜草 30 000～37 500kg，高的甚至可达 60 000～75 000kg。西南地区有许多成功利用绿肥的模式。例如，贵州铜仁的“绿肥-马铃薯-玉米-高淀粉甘薯”模式，马铃薯平均单产达 11 190kg/hm^2，玉米均产 5284.5kg/hm^2，高淀粉甘薯平均单产可达 48 870kg/hm^2；贵州威宁的“绿肥聚垄免耕玉米”模式，玉米最高单产 7800.06kg/hm^2，比单播玉米增产 840～1266.06kg/hm^2，增产率为 12.1%～18.2% [7]。可见，推广草田轮作模式，发展绿肥是该区节肥型农作制度发展的重点。

六、秸秆还田模式

秸秆还田模式可增加有机质含量，提高土壤肥力。西南地区农作物秸秆资源丰富，还田潜力大。为了充分利用秸秆资源，解决秸秆的弃置、燃烧所造成的环境和大气污染等问题，近年来，西南各地积极推广了覆盖、留高茬、切碎还田、垫栏还田、快速腐熟发酵等技术。据测定，每 100kg 秸秆含氮 3.47kg、磷 0.46kg、钾 5.39kg，还田的话相当于每 667m^2 施用尿素 7.54kg、普钙肥 2.87kg、氯化钾 10.78kg。

西南地区秸秆还田模式有以下几种利用方式。

（1）秸秆堆沤肥还田。堆肥可分为普通堆肥和高温堆肥。普通堆肥一般混土较多，堆腐时温度较低，变化不大，堆置时间较长，常用于长年积肥；高温堆肥以纤维素较多的有机物为主，加入适量人畜粪尿等物质，调节碳氮比。除含氮、磷等养分以外，堆肥中还富含钾，因此在钾肥资源缺乏的地区，施用堆肥对补充农作物钾素营养作用较大。

（2）秸秆牲畜过腹、厩肥还田。秸秆喂养牲畜后产生的家畜粪中有机质含量较多，为 15%～30%，其中氮、磷含量比钾高；而畜尿中含氮较高，缺磷。厩肥是农畜粪尿和各种垫圈材料混合积制的肥料，也称为“圈肥”，有效养分含量较高，由于肥效好且来源广泛，是农村主要的有机肥源。在贵州，过腹还田的玉米秸秆目前已占总玉米秸秆的 81%。

（3）秸秆沼气池肥。即将秸秆及适量人畜粪尿等有机物投入沼气池进行厌氧发酵而产生沼气，沼气池出产的沼渣、沼液为池肥。该模式不仅可减少秸秆浪费，还可以减轻焚烧秸秆所造成的大气污染。

（4）秸秆直接还田。秸秆不经堆沤处理，就地直接还田，既能有效提高土壤肥力，又能节约劳动力。

七、其他节水模式

除上述的集雨技术（如旱坡耕地集雨节灌抗旱模式）、保护性耕作等节水模式外，也有其他节水模式在西南地区得以示范推广（表 8-11），节水效果也较为明显。其中，“小麦/玉米/大豆（甘薯）”模式的节水效果较为明显，该模式主要为旱地种植模式，作物生育期基本不需要灌水，种植面积一直以来都较大。稻田保护性耕作模式适合在有水源保障的两季田区域如成都平原和滇西高原盆地区实施。此外，地膜覆盖技术在该区也得到一定的推广应用，特别是在旱作农业中应用较广，如玉米集雨节水膜侧栽培模式不但能充分利用降水资源，蓄水保墒，还能在一定程度上减少水土流失，在西南旱作农田具有很好的推广应用前景。

表 8-11　西南地区节水种植模式示范推广情况

模式名称	产量（kg/hm^2）	主要适宜区域	节水量（m^3/hm^2）	示范（推广）面积（hm²）	技术要点
稻田保护性耕作	综合：9 000～9 500	双流、青神、绵竹、简阳、乐山等地	1 500	1 730 000	两季免耕栽培，秸秆均匀覆盖还田，水稻抛栽，小麦、油菜撒播
粮食间套种	综合：10 500	思茅、耿马、石屏、红河等地	300	1 330 000	
小麦/玉米/大豆（甘薯）	小麦：4 500 玉米：7 500 大豆：2 250	黔江、石柱、龙胜、临沧、个旧等地	不灌	230 000	免耕、秸秆覆盖、作物直播技术
“小麦/玉米/大豆”预留行套作	小麦：6 500 玉米：9 500	大竹、安岳、忠县、江津、涪陵等地	45	20 000	
马铃薯套种玉米二套二（三套三、四套四）	马铃薯：50 000 玉米：8 200	姚安、富民、宜良、安宁、陆良等地	225	6 700	
玉米集雨节水膜侧栽培	玉米：8 600～9 500	水富、永胜、巴中、通江等地	400～450	13 000	
水稻覆膜节水综合高产	综合：9 000	遂宁、泸县、达县、潼南、铜梁等地	600	10 000	地膜覆盖
稻田免耕厢沟式耕作	综合：9 000	水城、丽江、鹤庆、攀枝花、古蔺等地	1 200	10 000	厢沟格局
马铃薯/油菜-水稻	水稻：9 000 油菜籽：1 900 马铃薯：28 000	崇州、广汉、江油、仁寿、雅安等地	2 454	6 700	周年免耕，旱季稻草垄上覆盖，水稻季油菜秸秆宽行覆盖，作物秸秆全部还田
小麦-水稻-秋菜	小麦：6 500 水稻：8 500	双流、绵竹、峨眉、丹棱、简阳等地	2 753	4 000	周年免耕，旱季稻草全田覆盖，水稻季麦秸宽行覆盖，作物秸秆全部还田
旱坡耕地集雨节灌抗旱		桐梓、绥阳、凤岗、湄潭、习水等地	270	2 000	集雨、抗旱
高台望天田种植		毕节、威宁、大关、会泽、镇雄等地	900	2 000	大麦间油菜套玉米再套水稻间空心菜
杂交水稻免耕沟旱植秸秆覆盖节水栽培	综合：9 000～9 200	金牛、武侯、都江堰、彭州、洪雅等地	236～250	2 000	旱育多蘖壮秧、麦茬（或油茬）田免耕沟旱植、秸秆覆盖和湿润灌溉

续表

模式名称	产量（kg/hm^2）	主要适宜区域	节水量（m^3/hm^2）	示范（推广）面积（hm^2）	技术要点
水稻覆膜旱作节水肥高产栽培	综合：8 500～10 500	普洱、景谷、石屏、蒙自、永德等地	1 500	870	覆膜旱作
灌溉稻麦轮作模式	综合：8 250～9 000	合川、永川、长寿、丰都等地	2 700～3 000	400	超级杂交稻、直播、节约用水、有机绿肥及化学调控
马铃薯-地膜玉米-萝卜-青菜	马铃薯：31 950 玉米：10 665 萝卜：54 750 青菜：24 900	大渡口、江北、涪陵、万州、泸州、江阳、宣汉、平昌等地	200	330	马铃薯套种地膜玉米，马铃薯收后复种萝卜，玉米收后移栽青菜
春马铃薯-地膜玉米-甘薯-秋马铃薯	增收甘薯：3 720	泸州、江阳、宣汉、平昌等地	180	167	春播马铃薯套种地膜玉米，马铃薯收后复种甘薯，玉米行复种秋马铃薯
玉米-甘蓝-四季豆（红豆）-马铃薯	甘蓝：53 250 玉米：9 450 四季豆：21 900 秋马铃薯：21 000	江津、长寿、璧山、大足等地	150	67	甘蓝套种玉米、甘蓝收后复种四季豆（红豆），玉米行复种马铃薯

本章小结

西南地区光温资源丰富，有效性高，但地区差异显著，气象灾害种类多；水资源丰富，但人均占有量较低；水资源时空分布不均，有效灌溉率较低，季节性干旱严重，属于工程型缺水；耕地资源紧缺，耕地质量下降；化肥施用量逐年提高，结构逐渐均衡。从农作制度演变特征来看，西南地区农业生产“高产-高效-高耗”趋向明显，农业结构由“以农为主”向“农经牧结合”方向发展，种植业结构由“以粮为主”向“粮经并重，追求效益”方向演变，种植模式向多样化方向演变。

西南地区旱作农田发展节水型农作制度符合农作制度演变规律和可持续发展的需求。目前，该区作物产量提高的同时，农业资源成本也不断增加，农业结构高耗低效，经营模式粗放无序，种植模式良莠不齐，区域发展极不均衡，节水型农作制度具有低耗、高效、精细管理等特征，可以从制度上解决这些生产实际问题。

西南地区旱作农田水资源节约潜力较大，可通过充分利用现有水资源，提高田间灌溉效率和水分生产效率，以及完善灌渠输配系统等方面来挖掘水资源节约潜力。限制西南地区节水型农作制度发展的因素主要是：水土流失严重，农业生态环境脆弱；水资源开发难度大，工程型缺水严重，季节性干旱多发；农业投入严重不足，基础设施薄弱，水利条件亟须改善；节水技术的采用率低。

西南地区节水农作制度的发展途径主要有：①以多熟种植为特色的高效节水种植模式；②以保土保水为重点的保护性耕作技术；③以水资源高效利用为重点的节水灌溉与集雨补灌技术；④以农业资源合理开发为重点的立体农业技术；⑤以物质良性循环和多级利用为核心的循环农业技术；⑥以提高农作物抗旱性为重点的化学抗旱保水技术。

该区适用的节水模式主要有旱地三熟三作或三熟四作种植模式、集水农业模式、保护性耕作模式、现代节水灌溉模式、草田轮作模式、秸秆还田模式等。

参考文献

[1] 李玉义，逄焕成，任天志. 粮食主产区资源节约农作制研究[M]. 北京：中国农业科学技术出版社，2018.

[2] 马晓河，方松海. 中国的水资源状况与农业生产[J]. 中国农村经济，2006，(10)：4-11，19.

[3] 黄钰铃，惠二青，员学锋，等. 西南地区水资源可持续开发与利用[J]. 水资源与水工程学报，2005，16（2）：46-49，54.

[4] 国家统计局. 中国统计年鉴（1978—2018）[DB/OL]. 2019. http://www.stats.gov.cn/tjsj/ndsj/[2019-10-20].

[5] 朱红波，张安录. 中国耕地压力指数时空规律分析[J]. 资源科学，2007，29（2）：104-108.

[6] 温明炬，唐程杰. 中国耕地后备资源调查评价数据集[M]. 北京：地质出版社，2005.

[7] 赵永敢. 西南地区资源节约型农作制模式研究[D]. 重庆：西南大学，2011.

[8] 杨帆，李荣，崔勇，等. 我国有机肥料资源利用现状与发展建议[J]. 中国土壤与肥料，2010，(4)：77-82.

[9] 何荣智，卢喜平. 四川省农业节水潜力分析与节水农业对策[C]. 中国水利学会第三届青年科技论坛论文集. 成都：2007：352-357.

[10] 王龙昌，谢小玉，张臻，等. 论西南季节性干旱区节水型农作制度的构建[J]. 西南大学学报（自然科学版），2010，32（2）：1-6.

[11] 陈阜，任天志. 中国农作制发展优先序研究[M]. 北京：中国农业出版社，2010.

[12] 王立祥，王龙昌. 中国旱区农业[M]. 南京：江苏科学技术出版社，2009.

[13] 姜心禄，袁勇，郑家国，等. 季节性干旱丘区稻田麦秸覆盖的节水效应研究[J]. 西南农业学报，2007，20（6）：1188-1193.

[14] 陈尚洪，朱钟麟，吴婕，等. 紫色土丘陵区秸秆还田的腐解特征及对土壤肥力的影响[J]. 水土保持学报，2006，20（6）：141-144.